我的第1本
Access书

办公宝典

Access 2021
完全自学教程

凤凰高新教育　编著

北京大学出版社

PEKING UNIVERSITY PRESS

内 容 提 要

Access是Microsoft Office套件中的一员，是一个数据库管理程序，用于管理数据。本书以Access 2021软件为平台，从管理人员和办公人员的工作需求出发，配合大量典型实例，全面而系统地讲解Access 2021在数据管理中的应用，帮助用户轻松高效地完成数据库的创建与维护。

本书以"完全掌握Access"为出发点来安排内容，全书共6篇，分为15章。第1篇为基础学习篇（第1~4章）：本篇主要针对初学者，从零开始，系统并全面地讲解Access 2021的基本操作、数据库的创建与使用、数据表的创建与使用，以及规范数据库的方法。第2篇为查询分析篇（第5~6章）：介绍在Access 2021中创建查询、编辑查询字段、使用SQL查询、嵌套查询和多表查询等内容。第3篇为窗体报表篇（第7~9章）：介绍在Access 2021中创建普通窗体、创建主/次窗体、在窗体中添加控件和编辑控件，以及创建和分析报表的方法。第4篇为自动化篇（第10~11章）：介绍在Access 2021中使用宏来执行数据库中的操作，并通过添加模块，集成强大的自动化数据库。第5篇为安全共享篇（第12~13章）：介绍在Access 2021中导入和导出外部数据的方法，并为数据库设置密码，保护数据库安全。第6篇为实战应用篇（第14~15章）：本篇通过两个综合应用案例，系统地讲解Access 2021在日常办公中的实战应用技能。

本书既适用于希望掌握一定数据管理和编程技能，通过简单学习就可以制作出能够投入使用的数据库系统的非计算机管理人员和办公人员，也可以作为广大职业院校、计算机培训班的教学参考用书。

图书在版编目(CIP)数据

Access 2021完全自学教程 / 凤凰高新教育编著. —北京：北京大学出版社，2023.3
ISBN 978-7-301-33683-0

Ⅰ.①A… Ⅱ.①凤… Ⅲ.①关系数据库系统 – 教材 Ⅳ.①TP311.132.3

中国国家版本馆CIP数据核字(2023)第001761号

书　　　　名	Access 2021完全自学教程	
	ACCESS 2021 WANQUAN ZIXUE JIAOCHENG	
著作责任者	凤凰高新教育　编著	
责 任 编 辑	王继伟	
标 准 书 号	ISBN 978-7-301-33683-0	
出 版 发 行	北京大学出版社	
地　　　　址	北京市海淀区成府路205号　100871	
网　　　　址	http://www.pup.cn　　　新浪微博:@北京大学出版社	
电 子 信 箱	pup7@pup.cn	
电　　　　话	邮购部 010-62752015　发行部 010-62750672　编辑部 010-62570390	
印 刷 者	三河市博文印刷有限公司	
经 销 者	新华书店	
	880毫米×1092毫米　16开本　23.75印张　插页1　741千字	
	2023年3月第1版　2023年3月第1次印刷	
印　　　　数	1-4000册	
定　　　　价	129.00元	

前　言

如果你是一位初入职场的菜鸟，不识数据库为何物，数据管理一塌糊涂；

如果你是一位创业初期的老板，想要把公司的往来流水清楚记录；

如果你是一位企业管理者，想要根据企业的情况，设计出适合自身的数据库；

如果你是一位初识 Access 的兴趣爱好者，想要制作出更专业的数据库；

如果你只会把 Access 当作 Excel 电子表格来使用，而不知道如何调用数据库内的数据来提高工作效率；

那么《Access 2021 完全自学教程》一书是你最好的选择！

让本书来告诉你如何成为你所期望的数据管理小能手！

当你在处理数据时，或许较少的数据可以使用手写、Excel 电子表格来处理，但是当需要记录的数据越来越多，记录和查找数据将耗费很多时间时，有人会想到使用数据库来管理数据。调查发现，很多人在使用 Access 管理数据时，仍然把数据表当成电子表格来使用，字段设计杂乱无章，各种复杂数据重复出现，既不便于查找，也不便于记录。针对这种情况，我们策划并编写了这本《Access 2021 完全自学教程》，旨在帮助那些对数据库的使用有要求，希望通过使用数据库提高工作效率的刚入职或在职人员。

《Access 2021 完全自学教程》适合 Access 初学者，即便你对 VBA（Visual Basic for Applications）一窍不通，通过本书也可以制作出专业的数据库。本书将帮助你解决以下问题。

（1）快速掌握 Access 2021 版本的基本功能。

（2）快速拓展 Access 2021 数据表的设计技巧。

（3）快速掌握 Access 2021 在数据库中查看和记录数据的方法。

（4）快速掌握 Access 2021 数据库宏和 VBA 的创建与设计方法。

（5）快速学会 Access 数据库的相关技巧，并能熟练进行数据库的设计与使用。

我们不但告诉你怎样做，还要告诉你怎样操作最快、最好、最规范！

要学会与精通 Access，有本书就够了！！

本书特色

（1）内容常用、实用。本书遵循"常用、实用"的原则，以微软推出的 Access 2021 为写作版本。在书中还标识出 Access 2021 的相关"新功能"及"重点"知识，并且结合日常办公应用的实际需求，全书安排了 143 个实战、65 个技巧、2 个大型的实战应用，系统并全面地讲解了 Access 2021 数据库的创建、编辑、管理、开发及实战应用等知识。

（2）图解写作，一看即懂，一学就会。为了让读者更易学习和理解，本书采用"步骤引导+图解操作"的写作方式进行讲解。而且，在步骤讲述中以"❶、❷、❸……"的方式分解出操作小步骤，并在图中进行对应标识，非常方便读者学习掌握。只要按照书中讲述的步骤操作练习，就可以做出与书中同步的效果，真正做到简单明了、一看即会、易学易懂。另外，为了解决读者在自学过程中可能遇到的问题，书中设置了"技术看板"版块，解释在讲解中出现的或在操作过程中可能会遇到的一些疑难问题；另外，还添设了"技能拓展"版块，目的是教会大家通过其他方法来解决同样的问题，通过技能的讲解，起到举一反三的作用。

（3）技能操作+实用技巧+办公实战=应用大全。本书充分考虑到学以致用的原则，在全书内容安排上，精心策划了 6 篇内容，共 15 章，具体内容安排如下。

第 1 篇为基础学习篇（第 1~4 章）：本篇主要针对初学者，从零开始，系统并全面地讲解 Access 2021 的基本操作、数据库的创建与使用、数据表的创建与使用，以及规范数据库的方法。

第 2 篇为查询分析篇（第 5~6 章）：介绍在 Access 2021 中创建查询，编辑查询字段，使用 SQL 查询、嵌套查询和多表查询等内容。

第 3 篇为窗体报表篇（第 7~9 章）：介绍在 Access 2021 中创建普通窗体、创建主/次窗体、在窗体中添加控件和编辑控件，以及创建和分析报表的方法。

第 4 篇为自动化篇（第 10~11 章）：介绍在 Access 2021 中使用宏来执行数据库中的操作，并通过添加模块，集成强大的自动化数据库。

第 5 篇为安全共享篇（第 12~13 章）：介绍在 Access 2021 中导入和导出外部数据的方法，并为数据库设置密码，保护数据库安全。

第 6 篇为实战应用篇（第 14~15 章）：本篇通过两个综合应用案例，系统地讲解 Access 2021 在日常办公中的实战应用技能。

丰富的学习套餐，让您物超所值，学习更轻松

本书还配套赠送相关的学习资源，内容丰富、实用。赠送内容包括同步练习文件、教学视频、PPT 课件、电子书等，让读者花一本书的钱，得到多本书的超值学习内容。赠送的具体内容包括以下几个方面。

（1）同步素材文件。本书中所有章节实例的素材文件，全部收录在同步学习文件夹中的"\素材文件\第*章\"文件夹中。读者在学习时，可以参考图书讲解内容，打开对应的素材文件进行同步操作练习。

（2）同步结果文件。本书中所有章节实例的最终效果文件，全部收录在同步学习文件夹中的"\结果文件\第*章\"文件夹中。读者在学习时，可以打开结果文件查看其实例效果，为自己在学习中的练习操作提供参考。

（3）同步视频教学文件。本书为读者提供了116节与书同步的视频教程。

（4）赠送PPT课件。赠送与书中内容同步的PPT教学课件，非常方便教师教学使用。

（5）赠送"Windows 10操作系统与应用"视频教程。长达9小时的多媒体教程，让读者完全掌握微软Windows 10操作系统的应用。

（6）赠送高效办公电子书。其中包括《手机办公10招就够》《高效人士效率倍增手册》，让读者办公更高效。

（7）赠送"5分钟学会番茄工作法"讲解视频。教会读者在职场中高效地工作、轻松应对职场那些事，真正做到"不加班，只加薪"。

（8）赠送"10招精通超级时间整理术"讲解视频。专家传授10招时间整理术，教读者如何整理时间、有效利用时间。无论是职场还是生活，都要学会时间整理。这是因为时间是人类最宝贵的财富，只有合理整理时间，充分利用时间，才能让人生价值最大化。

温馨提示：以上资源，可用微信扫一扫下方二维码，关注微信公众号，并输入图书77页的资源下载码，获取下载地址及密码。另外，在官方微信公众号中，还为读者提供了丰富的图文教程和视频教程，为你的职场工作排忧解难！

资源下载　　　　　　　官方微信公众号

**本书不是一本单纯的IT技能办公书，
而是一本传授职场综合技能的实用书！**

本书既适用于希望掌握一定数据管理和编程技能，通过简单学习就可以制作出能够投入使用的数据库系统的非计算机管理人员和办公人员，也可以作为广大职业院校、计算机培训班的教学参考用书。

创作者说

　　本书由凤凰高新教育策划并组织编写。全书由一线办公专家和多位微软全球最有价值专家（MVP）合作编写，他们具有丰富的 Access 软件应用技巧和办公实战经验，对于他们的辛苦付出在此表示衷心的感谢！同时，由于计算机技术发展非常迅速，书中疏漏和不足之处在所难免，敬请广大读者及专家指正。

编　者

目　录

第 2 篇　查询分析篇

查询是数据库的第二大对象，是数据库处理和分析数据的重要工具。通过查询，用户可以根据指定的条件检索出需要的数据。本篇主要介绍 Access 的数据查询和分析的相关知识。

第3篇　窗体报表篇

窗体是数据库的第三大对象，可以为使用者建立一个美观简洁、操作方便、功能强大的用户操作界面。报表是数据库的第四大对象，可以将数据表或查询中的数据进行组合、汇总等操作，然后打印出来。本篇主要介绍 Access 的窗体和报表设计知识。

第4篇 自动化篇

宏是数据库的第五大对象, 它是一种特殊的编程语言, 这种语言无须用户编写复杂的代码。当用户需要频繁地重复一系列操作时, 就可以创建宏来执行这些操作。模块是数据库的第六大对象, 它是用 VBA 编写的, 用户可以通过 VBA 编程, 创建出功能强大的专业数据库管理系统。本篇主要介绍 Access 中的宏和 VBA 应用。

第 5 篇　安全共享篇

在制作数据库时，或者数据库制作完成时，经常需要将数据从一个 Access 数据库移动到另一个数据库，或者需要将不同格式的数据文件移动到 Access 数据库中。此时，就需要导入和导出数据库。数据库制作完成后，还需要完成保护和优化的操作，以保障数据库的安全。本篇主要介绍 Access 数据库的安全与共享。

第6篇　实战应用篇

没有实战的学习只是纸上谈兵，为了提升读者对 Access 软件的综合应用水平，在接下来的两章内容中安排了两个完整的实战案例，通过介绍整个案例的制作过程，帮助读者实现举一反三的学习效果，并巩固和强化 Access 数据库软件的操作技能。

基础学习篇

Access 2021 是由微软公司发布的关系型数据库管理系统，也是目前最常用的桌面数据库管理软件，主要用于数据库管理。使用 Access 可以帮助用户处理海量数据，从而大大提高数据处理的效率。本篇主要介绍 Access 的基础知识，软件的基本操作，数据表、数据库的创建与管理操作。

第 **1** 章　Access 2021 应用快速入门

- ➡ 你知道数据库的设计原则吗？
- ➡ 你知道 Access 2021 增加了哪些新功能吗？
- ➡ 你了解数据库的界面吗？
- ➡ 想要将数据库共享到账户中，你知道如何配置 Microsoft 账户吗？
- ➡ 你认识数据库的对象吗？

当用户需要存储海量数据时，使用数据库可以大大提高数据处理的效率。Access 作为目前最流行的桌面数据库管理软件，受到众多用户的喜爱，其操作简单，就算从来没有学习过编程语言也可以轻松建立数据库。本章将带领读者迈入 Access 2021 的大门，了解数据库的奥秘。

1.1　Access 的作用

Access 拥有一套功能强大的应用工具，其完善程度足以满足专业开发人员的需要。Access 2021 是 2021 年 10 月 5 日由微软公司发布的关系型数据库管理系统，是微软办公软件包 Office 2021 的组件之一，是把数据库引擎的图形用户界面和软件开发工具结合在一起的关系型数据库管理系统。下面介绍 Access 的主要作用和应用领域。

1.1.1　Access 的主要作用

Access 不同于其他数据库，它为用户提供了表生成器、查询生成器、窗体设计器等众多可视化的操作工具，以及表向导、查询向导、窗体向导等多种向导。使用这些工具和向导，用户不用掌握复杂的编程语言就能轻松地构建一个功能完善的数据库系统。Access 还提供了内置的 VBA 编程语言和丰富的函数，高级用户也可以开发更为复杂的数据库系统。

此外，使用 Access 2021 还可以与其他数据库或 Office 的其他组件进行数据的交换和共享。

Access 的用途很广泛，主要体现在以下两个方面。

1. 用于进行数据分析

Access 拥有强大的数据处理和统计分析能力。与 Excel 相比，当需要处理上万条甚至十几万条记录时，Access 的速度更快，而且操作更方便。

2. 用于开发小型系统

相对于大型的数据库开发软件 Oracle、SQL Server 来说，Access 属于小型开发软件，主要服务对象是小型企业的用户。使用 Access 可以开发生产管理、人事管理、库存管理等各类企业管理数据库系统，具有易学习、成本低的特点，非计算机专业的人员也能轻松掌握。所以，如果想要学习数据库入门知识、掌握数据库管理工具，Access 2021 是第一选择。

1.1.2　Access 的应用领域

Access 作为 Office 的组件之一，在众多领域中都发挥着重要作用。

1. 生产管理数据库

在全球竞争激烈的大市场中，制造业内部总是面临着各种各样的问题。例如，采购部门大量采购，而车间管理人员反映没有足够的原材料用于生产，仓库中的某些材料却又堆积如山，仓库库位饱和，资金周转缓慢。

因此，管理人员需要用很长的时间来统计、计算出需要的物料。如果制作了合理的生产管理数据库，则可以有效解决以上问题。

2. 进销存管理数据库

在市场经济中，销售是企业运作的重要环节。为了更好地管理销售环节，需要规范订货、发货、到货、压货、换货、退货等信息，才能了解公司的生产、销售和库存情况。通过进销存管理系统及时把决策信息传递给相关决策人，从而及时发现问题并解决问题。

3. 人力资源管理数据库

随着市场竞争的日益激烈，人才成为实现企业自身战略目标的一个关键因素。为了保持企业员工的工作责任感，激励员工的工作热情，减少人才流失，需要建立一个透明、相容、一致、易查和全面的人力资源管理系统，将与员工相关的信息进行统一的管理。

4. 财务管理数据库

财务部门作为企业经营管理的核心部门，其计算机应用是决定着一个企业信息系统实施成败的关键。不同于传统的财务管理方法，使用 Access 可以将原始凭证、记账凭证、日记账、明细账、总账及报表等记录在数据库中，避免了制作会计档案册的麻烦。

除以上这些应用领域外，Access 还广泛应用于超市、医院、学校等场所，让用户轻松地完成数据信息自动化处理。

1.2　认识数据库

当人们收集了大量的数据后，会把它们保存起来便于以后进行进一步的利用和处理，如检索、查询、抽取有用的信息等。然而，随着数据量急剧增长，利用传统的方法来处理信息似乎变得越来越困难。随着现代社会的发展，人们开始借助计算机的数据库技术保存和处理大量的数据，以便能更好地利用这些数据资源。

1.2.1　数据库基础知识

所谓数据库，顾名思义，是存入数据的仓库。只不过这个仓库是放在计算机存储设备上的，而且数据是按一定格式存放的。它是长期存储在计算机内的、有组织的、可共享的数据集合。

1. 数据库的含义

数据库是一种用于收集和组织信息的工具。数据库可以存储有关人员、产品、订单或其他任何内容的信息。许多数据库刚开始时只是文字处理程序或电子表格中的一个列表。随着该列表逐渐变大，数据就会变得冗余，并出现数据不一致的情况。列表形式的数据变得难以理解，而且搜索或提取数据的方法也有限。一旦出现这些问题，最好将数据转移到由数据库管理系统（Database Management System，DBMS）（如 Access 2021）创建的数据库中。

通过计算机处理的数据库是一个对象容器。一个数据库可以包含多个表。例如，使用 3 个表的库存跟踪系统并不是 3 个数据库，而是一个包含3个表的数据库。除非经过特别设计，否则Access数据库会将自身的表与其他对象（如窗体、报表、宏和模块）一起存储在单个文件中。

2. 数据库的作用

数据库的作用主要有以下几个。

（1）支持向数据库中添加新数据，如库存中的新项。

（2）支持编辑数据库中的现有数据，如更改某项的当前位置。

（3）支持删除信息记录，如果某产品已售出或被丢弃，用户可以删除关于此产品的信息。

（4）支持以不同的方式组织和查看数据。

（5）支持通过报表、电子邮件、Intranet或Internet与他人共享数据。

1.2.2 关系型数据库管理系统

Access 2021提供了经过改进的安全模型，该模型有助于简化将安全配置应用于数据库及打开已启用安全性的数据库的过程。

1. 关系型数据的含义

关系型数据是以关系数学模型来表示的数据。关系数学模型中以二维表的形式来描述数据，如表1-1和表1-2所示。

表1-1 学生表

学号	姓名	专业	导师编号
2021080550	李丽	数学	202008
2021080551	王杰	会计	202006

表1-2 导师表

编号	姓名	职称	职务
202008	王刚	博导	系主任
202006	张书民	博导	科室主任

技能拓展——什么是主码和外码

能够唯一表示数据表中的每个记录的字段或字段的组合就称为主码。表1-2中的【编号】字段和表1-1中的【导师编号】字段是对应的。表1-2中的【编号】字段是表1-2的主码，同时又可以称为表1-1的外码。

2. 关系型数据库系统的含义

一个完整的关系型数据库系统包含5层结构，如图1-1所示。

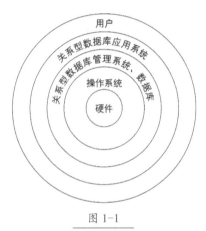

图 1-1

各层结构的意义如下。

（1）硬件：是指安装数据库系统的计算机，包括两种，即服务器和客户机。

（2）操作系统：是指安装数据库系统的计算机采用的操作系统。

（3）关系型数据库管理系统、数据库：关系型数据库是指存储在计算机上的、可共享的、有组织的关系型数据的集合。关系型数据库管理系统是指位于操作系统和关系型数据库应用系统之间的数据库管理软件。

（4）关系型数据库应用系统：是指为满足用户需求，采用各种应用开发工具［如Visual Basic（VB）、PowerBuilder（PB）和Delphi等］和开发技术开发的数据库应用软件。

（5）用户：是指与数据库系统打交道的人员，包括以下3类人员。

①最终用户。

②数据库应用系统开发人员。

③数据库管理员。

3. 关系的特点

关系用于存储数据库中的数据，所以关系应该具有二维表和数据库的特点。

（1）规范性：关系的每个分量都必须是不可分的数据项。例如，不能存在类似于工资分量这种既包含基本工资又包含奖金两个分量的情况。

（2）唯一性：同一关系的属性名具有不可重复性，即同一关系中不同属性的数据可出自同一个域，但不同的属性要给予不同的属性名，两个元组也不能完全相同。

（3）同一性：同一属性的数据具有相同的性质，即每一列中的分量是同一类型的数据，它们来自同一个域。

（4）无序性：关系中列和元组的位置具有顺序无关性，即关系中的任意两列可以交换位置，任意两行也可以交换位置。

4. 关系的完整性

关系的完整性是指关系型数据库中数据的正确性和可靠性。关系型数据库管理系统必须保证关系的完整性，而关系的完整性包括实体完整性、值域完整性、参照完整性和用户自定义完整性，下面分别进行介绍。

（1）实体完整性：如果属性A是基本关系R的主属性，那么属性A不能为空值。

（2）值域完整性：元组中每个分量的取值必须在其对应属性的域内。

（3）参照完整性：相关数据表中的同一个数据必须一致，如果其在某个表中允许为空，也可以为空，即允许一个为空、另一个不为空的情况发生。

（4）用户自定义完整性：用户根据需要对属性设置的约束条件，如某个属性下的值不能为空、取值范围为 1~200 的整数等条件。

5. 关系型数据库管理系统包含的内容

关系型数据库管理系统包含数据定义语言（Data Definition Language，DDL）及翻译程序、数据操作语言（Data Manipulation Language，DML）及编译（解释）程序、数据库管理程序。

1.2.3 数据模型

数据模型是数据库中数据组织的结构和形式，它反映了客观世界中各种事物之间的联系，是这些联系的抽象和归纳。数据模型可以分为层次数据模型、网络数据模型和关系数据模型。

1. 层次数据模型

层次数据模型也称为树型，很像一棵倒挂的树，用来描述有层次关系的事物。层次数据模型反映了客观事物之间一对多（1:n）的联系。如一个学校的组织机构就属于层次数据模型，学校管理着教务处、学生处、总务处等部门，而教务处又管理着教务科、学籍科等部门，如图 1-2 所示。

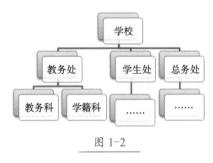

图 1-2

2. 网络数据模型

网络数据模型用来描述事物之间的网状联系，反映了客观事物之间多对多（m:n）的联系。如课程和学生的联系，一门课程有多名学生学习，一名学生学习多门课程，因此学生和其所学习的课程是多对多的联系，如图 1-3 所示。

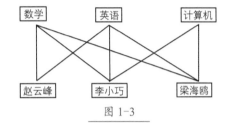

图 1-3

3. 关系数据模型

关系数据模型把事物之间的联系及事物内部的联系用一张二维表来表示，这张表称为"关系"。表 1-3 所示为用关系数据模型表示学生和课程成绩之间关系的例子。

表 1-3　成绩表

学号	姓名	语文	数学	英语
018001	张华	89	85	57
018002	李小波	86	87	84
018003	杨琴	88	76	49
018004	王波	76	68	75
018005	黄燕	85	69	63
018006	王慧洁	96	90	89

1.3　数据库的设计步骤和方法

设计数据库的目的在于设计出最优的数据库模式，使之能够高效地存储用户数据，满足用户的实际需求。在数据库完成初始设计后，测试时难免会发生错误或遗漏数据，此时可以轻松地对原设计方案进行修改。如果在已经输入大量数据后才发现错误，再想修改数据库则比较困难。因此，在开发完整的数据库系统之前，应该先合理地安排数据库的设计方案。

1.3.1 总体设计

在创建数据库之前，首先要确定数据库的用途，即需求分析。开发者要确定如何满足最终用户的需求，而在此之前，需要充分调查最终用户的总体需求。

例如，开发者要创建一个员工信息数据库，首先需要确定其完成的功能，包括以下几点。

➥ 能输入和修改员工的基本信息，如工号、姓名、性别、出生日期、部门等。

➥ 能输入和修改员工的档案信息，如档案编号、工号、档案类型、档案存放位置、档案存入日期等。

➥ 能输入和修改员工的考勤信息，如工号、日期、上班刷卡时间、下班刷卡时间、早退时间、加班时间等。

➥ 能输入和修改工资信息，如工号、基本工资、津贴、加班工资、福利、补助、保险、个人所得税、实发金额等。

➡ 能输入和修改社保信息，如工号、姓名、单位编号、参加保险名称、基数百分比、缴费基数、企业支付比例、个人支付比例等。

➡ 能够根据信息筛选员工的基本信息，如根据年龄、工龄等筛选员工。

➡ 能够生成标签报表，打印每个员工的基本信息。

➡ 能够通过登录名和密码登录系统，查询以上信息。

　　由此可以看出，在确定数据库的用途时，要让数据库提供的一系列信息也随之显示出来。让用户可以确定在数据库中存储了哪些事件，以及每个事件属于哪个主题。这些事件与数据库中的字段相对应，事件所属的主题则与表相对应。当然，构建系统所需的大多数信息都来源于最终用户，这意味着开发者可以和他们进行交流探讨，以了解更全面的信息。

1.3.2　表设计

　　表是数据库的基础和数据来源，是数据库中最重要的部分，也是设计中最困难的部分。表对象是整个数据库的基础，也是查询、窗体和报表对象的基础，表结构设计的好坏会直接影响数据库的性能。一个良好的数据表设计应该具有以下几个特点。

➡ 表不应包含备份信息，表之间不应包含重复信息，否则冗余数据会浪费空间，还会增加出错的可能性。

➡ 每个表应该只包含一个主题的信息。

　　因此，开发者应该将信息划分为各自独立的主题，每个主题都可

以被设计成数据库的一个表。例如，在员工信息管理数据库中，员工、档案、考勤、工资、社保等信息都可以设计成库的一个表。

1.3.3　数据字段设计

　　数据库中的每一个表都应包含同一主题的信息，而表中的字段则应围绕这个主题而创建。在设计表中的字段时，应该注意以下几点。

➡ 字段应涉及所有需要的信息。

➡ 以最小的逻辑部分存储信息。

➡ 不要创建相互类似的字段。

➡ 不要包含派生或计算得到的数据。例如，有了【单价】和【数量】字段，就不要额外再创建一个【总价】字段来存储这两个字段值的乘数，总价可以通过建立查询来实现。

➡ 明确唯一性的字段。

　　为了连接保存在不同数据表中的信息，在 Access 数据库中，每个数据表必须设置主键字段。例如，在员工信息表中设计了工号、姓名、性别、出生日期、部门等字段，则可以将工号设置为主键。

1.3.4　表关系设计

　　Access 数据库中的数据被保存在不同的表中，因此必须有一些方法能够连接这些数据，使之作为一个整体使用。此时，建立表关系，就可以连接数据。

　　例如，在进销存管理数据库中，想要查看产品信息，一个产品可以有出库、入库、销售的信息，这就需要为产品信息、库存信息、销售明细等工作表建立一对多关系，如图 1-4 所示，这样就可以把这几个表的数据结合在一起查询了。

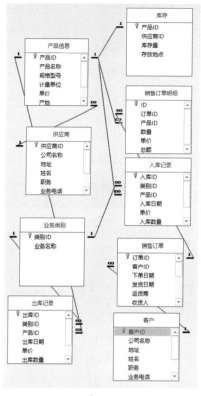

图 1-4

　　数据库表关系要求关系中涉及的两个表内有唯一的字段，如果表中没有唯一的字段，则数据库引擎无法正确连接并提取相关的数据，这时就需要向表中添加一个额外的字段作为与其他表形成关系的点。

1.3.5　报表设计

　　用户除在数据库中记录数据外，还经常需要打印数据库的内容，而报表就是为用户输出数据库内容而设计的。

　　报表通常包括应用程序管理的数据的每一部分。由于报表趋向于提供综合性的内容，因此通常情况下，它是收集数据库要求的重要信息的最佳方式。

1.3.6　窗体设计

　　在创建数据并建立表关系后，

就可以着手设计窗体了。在 Access 数据库系统中，开发者和使用者往往是分离的，而窗体设计更多的是需要站在使用者的角度来开发。一个成功的窗体，需要具有操作方便、外观美观的特点。

窗体以表或查询为数据源，在设计窗体前，如果当前存在的表不满足需求，开发者还需要创建查询来作为数据源。

在设计窗体时，需要在屏幕上放置以下 3 类对象。

（1）标签和文本框控件，以方便输入数据。

（2）其他特殊控件，如按钮、列表框、复选框等。

（3）美化窗体效果的图表对象，如颜色、线条、矩形等。

在设计窗体时，将这 3 类对象放置在窗体中相应的位置，并设置对应的事件属性，即设置对应的宏，就可以成功创建一个简单的数据库。如果要创建一个复杂的功能，还需要设计相应的 VBA 模块对象。

1.4　Access 2021 的新功能

Office 2021 是目前使用最广泛的办公软件，而作为组件之一的 Access 2021 保留了 Access 2019 版本中的所有功能，此外还增加了一些新功能。

★新功能 1.4.1　【添加表】任务窗格

在 Access 2021 中新增了【添加表】任务窗格，打开该窗格后，可以在【表】【链接】【查询】【全部】选项卡之间随意切换。在搜索文本框中，可以筛选数据列表，选中任务窗格中的数据表，可以将其拖动到工作窗口中，如图 1-5 所示。

图 1-5

★新功能 1.4.2　更方便的操作选项卡

Access 2021 提供了选项卡式菜单，如果要关闭数据库对象，只需要单击选项卡右侧的【关闭】按钮 × 即可，如图 1-6 所示。

图 1-6

在数据库对象上按住鼠标左键不放，向左或向右拖动，可以将对象移动到新位置，如图 1-7 所示。

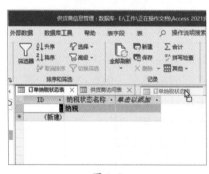

图 1-7

★新功能 1.4.3　具有更高精度的日期/时间扩展数据类型

在 Access 2021 中，可以记录 DateTime2 数据类型。DateTime2 数据类型包含更大的日期范围（0001-01-01 到 9999-12-31），具有更高的指定时间精度，可以记录日期和时间数据到"纳秒"，增强与 SQL 的语法兼容性并提高包含日期和时间的记录的准确性和详细程度，如图 1-8 所示。

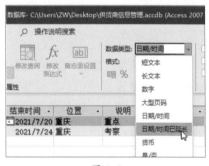

图 1-8

★新功能 1.4.4　支持深色主题

Access 2021 增加了深灰色和黑色主题，非常适合喜欢对高对比度视觉对象使用更柔和的视觉效果的用户，如图 1-9 所示。

图 1-9

在【文件】选项卡的【账户】界面中,可以在【Office主题】下拉列表中选择主题颜色,图 1-10 所示为深灰色显示效果。

图 1-10

★新功能 1.4.5 改进 SQL 视图

在 Access 2021 的 SQL 视图中,增加了【查找和替换】对话框,使用该对话框,可以更好地查找和替换文本,如图 1-11 所示。

图 1-11

★新功能 1.4.6 在查询的设计视图中增加右键菜单命令

在查询的设计视图中,使用增加的右键菜单命令,可以更快地执行查看表数据、数据类型和字段属性等操作,如图 1-12 所示。

图 1-12

★新功能 1.4.7 改进查询和关系窗口

在查询和关系窗口中右击,在弹出的快捷菜单中选择【调整至合适大小】命令,可以根据窗口中的内容调整关系窗口,如图 1-13 所示。

图 1-13

📖 技术看板

将鼠标移动到窗口的右下角,当鼠标指针变为双向箭头时,双击鼠标左键,也可以自动调整关系窗口到合适的大小。

通过拖动关系窗口的边框,也可以调整窗口的大小,调整后可以使用鼠标滚轮水平和垂直滚动,如图 1-14 所示。

图 1-14

★新功能 1.4.8 在【颜色】对话框中新增输入框

Access 2021 在十六进制颜色值的【颜色】对话框中添加了一个新的输入字段,在【十六进制】文本框中输入十六进制颜色值,如 #444444,如图 1-15 所示。

图 1-15

1.5 安装和卸载 Office 2021

要使用 Access 2021 的新功能,必须先安装 Office 2021。本节将介绍 Office 2021 的安装和卸载方法。

第1篇
第2篇
第3篇
第4篇
第5篇
第6篇

★新功能 1.5.1 安装 Office 2021

Office 2021 官方中文版分为 64 位和 32 位的安装程序，用户可以根据自己的计算机来选择相应的版本。

在安装前需要注意的是，Office 2021 只支持 Windows 10 以上的操作系统，即 Windows 10 和 Windows 11 操作系统，而无法支持 Windows 8 及以下的操作系统。如果是 Mac 操作系统，可以下载特定的 Mac 版本。

安装 Office 2021 的具体操作步骤如下。

Step01 下载 Office 2021 安装程序到本地磁盘，然后双击安装程序，如图 1-16 所示。

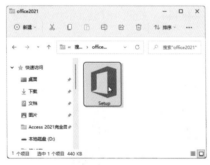

图 1-16

Step02 安装程序启动后会自动检测安装环境，准备安装，如图 1-17 所示。

图 1-17

Step03 开始下载并安装 Office 2021，

耐心等待即可，如图 1-18 所示。

图 1-18

Step04 等待程序安装完成后，单击【关闭】按钮即可，如图 1-19 所示。

图 1-19

★新功能 1.5.2 卸载 Office 2021

如果不再使用 Office 2021，或者遇到系统问题需要卸载软件，可以使用以下方法来卸载 Office 2021。

Step01 ❶单击【开始】按钮 ▦，❷在打开的【开始】菜单中单击【设置】按钮 ⚙，如图 1-20 所示。

图 1-20

Step02 打开【设置】对话框，❶在左侧选择【应用】选项卡，❷在右侧

打开的【应用】列表中选择【应用和功能】选项，如图 1-21 所示。

图 1-21

Step03 打开【应用和功能】界面，❶单击 Microsoft Office 2021 安装程序右侧的⋮按钮，❷在弹出的菜单中选择【卸载】命令，如图 1-22 所示。

图 1-22

Step04 弹出提示对话框，提示此应用及其相关的信息将被卸载，单击【卸载】按钮，如图 1-23 所示。

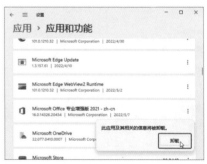

图 1-23

Step05 启动卸载程序，单击【卸载】按钮，如图 1-24 所示。

图 1-24

Step 06 开始卸载程序，如图 1-25 所示。

图 1-25

Step 07 等待提示卸载完成后，单击【关闭】按钮即可，如图 1-26 所示。

图 1-26

技术看板

卸载完成后，会有一些残留文件需要重新启动后删除，用户可以选择立即重启或稍后重启。

1.6　Access 2021 的账户配置

为了使用更多的 Office 功能，可以先创建一个 Microsoft 账户。Microsoft 账户由一个邮件地址和密码组成，用来登录所有的 Microsoft 网站和服务，包括 Outlook.com、Hotmail、Messenger 等。

1.6.1　实战：创建 Microsoft 账户

实例门类	软件功能

创建 Microsoft 账户的具体操作步骤如下。

Step 01 打开 Access 2021，切换到【文件】选项卡，在左侧列表中选择【账户】选项，单击【登录】按钮，如图 1-27 所示。

图 1-27

Step 02 进入【登录】界面，单击【创建一个！】链接，如图 1-28 所示。

图 1-28

Step 03 进入创建账户界面，如果使用电话号码注册，可以在【电话号码】文本框中输入电话号码，然后单击【下一步】按钮。本例使用电子邮件注册账户，所以单击【改为使用电子邮件】链接，如图 1-29 所示。

图 1-29

Step 04 在打开的页面中单击【获取新的电子邮件地址】链接，如图 1-30 所示。

图 1-30

技术看板

如果用户已经拥有电子邮件地址，可以直接填写电子邮件地址，然后单击【下一步】按钮。

Step05 ❶在打开的页面中设置电子邮件的地址，❷单击【下一步】按钮，如图 1-31 所示。

图 1-31

Step06 ❶进入【创建密码】界面，输入想要使用的密码，❷单击【下一步】按钮，如图 1-32 所示。

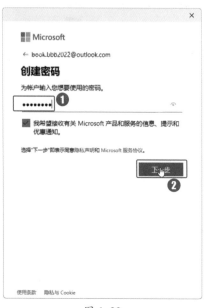

图 1-32

Step07 ❶进入【添加详细信息】界面，输入姓名，❷单击【下一步】按钮，如图 1-33 所示。

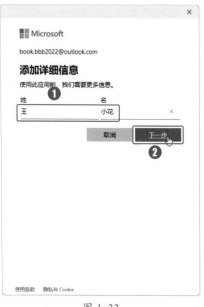

图 1-33

Step08 操作完成后，即可返回 Access

2021 的【账户】界面，显示账户已经登录，如图 1-34 所示。

图 1-34

1.6.2　实战：登录 Microsoft 账户

实例门类	软件功能

如果已经拥有 Microsoft 账户，可以直接登录 Microsoft 账户，具体操作步骤如下。

Step01 打开 Access 2021，切换到【文件】选项卡，在左侧列表中选择【账户】选项，然后单击【登录】按钮，如图 1-35 所示。

图 1-35

Step02 ❶进入【登录】界面，输入账户名称，❷单击【下一步】按钮，如图 1-36 所示。

图 1-36

Step 03 ❶进入【输入密码】界面，输入密码，❷单击【登录】按钮即可登录账户，如图 1-37 所示。

图 1-37

1.6.3 实战：设置账户背景

实例门类	软件功能

登录 Microsoft 账户之后，默认

使用【电路】背景，用户可以为账户设置喜欢的背景。下面介绍两种设置账户背景的方法。

1. 通过【账户】界面设置

登录账户后，在【文件】选项卡的【账户】界面中可以快速设置【Office 背景】，操作方法如下。

打开 Access 2021，切换到【文件】选项卡，❶单击【Office 背景】下拉按钮，❷在弹出的下拉列表中选择一种背景即可，如图 1-38 所示。

图 1-38

> **技术看板**
>
> 只有登录 Microsoft 账户才能设置账户背景。

2. 通过【Access 选项】对话框设置

登录账户后，在【Access 选项】对话框中也可以设置账户背景，具体操作步骤如下。

Step 01 打开 Access 2021，切换到【文件】选项卡，在左侧列表中选择【选项】选项，如图 1-39 所示。

图 1-39

Step 02 打开【Access 选项】对话框，❶在【常规】选项卡的【对 Microsoft Office 进行个性化设置】选项区域中单击【Office 背景】下拉按钮，❷在弹出的下拉列表中选择一种背景样式，❸单击【确定】按钮，如图 1-40 所示。

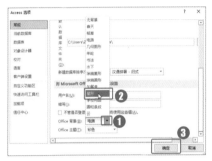

图 1-40

Step 03 返回 Access 2021 主界面，即可看到背景已经更改，如图 1-41 所示。

图 1-41

1.7 认识 Access 数据库界面

Access 2021 中的用户界面由多个元素构成，包括标题栏、快速访问工具栏、功能区、导航窗格、工作区和状态栏，如图 1-42 所示。

图 1-42

1.7.1 标题栏

标题栏位于用户界面的最上方，用于显示当前打开的数据库文件名。在标题栏的右侧有 4 个按钮，分别为【登录】按钮（已经登录则显示用户名）、【最小化】按钮 ■、【最大化】按钮 □ 和【关闭】按钮 ×。这是标准的 Windows 应用程序的组成部分，如图 1-43 所示。

图 1-43

1.7.2 快速访问工具栏

快速访问工具栏是一个可以自定义的工具栏，位于窗口的左上角，默认提供了【保存】按钮 🗒、【撤销】按钮 ⤺、【恢复】按钮 ⤻ 和【自定义快速访问工具栏】按钮 ▽，如图 1-44 所示。

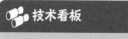

图 1-44

技术看板

如果没有可以恢复的数据，【恢

复】按钮则显示为 ⤻。

如果想要自定义快速访问工具栏，可以单击【自定义快速访问工具栏】按钮 ▽，在弹出的下拉菜单中选择要显示在快速访问工具栏中的命令，如图 1-45 所示。如果命令呈现选中状态，则表示该命令已经被显示在快速访问工具栏中。

图 1-45

1.7.3 功能区

Access 2021 的功能区以选项卡的形式显示，将需要的命令按钮分类组合在一起。功能区默认包含 5 个选项卡，分别是【文件】【开始】

【创建】【外部数据】【数据库工具】。每一个选项卡中包含不同的组，每个组中则包含各命令按钮，用户可以使用这些命令按钮完成工作。Access 对于不同的对象，除这 5 个基本的选项卡外，还会出现其他相关的选项卡。例如，打开【表】对象时，则新增【表字段】和【表】选项卡，如图 1-46 所示。

图 1-46

在功能区选项卡的右下角，某些组中的选项图标为灰色，表示当前状态下禁用。有些组的右下角有功能扩展按钮 ⤢，单击该按钮可以弹出对话框，设置数据库的对象。下面介绍各选项卡的功能。

1.【文件】选项卡

在功能区中，有一个特殊的【文件】选项卡，它的结构、布局与其他选项卡完全不同。选择【文件】选项卡后，即可进入【文件】选项卡操作界面，该界面左侧由【新建】【信息】【保存】等选项组成，如图1-47所示。

图1-47

在【文件】选项卡中，各选项的作用如下。

➥ 开始：可以新建空白数据库，也可以打开最近使用的数据库。

➥ 新建：可以新建空白数据库，也可以通过Access 2021提供的各种模板新建一个模板数据库。

➥ 打开：可以选择打开数据库的目录及方式。

➥ 信息：可压缩和修复数据库，设置密码或查看数据库属性。

➥ 保存：可以保存当前数据库。

➥ 另存为：可以将数据库保存在计算机的其他位置，或者将数据库打包并签署。

➥ 打印：可以快速打印当前对象、设置打印选项或查看打印预览。

➥ 关闭：可关闭当前数据库。

➥ 账户：可以设置主题颜色，或者登录Office。

➥ 反馈：可以向微软公司反馈意见。

➥ 选项：可以打开【Access选项】对话框，通过左侧的各选项卡，可以对数据库进行设置，如图1-48所示。

图1-48

2.【开始】选项卡

【开始】选项卡包括【视图】【剪贴板】【排序和筛选】【记录】【查找】【文本格式】组，如图1-49所示。

图1-49

通过【开始】选项卡，用户可以完成以下工作。

➥ 视图：切换不同的视图。

➥ 剪贴板：执行剪切、复制和粘贴操作。

➥ 排序和筛选：对数据进行排序和筛选操作。

➥ 记录：对数据进行新建、刷新、删除或拼写检查等操作。

➥ 查找：进行查找和替换操作。

➥ 文本格式：设置当前数据的字体、字号、背景色和对齐方式等。

3.【创建】选项卡

【创建】选项卡包括【模板】【表格】【查询】【窗体】【报表】【宏与代码】组，如图1-50所示。

图1-50

在【模板】组中，单击【应用程序部件】下拉按钮，在弹出的下拉列表中可以看到内置的模板，用户可以创建初步布局的空白窗体或选择各种常用模板，如图1-51所示。

图1-51

通过【表格】【查询】【窗体】【报表】【宏与代码】组，可以创建不同的数据库对象，并且在每个组中，还可以通过不同的方式来创建对象。例如，在【查询】组中，用户可以通过【查询向导】和【查询设计】两种方式来创建一个查询。

4.【外部数据】选项卡

【外部数据】选项卡包括【导入并链接】和【导出】组，如图1-52所示。

图1-52

通过【外部数据】选项卡，用户可以完成以下工作。

➥ 导入并链接：可以将其他格式的外部数据，如Excel电子表格、TXT文本文件或XML文件等格式的数据导入Access数据库，或者创建链接，从而链接到这些外部数据。

➥ 导出：可以将Access数据库对象导出为各种格式的数据。

5.【数据库工具】选项卡

【数据库工具】选项卡包括【工具】【宏】【关系】【分析】【移动数据】【加载项】组，如图1-53所示。

图1-53

通过【数据库工具】选项卡，用户可以完成以下工作。

→ 工具：可压缩和修复数据库。

→ 宏：可启动Visual Basic编辑器或运行宏。

→ 关系：可查看和创建表关系，还可查看数据库中对象的相关性。

→ 分析：可分析表或整个数据库的性能。

→ 移动数据：可拆分数据库或将表导出到SharePoint网站。

→ 加载项：可查看、添加或管理可用的加载项。

1.7.4 导航窗格

导航窗格位于工作区的左侧，主要作用是组织和管理当前数据库中的各数据库对象。如果想要折叠或展开导航窗格，可以单击导航窗格右上方的【百叶窗开/关】按钮《或》，如图1-54所示。

图1-54

在导航窗格中，可以设置要显示的对象和分组方式。单击导航窗格右侧的下拉按钮，在弹出的下拉菜单的【浏览类别】选项区域中可以设置分组方式，在【按组筛选】选项区域中可以选择显示哪些对象，如图1-55所示。

图1-55

如果要打开对象，在导航窗格中选择对象后双击即可打开。如果要执行其他操作，可以在对象上右击，在弹出的快捷菜单中选择需要执行的命令即可，如图1-56所示。

图1-56

在导航窗格的空白处右击，在弹出的快捷菜单中，通过【类别】命令可以设置分组方式，通过【排序依据】命令可以设置当前对象的排序依据等，如图1-57所示。

图1-57

1.7.5 工作区

工作区位于导航窗格的右侧，Access中对所有对象进行的操作都在此区域完成。在导航窗格中打开某个数据库对象后，即可在右侧执行查看、修改、设计等操作。

当打开多个对象时，系统默认将其显示为选项卡式文档，方便用户与数据库的交互，如图1-58所示。

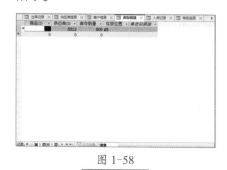

图1-58

1.7.6 状态栏

状态栏位于用户界面的底部，用于显示状态信息、属性提示、操作提示等。单击状态栏右侧的各个按钮，可以切换视图，如图1-59所示。

图1-59

1.8　数据库对象

Access 2021 数据库系统由数据库中的六大数据对象构成，分别是表、查询、窗体、报表、宏和模块。下面介绍数据库中的这六大对象。

★重点 1.8.1　表

在 Access 数据库中，表是不可缺少的最基本的对象，是数据库中的数据仓库，所有收集的数据都存储在表中。在 Access 的对象中，表处于核心地位，是对其他对象进行操作的前提。

表中的每一行称为一条记录。记录用来存储一个个关联完整的信息。每一条记录包含一个或多个字段。字段对应表中的列。例如，用户可能有一个名为【产品信息】的表，其中每一条记录（行）都包含有关不同产品的完整信息，每一个字段（列）都包含不同类型的信息（如产品名称、规格型号、计量单位、单价等）。必须将字段指定为某一数据类型，可以是文本、日期或时间、数字或其他类型，如图 1-60 所示。

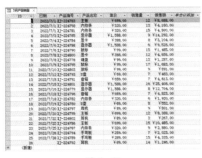

图 1-60

★重点 1.8.2　查询

查询是数据库的核心功能，用户可以根据指定的条件从数据表或其他查询中筛选出符合条件的记录，还可以对记录进行修改、删除、添加等操作。

查询通常是在设计视图中创建的，如图 1-61 所示。

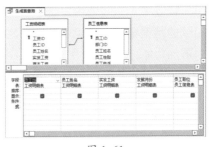

图 1-61

创建查询后，查询结果则以数据表的形式显示，如图 1-62 所示。

图 1-62

查询有两种基本类型：选择查询和操作查询。

→ 选择查询：仅仅检索数据以供使用，用户可以在屏幕中查看查询结果、将结果打印出来或将其复制到剪贴板中，也可以将查询结果用作窗体或报表的记录源。

→ 操作查询：可以对数据执行一项任务，可用来创建新表、向现有表中添加数据、更新数据或删除数据。

★重点 1.8.3　窗体

一个好的数据库不但需要高质量的数据管理和高效率的数据查询，而且还需要有一个美观的用户操作界面。精美的用户操作界面不但能给用户带来舒适的视觉效果，而且还能有效地引导用户对数据库进行正确的操作。

使用窗体可以进行数据的输入和显示，还可以查看或更新数据表中的记录，如图 1-63 所示。

图 1-63

用户还可以使用窗体来控制应用程序的流程，在窗体中添加各种控件后，只需要单击窗体中的各个控件按钮，就可以进入不同的程序模块，调用不同的程序，如图 1-64 所示。

图 1-64

★重点 1.8.4　报表

报表主要用来显示并打印数据。利用报表可以整理和计算基本表中的数据，报表的数据源大多来自表、查询或SQL语句。与窗体不同，在报表中用户不能输入数据。报表可以用来显示和打印一个数据表，或者查询表中的信息，如图1-65所示。

图 1-65

创建标签报表后还可以制作标签。将标签打印后，可以将其裁剪成一个个的小标签，然后粘贴在产品的包装上，用来对物品进行标识，如图1-66所示。

图 1-66

1.8.5　宏

在数据库中，各对象不能独立存在，只有将各种对象有机地组织起来，才能实现数据的复杂管理功能。使用宏对象是实现各对象协调工作的方法之一。

可以将Access中的宏看作一种简化的编程语言，可用于向数据库中添加功能。

例如，可将一个宏附加到窗体中的某一命令按钮上，这样每次单击该按钮时，所附加的宏就会运行。

宏包括可执行任务的操作，如打开报表、运行查询或关闭数据库。大多数手动执行的数据库操作都可以利用宏自动执行，因此宏是非常省时的方法。

宏的设计是在【宏生成器】中完成的，单击【添加新操作】右侧的下拉按钮，在弹出的下拉列表中即可选择相应的操作命令创建宏，如图1-67所示。

图 1-67

1.8.6　模块

与宏一样，模块是可用于向数

据库中添加功能的对象。用户可以通过宏操作在列表中进行选择，从而在Access中创建宏，还可以用VBA（Microsoft Visual Basic 的宏语言版本，用于编写基于Microsoft Windows的应用程序，内置于多个Microsoft程序中）编程语言编写模块。模块是声明、语句和过程的集合，它们作为一个单元存储在一起。

模块通常分为类模块和标准模块。类模块中包含各种事件过程，它与某个窗体或报表对象相关联。标准模块包含与任何其他特定对象无关的通用过程。

其中，过程是模块中最主要的组成部分，能够完成某项特定功能的VBA代码段（图1-68），是一个能显示出库的Sub过程。

图 1-68

妙招技法

通过对前面知识的学习，相信读者已经对Access 2021有了一定的了解。下面结合本章内容，给大家介绍一些实用技巧。

技巧 01：将命令添加到快速访问工具栏中

快速访问工具栏默认提供了【保存】按钮、【撤销】按钮、【恢复】按钮和【自定义快速访问工具栏】按钮，如果有需要，还可以将需要的命令添加到快速访问工具栏中。例如，要将【快速打印】命令添加到快速访问工具栏中，具体操作步骤如下。

Step01 ❶单击快速访问工具栏中的【自定义快速访问工具栏】按钮，❷在弹出的下拉菜单中选择【快速打印】命令，如图 1-69 所示。

图 1-69

Step02 操作完成后，即可看到所选命令已经添加到快速访问工具栏中，如图 1-70 所示。

图 1-70

技能拓展——删除快速访问工具栏中的按钮

若要将快速访问工具栏中的某个按钮删除，可在要删除的按钮上右击，在弹出的快捷菜单中选择【从快速访问工具栏删除】命令即可。

技巧 02：在功能区中添加常用选项卡

根据操作习惯，用户不仅可以自定义快速访问工具栏，也可以自定义功能区。对功能区进行自定义时，大致分两种情况，一种是在现有的选项卡中添加命令，另一种是在新建的选项卡中添加命令。无论是哪种情况，都需要新建一个组才能添加命令，而不能将命令直接添加到 Access 默认的组中。

例如，新建一个名为【常用工具】的选项卡，在该选项卡中新建一个名为【创建表常用工具】的组，用于存放经常使用的相关命令按钮，具体操作步骤如下。

Step01 在【文件】选项卡中选择【选项】选项，如图 1-71 所示。

图 1-71

Step02 打开【Access 选项】对话框，❶切换到【自定义功能区】选项卡，❷单击【新建选项卡】按钮，如图 1-72 所示。

图 1-72

Step03 即可新建一个选项卡，并自动新建一个组，❶选择【新建选项卡（自定义）】选项，❷单击【重命名】按钮，如图 1-73 所示。

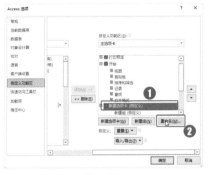

图 1-73

Step04 弹出【重命名】对话框，❶在【显示名称】文本框中输入选项卡的名称"常用工具"，❷单击【确定】按钮，如图 1-74 所示。

图 1-74

Step05 返回【Access 选项】对话框，❶选择【新建组（自定义）】选项，❷单击【重命名】按钮，如图 1-75 所示。

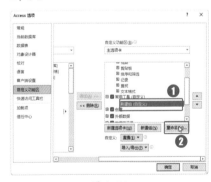

图 1-75

Step06 弹出【重命名】对话框，❶在【显示名称】文本框中输入组的名称"创建表常用工具"，❷单击【确定】按钮，如图 1-76 所示。

图 1-76

图 1-78

图 1-80

📘 **技术看板**

每次新建选项卡后，会自动包含一个默认的组。如果希望在该选项卡中创建更多的组，则在右侧列表框中先选择该选项卡，然后单击【新建组】按钮进行创建即可。

Step07 返回【Access选项】对话框，❶在【从下列位置选择命令】下拉列表中选择命令的来源位置，如【常用命令】选项，❷在左侧列表框中选择需要添加的命令，通过单击【添加】按钮，将所选命令添加到右侧列表框中，❸完成添加后单击【确定】按钮，如图 1-77 所示。

技巧 03：折叠和展开功能区

默认情况下，功能区将选项卡和命令都显示了出来，为了扩大编辑区的显示范围，可以折叠和展开功能区，具体操作步骤如下。

Step01 ❶在功能区中右击，❷在弹出的快捷菜单中选择【折叠功能区】命令，即可折叠功能区，如图 1-79 所示。

技巧 04：将自定义选项卡设置用于其他计算机

用户为功能区自定义选项卡之后，如果想要将设置用于其他计算机，具体操作步骤如下。

Step01 打开【Access选项】对话框，❶切换到【自定义功能区】选项卡，❷单击【导入/导出】下拉按钮，❸在弹出的下拉列表中选择【导出所有自定义设置】选项，如图 1-81 所示。

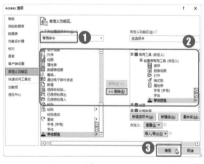

图 1-77

图 1-79

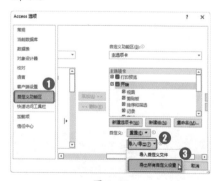

图 1-81

Step08 通过上述操作后，返回 Access窗口，可看到新建了一个名为【常用工具】的选项卡，在该选项卡中有一个名为【创建表常用工具】的组，其中包含了添加的按钮，如图 1-78 所示。

Step02 如果要展开功能区，❶在功能区中右击，❷在弹出的快捷菜单中再次选择【折叠功能区】命令，取消选择即可，如图 1-80 所示。

Step02 打开【保存文件】对话框，❶设置保存路径和文件名，❷单击【保存】按钮，如图 1-82 所示。

图 1-82

Step03 导出完成后，将导出的文件复制到其他计算机，然后打开【Access选项】对话框，❶切换到【自定义功能区】选项卡，❷单击【导入/导出】下拉按钮，❸在弹出的下拉列表中选择【导入自定义文件】选项，如图 1-83 所示。

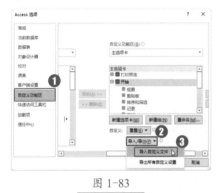

图 1-83

Step04 打开【打开】对话框，❶选择

导入的文件，❷单击【打开】按钮，如图 1-84 所示。

图 1-84

Step05 在弹出的提示对话框中单击【是】按钮即可，如图 1-85 所示。

图 1-85

技巧 05：更改快速访问工具栏的位置

快速访问工具栏默认显示在功能区的上方，如果有需要，也可以将其移动到功能区的下方，具体操作步骤如下。

Step01 ❶单击快速访问工具栏中的

【自定义快速访问工具栏】按钮 ，❷在弹出的下拉菜单中选择【在功能区下方显示】命令，如图 1-86 所示。

图 1-86

Step02 操作完成后，即可看到快速访问工具栏已经移到功能区的下方，如图 1-87 所示。

图 1-87

本章小结

本章主要介绍了 Access 的基础知识，包括 Access 的作用、数据库的设计方法、Access 的新功能、Microsoft 账户设置、界面介绍、数据库对象等，让用户对数据库有了一个简单的了解，知道可以用数据库来做什么、怎么做才能设计出出色的数据库。有了对数据库的直观印象，在以后学习数据库的过程中，才能更快地适应数据库的操作方式，更快地设计出合理的数据库。

第1篇　第2篇　第3篇　第4篇　第5篇　第6篇

<table>
<tr><td>第2章</td><td># Access 中创建和使用数据库</td></tr>
</table>

> ➡ 你知道怎样使用模板创建数据库吗？
> ➡ 想要复制数据库，应该怎样操作？
> ➡ 害怕数据库的数据丢失，有没有预防丢失的方法？
> ➡ 想知道数据库的属性，知道怎样查看吗？

　　随着数据库技术的不断发展，越来越多的企业认识到建立数据库的重要性。如果对数据库的模块设计一筹莫展，可以选择使用模板创建数据库；如果担心突然断电或计算机故障导致数据丢失，可以备份数据库；如果担心数据库的安全，可以隐藏数据库。本章将介绍怎样创建和使用数据库。

2.1　创建数据库

　　使用 Access 2021 创建数据库的方法有很多，但只有建立了数据库，才可以在数据库中添加表、报表、模块等对象，下面介绍创建数据库的方法。

★新功能 2.1.1　实战：创建空白数据库

实例门类	软件功能

　　数据库是存放各个数据库对象的载体，如果要在数据库中添加表、窗体、宏等对象，首先需要创建一个空白数据库。

1. 通过工作首界面创建空白数据库

　　如果是第一次使用 Access 2021，最常用的方法是通过工作首界面创建空白数据库，具体操作步骤如下。

Step 01 ❶单击【开始】按钮 ▦，❷在打开的【开始】菜单中选择【Access】命令，如图 2-1 所示。

图 2-1

📖 技术看板

　　如果【开始】菜单的【已固定】栏中没有 Access 程序，可以单击【开始】菜单中的【所有应用】按钮，在打开的【所有应用】列表中选择 Access 程序。

Step 02 进入 Access 2021 的【开始】界面，在【新建】栏中选择【空白数据库】选项，如图 2-2 所示。

图 2-2

Step 03 弹出【空白数据库】对话框，单击【浏览到某个位置来存放数据库】按钮 🗁，如图 2-3 所示。

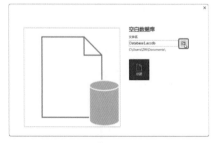

图 2-3

Step 04 打开【文件新建数据库】对

话框，❶设置保存路径和文件名，❷单击【确定】按钮，如图2-4所示。

图 2-4

Step 05 返回【空白数据库】对话框，可以看到保存路径和文件名已经更改，直接单击【创建】按钮，如图2-5所示。

图 2-5

Step 06 操作完成后，即可成功创建一个空白数据库，如图2-6所示。

图 2-6

2. 通过已打开的Access数据库创建空白数据库

如果已经打开了一个Access数据库文件，可以通过【文件】选项卡的【新建】选项来创建空白数据库，具体操作步骤如下。

Step 01 在已打开的Access数据库中

选择【文件】选项卡，❶在打开的界面左侧选择【新建】选项，❷在右侧的【新建】窗格中选择【空白数据库】选项，如图2-7所示。

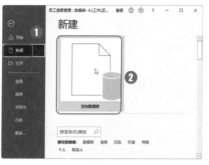

图 2-7

Step 02 弹出【空白数据库】对话框，按照前文的方法设置保存路径和文件名创建数据库即可，如图2-8所示。

图 2-8

技能拓展——快速创建默认名称的空白数据库

如果想直接创建带有系统默认名称和保存路径的空白数据库，可以直接在【新建】窗格中双击【空白数据库】图标。

3. 通过右键菜单命令创建空白数据库

通过右键菜单命令创建空白数据库是比较简单的方法，具体操作步骤如下。

Step 01 ❶在计算机的任意空白处右击，❷在弹出的快捷菜单中选择【新建】命令，❸在弹出的级联菜单中选择【Microsoft Access Database】命令，如图2-9所示。

图 2-9

Step 02 即可在目标位置创建空白数据库，且数据库名称呈可编辑状态。❶直接输入数据库名称，❷单击任意空白区域即可，如图2-10所示。

图 2-10

★新功能 2.1.2 实战：使用模板创建数据库

实例门类	软件功能

对于初学者而言，想要创建一个看起来比较专业又美观的数据库，最简单的方法是使用模板来创建数据库。下面介绍使用模板创建数据库的方法。

1. 使用内置模板创建数据库

在Office系统中自带了多种数据库模板，用户可以使用系统内置的模板来创建数据库，具体操作步骤如下。

Step 01 启动Access 2021，在右侧窗格中选择一种模板类型，如选择【项目】选项，如图2-11所示。

图 2-11

Step02 打开【项目】对话框，❶按照前文的方法设置保存路径和文件名，❷单击【创建】按钮，如图 2-12 所示。

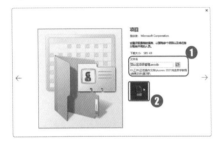

图 2-12

> **技术看板**
>
> 如果不需要更改保存路径，可以直接在【文件名】文本框中输入新的文件名。

Step03 弹出【正在准备模板...】对话框，稍等片刻，等待模板准备完成，如图 2-13 所示。

图 2-13

Step04 准备完成后，即可根据【项目】模板的结构创建【项目列表】数据库，如图 2-14 所示。

图 2-14

2. 使用联机模板创建数据库

除使用内置模板创建数据库外，联机模板中收纳了更多的数据库类型，用户可以通过搜索联机模板来创建数据库，具体操作步骤如下。

Step01 启动 Access 2021，❶在【新建】选项右侧窗格的【搜索联机模板】文本框中输入关键字，❷单击【搜索】按钮，如图 2-15 所示。

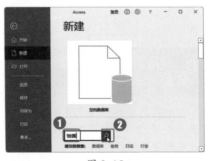

图 2-15

Step02 系统会搜索出相似或相近的模板并显示出来，选择需要的模板，如图 2-16 所示。

图 2-16

> **技术看板**
>
> 在系统中执行搜索操作后，无论是否搜索出结果，系统都会在右侧显示出其他相似的模板链接以供选择。

Step03 按照前文的方法设置保存路径和文件名创建模板即可，如图 2-17 所示。

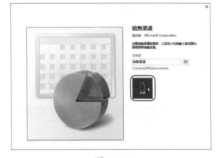

图 2-17

2.2 使用数据库

数据库创建完成后，就可以使用了。但是，在使用数据库之前，用户需要先学会打开、保存和关闭数据库等操作，为进一步学习数据库的相关操作打下基础。

2.2.1 打开数据库

如果要编辑数据库，首先需要打开数据库，下面介绍数据库的打开方法。

1. 双击已有文件打开

通过双击打开数据库是最常用的一种方法，操作方法为：在计算机中找到数据库文件图标，然后在图标上双击即可，如图 2-18 所示。

图 2-18

2. 使用【打开】命令打开

如果已经打开了一个 Access 数据库，也可以通过【打开】命令来打开其他数据库，具体操作步骤如下。

Step01 在打开的数据库中选择【文件】选项卡，如图 2-19 所示。

图 2-19

Step02 进入【文件】选项卡操作界面，❶选择【打开】选项，❷在右侧单击【浏览】按钮，如图 2-20 所示。

Step03 弹出【打开】对话框，❶选择要打开的数据库文件，❷单击【打开】按钮即可，如图 2-21 所示。

图 2-20

图 2-21

2.2.2 保存数据库

对数据库进行编辑操作后，需要对数据库进行保存，以便下次直接调用。在操作数据库时，养成随时保存的习惯，可以避免因发生意外情况而导致大量数据丢失。保存数据库的方法有以下几种。

1. 直接保存数据库

直接保存数据库是指将数据库以原有名称保存在原有的位置，直接保存数据库的方法有以下几种。

➡ 单击快速访问工具栏中的【保存】按钮，如图 2-22 所示。

图 2-22

➡ 切换到【文件】选项卡，在左侧列表中选择【保存】选项，如图 2-23 所示。

图 2-23

➡ 按【Ctrl+S】快捷键。

2. 另存为数据库

另存为数据库是指将数据库保存到其他的路径，保存时可以修改文件名和文件格式，具体操作步骤如下。

Step01 ❶在【文件】选项卡中选择【另存为】选项，❷在右侧窗格中选择文件类型，❸单击【另存为】按钮，如图 2-24 所示。

图 2-24

Step 02 弹出【Microsoft Access】对话框，单击【是】按钮，如图 2-25 所示。

图 2-25

技术看板

如果没有关闭所有打开的对象，单击【是】按钮后会强制关闭，并且不会自动保存。所以，如果数据库中有需要保存的数据，需要在关闭所有打开的对象后再执行另存为操作。

Step 03 打开【另存为】对话框，❶设置保存路径和文件名，❷单击【保存】按钮即可，如图 2-26 所示。

图 2-26

★新功能 2.2.3　关闭数据库

当不再需要使用数据库时，就

可以关闭数据库了。关闭数据库的方法有以下几种。

➡ 单击 Access 工作界面右侧的【关闭】按钮×，如图 2-27 所示。

图 2-27

➡ 切换到【文件】选项卡，在左侧列表中选择【关闭】选项，如图 2-28 所示。

图 2-28

➡ 在标题栏上右击，在弹出的快捷菜单中选择【关闭】命令，如图 2-29 所示。

图 2-29

➡ 在任意标题栏上右击，在弹出的

快捷菜单中选择【全部关闭】命令，可以关闭全部数据库，如图 2-30 所示。

图 2-30

➡ 单击标题栏右侧的【关闭】按钮×，如图 2-31 所示。

图 2-31

➡ 将鼠标指针指向任务栏中的 Access 图标，在上方会显示数据库缩略图，单击缩略图右上角的【关闭】按钮×，如图 2-32 所示。

图 2-32

➡ 在任务栏中的 Access 图标上右击，在弹出的快捷菜单中选择【关闭所有窗口】命令，如图 2-33 所示。

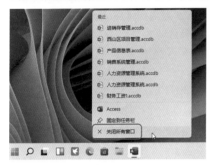

图 2-33

➡ 按【Alt+F4】快捷键。

2.2.4 实战：查看数据库属性

实例门类	软件功能

如果要了解数据库的相关信息，如数据库的类型、存放位置、大小、内容等，可以查看数据库的属性。查看数据库属性的具体操作步骤如下。

Step01 在 Access 数据库中切换到【文件】选项卡，❶在左侧列表中选择【信息】选项，❷在右侧窗格中单击【查看和编辑数据库属性】链接，如图 2-34 所示。

图 2-34

Step02 弹出【属性】对话框，其中包括【常规】【摘要】【统计】【内容】【自定义】5 个选项卡。在【常规】选项卡中可以查看文件的存放位置、大小和创建时间等信息，如图 2-35 所示。

图 2-35

Step03 在【摘要】选项卡中可以设置标题、主题、主管等摘要信息，如图 2-36 所示。

图 2-36

Step04 在【统计】选项卡中可以查看数据库的创建时间、修改时间、访问时间等，如图 2-37 所示。

图 2-37

Step05 在【内容】选项卡中可以查看当前数据库包含的所有对象，如图 2-38 所示。

图 2-38

Step06 在【自定义】选项卡中可以设置数据库的名称、类型、取值等自定义信息，如图 2-39 所示。

图 2-39

2.2.5 实战：备份数据库

实例门类	软件功能

为了避免发生意外情况而丢失数

据库中的数据，可以将数据库进行备份，备份数据库的具体操作步骤如下。

Step01 打开"素材文件\第 2 章\进销存管理 .accdb"，❶在【文件】选项卡中选择【另存为】选项，❷在【另存为】窗格中选择【数据库另存为】选项，❸在右侧窗格中双击【备份数据库】选项，如图 2-40 所示。

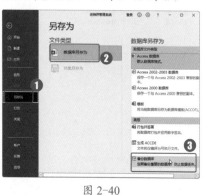

图 2-40

Step02 ❶打开【另存为】对话框，系统默认的文件名为数据库名＋日期，用户只需要设置数据库的保存路径，❷单击【保存】按钮即可，如图 2-41 所示。

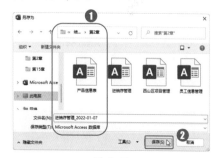

图 2-41

2.3 使用数据库对象

在使用数据库时，最终目的是操作数据库对象。数据库对象的基本操作包括打开、复制、隐藏、显示等，这些操作都可以通过导航窗格来完成。

★重点 2.3.1 打开数据库对象

打开数据库对象的方法主要有以下两种。

1. 双击对象打开

双击打开数据库对象是最简单的方法，操作方法为：打开"素材文件\第 2 章\进销存管理 .accdb"，在导航窗格中双击要打开的数据库对象，即可打开，如图 2-42 所示。

图 2-42

2. 使用右键快捷菜单打开

使用右键快捷菜单也可以方便地打开数据库对象，操作方法为：打开"素材文件\第 2 章\进销存管理 .accdb"，❶在导航窗格中右击要打开的数据库对象，❷在弹出的快捷菜单中选择【打开】命令即可，如图 2-43 所示。

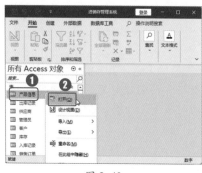

图 2-43

★重点 2.3.2 复制数据库对象

复制数据库对象是指为对象建立副本，具体操作步骤如下。

Step01 打开"素材文件\第 2 章\进销存管理 .accdb"，❶在要复制的对象上右击，❷在弹出的快捷菜单中选择【复制】命令，如图 2-44 所示。

图 2-44

Step02 ❶在要粘贴的目标数据库的导航窗格中右击，❷在弹出的快捷菜单中选择【粘贴】命令，如图2-45所示。

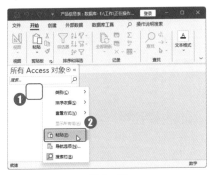

图 2-45

技术看板

用户可以按【Ctrl+C】快捷键复制对象，然后按【Ctrl+V】快捷键粘贴对象。

Step03 弹出【粘贴表方式】对话框，❶在【表名称】文本框中输入表名称，❷在【粘贴选项】选项区域中选择粘贴方式，❸单击【确定】按钮，如图2-46所示。

图 2-46

技术看板

使用相同的方法复制和粘贴其他对象（如查询、窗体、报表）时，会弹出【粘贴为】对话框，在对象的名称文本框中输入名称，然后单击【确定】按钮即可完成复制。

Step04 操作完成后，即可将复制的

对象粘贴到目标数据库，如图2-47所示。

图 2-47

2.3.3 隐藏和显示数据库对象

当数据库中的对象太多时，可以将不需要显示的对象在导航窗格中隐藏起来，从而使数据库看起来更加简洁利落，下面介绍隐藏和显示数据库对象的方法。

1. 隐藏数据库对象

隐藏数据库对象的具体操作步骤如下。

Step01 打开"素材文件\第2章\销售表.accdb"，❶在导航窗格中右击要隐藏的对象，❷在弹出的快捷菜单中选择【在此组中隐藏】命令，如图2-48所示。

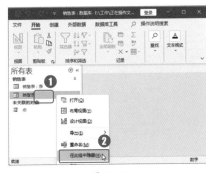

图 2-48

Step02 操作完成后，即可隐藏对象，如图2-49所示。

图 2-49

2. 显示数据库对象

隐藏了对象之后，如果想要显示对象，可以按照以下步骤操作。

Step01 ❶在导航窗格的空白处右击，❷在弹出的快捷菜单中选择【导航选项】命令，如图2-50所示。

图 2-50

Step02 弹出【导航选项】对话框，❶在【显示选项】选项区域中选中【显示隐藏对象】复选框，❷单击【确定】按钮，如图2-51所示。

图 2-51

技术看板

在【Access选项】对话框的【当前数据库】选项卡中单击【导航】选项区域中的【导航选项】按钮，也可以打开【导航选项】对话框。

Step03 返回数据库主界面，在导航窗格中可以看到隐藏的数据库对象呈灰色显示，❶在对象上右击，❷在

弹出的快捷菜单中选择【取消在此组中隐藏】命令，即可将该数据库对象正常显示，如图2-52所示。

图 2-52

妙招技法

通过对前面知识的学习，相信读者已经掌握了 Access 2021 数据库的基本操作方法。下面结合本章内容，给大家介绍一些实用技巧。

技巧 01：设置数据库的默认保存路径

在创建数据库时，会发现数据库每次都会默认保存在同一个路径。如果这个路径并不是常用保存路径，可以将默认保存路径更改为常用路径，具体操作步骤如下。

Step01 打开【Access选项】对话框，在【常规】选项卡的【创建数据库】选项区域中单击【默认数据库文件夹】右侧的【浏览】按钮，如图2-53所示。

图 2-53

Step02 打开【默认的数据库路径】对话框，❶选择要设置为默认保存路径的文件夹，❷单击【确定】按钮，如图2-54所示。

图 2-54

Step03 返回【Access选项】对话框，单击【确定】按钮即可，如图2-55所示。

图 2-55

技巧 02：怎样设置最近使用的数据库文件条目

【文件】选项卡的【打开】界面中显示了最近使用的数据库，默认

为 50 条，如果用户不需要显示太多最近使用的数据库，可以通过以下方法来设置。

打开【Access选项】对话框，❶切换到【客户端设置】选项卡，❷在【显示】选项区域的【显示此数目的最近使用的数据库】微调框中设置要显示的数目，如"20"，❸单击【确定】按钮即可，如图2-56所示。

图 2-56

技能拓展——隐藏最近使用数据库列表

如果不想显示最近使用的数据库，也可以隐藏数据库列表。方法为：在【Access选项】对话框的【客户端设置】选项卡中，将【显示】选项区域的【显

示此数目的最近使用的数据库】微调框中的数值设置为"0"即可。

技巧 03：将常用数据库固定在列表中

对于常用的数据库，可以将其固定在最近使用列表中，以便能快速找到并使用，具体操作步骤如下。

Step01 在【文件】选项卡的【开始】或【打开】界面中，在需要固定的数据库右侧单击【将此项目固定到列表】按钮，即可将其固定在【已固定】列表中，如图 2-57 所示。

图 2-57

Step02 如果要取消固定，则在要取消固定的数据库右侧单击【在列表中取消对此项目的固定】按钮，如图 2-58 所示。

图 2-58

技巧 04：更改数据库默认的创建格式

Access 2021 默认的创建格式为 Access 2007-2016，如果需要设置其他格式为默认格式，操作方法如下。

打开【Access 选项】对话框，❶在【常规】选项卡的【创建数据库】选项区域中单击【空白数据库的默认文件格式】右侧的下拉按钮，❷在弹出的下拉列表中选择一种默认文件格式，❸单击【确定】按钮即可，如图 2-59 所示。

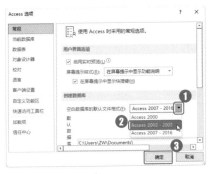

图 2-59

技巧 05：如何让系统默认以独占方式打开数据库

在为数据库加密或解密之前，都需要以独占方式打开数据库，而默认的打开方式为共享。如果想让系统默认以独占方式打开数据库，操作方法如下。

打开【Access 选项】对话框，❶在【客户端设置】选项卡的【高级】选项区域中选中【默认打开模式】下的【独占】单选按钮，❷单击【确定】按钮即可，如图 2-60 所示。

图 2-60

本章小结

通过对本章知识的学习和对案例的练习，相信读者已经掌握了创建和使用数据库的方法。创建数据库是使用数据库的第一步，而打开、关闭和保存数据库是每一次使用数据库都需要操作的步骤。不要小看每一步看似简单的操作，熟练掌握这些操作可以在工作中省不少心。掌握一些创建和使用数据库的小技巧，也可以让你事半功倍。

第3章　Access 中创建和使用数据表

- ➥ 想要创建数据表，使用哪种方法才好？
- ➥ 想要更改字段的类型错误，应该怎样操作？
- ➥ 对开始设计的字段不满意，怎样修改成新的字段？
- ➥ 想要删除不需要的字段，应该怎样操作？
- ➥ 想要对表中的数据进行排序和筛选，应该怎样操作？

数据表是用来存储数据库数据的重要对象，是查询、报表等对象的数据来源，是 Access 数据库中最重要、最基本的对象，也是其他 5 种对象的基础。在创建数据表时，需要根据数据库的整体要求建立数据表，并合理分配每个字段，还要为每个字段设置相应的字段类型和字段属性。在数据表中输入数据后，怎样使数据显示更加美观和便于查看，都会在本章进行介绍。

3.1　创建数据表

表是整个数据库最基本的组成单位，表结构设计的好坏直接影响数据库的性能。所以，设计一个结构和关系都良好的数据表是数据库系统开发中的重要环节。下面介绍几种创建数据表的方法。

★重点 3.1.1　实战：使用表模板创建数据表

实例门类	软件功能

如果需要创建常用的联系人、任务等数据表，使用系统提供的模板比手动创建更加快捷。下面以在 Access 2021 中创建联系人列表为例，介绍使用表模板创建数据表的具体操作步骤。

Step01 创建一个空白数据库，❶单击【创建】选项卡【模板】组中的【应用程序部件】下拉按钮，❷在弹出的下拉列表中选择【联系人】选项，如图 3-1 所示。

图 3-1

Step02 弹出提示对话框，提示安装此应用程序部件之前必须关闭所有打开的对象，单击【是】按钮，如图 3-2 所示。

图 3-2

Step03 操作完成后，即可创建联系人表。双击【联系人】表，即可进入该表的数据表视图界面，如图 3-3 所示。

图 3-3

📃 技术看板

使用【联系人】模板创建数据表的同时，还会同时创建查询、窗体和报表。

★重点 3.1.2　实战：使用数据表视图创建数据表

实例门类	软件功能

在数据表视图中创建数据表是最常用的创建方法，具体操作步骤如下。

Step01 创建一个空白数据库，单击【创建】选项卡【表格】组中的【表】按钮，如图 3-4 所示。

图 3-4

Step02 此时，将新建一个名为【表1】的空白数据表，并自动进入该表的数据表视图，如图 3-5 所示。

图 3-5

Step03 ❶在表中单击【单击以添加】下拉按钮，❷在弹出的下拉列表中选择一种字段的数据类型，如【短文本】，如图 3-6 所示。

图 3-6

Step04 此时，表中将添加一个名为【字段1】的字段，且该字段名称处于可编辑状态，如图 3-7 所示。

图 3-7

Step05 在【字段1】文本框中输入新名称，如"姓名"，然后按【Enter】键即可，如图 3-8 所示。

图 3-8

Step06 ❶使用相同的方法添加其他字段，并更改字段名称，❷完成后单击快速访问工具栏中的【保存】按钮，如图 3-9 所示。

图 3-9

Step07 弹出【另存为】对话框，❶在【表名称】文本框中输入表名称，如"员工信息表"，❷单击【确定】按钮，如图 3-10 所示。

图 3-10

Step08 操作完成后，即可在数据库中创建一个【员工信息表】，如图 3-11 所示。

图 3-11

★重点 3.1.3　实战：使用设计视图创建数据表

实例门类	软件功能

在设计视图中创建数据表时，用户不仅可以设置字段名称和数据类型，还可以设置属性，具体操作

步骤如下。

Step01 接上一例操作，在数据库中单击【创建】选项卡【表格】组中的【表设计】按钮，如图 3-12 所示。

图 3-12

Step02 此时，将新建一个名为【表1】的空白数据表，并自动进入该表的设计视图，如图 3-13 所示。

图 3-13

Step03 ❶在【字段名称】列中输入字段名，如"工号"，❷在【数据类型】列中选择一种数据类型，如【数字】，如图 3-14 所示。

图 3-14

技术看板

如果不设置字段的数据类型，则默认为【短文本】。

Step04 在【说明（可选）】列中可以输入说明性文字，如图 3-15 所示。

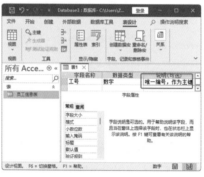

图 3-15

技术看板

【说明（可选）】列中的内容属于可选内容，可以输入，也可以不输入。

Step05 ❶使用相同的方法，在表中添加其他字段，❷完成后单击快速访问工具栏中的【保存】按钮，如图 3-16 所示。

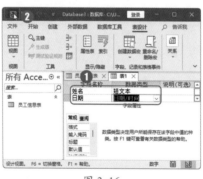

图 3-16

Step06 弹出【另存为】对话框，❶在【表名称】文本框中输入表名称，❷单击【确定】按钮，如图 3-17 所示。

图 3-17

Step07 弹出提示对话框，提示尚未定义主键，此处暂时不定义主键，单击【否】按钮，如图 3-18 所示。

图 3-18

Step08 操作完成后，即可在数据库中创建一个【员工考勤表】，❶单击【开始】选项卡【视图】组中的【视图】下拉按钮，❷在弹出的下拉菜单中选择【数据表视图】命令，如图 3-19 所示。

图 3-19

Step09 操作完成后，即可看到新建数据表的数据表视图模式，如图 3-20 所示。

图 3-20

3.1.4 使用 SharePoint 列表创建表

使用 SharePoint 可以在数据库中创建导入或链接到 SharePoint 列表中的表，还可以使用预定义模式，创建新的 SharePoint 列表，具体操作步骤如下。

Step 01 ❶ 在数据库中单击【创建】选项卡【表格】组中的【SharePoint 列表】下拉按钮，❷ 在弹出的下拉菜单中选择【任务】命令，如图 3-21 所示。

图 3-21

Step 02 打开【创建新列表】对话框，❶ 在【指定 SharePoint 网站】文本框中输入网站的 URL 地址，在【指定新列表的名称】文本框中输入新列表的名称，在【说明】文本框中添加说明，❷ 完成后单击【确定】按钮即可，如图 3-22 所示。

图 3-22

3.2 设置数据字段

字段是数据表的基本构成，一般情况下，将数据表的列称为字段。创建数据表后，只有添加字段和设置正确的数据类型之后，数据表才能正确地存储数据。所以，添加字段和设置数据类型是存储数据必不可少的步骤。

3.2.1 认识数据类型

数据类型用于定义字段中可以存储什么类型的数据及存储的基本规则。在 Access 2021 中，数据类型包括短文本、长文本、数字、日期/时间、货币等，每种类型都有其特定的用途。在设置数据类型之前，首先需要了解其特定的用途。

➡ 短文本：用于存储文本或文本和数字，存储大小为 0~255 个字符。

➡ 长文本：用于存储较长的文本和数字，存储大小为 0~65538 个字符。

➡ 数字：用于存储数值数据，分为字节、整型、长整型、单精度型、双精度型、同步复制 ID 和小数，存储大小为 1B、2B、4B、8B 或 16B。

➡ 日期/时间：用于存储日期和时间格式的数据，能保存从 100 年 1 月 1 日到 9999 年 12 月 31 日之间的日期，存储大小为 8B。

➡ 货币：用于存储与货币相关的数据，货币数字在计算过程中不会舍入，小数点左侧保持 15 位精度，右侧保持 4 位精度，存储大小为 8B。

➡ 自动编号：用于为每条新记录生成唯一值，每次向该表中添加一条记录时，对该值进行递增。

技术看板

自动编号字段并不保证会生成连续的、不中断的一组序号。例如，如果在添加一条新记录的过程中发生中断，如在输入新记录的数据时，用户按了【Esc】键，自动编号字段将跳过一个数字。

➡ 是/否：又称为布尔类型，当字段中只包含两个不同的可选值时，如 Yes/No、True/False 或 On/Off，可以使用该类型，一个是/否字段占用 1B。

➡ OLE 对象：用于存储 OLE 数据，支持连接或嵌入 OLE 对象。OLE 对象是指使用 OLE 协议程序创建的对象，如 Word 文档、Excel 表格、图像、声音等。OLE 对象只能显示在窗体和报表的绑定对象框中，不能对 OLE 字段编制索引。OLE 对象的存储大小最大为 1GB。

➡ 超链接：用于存储超链接地址，可以是 URL 或 UNC 路径，存储大小为 0~64000 个字符。

➡ 附件：用于将图片、文档、表格、图表等文件附加到数据表中，比 OLE 对象字段的灵活性更高。存储大小取决于附件的大小。

➡ 计算：用于支持合适表达式的计算，存储大小取决于【结果类型】属性的数据类型。

➡ 查阅向导：用于提供一个包含各字段内容的列表，用户可在列表中选择相应选项作为字段的具体内容，存储大小取决于列表中字段内容的数据类型。

正确使用数据类型，有助于消除数据冗余，优化存储，提高数据库的性能。如果用户不知道应该如何选择正确的数据类型，可以参考以下3点。

（1）根据存储的数据内容选择。例如，需要存储的数据为货币值，就不要选择文本类型。

（2）根据数据内容的大小选择。例如，输入的数据为文章的标题，选择短文本类型即可。

（3）根据数据内容的用途选择。例如，需要存储的数据为时间，则需要选择日期/时间类型。

★重点 3.2.2 实战：在员工信息表中添加字段

实例门类	软件功能

创建了数据表之后，用户就可以添加字段了。在添加字段时，还需要同时设置字段的数据类型。下面介绍在数据表视图和设计视图两种模式下添加字段的方法。

1. 在数据表视图下添加字段

在数据表视图下添加字段的具体操作步骤如下。

Step01 打开"素材文件\第3章\员工信息表.accdb"，在导航窗格中双击【员工基本信息】数据表，进入该表的数据表视图，如图3-23所示。

图 3-23

Step02 ❶将光标定位到【姓名】字段，❷单击【表字段】选项卡【添加和删除】组中的【短文本】按钮，如图3-24所示，即可在【姓名】字段右侧添加一个短文本类型的字段，且该字段处于可编辑状态。

图 3-24

Step03 直接输入新名称，如"性别"，然后单击其他任意单元格或按【Enter】键即可，如图3-25所示。

图 3-25

2. 在设计视图下添加字段

在设计视图下添加字段的具体操作步骤如下。

Step01 ❶单击【开始】选项卡【视图】组中的【视图】下拉按钮，❷在弹出的下拉菜单中选择【设计视图】命令，如图3-26所示。

图 3-26

Step02 进入设计视图，❶在【字段名称】列中输入字段名，如"出生日期"，❷在【数据类型】下拉列表中选择数据类型，如【日期/时间】，如图3-27所示。

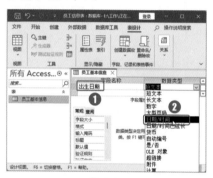

图 3-27

★重点 3.2.3 实战：在员工信息表中更改数据类型

实例门类	软件功能

在完成字段的添加后，如果发现数据类型设置不合适，可以根据需要进行修改。

在更改数据类型时，如果已经在数据表中输入了数据，转换之后可能会造成数据丢失的情况。所以，在更改数据类型时，需要先了解数据类型更改后可能发生的后果。

➔ 任意数据类型转换为自动编号：无法实现，需要在新字段中新建自动编号字段类型。

➔ 短文本转换为数字、货币、日期/

时间或是/否：大多数情况下，转换为该类型不会丢失数据，如果遇到不能转换的值将会被自动删除。例如，将2022年3月1日的短文本字段更改为【日期/时间】数据类型时，可以准确无误地转换，但如果要转换为【是/否】数据类型，则会被删除。

➥ 长文本转换为短文本：这是一种直接转换，不会丢失或损坏数据，任何长于短文本数据类型的文本都会被截断并舍弃。

➥ 数字转换为货币：因为货币数据类型使用固定小数点，所以在截断数字的过程中可能会损失一些精度。

➥ 日期/时间转换为短文本：不会丢失任何信息，日期和时间数据会转换为使用常规日期格式的文本。

➥ 货币转换为短文本：不会丢失任何信息，货币值将转换为不带货币符号的文本。

➥ 货币转换为数字：在转换货币值的过程中可能会因为适应新数据类型而丢失部分数据。例如，在将货币值转换为长整型值时，小数部分将被截断。

➥ 自动编号转换为短文本：一般情况下，不会丢失数据，但如果文本字段的宽度不足以保存整个自动编号值时，数字将被截断。

➥ 自动编号转换为数字：在转换自动编号值以适应新数据类型的过程中，可能会丢失部分数据。例如，对于大于32767的自动编号值，如果将其转换为整型字段，则会被截断。

➥ 是/否转换为短文本：会将是/否值转换为文本，不会丢失任何信息。

技术看板

OLE对象数据类型不可以转换为其他任何数据类型。

下面介绍在数据表视图和设计视图两种模式下更改数据类型的方法。

1. 在数据表视图下更改数据类型

如果要在数据表视图下更改数据类型，具体操作步骤如下。

Step01 打开"素材文件\第3章\员工信息表1.accdb"，在导航窗格中双击【员工基本信息】数据表，进入该表的数据表视图，❶选中要更改数据类型的字段，如【姓名】，❷单击【表字段】选项卡【格式】组中的【数据类型】下拉按钮⌄，❸在弹出的下拉菜单中选择一种数据类型，如【长文本】，如图3-28所示。

图 3-28

Step02 操作完成后，即可看到【姓名】字段的数据类型已经更改为【长文本】，如图3-29所示。

图 3-29

2. 在设计视图下更改数据类型

如果要在设计视图下更改数据类型，具体操作步骤如下。

Step01 ❶在数据表的标题上右击，❷在弹出的快捷菜单中选择【设计视图】命令，如图3-30所示。

图 3-30

Step02 进入设计视图，❶单击需要更改的字段对应的数据类型下拉按钮，如【工号】右侧的下拉按钮⌄，❷在弹出的下拉列表中选择一种数据类型，如【数字】，如图3-31所示。

图 3-31

Step03 操作完成后，即可看到【工号】字段的数据类型已经更改为【数字】，如图3-32所示。

图 3-32

3.2.4 实战：更改员工信息表中的字段名称

实例门类	软件功能

如果对数据表中的字段名称不满意，也可以随时更改。

1. 在数据表视图下更改字段名称

如果要在数据表视图下更改字段名称，具体操作步骤如下。

Step01 打开"素材文件\第3章\员工信息表 1.accdb"，在导航窗格中双击【员工基本信息】数据表，进入该表的数据表视图，❶在要更改的字段上右击，❷在弹出的快捷菜单中选择【重命名字段】命令，如图 3-33 所示。

图 3-33

Step02 字段名呈可编辑状态，直接输入字段名，然后按【Enter】键即可，如图 3-34 所示。

图 3-34

技术看板

在字段名上双击，也可以进入编辑模式，直接输入字段名即可。

2. 在设计视图下更改字段名称

如果要在设计视图下更改字段名称，具体操作步骤如下。

Step01 进入设计视图，选中要更改的字段名称，如【姓名】，如图 3-35 所示。

图 3-35

Step02 直接输入新的字段名即可，如图 3-36 所示。

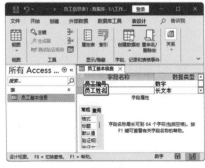

图 3-36

3.2.5 删除数据表中的字段

为数据表添加了字段后，如果有不需要的字段，可以将其删除。删除数据表中的字段主要有以下几种方法。

➔ 在数据表视图中，右击要删除的字段名，在弹出的快捷菜单中选择【删除字段】命令，如图 3-37 所示。

图 3-37

➔ 在设计视图中，选择要删除的字段，然后按【Delete】键，如图 3-38 所示。

图 3-38

➔ 在设计视图中，右击要删除的字段所在行，在弹出的快捷菜单中选择【删除行】命令，如图 3-39 所示。

图 3-39

➡ 在设计视图中，选择要删除的字段所在行，然后选择【表设计】

选项卡【工具】组中的【删除行】命令，如图 3-40 所示。

图 3-40

技术看板

如果被删除的字段中已经录入了字段数据，在删除时，会弹出警告信息，提示将丢失选定字段的数据。

3.3 设置字段属性

数据表中的每个字段都有属性。例如，数字字段具有小数位数属性，文本字段具有文本对齐属性。了解字段属性是使用 Access 存储数据所需的必要技能，本节将介绍常用的字段属性。

3.3.1 了解字段属性

在设计视图中，用户可以看到【字段属性】面板，在面板中，用户可以对字段属性进行设置。

数据类型不同，属性也不同。图 3-41 和图 3-42 分别显示了【数字】和【短文本】数据类型字段的字段属性，在其中可以看到两者可设置的属性并不相同。

图 3-41

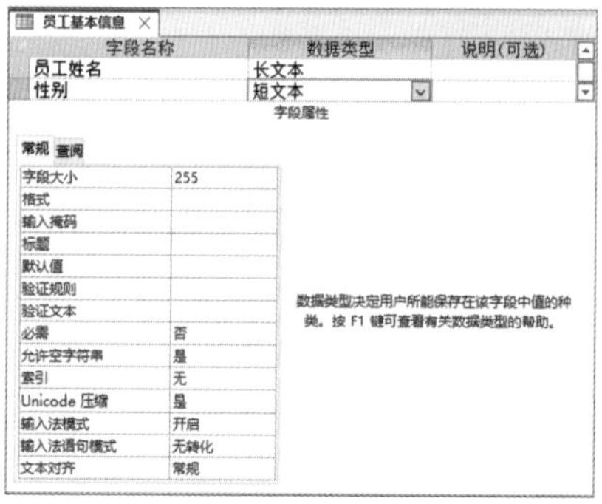

图 3-42

【字段属性】面板包含了【常规】和【查阅】两个选项卡，在【常规】选项卡中可以设置字段大小、格式、验证规则等属性。在【查阅】选项卡中可以设置控件类型属性。

下面介绍【常规】选项卡的常用属性。

➡ 字段大小：短文本型的默认值不超过 255 个字符，不同的数据类型，其大小范围会有所区别。

➡ 格式：更改数据在输入后的显示方式，如大小写、日期格式等。

➡ 输入掩码：用于预定义格式的数

据输入，如电话号码、邮政编码、社会保险号、日期、客户 ID 的预定义格式。

➡ 标题：在数据表视图中要显示的列名，如果不设置，则默认显示列名为字段名。

➡ 小数位数：指定显示数据时要使用的小数位数。

➡ 验证规则：提供一个表达式，从而限定输入的数据，Access 只有在满足相应的条件时才能输入数据。

➡ 验证文本：与验证规则配合，当用户输入的数据违反了验证规则时，会显示提示信息。

➡ 必需：指定是否必须向字段中输入值，如果属性取值为【是】，则表示必须填写该字段；如果属性取值为【否】，则表示可以为空。

➡ Unicode压缩：为了使产品在各种语言下都能正常运行而编写的一种文字代码。该属性取值为【是】时，表示本字段中的数据可以存储和显示多种语言的文本。

- 索引：决定是否将该字段定义为表中的索引字段。通过创建和使用索引，可以加快对该字段中数据的读取速度。
- 文本对齐：指定控件内文本的默认对齐方式。

切换到【查阅】选项卡，在【显示控件】下拉列表中可以设置控件的类型。每一种控件可设置的属性并不相同，图 3-43 所示为【列表框】控件可设置的属性，图 3-44 所示为【组合框】控件可设置的属性。

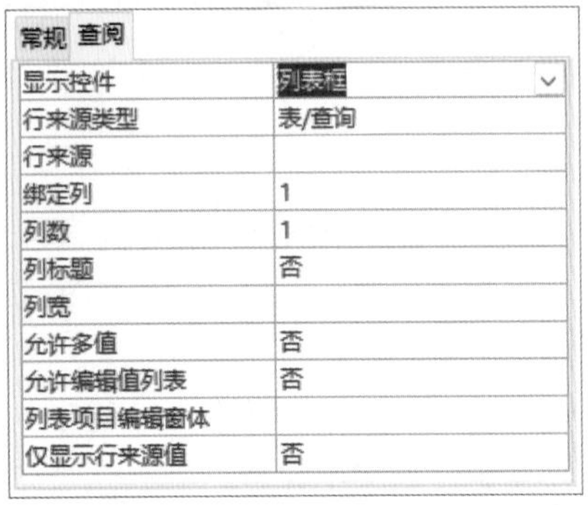

常规 查阅	
显示控件	列表框
行来源类型	表/查询
行来源	
绑定列	1
列数	1
列标题	否
列宽	
允许多值	否
允许编辑值列表	否
列表项目编辑窗体	
仅显示行来源值	否

图 3-43

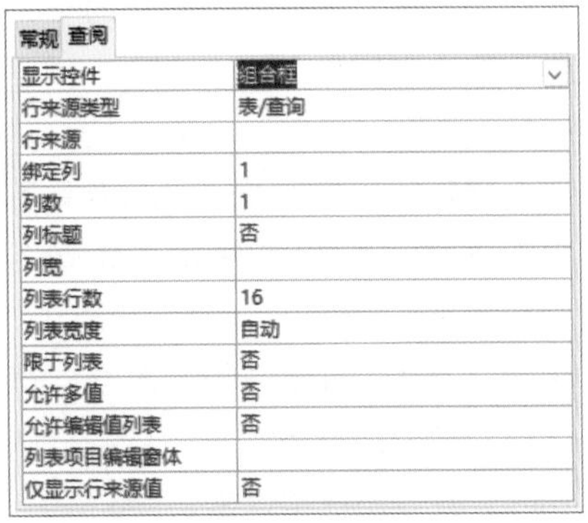

常规 查阅	
显示控件	组合框
行来源类型	表/查询
行来源	
绑定列	1
列数	1
列标题	否
列宽	
列表行数	16
列表宽度	自动
限于列表	否
允许多值	否
允许编辑值列表	否
列表项目编辑窗体	
仅显示行来源值	否

图 3-44

下面介绍【查阅】选项卡的常用属性。

- 显示控件：用于在窗体中显示该字段的控件类型。
- 行来源类型：控件的数据来源类型。
- 行来源：控件的数据源。
- 列数：显示的列数。
- 列标题：是否用字段名、标题或数据的首行作为列标题或图标标签。
- 列表行数：在组合框列表中显示行的最大数目。
- 限于列表：是否只在与所列的选择之一相符时才接受文本。
- 允许多值：一次查阅是否允许多个值。
- 仅显示行来源值：是否仅显示与行来源匹配的数值。

★重点 3.3.2 实战：设置【格式】属性

实例门类	软件功能

通过设置字段的【格式】属性，可以确定数据的显示方式。在【常规】选项卡中，单击【格式】右侧的下拉按钮，在弹出的下拉列表中可以选择预设的格式，如货币、百分比、科学记数等，如图 3-45 所示。

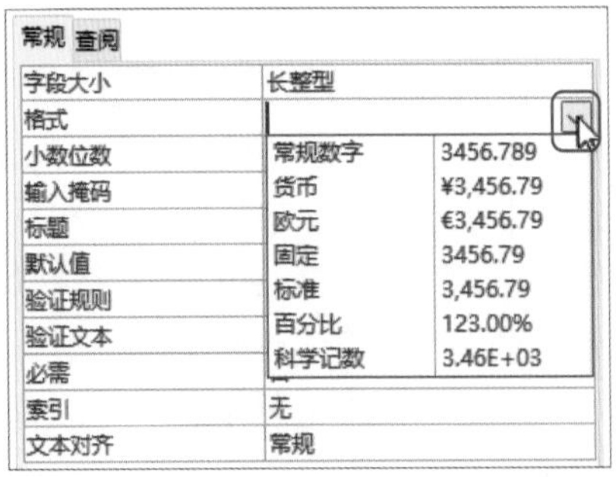

常规 查阅		
字段大小	长整型	
格式		
小数位数	常规数字	3456.789
输入掩码	货币	¥3,456.79
标题	欧元	€3,456.79
默认值	固定	3456.79
验证规则	标准	3,456.79
验证文本	百分比	123.00%
必需	科学记数	3.46E+03
索引	无	
文本对齐	常规	

图 3-45

如果要设置的格式不是预设格式，可以通过以下操作步骤来设置。

Step01 打开“素材文件\第 3 章\产品销售表.accdb”，进入【进货单】数据表的数据表视图，可以看到【数量】字段的显示方式为数字，如图 3-46 所示。

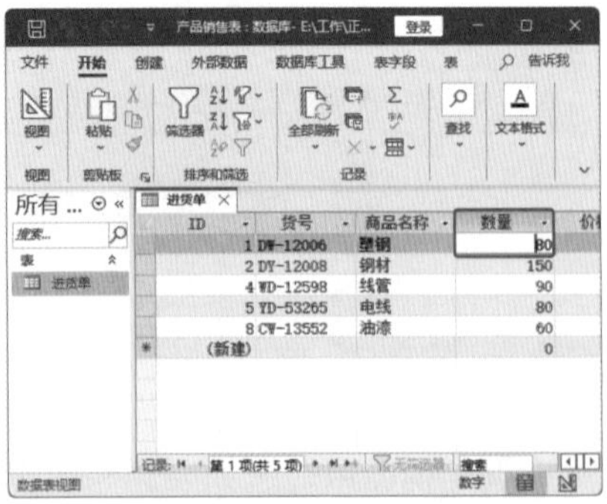

图 3-46

Step02 切换到设计视图，❶选中【数量】字段，❷在【字段属性】面板【常规】选项卡的【格式】文本框中输入自定义格式“#\件”，如图 3-47 所示。

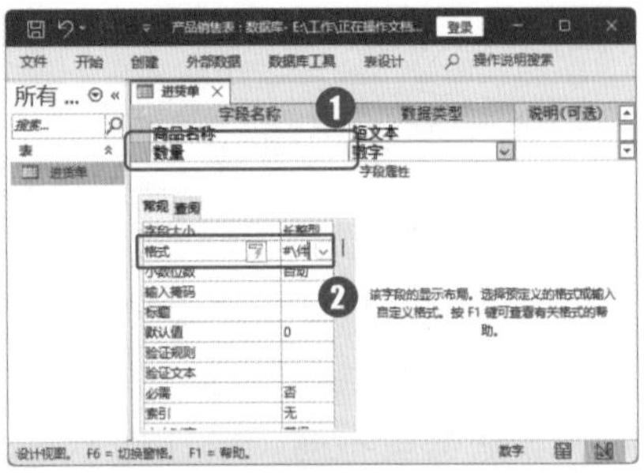

图 3-47

Step03 ❶右击数据标题，❷在弹出的快捷菜单中选择【保存】命令，如图 3-48 所示。

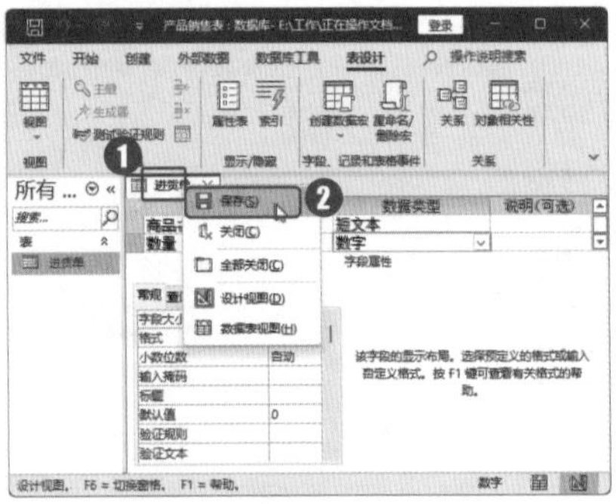

图 3-48

Step04 切换到数据表视图，此时【数量】字段的数据已经发生了变化，在数据后面添加了“件”字，如图 3-49 所示。

图 3-49

★重点 3.3.3　实战：设置【输入掩码】属性

实例门类	软件功能

通过设置字段的【输入掩码】属性，可以限制用户用特定的格式来输入数据，从而保持数据的一致性，使数据库更容易管理。

输入掩码由一个必需部分和两个可选部分组成，每个部分用分号分隔。下面介绍每个部分的用途。

➡ 第一部分（必需）：包括掩码字符或字符串（字符系列）和字面数据（如括号、句点和连字符）。

➡ 第二部分（可选）：指嵌入式掩码字符和它们在字段中的存储方式。如果设置为 0，则这些字符与数据存储在一起；如果设置为 1，则仅显示而不存储这些字符。

技术看板

设置为 1 时，可以节省数据库存储空间。

➡ 第三部分（可选）：指明用作占位符的单个字符或窗格。

默认情况下，Access 使用下划线（_）作为占位符。如果要为数据库设置【输入掩码】属性，具体操作步骤如下。

Step ⓵ 打开"素材文件\第 3 章\员工

信息表 3.accdb"，❶ 在导航窗格中右击【员工基本信息】数据表，❷ 在弹出的快捷菜单中选择【设计视图】命令，如图 3-50 所示。

图 3-50

Step ⓶ 进入【员工基本信息】数据表的设计视图，❶ 选择【出生日期】字段，❷ 在【字段属性】面板【常规】选项卡的【输入掩码】右侧单击⋯按钮，如图 3-51 所示。

图 3-51

Step ⓷ 打开【输入掩码向导】对话框，❶ 在下方列表中选择一种掩码类型，❷ 单击【下一步】按钮，如图 3-52 所示。

图 3-52

Step ⓸ 在打开的界面中确认是否需要更改输入掩码和占位符，本例保持默认设置，直接单击【完成】按钮，如图 3-53 所示。

图 3-53

Step ⓹ 此时，可以看到【字段属性】面板中【出生日期】字段的【输入掩码】被设置为【9999\年 99\月 99\日;0;_】，如图 3-54 所示。

图 3-54

Step ⓺ 保存设置后的数据表，切换到数据表视图，在【出生日期】列中输入数据时可以发现，此时必须按照特定的格式进行输入，如图 3-55 所示。

图 3-55

在 Access 2021 中，用户只能为【短文本】和【日期/时间】这两个数据类型的字段设置【输入掩码】属性。

★重点 3.3.4　实战：设置【验证规则】和【验证文本】属性

实例门类	软件功能

为字段设置了【验证规则】和【验证文本】属性后，可以为数据增加有效性规则，从而限制只能输入符合规则的数据，避免输入错误的数据。

在设置之前，需要先了解设置数据有效性验证的方法。在 Access 中，提供了 3 层有效性验证的方法，分别如下。

数据类型验证：数据类型通常提供第一层验证。在设计数据库时，为表中的每个字段定义了一个数据类型，该数据类型限制用户可以输入哪些内容。例如，【日期/时间】字段只能输入日期和时间，【货币】字段只能接受货币数据。

字段大小验证：字段大小提供了第二层验证。例如，如果创建存储名字的字段，可以将其设置为最多接受 20 个字符，设置后可以有效地防止用户因误操作而向字段中粘贴大量的无用文本，也可以防止缺少经验的用户在存储名字的字段中错误地将其他信息输入名字字段。

属性验证：字段属性提供了第三层验证。它提供了非常具体的几类验证。

➡ 可以将【必需】属性设置为【是】，强制用户在字段中输入值。

➡ 使用【输入掩码】属性可以强制用户以特定的方式输入值，从而验证数据。

➡【验证规则】属性要求用户输入特定的值，并使用【验证文本】属性来提醒用户存在错误。

数据类型和字段大小的验证方法在前文中已经简单介绍过，此处只介绍【验证规则】和【验证文本】。

【验证规则】是一个逻辑表达式，设置完成后，验证规则将根据表达式的逻辑值确认输入数据的有效性。【验证文本】一般是一句完整的提示句子，往往与验证规则配合使用。当输入数据时，验证规则会先对输入的数据进行检查，如果数据无效，则会弹出提示窗口。下面介绍设置【验证规则】和【验证文本】的具体操作步骤。

Step01 打开"素材文件\第 3 章\员工信息表 4.accdb"，打开【员工基本信息】数据表，进入设计视图，❶选择【性别】字段，❷在【字段属性】面板【常规】选项卡的【验证规则】文本框中输入""男" Or "女""，在【验证文本】文本框中输入"性别只能输入男或女"，如图 3-56 所示。

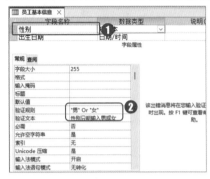

图 3-56

Step02 返回数据表视图，❶在【性别】字段中输入不符合验证规则的数据，❷系统将弹出提示对话框，显示验证文本信息，如图 3-57 所示。

图 3-57

单击【验证规则】右侧的 ⋯ 按钮，在弹出的【表达式生成器】对话框中，可以方便快捷地输入表达式。

如果要使用【表达式生成器】对话框设置验证规则，可以查看表 3-1 中的验证规则表达式。

表 3-1　常用验证规则表达式

验证规则的表达式	说明
<>0	输入非零值
>=0	值不得小于零（必须输入非负数）

续表

验证规则的表达式	说明
0 or >100	值必须为 0 或大于 100
Between 0 and 100	输入介于 0~100 的值
<#01/01/2022#	输入 2022 年之前的日期
>=#01/01/2021#and<#01/01/2022#	必须输入 2021 年的日期
<Date()	不能输入将来的日期
StrComp(Ucase([姓氏]),[姓氏],0)=0	【姓氏】字段中的数据必须大写
>=Int(Now())	输入当天的日期
Y or N	输入 Y 或 N
Like "[A-Z]*@[A-Z].com" or "[A-Z]*@[A-Z].net" or "[A-Z]*@[A-Z].org"	输入有效的 ".com" ".net" 或 ".org"
[要求日期]<[订购日期]+30	输入在订购日期之后的 30 天内的日期
[结束日期]>=[开始日期]	输入不早于开始日期的结束日期

在设置验证规则表达式时，虽然不使用任何特殊的语法，但是用户在创建表达式时，仍然需要遵守以下规则。

➜ 将字段的名称用方括号括起来，例如，[结束日期]>=[开始日期]，结束日期和开始日期都是字段的名称。

➜ 日期用井号（#）括起来，例如，<#01/01/2018#。

➜ 将字符串值用双引号（""）引起来，例如，"[A-Z]*@[A-Z].com"。

➜ 使用逗号（,）来分隔项目，并将列表放在圆括号内，例如，In("北京","天津","上海")。

3.3.5　实战：设置【索引】属性

实例门类	软件功能

索引是对数据表中的一列或多列值进行排序的一种结构，使用索引可以快速访问数据表中的特定信息，大大提高系统的性能。

索引在数据库中的作用相当于一本书的目录，通过索引可以快速锁定要找的章节。

但是，为数据库添加索引会增加数据库占用的存储空间，而且在对数据表中的数据进行增加、删除和修改时，索引也要动态维护，会降低数据维护的速度。

用户可以通过以下几点来选择合适的字段设置索引。

➜ 在经常需要搜索的列上创建索引，可以加快搜索的速度。

➜ 在作为主键的列上创建索引，从而强制该列的唯一性和组织表中数据的排列方式。

➜ 在经常用于连接的列上创建索引，这些列主要是一些外键，可以加快连接的速度。

➜ 在经常需要排序的列上创建索引，因为索引已经排序，在查询时可以利用索引的排序加快排序速度。

1. 为单字段设置索引

如果要为单字段设置索引，具体操作步骤如下。

Step01 打开"素材文件\第3章\员工信息表5.accdb"，打开【员工基本信息】数据表，进入设计视图，❶选择要设置索引的字段，如【工号】字段，❷单击【字段属性】面板【常规】选项卡【索引】右侧的下拉按钮▽，❸在弹出的下拉列表中选择【有（有重复）】选项，如图3-58所示。

图 3-58

🔧 技术看板

在【索引】下拉列表中，【无】选项表示不在此字段上设置索引，或者删除现有索引；【有（有重复）】选项表示在此字段上设置索引，而且可以在多条记录中输入相同值；【有（无重复）】选项表示在此字段上设置唯一索引，即每条记录是唯一的。

Step02 操作完成后，即可看到设置了索引的效果，如图3-59所示。

图 3-59

2. 为多字段设置索引

如果用户经常同时根据两个或多个字段进行搜索或排序,则可以为多字段设置索引。设置多字段索引时,需要设置字段的次序。如果第一个字段中的记录具有重复值,则Access会依据第二个字段来进行排序,以此类推。如果要为多字段设置索引,具体操作步骤如下。

Step01 打开"素材文件\第3章\员工信息表5.accdb",打开【员工基本信息】数据表,进入设计视图,单击【表设计】选项卡【显示/隐藏】组中的【索引】按钮,如图3-60所示。

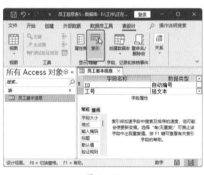

图 3-60

Step02 打开【索引:员工基本信息】对话框,❶在【索引名称】列中输入索引名称,❷在【字段名称】下拉列表中选择字段名称,❸在【排序次序】下拉列表中选择该字段的排序次序即可,如图3-61所示。

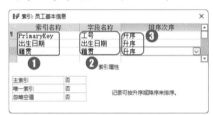

图 3-61

3.4 向表中输入和编辑数据

在数据表中输入数据与在Excel中编辑电子文档一样,可以方便快捷地在数据表中对数据进行编辑。例如,向表中输入记录、编辑和查看输入的记录、查找和替换记录等。下面将介绍向表中输入和编辑数据的方法。

★重点 3.4.1 实战:为产品销售表添加与修改记录

实例门类	软件功能

数据表创建完成后,就可以向表中添加记录了。如果记录输入错误,也可以随时修改,具体操作步骤如下。

Step01 打开"素材文件\第3章\产品销售表.accdb",打开【进货单】数据表,进入该表的数据表视图,❶在任意行的行首右击,❷在弹出的快捷菜单中选择【新记录】命令,如图3-62所示。

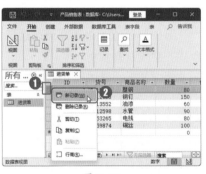

图 3-62

Step02 此时,光标将跳转至空白单元格,进入可编辑状态,如图3-63所示。

图 3-63

Step03 输入要添加的记录即可完成添加数据的操作,如图3-64所示。

图 3-64

技术看板

在输入数据时，可以直接按【Tab】键或方向键将光标移到下一个单元格，这样可以快速输入数据。

Step 04 如果信息输入错误，单击要修改的单元格，进入可编辑状态，删除原数据后输入新数据即可，如图 3-65 所示。

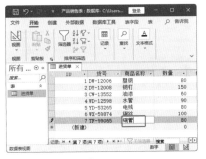

图 3-65

除了使用上面的方法来添加记录，用户还可以使用以下方法来添加记录。

➡ 单击空白单元格，即可进入编辑状态，直接输入数据即可，如图 3-66 所示。

图 3-66

➡ 单击【开始】选项卡【记录】组中的【新建】按钮，此时光标将跳转到空白单元格处，进入编辑状态，输入数据即可，如图 3-67 所示。

图 3-67

★重点 3.4.2 实战：选定与删除记录

实例门类	软件功能

如果用户不再需要数据表中的某条记录，可以选定这条记录并删除，具体操作步骤如下。

Step 01 打开"素材文件\第 3 章\产品销售表.accdb"，打开【进货单】数据表，进入该表的数据表视图，将鼠标指针移动到要选定行的行首，此时鼠标指针将变为 ➡ 形状，单击即可选定该行记录，如图 3-68 所示。

图 3-68

Step 02 ❶在选定的记录上右击，❷在弹出的快捷菜单中选择【删除记录】命令，如图 3-69 所示。

图 3-69

技术看板

在删除记录时，每次操作只能删除一条记录。在删除记录时最好先备份一张表，因为记录被删除后不可以恢复。

Step 03 弹出提示对话框，提示用户是否要删除记录，单击【是】按钮，如图 3-70 所示。

图 3-70

Step 04 操作完成后，即可看到所选记录已经被删除，如图 3-71 所示。

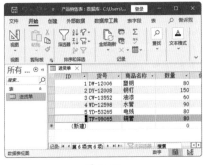

图 3-71

除了使用上面的方法来删除记录，用户还可以使用以下方法来删除记录。

➡ 选定记录后，直接按【Delete】键即可删除记录。

➡ 选定要删除的记录，单击【开始】

选项卡【记录】组中的【删除】按钮✕，如图3-72所示，在弹出的【Microsoft Access】对话框中单击【是】按钮即可。

图 3-72

3.4.3 实战：查找与替换数据

实例门类	软件功能

当数据表中的数据太多，需要快速查找数据时，可以使用查找功能。当需要修改多处相同的数据时，可以使用替换功能。

1. 查找数据

在查找数据时，用户可以在【查找和替换】对话框中设置【查找内容】【查找范围】【搜索】等条件，如图3-73所示。

图 3-73

【查找】选项卡中各条件的设置方法如下。

➡ 查找内容：用户可输入要查找的内容，单击右侧的下拉按钮，在弹出的下拉列表中可以查看曾经查找过的记录。

➡ 查找范围：包括【当前字段】和【当前文档】两个选项，通过此条

件，用户可以设置查找的范围是一个字段列还是整个数据表。

➡ 匹配：包括【字段任何部分】【整个字段】【字段开关】3个选项，通过此条件，用户可以设置查找的内容出现在字段的哪个位置。

➡ 搜索：包括【向上】【向下】【全部】3个选项，通过此条件，用户可以选择搜索的方向。【向上】是从当前记录向首记录方向搜索；【向下】是从当前记录向尾记录方向搜索；【全部】是在整个表中搜索。

➡ 区分大小写：选中此复选框，可以在搜索时区分大小写字母。

➡ 按格式搜索字段：选中此复选框，可以在搜索时按照显示的格式进行查找。

如果要在数据表中查找数据，具体操作步骤如下。

Step01 打开"素材文件\第3章\产品销售表.accdb"，打开【进货单】数据表，单击【开始】选项卡【查找】组中的【查找】按钮，如图3-74所示。

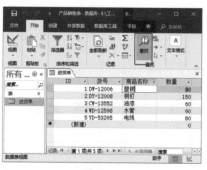

图 3-74

> **技术看板**
>
> 按【Ctrl+F】快捷键，也可以弹出【查找和替换】对话框，并定位到【查找】选项卡。按【Ctrl+H】快捷键，也可以弹出【查找和替换】对话框，并定位到【替换】选项卡。

Step02 打开【查找和替换】对话框，❶在【查找】选项卡的【查找内容】文本框中输入要查找的内容，❷单击【查找范围】右侧的下拉按钮，❸在弹出的下拉列表中选择【当前文档】选项，如图3-75所示。

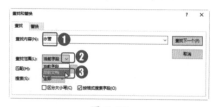

图 3-75

Step03 设置完成后，单击【查找下一个】按钮，在数据表中即可找到相应的内容，如图3-76所示。

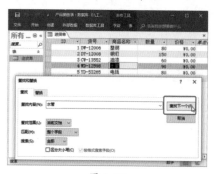

图 3-76

2. 替换数据

在替换数据时，用户可以在【查找和替换】对话框中设置【查找内容】【替换为】【查找范围】等条件，如图3-77所示。

图 3-77

【替换】选项卡中各条件的设置方法如下。

➡ 替换为：用户可以在文本框中输入想要替换的内容。

➡ 查找下一个：单击此按钮，Access

会先进行搜索，然后用户再决定搜索出的记录是否需要替换，如果需要替换，则单击【替换】按钮。

➡ 全部替换：单击此按钮后，Access会自动替换所有与查找文本相匹配的文本。

除以上几个选项外，【替换】选项卡的其他条件设置方法与【查找】选项卡相似，此处不再赘述。

如果要在数据表中替换数据，具体操作步骤如下。

Step 01 打开"素材文件\第3章\产品销售表.accdb"，打开【进货单】数据表，单击【开始】选项卡【查找】组中的【替换】按钮，如图3-78所示。

图 3-78

Step 02 打开【查找和替换】对话框，并自动定位到【替换】选项卡，❶在【查找内容】文本框中输入要查找的内容，❷在【替换为】文本框中输入要替换的内容，❸设置【查找范围】为【当前文档】、【匹配】为【字段任何部分】，❹单击【全部替换】按钮，即可开始搜索内容并替换所有符合条件的数据，如图3-79所示。

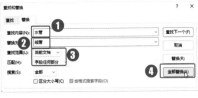

图 3-79

在【查找和替换】对话框中，单击【替换】按钮也可以开始替换操作。

Step 03 弹出提示对话框，提示不能撤销替换操作，单击【是】按钮，如图3-80所示。

图 3-80

Step 04 操作完成后，关闭【查找和替换】对话框，返回数据表即可看到数据已经被替换，如图3-81所示。

图 3-81

3.4.4　实战：复制与粘贴数据

实例门类	软件功能

如果需要再次使用已经输入的数据，可以使用复制和粘贴的方法快速实现，无须再次手动输入，具体操作步骤如下。

Step 01 打开"素材文件\第3章\产品销售表.accdb"，打开【进货单】数据表，进入该表的数据表视图，❶将鼠标指针移动到要选定行的行首，此时鼠标指针变为 ➡ 形状，单击即可选定该行记录，❷单击【开始】选项卡【剪贴板】组中的【复制】按钮，如图3-82所示。

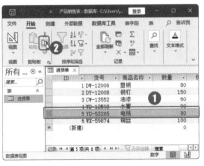

图 3-82

Step 02 ❶选择要粘贴数据的位置，❷单击【开始】选项卡【剪贴板】组中的【粘贴】按钮，如图3-83所示。

图 3-83

Step 03 操作完成后，即可看到数据已经粘贴到所选位置，如图3-84所示。

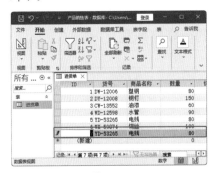

图 3-84

选中数据后，按【Ctrl+C】快捷键，可快速对所选数据进行复制操作；选定要输入相同数据的位置后，按【Ctrl+V】快捷键，可快速实现粘贴操作。

3.4.5 实战：移动数据

实例门类	软件功能

如果需要将已经输入的数据移动到其他位置，具体操作步骤如下。

Step 01 打开"素材文件\第3章\产品销售表.accdb"，打开【进货单】数据表，进入该表的数据表视图，❶将鼠标指针移动到要选定行的行首，此时鼠标指针变为➡形状，单击即可选定该行记录，❷单击【开始】选项卡【剪贴板】组中的【剪切】按钮 ✖，如图3-85所示。

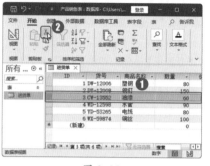

图 3-85

Step 02 弹出提示对话框，单击【是】按钮，如图3-86所示。

图 3-86

Step 03 ❶选择要粘贴数据的位置，

❷单击【开始】选项卡【剪贴板】组中的【粘贴】按钮 📋，即可看到数据已经移动到所选位置，如图3-87所示。

图 3-87

> **技能拓展——通过快捷键执行剪切操作**
>
> 选中数据后按【Ctrl+X】快捷键，可快速执行剪切操作。

3.5 格式化数据表

在数据库中，用户可以根据需要设置数据表的格式，如数据表的行高、列宽、字体格式、隐藏和显示字段等。本节将介绍格式化数据表的操作方法。

★重点 3.5.1 实战：调整表格的行高与列宽

实例门类	软件功能

创建数据表后，系统会默认分配表格的行高与列宽，如果觉得系统默认的行高和列宽不合适，可以调整行高和列宽。

1. 调整行高

如果要调整数据表的行高，具体操作步骤如下。

Step 01 打开"素材文件\第3章\产品销售表.accdb"，双击【进货单】数据表进入数据表视图，❶在任意行的行首右击，❷在弹出的快捷菜单中选择【行高】命令，如图3-88所示。

图 3-88

Step 02 打开【行高】对话框，默认选中【标准高度】复选框，默认的标准高度为"13.5"，❶在【行高】文本框中输入要调整的行高值，❷单击【确定】按钮，如图3-89所示。

图 3-89

> **技术看板**
>
> 在【行高】文本框中输入行高值时，会自动取消选中【标准高度】复选框。

Step 03 返回数据表，即可看到行高已经调整，如图3-90所示。

图 3-90

除了以上方法，用户还可以通过以下方法调整行高。

➡ 选择要调整行高的字段，单击【开始】选项卡【记录】组中的【其他】下拉按钮▦▾，在弹出的下拉菜单中选择【行高】命令，如图 3-91 所示，然后在弹出的【行高】对话框中设置行高即可。

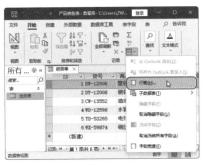

图 3-91

➡ 将鼠标指针移动到两条记录的中间位置，当鼠标指针变为╬形状时按住鼠标左键不放，向上或向下拖动鼠标即可调整行高，如图 3-92 所示。

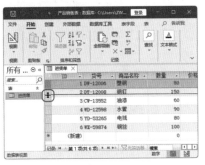

图 3-92

➡ 将鼠标指针移动到两条记录的中间位置，当鼠标指针变为╬形状时双击，即可将行高调整到合适的高度。

2.调整列宽

如果要调整数据表的列宽，具体操作步骤如下。

Step01 打开"素材文件\第 3 章\产品销售表.accdb"，双击【进货单】数据表进入数据表视图，❶在要调整列宽的字段名上右击，❷在弹出的快捷菜单中选择【字段宽度】命令，如图 3-93 所示。

图 3-93

Step02 打开【列宽】对话框，❶在【列宽】文本框中输入要调整的列宽值，❷单击【确定】按钮，如图 3-94 所示。

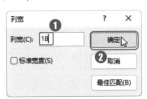

图 3-94

Step03 返回数据表，即可看到列宽已经调整，如图 3-95 所示。

图 3-95

除了以上方法，用户还可以通过以下方法调整列宽。

➡ 选择要调整列宽的字段，单击【开始】选项卡【记录】组中的【其他】下拉按钮▦▾，在弹出的下拉菜单中选择【字段宽度】命令，如图 3-96 所示，然后在弹出的【列宽】对话框中设置列宽即可。

图 3-96

➡ 将鼠标指针移动到两个字段的中间位置，当鼠标指针变为╬形状时按住鼠标左键不放，向左或向右拖动鼠标即可调整列宽，如图 3-97 所示。

图 3-97

➡ 将鼠标指针移动到两个字段的中间位置，当鼠标指针变为╬形状时双击，即可将列宽调整到合适的宽度。

技术看板

在调整行高时，整个表的行高

将一起改变；在设置列宽时，只会改变所选字段的列宽。

★重点 3.5.2 实战：调整表格的字体格式

实例门类	软件功能

数据表中的字体默认为"宋体，11 号，黑色"，用户可以根据需要调整表格的字体格式，具体操作步骤如下。

Step01 打开"素材文件\第 3 章\产品销售表.accdb"，双击【进货单】数据表进入数据表视图，❶选择任意数据单元格，❷单击【开始】选项卡【文本格式】组中的【字体】下拉按钮 ⌄，❸在弹出的下拉菜单中选择一种字体样式，如图 3-98 所示。

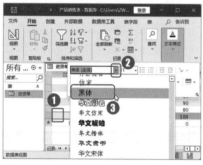

图 3-98

Step02 ❶单击【开始】选项卡【文本格式】组中的【字号】下拉按钮 ⌄，❷在弹出的下拉菜单中选择需要的字号，如图 3-99 所示。

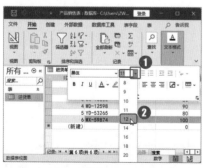

图 3-99

Step03 ❶单击【开始】选项卡【文本

格式】组中的【字体颜色】下拉按钮 ⌄，❷在弹出的下拉菜单中选择一种字体颜色，如图 3-100 所示。

图 3-100

Step04 操作完成后，即可看到设置了字体格式的效果，如图 3-101 所示。

图 3-101

3.5.3 实战：设置指定列的对齐方式

实例门类	软件功能

在数据表中输入数据后，可以根据需要设置对齐方式。

1. 在设计视图中设置

如果要在设计视图中设置对齐方式，具体操作步骤如下。

Step01 打开"素材文件\第 3 章\产品销售表 1.accdb"，进入【进货单】数据表的设计视图，❶选择要设置对齐方式的字段，❷在【字段属性】面板【常规】选项卡中单击【文本对齐】右侧的下拉按钮 ⌄，❸在弹出的下拉列表中选择一种对齐方式，如图 3-102 所示。

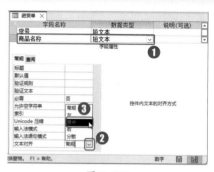

图 3-102

Step02 进入数据表的数据表视图，即可看到字段设置了对齐方式后的效果，如图 3-103 所示。

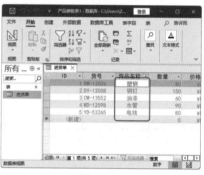

图 3-103

2. 在数据表视图中设置

如果要在数据表视图中设置对齐方式，具体操作步骤如下。

Step01 接上一例操作，进入【进货单】数据表的数据表视图，❶选择要设置对齐方式的字段列或该字段的任意单元格，❷单击【开始】选项卡【文本格式】组中的对齐方式按钮，如单击【左对齐】按钮 ☰，如图 3-104 所示。

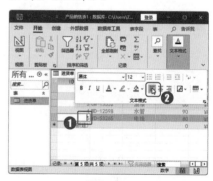

图 3-104

Step⑫ 操作完成后，即可看到设置了对齐方式的效果，如图 3-105 所示。

图 3-105

3.5.4 实战：设置表底纹和网格线样式

实例门类	软件功能

数据表中的底纹和网格线样式默认为灰色，用户可以根据需要自定义底纹和网格线样式，具体操作步骤如下。

Step⑪ 打开"素材文件\第 3 章\产品销售表 1.accdb"，双击【进货单】数据表进入数据表视图，单击【开始】选项卡【文本格式】组中的【对话框启动器】按钮，如图 3-106 所示。

图 3-106

Step⑫ 打开【设置数据表格式】对话框，❶单击【背景色】下拉按钮，❷在弹出的下拉列表中选择一种背景色，如图 3-107 所示。

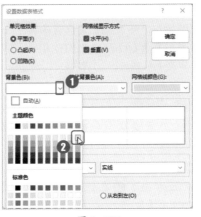

图 3-107

Step⑬ ❶单击【替代背景色】下拉按钮，❷在弹出的下拉列表中选择一种颜色，如图 3-108 所示。

图 3-108

Step⑭ ❶单击【网格线颜色】下拉按钮，❷在弹出的下拉列表中选择一种颜色，❸单击【确定】按钮，如图 3-109 所示。

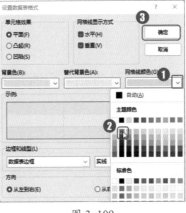

图 3-109

Step⑮ 返回 Access 数据表，即可看到设置了底纹和网格线样式的效果，如图 3-110 所示。

图 3-110

技能拓展——快速设置背景色或替代背景色

如果要单独设置背景色或替代背景色，可以在选择任意单元格（背景色选择奇数行，替代背景色选择偶数行）后，单击【开始】选项卡【文本格式】组中的【可选行颜色】下拉按钮，在弹出的下拉菜单中选择需要的颜色即可，如图 3-111 所示。

图 3-111

3.5.5 实战：隐藏与取消隐藏字段

实例门类	软件功能

如果数据表中的某些字段不方便显示出来，或者不希望被他人看到，可以将其隐藏，等到想要查看时再取消隐藏。

1. 隐藏字段

如果要隐藏字段，具体操作步骤如下。

Step01 打开"素材文件\第3章\产品销售表.accdb"，双击【进货单】数据表进入数据表视图，❶在要隐藏的字段上右击，如右击【数量】字段，❷在弹出的快捷菜单中选择【隐藏字段】命令，如图3-112所示。

图 3-112

技术看板

单击【开始】选项卡【记录】组中的【其他】下拉按钮▦▾，在弹出的下拉菜单中选择【隐藏字段】命令，也可以隐藏字段。

Step02 操作完成后，即可看到该字段已经被隐藏，如图3-113所示。

图 3-113

技能拓展——使用鼠标拖动隐藏字段

将鼠标指针移动到两个字段的

中间位置，当鼠标指针变为 ✛ 形状时按住鼠标左键不放拖动鼠标，直到列宽为【0】时松开鼠标左键，即可隐藏该字段。

2. 取消隐藏字段

如果要取消隐藏字段，具体操作步骤如下。

Step01 接上一例操作，❶在任意字段上右击，❷在弹出的快捷菜单中选择【取消隐藏字段】命令，如图3-114所示。

图 3-114

Step02 打开【取消隐藏列】对话框，❶在【列】列表框中选中要显示的字段，❷单击【关闭】按钮即可显示被隐藏的字段，如图3-115所示。

图 3-115

3.5.6 实战：冻结与取消冻结字段

实例门类	软件功能

在数据字段列较多的数据表中，为了方便查看数据，可以将重要的字段冻结，待查看完成后再取消

冻结。

1. 冻结字段

如果要冻结字段，具体操作步骤如下。

Step01 打开"素材文件\第3章\产品销售表.accdb"，双击【进货单】数据表进入数据表视图，❶在要冻结的字段上右击，❷在弹出的快捷菜单中选择【冻结字段】命令，如图3-116所示。

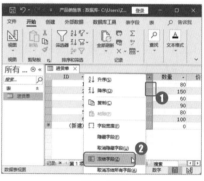

图 3-116

Step02 所选字段将被移动到最左侧，拖动该列将不会再移动，如图3-117所示。

图 3-117

2. 取消冻结字段

如果要取消冻结字段，具体操作步骤如下。

Step01 接上一例操作，❶在任意字段上右击，❷在弹出的快捷菜单中选择【取消冻结所有字段】命令，如图3-118所示。

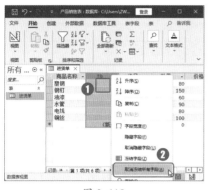

图 3-118

技术看板

单击【开始】选项卡【记录】组中的【其他】下拉按钮，在弹出的下拉菜单中也可以选择【冻结字

段】和【取消冻结字段】命令。

Step02 选择被移动到最左侧的字段名称，按住鼠标左键不放，将其拖动到原始位置即可，如图 3-119 所示。

图 3-119

技能拓展——冻结连续多个字段列

如果要冻结连续多个字段列，可以先选择多个要冻结的字段列，然后进行冻结操作即可。

3.6　排序数据

人们在日常生活中使用数据表时，经常会对数据表中的某一字段排序。例如，对成绩进行排序、对到校日期进行排序、对产品订购量进行排序等。排序的方式有两种：升序（从小到大）和降序（从大到小）。

在排序的过程中，不同类型的数据排序是有区别的。例如，升序排序：如果是数字，则按照从小到大的顺序进行排序；如果是日期，则按照日期的前后进行排序；如果是汉字，则按照汉字的拼音字母先后进行排序；如果是英文字母，则按照英文字母的先后顺序进行排序。若是降序排序，则与上面的排序顺序相反。下面就介绍在 Access 中如何对数据进行排序。

★重点 3.6.1　实战：数据排序

实例门类	软件功能

数据表中的数据默认以输入的顺序显示，为了让整个数据表显得更加井然有序，可以对数据表中的数据进行排序。

1. 简单排序

如果只是为一个字段排序，可以使用简单排序，具体操作步骤如下。

Step01 打开"素材文件\第 3 章\学生资料.accdb"，进入【学院资料】数据表的数据表视图，❶将光标定位到需要排序的字段下的任意单元格，❷单击【开始】选项卡【排序和筛选】组中的【升序】按钮，如图 3-120 所示。

图 3-120

Step02 操作完成后，即可将所选字段以升序排序，如图 3-121 所示。

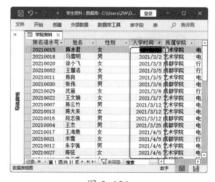

图 3-121

2. 使用筛选器排序

如果要为多个字段排序，可以使用筛选器排序。例如，要将【学院资料】数据表中的【专业】字段按升序排序，【班级】字段按降序排序，具体操作步骤如下。

Step01 打开"素材文件\第3章\学生资料.accdb",进入【学院资料】数据表的数据表视图,❶单击【开始】选项卡【排序和筛选】组中的【高级】下拉按钮 ，❷在弹出的下拉菜单中选择【高级筛选/排序】命令,如图3-122所示。

图 3-122

Step02 打开【学院资料筛选1】窗口,❶单击【字段】行第一列的下拉按钮 ，❷在弹出的下拉列表中选择【专业】选项,如图3-123所示。

图 3-123

Step03 ❶单击【排序】行第一列的下拉按钮 ，❷在弹出的下拉列表中选择【升序】选项,如图3-124所示。

图 3-124

Step04 使用相同的方法设置【班级】字段的排序为【降序】,如图3-125所示。

图 3-125

Step05 设置完成后,单击【开始】选项卡【排序和筛选】组中的【切换筛选】按钮 ，如图3-126所示。

图 3-126

Step06 操作完成后,即可看到排序结果,从结果中可以看出,以【专业】字段的排序规则为第一排序依据,如图3-127所示。

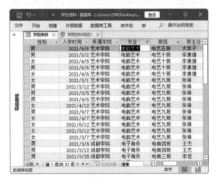

图 3-127

3.6.2 实战:取消排序

实例门类 软件功能

为数据表中的数据排序之后,如果不再需要排序,可以取消排序,具体操作步骤如下。

Step01 打开"素材文件\第3章\学生资料1.accdb",进入【学院资料】数据表的数据表视图,单击【开始】选项卡【排序和筛选】组中的【清除所有排序】按钮 ，如图3-128所示。

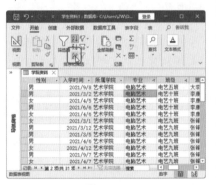

图 3-128

Step02 操作完成后,即可看到排序效果已经清除,如图3-129所示。

图 3-129

3.7　数据的筛选

筛选是将数据表按照某个字段条件对所有记录进行过滤，将满足条件的记录显示在数据表视图中。例如，不需要扫描 100 页的产品列表来查找价格范围在 50~100 元的产品，也不需要创建较小的报表来专门显示这些产品，而是可以对数据进行筛选，从而只显示产品表中价格字段的值在 50~100 元的记录。本节将介绍筛选数据的方法。

★重点 3.7.1　实战：筛选数据

实例门类	软件功能

Access 2021 为每种数据类型都提供了几个现成的筛选。这些筛选以菜单命令的形式出现在以下视图中：数据表、窗体、报表和布局。除这些筛选外，还可以通过完成窗体来筛选窗体或数据表（称为【按窗体筛选】）。

1. 公用筛选器

公用筛选器是一种以菜单命令的形式提供的筛选，因此不需要花费时间来设置筛选条件。公用筛选器是非常常见的筛选类型，具体操作步骤如下。

Step①　打开"素材文件\第 3 章\学生资料 .accdb"，进入【学院资料】数据表的数据表视图，❶单击要筛选的字段右侧的下拉按钮，❷在弹出的下拉列表中选中需要筛选的条件，❸单击【确定】按钮，如图 3-130 所示。

图 3-130

Step②　操作完成后，即可筛选出选择的数据，如图 3-131 所示。

图 3-131

2. 通过【选择】筛选

用户在使用筛选功能的过程中，如果当前已选择了要用作筛选依据的值，则可以通过【选择】选项进行操作。在该筛选中，有等于、不等于、包含、不包含等选项。例如，要筛选出 3 月入学的学生资料，具体操作步骤如下。

Step①　打开"素材文件\第 3 章\学生资料 .accdb"，进入【学院资料】数据表的数据表视图，❶将光标定位到【入学时间】字段中，❷单击【开始】选项卡【排序和筛选】组中的【选择】下拉按钮，❸在弹出的下拉菜单中选择【介于】命令，如图 3-132 所示。

图 3-132

Step②　打开【日期范围】对话框，❶在【最早】文本框中选择日期【2021/3/1】，在【最近】文本框中选择日期【2021/3/31】，❷单击【确定】按钮，如图 3-133 所示。

图 3-133

技术看板

【选择】下拉菜单会根据字段格式的不同而有所区别，用户可根据实际情况选择。

Step③　操作完成后，即可看到筛选结果，如图 3-134 所示。

图 3-134

3. 按窗体筛选

如果想要按窗体或数据表中的若干个字段进行筛选，或者要查找特定记录，那么此方法会非常有用。Access 将创建与原始窗体或数据表相似的空白窗体或数据表，然后让用户根据需要填写任意数量的字段。

完成后，Access 将查找包含指定值的记录。例如，要在【学院资料】表中筛选出【电子商务】专业的学生，具体操作步骤如下。

Step01 打开"素材文件\第 3 章\学生资料.accdb"，进入【学院资料】数据表的数据表视图，❶单击【开始】选项卡【排序和筛选】组中的【高级】下拉按钮 🔻，❷在弹出的下拉菜单中选择【按窗体筛选】命令，如图 3-135 所示。

图 3-135

Step02 打开【学院资料：按窗体筛选】窗口，❶在【专业】字段中选择【电子商务】，❷单击【开始】选项卡【排序和筛选】组中的【切换筛选】按钮 🔻，如图 3-136 所示。

图 3-136

Step03 操作完成后，即可看到筛选结果，如图 3-137 所示。

图 3-137

4. 高级筛选

用户在使用筛选的过程中，有些比较复杂的筛选可能要应用不在公用筛选器列表中的筛选，这时要实现这一复杂的筛选过程就必须使用高级筛选功能来完成。例如，在【学院资料】表中选择出【专业】为【电脑艺术】且【性别】为【女】的所有学生，具体操作步骤如下。

Step01 打开"素材文件\第 3 章\学生资料.accdb"，进入【学院资料】数据表的数据表视图，❶单击【开始】选项卡【排序和筛选】组中的【高级】下拉按钮 🔻，❷在弹出的下拉菜单中选择【高级筛选/排序】命令，如图 3-138 所示。

图 3-138

Step02 打开【学院资料筛选 1】窗口，

在【字段】行中分别选择【性别】和【专业】字段，如图 3-139 所示。

图 3-139

Step03 ❶在【条件】行中分别输入条件："女"和"电脑艺术"，❷单击【开始】选项卡【排序和筛选】组中的【切换筛选】按钮 🔻，如图 3-140 所示。

图 3-140

Step04 操作完成后，即可看到筛选结果，如图 3-141 所示。

图 3-141

技能拓展——设置多个条件筛选

在窗口中输入条件时，如果要在同一字段中设置两个或多个条件，可使用表 3-2 中的运算符。

表 3-2　条件运算符及其作用

运算符	作用
Between … and …	指定值范围。如果要筛选成绩在 80~90 分的记录，则可以设置条件为 Between >=80 and <=90
In	指定列表中所列出的值。如果要筛选一班、二班、八班的同学，则可以设置条件为 In(" 一班 "," 二班 ", " 八班 ")，该条件相当于(" 一班 " or " 二班 " or " 八班 ")
Is	指定所在字段中是否包含数据。IsNull表示筛选该字段没有数据的记录。IsNotNull表示筛选该字段有数据的记录

3.7.2　实战：取消筛选

实例门类	软件功能

筛选数据之后，如果不再需要筛选查看，可以取消筛选，具体操作步骤如下。

Step01 接上一例操作，单击【开始】选项卡【排序和筛选】组中的【切换筛选】按钮，如图 3-142 所示。

图 3-142

Step02 操作完成后，即可取消筛选，如图 3-143 所示。

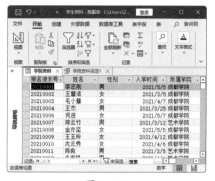

图 3-143

3.7.3　实战：应用或清除筛选

实例门类	软件功能

设置了筛选的数据表被保存之后，可以保存当前设置的筛选，下次打开数据表时应用筛选即可查看。清除筛选可删除已设置的筛选。下面具体介绍应用筛选和清除筛选的操作。

1. 应用筛选

对数据表的记录进行筛选以后，可对该筛选进行保存，以便下次打开数据表时能够快速地筛选出满足条件的记录。在执行筛选操作之后单击快速访问工具栏中的【保存】按钮，即可对该筛选进行保存。

对筛选进行保存后，如果下次用户仍想要使用该表上保存的筛选，可以应用筛选，具体操作步骤如下。

Step01 打开"素材文件\第 3 章\学生资料 2.accdb"，进入【学院资料】数据表的数据表视图，单击【开始】选项卡【排序和筛选】组中的【切换筛选】按钮，如图 3-144 所示。

图 3-144

Step02 即可应用之前保存的筛选，如图 3-145 所示。

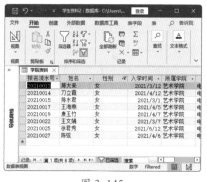

图 3-145

2. 清除筛选

如果不再需要筛选数据，可以清除筛选，具体操作步骤如下。

Step01 接上一例操作，❶单击【开始】选项卡【排序和筛选】组中的【高级】下拉按钮，❷在弹出的下拉菜单中选择【清除所有筛选器】命令，如图 3-146 所示。

图 3-146

Step 02 单击快速访问工具栏中的【保存】按钮 🔲，保存更改后的数据表即可，如图 3-147 所示。

图 3-147

3.8 对数据表中的列进行计算

使用汇总行可以执行列的计算，如求平均值、统计列中的数据项个数及查找数据列中的最小值或最大值。使用汇总行可以更快、更容易地使用一组聚合函数。这些函数可用于计算一定范围内的数据值。聚合函数对数据列执行计算并返回单个结果。在需要计算单个值（如总和或平均值）时，可以使用聚合函数。

3.8.1 实战：使用汇总行计算数据列

实例门类	软件功能

在对数据表中的列进行计算之前，首先要显示汇总行，然后再进行计算，具体操作步骤如下。

Step 01 打开"素材文件\第 3 章\工资表.accdb"，进入【工资】数据表的数据表视图，单击【开始】选项卡【记录】组中的【合计】按钮 Σ，如图 3-148 所示。

图 3-148

Step 02 数据底部将出现汇总行，❶ 单击【姓名】字段汇总行的下拉按钮 ⊡，

❷ 在弹出的下拉列表中选择【计数】选项，如图 3-149 所示。

图 3-149

Step 03 ❶ 单击【工资】字段汇总行的下拉按钮 ⊡，❷ 在弹出的下拉列表中选择【合计】选项，如图 3-150 所示。

图 3-150

Step 04 即可完成【姓名】和【工资】字段的计算，如图 3-151 所示。

图 3-151

3.8.2 实战：取消显示汇总行

实例门类	软件功能

如果不再需要汇总行计算数据，可以取消显示汇总行，具体操作步骤如下。

Step 01 接上一例操作，单击【开始】选项卡【记录】组中的【合计】按钮 Σ，如图 3-152 所示。

图 3-152

图 3-153 所示。

图 3-153

Step 02 即可取消显示汇总行，如

妙招技法

通过对前面知识的学习，相信读者已经掌握了创建 Access 数据表的基本操作。下面结合本章内容，给大家介绍一些实用技巧。

技巧 01：怎样撤销数据表的操作

在数据表中执行添加记录的操作时，如果操作失误，可以撤销操作，操作方法如下。

打开"素材文件\第 3 章\产品销售表.accdb"，双击【进货单】数据表进入数据表视图，删除任意单元格中的数据，此时快速访问工具栏中的【撤销】按钮 ↺ 呈高亮状态，表示可以使用。如果要撤销操作，单击快速访问工具栏中的【撤销】按钮 ↺ 即可，如图 3-154 所示。

图 3-154

技巧 02：快速恢复数据表默认的行高和列宽

为数据表设置了行高和列宽之后，如果想要恢复默认的行高和列宽，具体操作步骤如下。

Step 01 打开"素材文件\第 3 章\产品销售表 3.accdb"，进入【进货单】数据表的数据表视图，❶在任意行的行首右击，❷在弹出的快捷菜单中选择【行高】命令，如图 3-155 所示。

图 3-155

Step 02 打开【行高】对话框，❶选中【标准高度】复选框，❷单击【确定】按钮，如图 3-156 所示。

图 3-156

Step 03 ❶在要设置列宽的字段上右击，❷在弹出的快捷菜单中选择【字段宽度】命令，如图 3-157 所示。

图 3-157

Step 04 打开【列宽】对话框，❶选中【标准宽度】复选框，❷单击【确定】按钮，如图 3-158 所示。

图 3-158

Step 05 设置完成后，行高和列宽即可恢复默认值，如图 3-159 所示。

图 3-159

技巧 03：如何更改单元格网格线的显示方式

数据表中的网格线有 4 种显示方式，分别是交叉、横向、纵向和无。默认的网格线显示方式为交叉，用户可以根据需要更改网格线的显示方式，具体操作步骤如下。

Step 01 打开"素材文件\第 3 章\产品销售表 4.accdb"，进入【进货单】数据表的数据表视图，❶单击【开

始】选项卡【文本格式】组中的【网格线】下拉按钮 ▦ ，❷在弹出的下拉菜单中选择一种网格线样式，如【网格线：横向】，如图 3-160 所示。

图 3-160

Step 02 即可看到网格线已经更改为所选样式，如图 3-161 所示。

图 3-161

技巧 04：怎样快速设置字体和字号

当计算机中安装了很多字体时，查找字体是一件比较麻烦的事情。如果用户对字体比较熟悉，在确定自己要使用某个字体时，可以使用直接输入的方法设置字体和字号，具体操作步骤如下。

Step 01 打开"素材文件\第 3 章\产品销售表.accdb"，进入【进货单】数据表的数据表视图，在【开始】选项卡【文本格式】组的【字体】文本框中直接输入字体名称，然后按【Enter】键即可，如图 3-162 所示。

图 3-162

Step 02 在【开始】选项卡【文本格式】组的【字号】文本框中直接输入字号，然后按【Enter】键即可，如图 3-163 所示。

图 3-163

Step 03 即可完成对字体和字号的设置，如图 3-164 所示。

图 3-164

技巧 05：怎样制作凹凸的数据表样式

数据表的单元格默认是以平面的方式显示，为了美化数据表，可以将单元格设置为有凹凸感的样式，具体操作步骤如下。

Step01 打开"素材文件\第3章\产品销售表.accdb"，进入【进货单】数据表的数据表视图，单击【开始】选项卡【文本格式】组中的【对话框启动器】按钮□，如图3-165所示。

图 3-165

Step02 打开【设置数据表格式】对话框，❶选中【单元格效果】选项区域中的【凸起】或【凹陷】单选按钮，本例选中【凸起】单选按钮，❷单击【确定】按钮，如图3-166所示。

图 3-166

Step03 返回数据表，即可看到设置了凸起样式的效果，如图3-167所示。

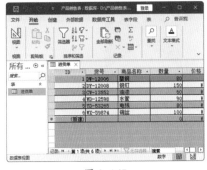

图 3-167

本章小结

　　通过对本章知识的学习和对案例的练习，相信读者已经可以熟练地创建Access数据表了。首先要找到适合自己的创建Access数据表的方式，然后在创建的Access数据表中创建字段，合理的字段能让数据管理更加方便有效。为了更快地输入数据，还可以为字段设置合适的属性。在输入数据的过程中，需要掌握一些提高工作效率的技巧，如复制/粘贴、查找/替换等。当数据输入后，为了使数据表看起来更加美观，还可以设置数据表的格式，以完成数据表的创建。

第 **4** 章

规范 Access 数据库

- ➥ 设置了主键，不知道如何删除？
- ➥ 数据表的规范准则是怎样的？
- ➥ 创建了多个数据表，不知道怎样关联表格？
- ➥ 数据表中创建了多个关系，怎样查看创建的关系？
- ➥ 怎样设置可以避免数据表出现"孤立记录"？

为了消除数据库中的重复数据，需要将一个数据表拆分为多个数据表，此时会面临诸多问题：应该怎样拆分数据表？拆分之后又如何将这些表关联在一起，以便查看、调用？以上这些问题，都可以在本章中找到答案。

4.1 使用主键

主键是表中的一个或多个字段，它用于唯一标识某个记录或实体，可以将主键理解为关键字。在默认情况下，系统会自动指定ID字段为主键，这样可以保证表的成功创建，同时方便数据的相互调用。

4.1.1 了解主键的基础知识

在设置主键时，并不是随意设置的，需要按照一定的原则，同时还需要清楚主键的作用。

- ➥ 主键始终是索引。
- ➥ 保证实体的完整性。
- ➥ 使数据库的操作速度更快。
- ➥ 在添加新记录时，自动检测记录的主键值，不允许出现重复的主键值。
- ➥ 默认情况下，数据记录显示的顺序与主键的顺序是相同的，即记录的输入顺序。

一般来说，表中不会重复的任意字段都可以作为表的主键，几个字段组合在一起不会出现重复时，也可以使用这几个字段共同作为主键。在建立主键时，应该遵循以下原则。

- ➥ 主键必须唯一地标识一个记录。

- ➥ 主键不能为空值。
- ➥ 创建记录时，主键必须存在。
- ➥ 主键的定义必须稳定，一旦创建好主键，就不应该更改主键的值。
- ➥ 主键应尽量简洁，包含尽可能少的属性，如果可以，尽量使用无意义的字段作为主键，如记录的自动编号。

★重点 4.1.2 实战：为员工基本信息表设置主键

实例门类	软件功能

主键能够保证表中的记录被唯一识别。例如，在一所大规模的公司，为了更好地管理员工，需要建立一个员工档案表，包括员工的工号、姓名、性别、出生日期、联系电话等。但是，姓名可能会重复，电话也可能会改变，唯一不可变也不会重复的就是工号，所以可以将

工号作为主键。下面以【员工信息表】数据库为例，介绍将工号设置为主键的方法。

Step① 打开"素材文件\第4章\员工信息表.accdb"，打开【员工基本信息】数据表，进入设计视图，❶将光标定位到需要设置为主键的字段，❷单击【表设计】选项卡【工具】组中的【主键】按钮，如图4-1所示。

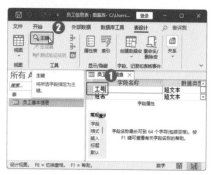

图 4-1

Step② 操作完成后，该字段的行首将出现 🔑 图标，表示该字段已经被设置为主键，如图4-2所示。

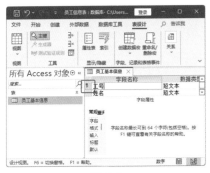

图 4-2

![技术看板]

在设计视图中，在要设置主键的字段上右击，在弹出的快捷菜单中选择【主键】命令，也可以将该字段设置为主键，如图 4-3 所示。

图 4-3

★重点 4.1.3　实战：为员工基本信息表设置复合主键

实例门类	软件功能

在数据表中，也可以使用多个字段共同构成表的主键，这类主键就被称为复合主键。设置复合主键的具体操作步骤如下。

Step01 打开"素材文件\第 4 章\员工信息表.accdb"，打开【员工基本信息】数据表，进入设计视图，❶按住【Ctrl】键选择要设置为主键的多个字段，❷单击【表设计】选项卡【工具】组中的【主键】按钮，如图 4-4 所示。

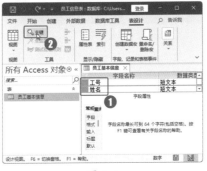

图 4-4

Step02 操作完成后，即可看到所选字段的行首出现了 图标，表示所选字段都被设置成了主键，如图 4-5 所示。

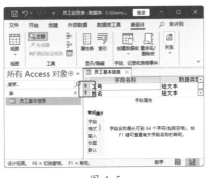

图 4-5

复合主键在目前的数据库设计中已经较少使用，不使用的原因有以下几点。

➡ 当数据量足够大时，很难保证复合主键不出现重复，从而导致复合主键不能够再作为主键。

➡ 使用复合主键会使表之间的关系变得更加复杂，表之间的关系维护会比较困难。

➡ 使用复合主键并不能提高表的功能或特性，如稳定性、完整性等，反而会增加表的复杂性。

早期的数据库开发人员信奉"每一个表都应该有一个天生的主键"这句话。但是，随着数据库中的数据量日益庞大，使用"天生的主键"作为主键可能会出现一些问题。

所以，可以使用替代主键来解决这些问题，在选择替代主键时，其应该具有以下特点。

➡ 除唯一标识记录或实体外，最好没有其他任何实际意义。

➡ 选择的主键不包含任何现实意义，所以不需要进行任何更新，即使对其更新也没有任何意义。

➡ 不包含任何可能发生变化的数据，如时间、电话号码等。

➡ 最好由计算机自动生成，任何人为设置的主键都可能在主观上包含一些现实意义。

4.1.4　删除员工基本信息表中的主键

在设置了主键之后，如果觉得设置的字段并不合理，也可以删除主键，操作方法如下。

方法一：❶在数据表的设计视图中，在设置了主键的字段上右击，❷在弹出的快捷菜单中选择【主键】命令，即可删除主键，如图 4-6 所示。

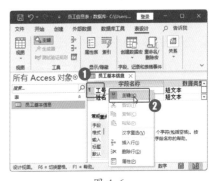

图 4-6

方法二：❶在数据表的设计视图中，选择设置了主键的字段，❷单击【表设计】选项卡【工具】组中的【主键】按钮，即可删除主键，如图 4-7 所示。

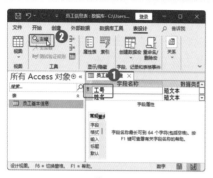

图 4-7

4.2 规范数据表

将数据拆分到多个表中的过程称为规范化数据。只有规范了数据表，才能高效地收集数据、查看数据，提高数据库的性能。下面将介绍数据表的 3 个范式。

★重点 4.2.1 规范的数据表是什么样的

Access 数据表从外观上与 Excel 电子表格十分相似，而实际上，两者有着本质上的区别。因为 Access 数据表和 Excel 电子表格面向的对象是完全不同的。Excel 完全面向电子表格，它鼓励用户尽量将所有的数据都放在一个表格之中，如果 Access 数据表也跟 Excel 一样，就会出现以下问题。

➡ 表不可控制地增长：例如，将所有的信息都包含在同一个表中，如果表中的某个字段又包含若干个属性，这些属性又需要分别用字段表示出来，就会使表中的字段不可控制地增长。

➡ 数据维护和更新困难：如果需要对某个字段进行修改，就需要对整个表进行搜索，然后逐一修改。如果需要输入一条新的记录，需要输入的字段就很多，但是其中大部分都是重复无用的数据。

➡ 极大的资源浪费：在一个表中保存所有的数据，必定会存在大量的冗余数据，会浪费磁盘的空间。在使用数据或对数据进行操作时，也会占用大量空间和网络资源等。

所以，在设计数据库中使用的表时，需要对其进行一定的规范化处理，只有这样，才能设计出性能优良的数据库应用程序。

在关系型数据库中，设计数据库必须遵循一定的规则，这些规则就是范式。目前，关系型数据库有 6 种范式，分别是第一范式（1NF）、第二范式（2NF）、第三范式（3NF）、第四范式（4NF）、第五范式（5NF）和第六范式（6NF）。

满足最低要求的范式称为第一范式，在第一范式的基础上，满足更多条件的范式称为第二范式，以此类推。

4.2.2 第一范式

规范化的第一个阶段为第一范式（1NF），这是所有关系型数据库必须满足的基本条件，具体的要求是：表中的每一个元素只能包含一个唯一值。

1NF 包含两层含义。

1NF 的第一层含义是表中的每一个字段只能包含一个属性，即每一个字段只能有一个值。

如图 4-8 所示，该表的【联系方式】字段中包含了两个值，就是一个不满足 1NF 的表。

A	B	C	D	E	F
			员工信息登记表		
员工编号	姓名	所属部门	身份证号码	联系方式	
CF1001	汪小颖	行政部	500231123456789123	138****5689	（023）6996**12
CF1002	尹向南	人力资源	500231123456782356	135****9856	（023）8896**13
CF1003	胡杰	人力资源	500231123456784562	135****4589	（023）6496**14
CF1004	郝仁义	营销部	500231123456784564	189****9658	（023）6696**15
CF1005	刘露	销售部	500231123456784563	138****6987	（023）96**16
CF1006	杨曦	项目组	500231123456789756	158****6890	（023）6996**17
CF1007	刘思玉	财务部	500231123456783579	133****8759	（023）8896**18
CF1008	柳新	财务部	500231123456783466	189****6654	（023）8896**19
CF1009	陈俊	项目组	500231123456787103	189****4589	（023）6596**20
CF1010	胡媛媛	行政部	500231123456781395	139****9520	（023）6496**21
CF1011	赵东亮	人力资源	500231123456782468	139****9874	（023）6596**22
CF1012	艾佳佳	项目组	500231123456784562	188****6723	（023）6796**23
CF1013	王其	行政部	500231123456780376	137****3214	（023）6696**24
CF1014	朱小西	财务部	500231123456787318	134****3698	（023）6696**25
CF1015	曹美云	营销部	500231123456787305	189****6890	（023）6896**26

图 4-8

如果要让图 4-8 中的表满足 1NF，解决的方法有两种。

第一种：将【联系方式】字段拆分为两个字段，如图 4-9 所示。

图 4-9

第二种：将包含两个联系方式的记录拆分为两条记录，如图 4-10 所示。

图 4-10

1NF 的第二层含义是不能有两个完全相同的字段，图 4-8 所示的【联系方式】字段，如果直接拆分为两个【联系方式】字段，就不能满足要求。

4.2.3　第二范式

满足 1NF 的表就可以在关系型数据库中使用了，但仅满足 1NF 的表还是会存在诸多问题。

例如，图 4-11 中的销售表，由货号、工号、姓名、部门、商品名称、销售数量、价格和总价几个字段组成，主键由货号和工号构成，每一个字段都是一个完全独立的属性，符合 1NF。

图 4-11

虽然图 4-11 中的表看似符合 1NF，但在使用时仍然会出现诸多问题。简单分析一下，可能会出现的问题有以下几个。

➡ 数据冗余：某些员工的姓名出现了多次，商品名称也出现了多次，导致同一种商品的价格也出现了多次。

➡ 更新异常：如果需要对其中的某些数据进行更新，则需要对整个表格进行搜索，否则就可能出现异常。例如，要将洗发水的价格更改为"45"，则需要对所有销售了洗发水的员工的数据进行查找和修改，否则就会出现一种商品对应两种价格的情况。

➡ 插入异常：如果某个员工没有销售某件商品，则销售数量为空，这个员工的信息就不能被输入表格中。

➡ 删除异常：如果某个员工的销售记录错误，需要删除，在删除这条记录时，会将员工的基本信息一起删除。

想要避免销售表中出现这些问题，就需要了解数据库第二个规范化的要求，即第二范式（2NF）。

第二范式的具体内容是：每一个非主键关键字完全依赖于主键。

根据 2NF 来分析销售表可以发现，【价格】字段完全依赖于主键【货号】，而【姓名】和【部门】字段依赖于【工号】，【总价】字段依赖于【销售数量】和【价格】，所以销售表并不符合 2NF。

如果想让销售表符合 2NF，需要将其拆分为员工、商品和各产品的销售情况这样几张表，拆分后的效果如图 4-12 所示。

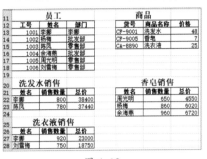

图 4-12

4.2.4　第三范式

规范化的最后一步称为第三范式（3NF），它要求移除所有可以派生自表中其他字段包含的数据的字段。

满足 2NF 的表已经是一个合格的数据表，但是满足了 2NF 的表仍然可能存在一些问题。

图 4-13 所示的【商品信息表】中，主键为商品编码，其余所有字段的数据都依赖于商品编码。

图 4-13

但是，分析表中的字段时，还可以发现【分厂地址】和【分厂电话】字段除依赖于主键外，还依赖于另一个非主键字段【所属分厂】，这种依赖方式被称为传递依赖。

所以，图 4-13 中的表并不符合 3NF，如果数据库中没有其他表，要使该表符合 3NF，可以将其拆分为图 4-14 所示的【商品信息】表和图 4-15 所示的【分厂信息】表。

商品信息

商品编码	品名	所属分厂
AC1001	果冻	广州分厂
AC1002	饼干	东莞分厂
AC1003	瓜子	云南分厂
AC1004	花生	云南分厂
AC1005	薯片	广州分厂

图 4-14

分厂信息

所属分厂	分厂地址	分厂电话
东莞分厂	东莞市**12号	0769-6254****
广州分厂	广州市**101号	020-6584****
云南分厂	云南省**13号	0871-8987****

图 4-15

4.3 建立表之间的关系

良好数据库设计的目标之一就是消除数据冗余，要实现这一目标，可以将数据拆分为多个基于主题的表，尽量使每条数据只出现一次，然后在相关表中放置公共字段，并建立各表之间的关系，从而将拆分的数据组合到一起，这也是关系型数据库的运行原理。在 Access 2021 中，共有 3 种关系，分别是一对一、一对多和多对多关系，本节将分别介绍这 3 种关系。

4.3.1 表关系类型

在数据库中为每个主题创建表后，必须为 Access 提供在需要时将这些信息组合到一起的方法。具体方法是在相关的表中放置公共字段，并定义表之间的关系。然后，可以创建查询、窗体和报表，以同时显示几个表中的信息。Access 中的表关系类型主要分为以下 3 种。

1. 一对一关系

在两个表的主键与主键之间创建的关系就被称为一对一关系。

在一对一关系中，表 A 中的每条记录在表 B 中只有一个匹配记录，且表 B 中的每条记录在表 A 中也只有一个匹配记录。

这种关系并不常见，因为多数以此方式相关联的信息都存储在一个表中。可以使用一对一关系将一个表分成许多字段，或者出于安全原因隔离表中的部分数据，或者存储仅应用于主表的子集的信息。标志此类关系时，这两个表必须共享一个公共字段。

2. 一对多关系

在两个表的主键与外键之间创建的关系就称为一对多关系。一对多关系是最常见的关系类型。

在这种关系中，表 A 中的一行可以匹配表 B 中的多行，但表 B 中的一行只能匹配表 A 中的一行。

要在数据库设计中表示一对多关系，应将关系“一”方的主键作为额外字段添加到关系“多”方的表中。例如，表“出版社”和“书”之间就有一对多关系：每家出版社都出版许多书，但是每种书只会出自一家出版社。这里就应将表“书”中的【书刊号】作为主键，而在表“出版社”中将【书刊号】作为非主键。

3. 多对多关系

多个表之间有两个及两个以上的一对多关系称为多对多关系。

在多对多关系中，表 A 中的一行可以匹配表 B 中的多行，反之亦然。

要创建这种关系，需要定义第三个表，称为连接表，它的主键由表 A 和表 B 两个表中的外键组成。因此，第三个表记录关系的每个匹配项或实例。例如，“订单”表和“产品”表有多对多的关系，这种关系是通过与“订单明细”表建立两个一对多关系来定义的。一个订单可以有多个产品，每个产品可以出现在多个订单中。

★新功能 4.3.2 实战：创建一对一表关系

实例门类	软件功能

在创建一对一关系时，两个表之间必须共享一个公共字段，并且该公共字段必须具有唯一索引。创建一对一表关系的具体操作步骤如下。

Step 01 打开“素材文件\第 4 章\供货商信息管理.accdb”，打开【供货商信息表】数据表，进入设计视图，单击【表设计】选项卡【关系】组中的【关系】按钮，如图 4-16 所示。

图 4-16

Step 02 打开【关系】窗口，单击【关系设计】选项卡【关系】组中的【添加表】按钮，如图 4-17 所示。

图 4-17

Step 03 打开【添加表】窗格，❶按住【Ctrl】键，在【表】选项卡的列表框中选择【供货商信息表】和【原始信息表】选项，❷单击【添加所选表】按钮，❸单击【关闭】按钮 ✕，如图 4-18 所示。

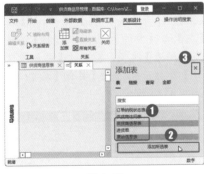

图 4-18

Step 04 选择【供货商信息表】表中的【供货商ID】字段，按住鼠标左键不放，将其拖动到【原始信息表】表中的【供货商ID】字段上后松开鼠

标左键，如图 4-19 所示。

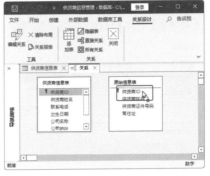

图 4-19

Step 05 打开【编辑关系】对话框，可以看到【关系类型】为【一对一】关系，直接单击【创建】按钮，如图 4-20 所示。

图 4-20

Step 06 操作完成后，即可创建一对一表关系，两个表中的【供货商ID】字段用关系连接线连接了起来。单击快速访问工具栏中的【保存】按钮，保存创建的表关系，如图 4-21 所示。

图 4-21

Step 07 进入【供货商信息表】数据表的数据表视图，此时可以发现每条

记录的行首都出现了 ⊞ 图标，单击该图标，Access 将以子表的形式显示出【原始信息表】数据表中的数据，如图 4-22 所示。

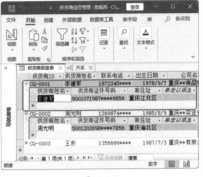

图 4-22

★新功能 4.3.3　实战：创建一对多表关系

实例门类	软件功能

为主键字段与外键字段创建的关系就称为一对多关系，但不是任何主键和任何外键都可以创建一对多关系的。创建一对多关系的两个主键字段的数据类型必须是一样的，而且必须是有一定关联的。

要在数据库中表示一对多关系，需要设置表关系为"一方"的主键，并将其作为额外公共字段添加到关系为"多方"的表中。

例如，在【供货商信息管理】数据库中，有【供货商信息表】和【进货单】这两个表，一个供货商可以有多笔进货订单，而一个订单只能对应一个供货商。所以，在一对多的表关系中，关系"一方"应该为【供货商信息表】表，而关系"多方"应该为【进货单】表。所以，本例需要将【供货商信息表】表中的【供货商ID】字段添加到【进货单】表中。

创建一对多表关系的具体操作步骤如下。

Step01 接上一例操作，❶切换到【关系】窗口，❷单击【关系设计】选项卡【关系】组中的【添加表】按钮，如图4-23所示。

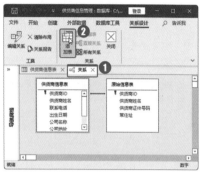

图4-23

Step02 打开【添加表】窗格，❶在【表】选项卡的列表框中选择【进货单】选项，❷单击【添加所选表】按钮，❸单击【关闭】按钮✕，如图4-24所示。

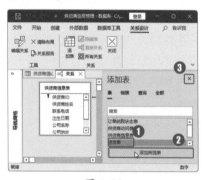

图4-24

Step03 在【关系】窗口中将【供货商信息表】表中的【供货商ID】字段拖动到【进货单】表中的【供货商ID】字段上，如图4-25所示。

图4-25

Step04 打开【编辑关系】对话框，可以看到【关系类型】为【一对多】关系，直接单击【创建】按钮，如图4-26所示。

图4-26

Step05 此时，从【关系】窗口中可以看到已经创建了一对多关系，两个表中的【供应商ID】字段用关系连接线连接了起来。单击快速访问工具栏中的【保存】按钮🖫，保存创建的表关系，如图4-27所示。

图4-27

Step06 重新打开【供货商信息表】数据表的数据表视图，单击行首出现的 ⊞ 图标，Access将以子表的形式显示出该供货商的订单信息，如图4-28所示。

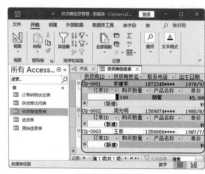

图4-28

★新功能 4.3.4 实战：创建多对多表关系

实例门类	软件功能

多对多关系其实就是两个一对多关系，相对来说，创建多对多关系比较复杂。创建多对多表关系的具体操作步骤如下。

Step01 接上一例操作，❶切换到【关系】窗口，❷单击【关系设计】选项卡【关系】组中的【添加表】按钮，如图4-29所示。

图4-29

Step02 打开【添加表】窗格，❶在【表】选项卡的列表框中选择【供货商访问表】选项，❷单击【添加所选表】按钮，❸单击【关闭】按钮✕，如图4-30所示。

图4-30

Step 03 在【关系】窗口中将【供货商访问表】表中的【供货商ID】字段拖动到【供货商信息表】表中的【供货商ID】字段上，如图4-31所示。

图 4-31

Step 04 打开【编辑关系】对话框，可以看到【关系类型】为【一对多】关系，直接单击【创建】按钮，如图4-32所示。

图 4-32

Step 05 此时，从【关系】窗口中可以看到【供货商信息表】表和【供货商访问表】表为一对多关系，【供货商访问表】表和【进货单】表为多对多关系。单击快速访问工具栏中的【保存】按钮，保存创建的表关系，如图4-33所示。

图 4-33

Step 06 重新打开【供货商信息表】数据表的数据表视图，单击行首出现的 ⊞ 图标，会弹出【插入子数据表】对话框，❶在【表】选项卡的列表框中选择要显示的子数据表，❷单击【确定】按钮，如图4-34所示。

图 4-34

Step 07 返回数据表界面，单击行首出现的 ⊞ 图标，Access将以子表的形式显示出选择的子数据表中的信息，如图4-35所示。

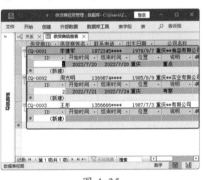

图 4-35

技术看板

用户也可以直接将【供货商信息表】表中的【供货商ID】字段拖动到【进货单】表中的【供货商ID】字段上，从而创建两个表之间的多对多关系。但是在实际应用中，用两个一对多关系来表示多对多关系更为常用。

4.3.5 查看数据库的表关系

表关系创建完成后，用户可以查看表关系，具体操作步骤如下。

Step 01 打开"素材文件\第4章\供货商信息管理1.accdb"，单击【数据库工具】选项卡【关系】组中的【关系】按钮，如图4-36所示。

图 4-36

Step 02 在打开的【关系】窗口中，可以查看当前数据库中所有的表关系，如图4-37所示。

图 4-37

4.3.6 实战：编辑数据库的数据表关系

实例门类	软件功能

为数据库创建了表关系之后，如果想要更改表关系，可以编辑数据表关系，具体操作步骤如下。

Step 01 打开"素材文件\第4章\供货商信息管理1.accdb"，打开【关系】窗口，❶选中要编辑的关系连接线，❷单击【关系设计】选项卡【工具】组中的【编辑关系】按钮，如图 4-38 所示。

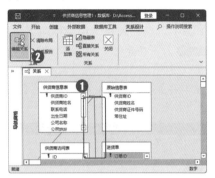

图 4-38

Step 02 打开【编辑关系】对话框，❶分别修改数据表中的字段，❷单击【确定】按钮即可，如图 4-39 所示。

图 4-39

技术看板

双击关系连接线，或者在关系连接线上右击，在弹出的快捷菜单中选择【编辑关系】命令，也可以打开【编辑关系】对话框。

【关系设计】选项卡的功能区中各命令的作用如下。

→ 清除布局：单击该按钮，可隐藏【关系】窗口中所有的表对象及关系连接线。

→ 关系报告：单击该按钮，Access将自动生成表关系的报表，并进入打印预览模式，用户可打印该报表，如图 4-40 所示。

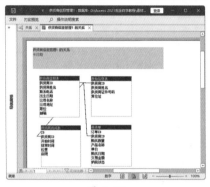

图 4-40

→ 添加表：单击该按钮，可打开【添加表】窗格，在其中可添加表对象到【关系】窗口中。

→ 隐藏表：在【关系】窗口中选择表对象后，单击该按钮，可隐藏所选的表对象。

技术看板

选择需要隐藏的表后右击，在弹出的快捷菜单中选择【隐藏表】命令，也可以隐藏表。选择要隐藏的表后，按【Delete】键也可以隐藏表。

→ 直接关系：在【关系】窗口中选择表对象后，单击该按钮，可以显示出与该表有直接关系的所有表。

→ 所有关系：单击该按钮，可以显示出当前所有的表。

→ 关闭：单击该按钮，可以退出【关系】窗口。

★重点 4.3.7 实战：实施参照完整性

实例门类	软件功能

Access 允许数据库实施参照完整性规则，从而避免数据丢失或遭到破坏。例如，在【供货商信息表】表和【进货单】表之间存在一对多关系，如果要在【供货商信息表】表中删除一条供货商信息，而该供货商又在【进货单】表中具有订单，那么删除该供货商信息后，这些订单将成为"孤立记录"。

"孤立记录"的意思是：【进货单】表中仍然包含【供货商ID】字段，但这些订单不再有效，因为它所参照的供货商信息已经不存在了。

此时，可以使用参照完整性规则，防止出现"孤立记录"，并保持参照同步。

如果要对数据库实施参照完整性，需要满足以下要求。

→ 来自主表的公共字段必须为主键或具有唯一索引。

→ 建立表关系的字段必须具有相同的数据类型。

→ 数据表必须存在于同一个 Access 数据库，不能对连接的表实施参照完整性。

如果要实施参照完整性，具体操作步骤如下。

Step 01 打开"素材文件\第4章\供货商信息管理 2.accdb"，单击【数据库工具】选项卡【关系】组中的【关系】按钮，如图 4-41 所示。

图 4-41

Step 02 双击【供货商信息表】表和【进货单】表的关系连接线，如图 4-42 所示。

图 4-42

Step 03 弹出【编辑关系】对话框，❶选中【实施参照完整性】复选框，❷单击【确定】按钮，如图 4-43 所示。

图 4-43

Step 04 操作完成后，即可为所选表

实施参照完整性，此时的关系连接线上分别以 ⬁ 和 ∞ 符号标记出一对多表关系，如图 4-44 所示。

图 4-44

在实施参照完整性后，Access 将拒绝违反表关系参照完整性的任何操作，并会严格限制主表和中间表的记录修改和更新操作。对于表的限制，规则如下。

➡ 如果在主表的主键字段中不存在某条记录，则不能在相关表的外键字段中输入该记录，否则会创建"孤立记录"，即不允许在"多端"的字段中输入"一端"主键中不存在的值。

➡ 当"多端"的表中含有和主表相匹配的记录时，不可从主表中删除这条记录。例如，如果在【进货单】表中有某供货商的订单，则不能从【供货商信息表】表中删除该供货商的记录。但是，如果在【编辑关系】对话框中选中【级联删除相关记录】复选框，则用户在进行删除操作时如果删除【供货商信息表】表中某个供货商的记录，系统会同时删除【进货单】表中该供货商的所有订单记录，从而保证数据的完整性。

➡ 当"多端"的表中含有和主表相匹配的记录时，不可从主表中改变相应主键的值。例如，如果在【进货单】表中有某供货商的订单，则不能从【供货商信息表】表中改变该供货商的【供货商ID】字段值。但是，如果在【编辑关系】对话框中选中【级联更新相关字段】复选框，则允许完成此操作。

妙招技法

通过对前面知识的学习，相信读者已经掌握了建立主键和表关系的基本操作。下面结合本章内容，给大家介绍一些实用技巧。

技巧 01：怎样删除数据表的关系

在创建了表关系后，如果需要删除表关系，可以使用以下方法。

方法一：❶选中要删除表关系的关系连接线，然后按【Delete】键，❷在弹出的提示对话框中单击【是】按钮，即可删除表关系，如图 4-45 所示。

图 4-45

方法二：❶在要删除表关系的关系连接线上右击，❷在弹出的快捷菜单中选择【删除】命令，❸在弹出的提示对话框中单击【是】按钮，即可删除表关系，如图 4-46 所示。

图 4-46

技巧 02：怎样设置级联选项

在记录数据时，有时可能需要更新或删除关系一方的值，那么关系另外一方的值也会发生变化。如果用户希望当关系一方的值更新或被删除时，系统能自动更新或删除所有受影响的值，对数据库进行完整更新，有效防止整个数据库呈现不一致的状态，则可以设置级联选项，具体操作步骤如下。

Step① 打开"素材文件\第 4 章\供货商信息管理 3.accdb"，打开【关系】窗口，❶选中要设置级联选项的关系连接线，❷单击【关系设计】选项卡【工具】组中的【编辑关系】按钮，如图 4-47 所示。

图 4-47

Step② 打开【编辑关系】对话框，选中【级联更新相关字段】复选框，当更新主键时，Access 将自动更新参照主键的所有字段，如图 4-48 所示。

图 4-48

Step③ ❶选中【级联删除相关记录】复选框，当删除包含主键的记录时，Access 将自动删除参照该主键的所有记录，❷设置完成后，单击【确定】按钮即可，如图 4-49 所示。

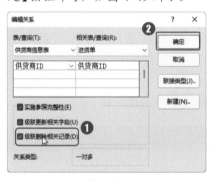

图 4-49

技巧 03：怎样更改主键

设置主键后，如果觉得设置的主键不合适，可以更改主键，具体操作步骤如下。

Step① 打开"素材文件\第 4 章\员工信息表 1.accdb"，打开【员工基

本信息】数据表，进入设计视图，❶选中要更改为主键的字段，❷单击【表设计】选项卡【工具】组中的【主键】按钮，如图 4-50 所示。

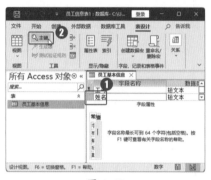

图 4-50

Step② 操作完成后，即可看到主键已经更改为所选字段，如图 4-51 所示。

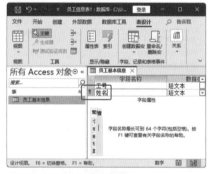

图 4-51

技巧 04：怎样清除所有关系

为数据表设置了表关系后，如果要重新设置关系，或者不再需要创建关系，可以快速清除所有关系，具体操作步骤如下。

Step① 打开"素材文件\第 4 章\供货商信息管理 4.accdb"，进入【关系】窗口，单击【关系设计】选项卡【工具】组中的【清除布局】按钮，如

图 4-52 所示。

图 4-52

Step 02 在弹出的提示对话框中单击【是】按钮，如图 4-53 所示。

图 4-53

Step 03 操作完成后，即可看到所有关系已经被清除，如图 4-54 所示。

图 4-54

技巧 05：怎样打印关系报表

当数据表的关系设置完成后，可以生成关系报表，如果有需要，还可以将报表打印出来，具体操作步骤如下。

Step 01 打开"素材文件\第 4 章\供货商信息管理 4.accdb"，进入【关系】窗口，单击【关系设计】选项卡【工具】组中的【关系报告】按钮，如图 4-55 所示。

图 4-55

Step 02 打开【供货商信息管理 4 的关系】窗口，单击【打印预览】选项卡【打印】组中的【打印】按钮，即可打印报表，如图 4-56 所示。

图 4-56

本章小结

本章介绍了如何定义主键和主键的作用，重点讲解了关系的作用和创建关系的操作。在日常生活中，要创建一个比较完美的数据库，少不了要给表添加关系，因为只有建立了关系，才能实现更多的数据库功能。

第 2 篇　查询分析篇

查询是数据库的第二大对象，是数据库处理和分析数据的重要工具。通过查询，用户可以根据指定的条件检索出需要的数据。本篇主要介绍 Access 的数据查询和分析的相关知识。

第 5 章　Access 数据库中的数据查询

➥ 要想在庞大的数据库中查找需要的数据，应该怎样操作？

➥ 如果数据库中的数据被重复输入，应该怎样删除重复数据？

➥ 想要更新数据库中的某项数据时，应该如何操作？

➥ 为数据库中添加数据时，需要逐一添加吗？

➥ 如果要统计某项数据，可以在查询的同时计算数据吗？

数据库中的数据分类繁多，想要从中查找出需要的数据，如果仅依靠翻看每一个数据表，那么不仅查找困难，还容易出错。查询的出现拯救了双眼和双手，使用户可以快速地查找出目标数据。在实际工作中，查询除可以在多个数据表中查找数据外，还能查找重复项、不匹配项，甚至可以在查询时进行计算。

5.1　了解查询的类型

使用查询，用户可以快速地查找到所需要的数据，并且可以对查找的数据进行一系列的操作。在进行查询操作之前，需要先了解一些查询的基础知识，如查询的含义、类型、功能等。

5.1.1　查询概述

查询是指在数据表中，根据给出的查询条件，对数据库中的数据记录进行查询搜索，筛选出符合条件的记录，形成一个新的数据集合，以方便对数据库的查看和分析。

用户在使用数据库中的数据时，并不能单独使用某个数据表中的数据，而需要将有关系的多个表中的数据一起调出使用。如果有需要，还要将调出的数据进行一定的计算才能使用。此时，使用查询对象就可以完成需要的操作。

使用查询，不仅可以查看、搜索和分析数据，还可以实现以下几项功能。

➥ 在数据库中添加、删除或更改数据。

➥ 实现筛选、计算、排序和汇总数据等操作。

➥ 可以完成复杂的多表之间的查询。

➥ 可以生成新的基本表。

➥ 自动处理数据管理任务，如定期

查看最新数据。

➡ 查询结果可以作为其他查询、窗体和报表的数据源。

5.1.2　查询的类型

Access 2021 提供了多种查询类型，包括选择查询、操作查询、参数查询、交叉表查询和 SQL 查询。

1. 选择查询

选择查询是最常用的查询方法，它的作用是根据用户提供的条件，从一个或多个数据表中检索数据，并且在数据表中显示结果，也可以使用选择查询来对数据进行分组，并且对查找到的数据记录进行总计、计数、求平均值及其他类型的统计计算等。

选择查询主要有以下几种。

➡ 简单查询：是最为常用的一种查询方式，可以从一个或多个表中将符合条件的数据提取出来，还可以对这些数据进行继续编辑等操作。

➡ 汇总查询：比简单查询的功能更强大，不仅可以提取数据，还能对数据进行各种统计和汇总。

➡ 重复项查询：能将数据表中相同字段的信息和内容集合在一起显示，主要用于对各种数据的对比分析。

➡ 不匹配查询：是将数据表中不符合查询条件的数据显示出来，作用与隐藏符合条件的数据的功能相似。

2. 操作查询

操作查询是在一个操作中更改许多记录的查询，分为 4 种类型：生成表查询、更新查询、追加查询

和删除查询。

➡ 生成表查询：是从一个或多个表中检索数据，然后将结果集加载到一个新表中。该新表可以放在已打开的数据库中，用户也可以在其他数据库中创建该表。

➡ 更新查询：可以添加、更改或删除一条或多条现有记录中的数据。可以将更新查询视为一种功能强大的【查找和替换】对话框形式。可以输入选择条件（相当于搜索字符串）和更新条件（相当于替换字符串）。与【查找和替换】对话框不同，更新查询可接受多个条件，可以一次更新大量记录，并可以一次更改多个表中的记录。

➡ 追加查询：可将一组记录（行）从一个或多个源表（或查询）添加到一个或多个目标表中。通常，源表和目标表位于同一数据库中，但并非必须如此。例如，用户获得了一些新客户及一个包含有关这些客户的信息表的数据库时，为了避免手动输入这些新数据，可以将这些新数据追加到数据库相应的表中。

➡ 删除查询：从一个或多个表中删除一组记录。例如，可以使用删除查询来删除没有订单的产品。

3. 参数查询

参数查询是指在执行查询时，会弹出【输入参数值】对话框，在其中输入参数后，要以指定的参数返回查询结果。例如，需要查询部门的详细信息，可以创建一个参数查询，输入需要查看的部门，如图 5-1 所示。

图 5-1

4. 交叉表查询

交叉表查询用来计算某一字段数据的总和、平均值或其他统计值，然后对结果进行分组。一组值垂直分布在数据表的左侧，另一组值水平分布在数据表的顶端，使数据的显示形式更加清晰，让用户更容易理解和分析。例如，用户想查看产品的销售总计，但是又想查看产品每月的销售统计，可以使用交叉表查询，让每行显示一种产品的销售总计，每列显示一个月份的产品销售统计。

5. SQL 查询

SQL 查询是指使用 SQL 语句创建的查询。SQL 查询又包括联合查询、传递查询、数据定义查询和子查询 4 种。

➡ 联合查询：将一个或多个表、一个或多个查询的字段结合为一个

记录集。

➡ 传递查询：用 ODBC（开放式数据库互连）数据库的 SQL 语法将 SQL 命令直接传递到 ODBC 数据库进行执行处理，然后再将结果传递回 Access。

➡ 数据定义查询：该查询用于创建、修改、删除数据表或创建、删除索引。

➡ 子查询：包含另一个选择查询或操作查询中的 SQL SELECT 语句。

5.1.3 查询的功能

Access 中的查询功能非常灵活，提供了所有可以想到的查看数据的方法。在 Access 中，查询可以执行很多功能，经常使用的主要有以下几种。

➡ 选择表和字段：从一个表或多个有关系的表中获取数据。例如，需要获取产品的生产情况，在产品生产表中只保存了产品的货号，而在查看结果时，需要查看产品的名称，就可以在产品信息表中获取与产品的货号对应的产品名称。

➡ 选择记录：在表中选择符合条件的记录，如从产品生产表中选择超额完成 20% 的产品。

➡ 对记录进行排序：将查询结果按照指定的顺序进行排序，如在生产表中按产量排序。

➡ 执行计算：使用查询可以对数据进行计算，如计算平均值、总和或最大值等。

➡ 创建表：可以根据查询的结果创建另一个新表。

➡ 创建窗体或报表：查询结果中可能正好包含窗体或报表中所需要的字段和数据，可以基于查询结果创建窗体或报表。基于查询创建窗体或报表后，在每次打印窗体或报表时，都可以获取表中的最新数据。

➡ 创建图表：可以通过返回的数据创建图表。

➡ 用作其他查询的数据源（子查询）：基于一个查询所选择的记录创建另一个查询，常用于创建一些特别的查询。例如，需要对查询条件进行修改，可以直接在原查询的基础上创建一个新的查询，使用这个查询对条件进行修改。

➡ 获取外部数据修改表：Access 查询可以从各种来源中获取信息，如其他数据库文件、Excel 电子表格、文本文件等。在获取了这些数据之后，可以对其进行追加、将其添加到已有的表中，或者创建一个新表保存这些数据。

技能拓展——记录集的工作方法

记录集是由查询返回的结果集合而成，所以也可以将其称为动态集，因此它的结果放置在内存中而不是表中，以保证系统快速地对其进行信息检索。一旦系统不再需要，它们就会被丢弃，从而节约系统的存储空间，同时保证数据结果是最新的。

5.1.4 查询的视图

在 Access 2021 中，查询有 3 种视图，分别是数据表视图、设计视图和 SQL 视图。

➡ 数据表视图：在该视图中，用户可以查看查询的结果。例如，在有重复数据的数据表视图中，可以查看重复的记录，如图 5-2 所示。

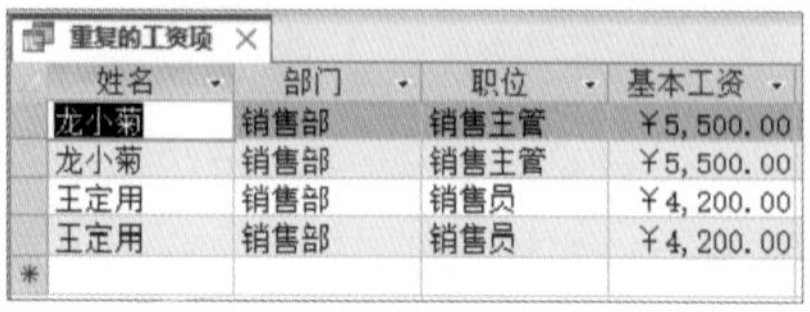

图 5-2

➡ 设计视图：在该视图中，用户可以创建查询，设置查询的字段、条件等，如图 5-3 所示。

图 5-3

➡ SQL 视图：在该视图中，用户可以查看自动生成的等效 SQL 语句，也可以直接在其中输入 SQL 语句来创建查询，如图 5-4 所示。

图 5-4

5.2 使用查询向导创建查询

常规查询的创建分为两种，分别是通过查询向导创建和通过查询设计创建。其中，通过查询向导可以创建4种常规查询：简单查询、交叉表查询、重复项查询和不匹配查询。本节将介绍通过查询向导来创建查询的方法。

★重点 5.2.1 实战：创建简单查询

实例门类	软件功能

通过简单查询向导进行查询，是最基本、最简单，也是最实用的查询方法之一。下面以在【员工信息表】数据库中通过简单查询向导，根据【员工工资标准】和【员工基本信息】数据表中的数据，来查询员工与其对应的实得工资为例，介绍创建简单查询的方法。

Step 01 打开"素材文件\第5章\员工信息表.accdb"，单击【创建】选项卡【查询】组中的【查询向导】按钮，如图5-5所示。

图 5-5

Step 02 打开【新建查询】对话框，❶在右侧列表框中选择【简单查询向导】选项，❷单击【确定】按钮，如图5-6所示。

图 5-6

Step 03 打开【简单查询向导】对话框，❶在【可用字段】列表框中选择【姓名】选项，❷单击【添加】按钮，如图5-7所示。

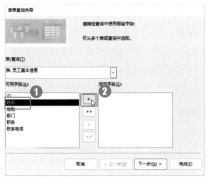

图 5-7

Step 04 操作完成后，即可看到【姓名】字段已经被添加到【选定字段】列表框中，使用相同的方法添加【职务】字段到【选定字段】列表框中，如图5-8所示。

图 5-8

Step 05 ❶单击【表/查询】下拉按钮，❷在弹出的下拉列表中选择【表：员工工资标准】选项，如图5-9所示。

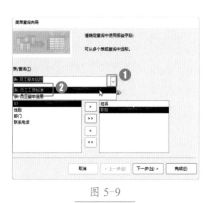

图 5-9

Step 06 ❶在【可用字段】列表框中选择【实得工资】选项，❷单击【添加】按钮，❸单击【下一步】按钮，如图5-10所示。

图 5-10

Step 07 ❶在【请确定采用明细查询还是汇总查询】选项区域中选中【明细】单选按钮，❷单击【下一步】按钮，如图5-11所示。

图 5-11

Step08 ❶在【请为查询指定标题】文本框中输入查询的标题，❷单击【完成】按钮，如图 5-12 所示。

图 5-12

Step09 操作完成后，即可看到系统已经创建了查询，如图 5-13 所示。如果要保存查询结果，直接按【Ctrl+S】快捷键，或者在关闭时确认保存即可。

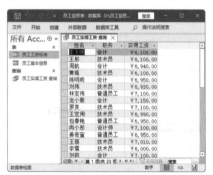

图 5-13

★重点 5.2.2 实战：创建交叉表查询

实例门类	软件功能

交叉表查询也可以理解为数据分类汇总，常用于数据的统计和分析。下面介绍创建交叉表查询的方法。

Step01 打开"素材文件\第 5 章\产品销量.accdb"，单击【创建】选项卡【查询】组中的【查询向导】按钮，如图 5-14 所示。

图 5-14

Step02 打开【新建查询】对话框，❶在右侧列表框中选择【交叉表查询向导】选项，❷单击【确定】按钮，如图 5-15 所示。

图 5-15

Step03 打开【交叉表查询向导】对话框，❶选择【表：2 月产品销量】选项，❷单击【下一步】按钮，如图 5-16 所示。

图 5-16

Step04 ❶在【交叉表查询向导】对话框的【可用字段】列表框中选择【产品名称】选项，❷单击【添加】按钮

钮，❸单击【下一步】按钮，如图 5-17 所示。

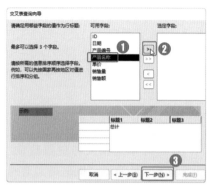

图 5-17

Step05 ❶在【交叉表查询向导】对话框右侧的列表框中选择【日期】选项，❷单击【下一步】按钮，如图 5-18 所示。

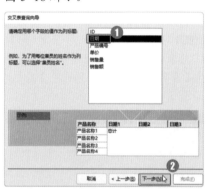

图 5-18

Step06 ❶在【交叉表查询向导】对话框右侧的列表框中选择【季度】选项，❷单击【下一步】按钮，如图 5-19 所示。

图 5-19

Step07 ❶在【交叉表查询向导】对话

框右侧的列表框中选择【销售额】选项，❷单击【下一步】按钮，如图 5-20 所示。

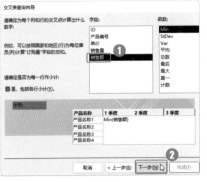

图 5-20

Step⑧ ❶在【交叉表查询向导】对话框的【请指定查询的名称】文本框中输入查询的名称，❷单击【完成】按钮，如图 5-21 所示。

图 5-21

Step⑨ 操作完成后，即可在查询对象中显示出相应的查询结果，如图 5-22 所示。如果要保存查询结果，直接按【Ctrl+S】快捷键，或者在关闭时确认保存即可。

图 5-22

5.2.3 实战：创建重复项查询

实例门类	软件功能

在有些数据表中，用户是手动指定的关键字，所以不能像系统自动生成的关键字 ID 那样可以避免重复数据。此时，可以通过重复项查询功能，将这些重复项查找出来并删除，具体操作步骤如下。

Step① 打开"素材文件\第 5 章\员工工资表.accdb"，单击【创建】选项卡【查询】组中的【查询向导】按钮，如图 5-23 所示。

图 5-23

Step② 打开【新建查询】对话框，❶在右侧列表框中选择【查找重复项查询向导】选项，❷单击【确定】按钮，如图 5-24 所示。

图 5-24

Step③ 打开【查找重复项查询向导】对话框，❶在列表框中选择【表：工资明细】选项，❷在【视图】选项区域中选中【表】单选按钮，❸单击【下一步】按钮，如图 5-25 所示。

图 5-25

Step④ ❶在【查找重复项查询向导】对话框的【可用字段】列表框中选择【姓名】选项，❷单击【添加】按钮，❸单击【下一步】按钮，如图 5-26 所示。

图 5-26

Step⑤ ❶在【查找重复项查询向导】对话框中单击【全部添加】按钮，❷单击【下一步】按钮，如图 5-27 所示。

图 5-27

Step⑥ ❶在【查找重复项查询向导】对话框的【请指定查询的名称】文本框中输入查询的名称，❷单击【完成】按钮，如图 5-28 所示。

图 5-28

Step07 系统将自动创建查询并显示出所有的重复项记录。❶在多余的重复项数据上右击，❷在弹出的快捷菜单中选择【删除记录】命令，如图 5-29 所示。

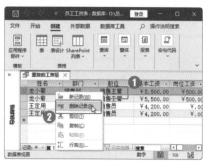

图 5-29

Step08 弹出提示对话框，单击【是】按钮，如图 5-30 所示。

图 5-30

Step09 使用相同的方法删除其他的重复项数据，如图 5-31 所示。

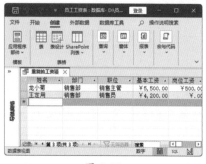

图 5-31

Step10 单击【保存】按钮 或直接按【Ctrl+S】快捷键保存查询，然后打开【工资明细】数据表，即可看到重复的数据已经被删除，如图 5-32 所示。

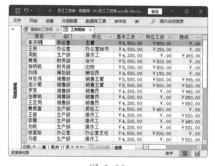

图 5-32

5.2.4 实战：创建不匹配查询

实例门类	软件功能

通过创建不匹配查询，可以比较两张表或查询中的数据记录是否完全匹配，从而找出不匹配或多余的数据，以保证数据表或查询对象中的数据一一对应，具体操作步骤如下。

Step01 打开"素材文件\第 5 章\员工工资数据.accdb"，单击【创建】选项卡【查询】组中的【查询向导】按钮，如图 5-33 所示。

图 5-33

Step02 打开【新建查询】对话框，❶在右侧列表框中选择【查找不匹配项查询向导】选项，❷单击【确定】按钮，如图 5-34 所示。

图 5-34

Step03 打开【查找不匹配项查询向导】对话框，❶在列表框中选择【表：工资明细】选项，❷在【视图】选项区域中选中【表】单选按钮，❸单击【下一步】按钮，如图 5-35 所示。

图 5-35

Step04 在【查找不匹配项查询向导】对话框中直接单击【下一步】按钮，如图 5-36 所示。

图 5-36

Step05 ❶在【查找不匹配项查询向导】对话框的左右两个列表框中选择【姓名】选项，❷单击【不匹配】按钮 ，❸单击【下一步】按钮，如图 5-37 所示。

图 5-37

Step06 ❶在【查找不匹配项查询向导】对话框中单击【全部添加】按钮 **>>**，❷单击【下一步】按钮，如图 5-38 所示。

图 5-38

Step07 ❶在【查找不匹配项查询向导】对话框的【请选择查询结果中所需的字段】文本框中输入查询的名称，❷单击【完成】按钮，如图 5-39 所示。

图 5-39

Step08 系统自动将多余人员数据显示出来，如图 5-40 所示。

图 5-40

5.3　使用查询设计创建查询

在 Access 中，使用设计视图可以创建有条件的查询，或者较为复杂的查询。查询的设计视图窗口分为上下两部分，上半部分显示查询所匹配的表对象，下半部分是查询设计网格，用于设定具体的查询条件。本节将介绍使用设计视图创建各种查询的方法。

★新功能 5.3.1　实战：创建选择查询

实例门类	软件功能

除可以使用查询向导创建各种查询外，还可以使用设计视图创建选择查询，用户可以更自由地设置查询的条件，具体操作步骤如下。

Step01 打开"素材文件\第 5 章\人事管理数据表.accdb"，单击【创建】选项卡【查询】组中的【查询设计】按钮，如图 5-41 所示。

图 5-41

Step02 进入查询的设计视图，并打开【添加表】窗格，❶按住【Ctrl】键，在【表】选项卡的列表框中选择【员工信息表】和【员工原始信息表】选项，❷单击【添加所选表】按钮，❸单击【关闭】按钮 **×**，如

图 5-42 所示。

图 5-42

Step03 此时，在查询的设计视图的上半部分可以看到添加的表对象，下半部分即为选择查询的查询设计网格，包括【字段】【表】【排序】【显示】【条件】等，如图 5-43 所示。

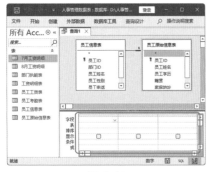

图 5-43

技术看板

【字段】行用于设计查询结果中显示的字段；【表】行用于设置字段的来源表；【排序】行用于定义字段的排序方式，分别是升序、降序和不排序 3 类；【显示】行用于控制是否在结果中显示该字段；【条件】行用于设定查询条件；【或】行用于设定查询的第二个条件。

Step 04 ❶单击【字段】行第一列的下拉按钮，❷在弹出的下拉列表中显示了两个表中的所有字段，本例选择【员工信息表：员工ID】选项，如图 5-44 所示。

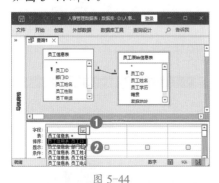

图 5-44

技术看板

在表对象中双击字段，或者将字段拖动到【字段】行中，也可以添加字段到查询设计网格中。

Step 05 使用相同的方法，将两个表中其他相关的字段添加到【字段】行中，如图 5-45 所示。

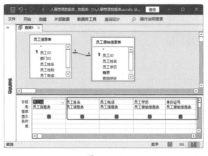

图 5-45

技术看板

在【字段】行添加了字段后，【表】行会自动显示该字段所在的表。如果数据源表和字段较多，在【字段】下拉列表中将出现较多的选项，增加了选择的难度。此时，可以先在【表】行中选择数据源表，对应的【字段】下拉列表中就会只显示该数据源表的字段，然后再进行选择即可。

Step 06 设置完成后，单击【查询设计】选项卡【结果】组中的【运行】按钮，如图 5-46 所示。

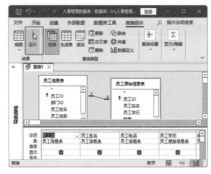

图 5-46

Step 07 此时，将切换到数据表视图，并显示查询结果，单击快速访问工具栏中的【保存】按钮，如图 5-47 所示。

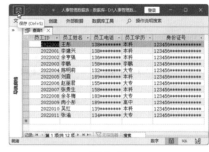

图 5-47

Step 08 弹出【另存为】对话框，❶在【查询名称】文本框中输入查询的名称，❷单击【确定】按钮，如图 5-48 所示。

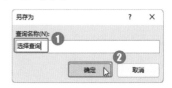

图 5-48

Step 09 操作完成后，在导航窗格中即可看到创建的选择查询表，如图 5-49 所示。

图 5-49

技能拓展——设置联接属性

如果要设置联接属性，可以在关系连接线上右击，在弹出的快捷菜单中选择【联接属性】命令，如图 5-50 所示，即可弹出【联接属性】对话框，如图 5-51 所示，在其中可以设置对表的哪些记录进行查询。

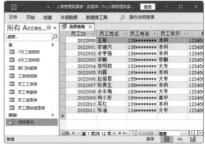

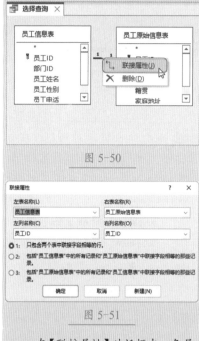

图 5-50

图 5-51

在【联接属性】对话框中，各属性的用途如下。

→ 1：默认选项，表示只有两个表中都存在【员工ID】记录才能被查询。

→ 2：【员工原始信息表】表中的所有记录都将被查询。如果信息只存在于【员工信息表】表，在【员工原始信息表】表中没有相关联记录，那么这些记录将不能够被查询。

→ 3：与选项 2 相反。

★新功能 5.3.2 实战：创建生成表查询

实例门类	软件功能

生成表查询是指从一个或多个表中提取出数据，并将结果生成到一个新表中。例如，要将【工资明细表】和【员工信息表】数据表中的某些记录生成到新表中，具体操作步骤如下。

Step01 打开"素材文件\第5章\人事管理数据表.accdb"，单击【创建】

选项卡【查询】组中的【查询设计】按钮，如图 5-52 所示。

图 5-52

Step02 打开【添加表】窗格，❶按住【Ctrl】键，在【表】选项卡的列表框中选择【工资明细表】和【员工信息表】选项，❷单击【添加所选表】按钮，❸单击【关闭】按钮 ✕，如图 5-53 所示。

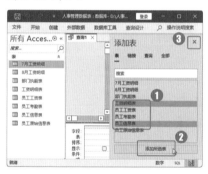

图 5-53

Step03 操作完成后，即可在查询的设计视图中看到添加的表对象，单击【查询设计】选项卡【查询类型】组中的【生成表】按钮，如图 5-54 所示。

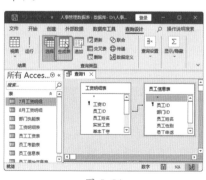

图 5-54

Step04 打开【生成表】对话框，❶在【表名称】文本框中输入生成的新表名称，❷单击【确定】按钮，如图 5-55 所示。

图 5-55

Step05 进入生成表查询的设计视图，在查询设计网格中，将【工资明细表】表中的【员工ID】【员工姓名】【实发工资】【发薪月份】字段和【员工信息表】表中的【员工职位】字段添加到【字段】行中，如图 5-56 所示。

图 5-56

Step06 ❶单击【查询设计】选项卡【结果】组中的【视图】按钮，切换到数据表视图，在其中可以预览生成的新表，❷查看无误后，单击【开始】选项卡【视图】组中的【视图】按钮，如图 5-57 所示，重新返回设计视图。

图 5-57

Step07 单击【查询设计】选项卡【结果】组中的【运行】按钮，如图 5-58 所示。

图 5-58

Step08 打开【Microsoft Access】对话框，单击【是】按钮，如图 5-59 所示。

图 5-59

Step09 操作完成后，可以在导航窗格中看到生成的新表【实发工资表】，该表与其数据源没有任何关系或连接，如图 5-60 所示。

图 5-60

Step10 ①切换到查询对象，②单击快速访问工具栏中的【保存】按钮□，如图 5-61 所示。

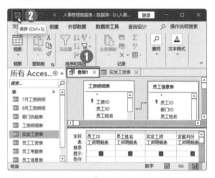

图 5-61

Step11 打开【另存为】对话框，①在【查询名称】文本框中输入查询对象的名称，②单击【确定】按钮，如图 5-62 所示。

图 5-62

Step12 如果要再次执行查询，可以直接在导航窗格中双击该查询对象，如图 5-63 所示。

图 5-63

技术看板

该查询图标前有一个感叹号图标 **!**，表示这是一个操作查询。

Step13 弹出提示对话框，提示该查询将修改表中的数据，单击【是】按钮，如图 5-64 所示。

图 5-64

Step14 再次弹出提示对话框，提示执行查询前将删除之前已有的表，单击【是】按钮，如图 5-65 所示。

图 5-65

Step15 再次弹出提示对话框，询问是否用选中的记录创建新表，单击【是】按钮，即可执行生成表查询，从而生成新表，如图 5-66 所示。

图 5-66

★新功能 5.3.3 实战：创建更新查询

实例门类	软件功能

当数据库中有一条或几条记录需要更改时，可以使用手动的方式逐条查找，然后更改。但是，当数据库中有大量的数据需要修改时，就可以使用更新查询来进行批量修改。更新查询可以对一个或多个数据表中的数据进行有规律的、批量的更新或修改，创建更新查询的具体操作步骤如下。

Step01 打开"素材文件\第 5 章\人事管理数据表.accdb"，单击【创建】

选项卡【查询】组中的【查询设计】按钮，如图 5-67 所示。

图 5-67

Step02 打开【添加表】窗格，❶在【表】选项卡的列表框中选择【工资明细表】选项，❷单击【添加所选表】按钮，❸单击【关闭】按钮 ×，如图 5-68 所示。

图 5-68

Step03 操作完成后，即可在查询的设计视图中看到添加的表对象，单击【查询设计】选项卡【查询类型】组中的【更新】按钮，如图 5-69 所示。

图 5-69

Step04 进入更新查询的设计视图，在查询设计网格中，❶将【保险费】字段添加到【字段】行中，❷在【更新为】行中输入表达式"-[保险费]"，如图 5-70 所示。

图 5-70

技术看板

【更新为】行中的表达式含义是为该字段的所有数据添加负号。

Step05 单击【查询设计】选项卡【结果】组中的【视图】按钮，如图 5-71 所示，切换到数据表视图。

图 5-71

Step06 在视图页面中可以预览查询结果，查看无误后，单击【开始】选项卡【视图】组中的【视图】按钮，重新返回设计视图，如图 5-72 所示。

图 5-72

Step07 单击【查询设计】选项卡【结果】组中的【运行】按钮，如图 5-73 所示。

图 5-73

Step08 弹出提示对话框，单击【是】按钮，如图 5-74 所示。

图 5-74

技术看板

执行更新操作后，用户即使按【Ctrl+Z】快捷键，也不能恢复【工资明细表】数据表中的数据。

Step09 ❶执行更新查询后，在导航窗格中双击打开【工资明细表】数据表，在其中可以看到【保险费】字段的数据已经全部添加了负号，

②单击快速访问工具栏中的【保存】按钮🖫保存创建的查询即可，如图 5-75 所示。

图 5-75

★新功能 5.3.4 实战：创建追加查询

实例门类	软件功能

追加查询是指将一组记录从一个或多个数据源表或查询中添加到另一个或多个目标表的末尾，具体操作步骤如下。

Step01 打开"素材文件\第 5 章\人事管理数据表.accdb"，单击【创建】选项卡【查询】组中的【查询设计】按钮，如图 5-76 所示。

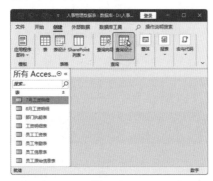

图 5-76

Step02 打开【添加表】窗格，①在【表】选项卡的列表框中选择【7月工资明细】选项，②单击【添加所选表】按钮，③单击【关闭】按钮✕，如图 5-77 所示。

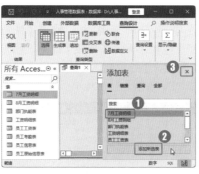

图 5-77

Step03 操作完成后，即可在查询的设计视图中看到添加的表对象，单击【查询设计】选项卡【查询类型】组中的【追加】按钮，如图 5-78 所示。

图 5-78

Step04 打开【追加】对话框，①在【表名称】下拉列表中选择【8月工资明细】选项，②单击【确定】按钮，如图 5-79 所示。

图 5-79

Step05 进入追加查询的设计视图，在查询设计网格中，将【工资 ID】字段添加到【字段】行中，此时【追加到】行会自动显示出【8月工资明细】表中相对应的字段，如图 5-80 所示。

图 5-80

Step06 ①将【7月工资明细】表中剩余的字段都添加到【字段】行中，②在【实发工资】字段对应的【条件】行中输入条件表达式"<4000"，如图 5-81 所示。

图 5-81

Step07 ①单击【查询设计】选项卡【结果】组中的【视图】按钮，切换到数据表视图，在其中预览要追加的数据，②单击【开始】选项卡【视图】组中的【视图】按钮，如图 5-82 所示。

图 5-82

Step08 单击【查询设计】选项卡【结果】组中的【运行】按钮，如图 5-83 所示。

次使用不同值的查询，可以使用参数查询。

所示。

图 5-83

Step09 弹出提示对话框，单击【是】按钮，如图 5-84 所示。

图 5-84

Step10 ❶ 操作完成后，打开【8月工资明细】数据表，在其中可以看到已经成功追加了【7月工资明细】表中实发工资小于 4000 元的记录，❷ 单击快速访问工具栏中的【保存】按钮保存创建的查询即可，如图 5-85 所示。

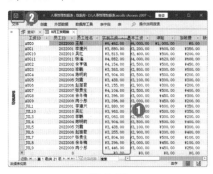

图 5-85

★ **新功能 5.3.5　实战：创建参数查询**

实例门类	软件功能

需要创建可以使用多次，但每

例如，想要查询各部门的员工，每次运行相同的查询，但查询的部门不同，具体操作步骤如下。

Step01 打开"素材文件\第 5 章\员工信息表.accdb"，单击【创建】选项卡【查询】组中的【查询设计】按钮，如图 5-86 所示。

图 5-86

Step02 打开【添加表】窗格，❶ 在【表】选项卡的列表框中选择【员工基本信息】选项，❷ 单击【添加所选表】按钮，❸ 单击【关闭】按钮，如图 5-87 所示。

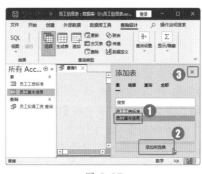

图 5-87

Step03 进入参数查询的设计视图，在查询设计网格中，❶ 将【姓名】和【部门】字段添加到【字段】行中，❷ 在【部门】字段的【条件】行中输入表达式"=[请输入部门名称]"，❸ 单击【查询设计】选项卡【结果】组中的【运行】按钮，如图 5-88

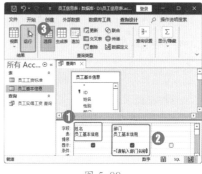

图 5-88

Step04 弹出【输入参数值】对话框，❶ 在文本框中输入要查询的部门，如"财务部"，❷ 单击【确定】按钮，如图 5-89 所示。

图 5-89

Step05 在视图页面中可以预览查询结果，查看无误后，单击快速访问工具栏中的【保存】按钮保存创建的查询即可，如图 5-90 所示。

图 5-90

Step06 ❶ 在导航窗格中双击保存后的【参数查询】查询，❷ 打开【输入参数值】对话框，在文本框中输入想要查询的部门名称，如"后勤部"，❸ 单击【确定】按钮，如图 5-91 所示。

图 5-91

Step07 ❶在视图页面中可以预览查询结果，❷查看无误后，单击快速访问工具栏中的【保存】按钮💾保存创建的查询即可，如图 5-92 所示。

图 5-92

5.3.6 实战：创建删除查询

实例门类	软件功能

删除查询是从一个表或两个相关表中删除满足指定条件的记录，创建删除查询的具体操作步骤如下。

Step01 打开"素材文件\第 5 章\人事管理数据表 1.accdb"，单击【创建】选项卡【查询】组中的【查询设计】按钮，如图 5-93 所示。

图 5-93

Step02 打开【添加表】窗格，❶在【表】选项卡的列表框中选择【员工信息表 1】选项，❷单击【添加所选表】按钮，❸单击【关闭】按钮✖，如图 5-94 所示。

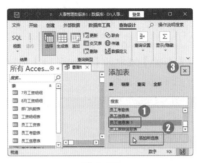

图 5-94

Step03 操作完成后，即可在查询的设计视图中看到添加的表对象，单击【查询设计】选项卡【查询类型】组中的【删除】按钮，如图 5-95 所示。

图 5-95

Step04 进入删除查询的设计视图，❶在查询设计网格中将【员工性别】字段添加到【字段】行中，在对应的【条件】行中输入删除条件""女""，❷将【员工信息表 1.*】添加到【字段】行中，如图 5-96 所示。

图 5-96

技术看板

【员工信息表 1.*】表示【员工信息表 1】的所有字段。

Step05 ❶单击【查询设计】选项卡【结果】组中的【视图】按钮，切换到数据表视图，在其中可以查看要删除的数据，❷单击【开始】选项卡【视图】组中的【视图】按钮，如图 5-97 所示。

图 5-97

Step06 返回设计视图，单击【查询设计】选项卡【结果】组中的【运行】按钮，如图 5-98 所示。

图 5-98

Step07 弹出提示对话框，单击【是】按钮，如图 5-99 所示。

图 5-99

Step08 ❶操作完成后，打开【员工信息表 1】数据表，在其中可以看到已经成功删除了性别为女的记录，❷单击快速访问工具栏中的【保存】按钮🖫保存创建的查询即可，如图5-100所示。

图 5-100

5.4 编辑查询字段

在创建完查询之后，用户还可以根据需要对查询进行编辑，如添加或删除表对象、添加或删除查询字段、重命名查询字段等。

★新功能 5.4.1 实战：添加与删除表对象

实例门类	软件功能

在为数据库添加了查询之后，有时还需要添加或删除表对象，以增加或减少查询对象。

1. 添加表对象

如果要添加表对象，具体操作步骤如下。

Step01 打开"素材文件\第5章\人事管理数据表2.accdb"，❶右击【生成表查询】查询，❷在弹出的快捷菜单中选择【设计视图】命令，如图5-101所示。

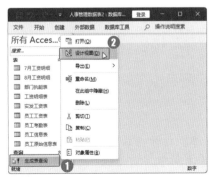

图 5-101

Step02 进入查询的设计视图，单击

【查询设计】选项卡【查询设置】组中的【添加表】按钮，如图5-102所示。

图 5-102

Step03 打开【添加表】窗格，❶在【表】选项卡的列表框中选择要添加的表对象，❷单击【添加所选表】按钮，❸单击【关闭】按钮 ✕，如图5-103所示。

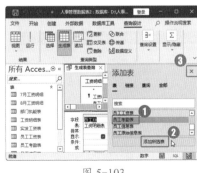

图 5-103

Step04 返回查询设计窗口即可看到

所选表对象已经被添加，如图5-104所示。

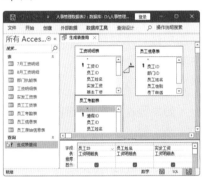

图 5-104

2. 删除表对象

如果要删除表对象，具体操作步骤如下。

Step01 接上一例操作，选择要删除的表对象，如图5-105所示。

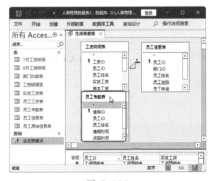

图 5-105

Step**02** 直接按【Delete】键即可删除表对象，如图 5-106 所示。

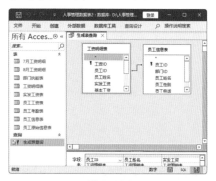

图 5-106

★重点 5.4.2 实战：添加与删除查询字段

| 实例门类 | 软件功能 |

在编辑查询时，不能在数据表视图中进行添加和删除操作，只能在其他视图中进行。

1. 添加查询字段

如果要在查询的设计视图中添加字段，有以下两种方法。

方法一：❶单击查询设计网格中【字段】行的下拉按钮，❷在弹出的下拉列表中选择需要的字段即可，如图 5-107 所示。

图 5-107

技能拓展——区分字段名相同的字段

如果添加了多个表对象，在添

加字段时，可能会有相同的字段名，不易区分。其实只需要记住，当我们在查询设计网格的第一格的下拉列表中寻找对应的目标字段时，在字段前面都有字段所在的表格/查询名，如【工资明细表.员工ID】字段就表示它是【工资明细表】表中的【员工ID】字段，而不是别的表或查询中的【员工ID】字段，这样就不会混淆了。

方法二：进入查询的设计视图，在表对象中需要添加的字段上按住鼠标左键不放，拖动到下方查询设计网格的一个空白列中，然后松开鼠标左键即可，如图 5-108 所示。

图 5-108

2. 删除查询字段

如果要删除查询字段，操作方法如下。

方法一：在设计视图中，在要删除的字段上右击，在弹出的快捷菜单中选择【剪切】命令即可，如图 5-109 所示。

图 5-109

方法二：在设计视图中，取消选中字段下方的复选框，可以实现删除该字段的目的，如图 5-110 所示。

图 5-110

5.4.3 实战：为字段重新命名

| 实例门类 | 软件功能 |

对于查询对象中的字段名称，默认是以原字段名命名，如果有需要，也可以根据实际情况重新命名，具体操作步骤如下。

Step**01** 打开"素材文件\第 5 章\人事管理数据表 2.accdb"，❶右击【生成表查询】查询，❷在弹出的快捷菜单中选择【设计视图】命令，如图 5-111 所示。

图 5-111

Step**02** 打开查询的设计视图，选择要重新命名的字段，单击【查询设计】选项卡【显示/隐藏】组中的【属性表】按钮，如图 5-112 所示。

图 5-112

Step03 打开【属性表】窗格，❶在【标题】文本框中输入新的名称，❷单击【关闭】按钮×，如图 5-113 所示。

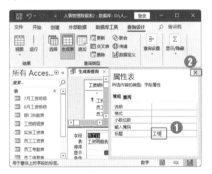

图 5-113

Step04 ❶单击快速访问工具栏中的【保存】按钮🖫，❷在查询标签上右击，❸在弹出的快捷菜单中选择【数据表视图】命令，如图 5-114 所示。

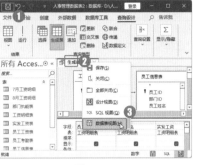

图 5-114

Step05 在数据表视图中即可看到字段已经被重新命名，如图 5-115 所示。

图 5-115

5.4.4 实战：将字段移动到合适的位置

实例门类	软件功能

为查询添加字段后，如果要移动字段，具体操作步骤如下。

Step01 打开"素材文件\第 5 章\人事管理数据表 2.accdb"，进入查询的设计视图，将鼠标指针移动到要移动的字段上，当鼠标指针变为↓形状时，按鼠标左键选中该字段列，如图 5-116 所示。

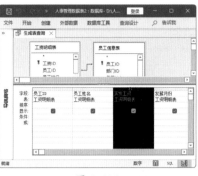

图 5-116

Step02 在选中的字段上按住鼠标左键不放，然后拖动鼠标到合适的位置，如图 5-117 所示。

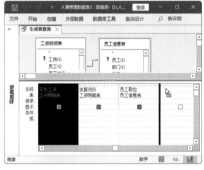

图 5-117

Step03 松开鼠标左键，即可看到所选字段已经移动到目标位置，如图 5-118 所示。

图 5-118

5.5　在 Access 中使用运算符和表达式

在 Access 数据库中，查询有着强大的功能。除前文介绍的一些常规查询外，还可以手动设置多样化的查询，满足不同的查询需要。在手动设置查询时，还可以使用查询对数据进行计算，以获得更详细的结果。

5.5.1 认识查询中常用的运算符

在查询中，除了可以使用字段来查询数据，还可以使用运算符和函数来构建各种表达式，通过表达式来实现多字段的使用。

通过运算符，可以将文本字符串合并到一起，以便设置数据格式及执行各种任务，还可以针对一个或多个数据执行特定的操作。

在 Access 中，可以将运算符分为以下几种类型：算术运算符、比较运算符、字符串运算符、逻辑运算符和特殊运算符等。

1. 算术运算符

算术运算符用于执行算术运算，由算术运算符构成的表达式称为算术表达式。Access 中支持的算术运算符如表 5-1 所示。

表 5-1 算术运算符

算术运算符	用途	表达式示例
+	加法	[基本工资]+300.00
−	减法	[实得工资]−120.00
*	乘法	[单价]*[数量]
/	浮点除法	[总价]/[数量]
\	整除除法	[员工数量]\5
^	乘方	[边长]^5
Mod	取模	8 Mod 3

技术看板

在 Access 中，允许直接使用字段名称参与运算，在输入字段名称时，不需要输入中括号，在输入完成之后，字段名称上会自动添加中括号。

2. 比较运算符

比较运算符用于比较两个值或表达式的大小关系，又被称为关系运算，运算结果为逻辑值（True 或 False）或 Null（空）。Access 中支持的比较运算符如表 5-2 所示。

表 5-2 比较运算符

比较运算符	用途	表达式示例
=	等于	[员工姓名]="男"
<>	不等于	[部门]<>[销售部]
<	小于	[销售数量]<300
>	大于	[销售总额]>50000
<=	小于等于	[实发工资]<=3000
>=	大于等于	[培训成绩]>=60

3. 字符串运算符

字符串是指用双引号引起来的一串字符，如"123"、"OK"和"小明"等。Access 中支持文本连接符&和文本比较运算符 Like 这两个运算符。

在进行字符串运算时，除使用字符串运算符外，还需要使用通配符进行更为灵活的字符串的比较，字符串运算符的使用如表 5-3 所示。

表 5-3 字符串运算符

字符串运算符	用途	表达式示例	说明
?	表示任意一个字符	bo??	表示以 "bo" 开头的、长度为 4 的所有字符串
*	表示任意长度、任意字符的字符串	U*	表示以 "U" 开头的所有字符串
#	表示任意一个数字	#3/3/2022#	表示返回日期字段值在 2022 年 3 月 3 日的记录
[列表]	表示列表中任意一个字符与列表之外的所有字符串组成的所有字符串	薛[小晓]琴	表示 "薛小琴" 和 "薛晓琴" 两个字符串
[!列表]	表示不包括列表中的任意字符	*[!de]	表示不以 "d" 或 "e" 开始的字符串

4. 逻辑运算符

逻辑运算符可以对逻辑值进行运算，运算的结果为逻辑值或 Null（空），由逻辑运算符构成的表达式称为逻辑表达式。逻辑表达式在自定义查询时使用十分频繁，Access 中常用的逻辑运算符如表 5-4 所示。

表 5-4 逻辑运算符

逻辑运算符	用途	表达式示例	说明
And（与）	对两个逻辑值进行与运算	A And B	返回字段值为 A 和 B 的记录
Or（或）	对两个逻辑值进行或运算	"Yes" Or "OK"	匹配两个值中的任意一个值，返回对应 Yes 或 OK 的记录
Not（非）	对逻辑值取反	Not Like A*	返回名称中除了以 "A" 开头的记录

5. 特殊运算符

除几种常用的运算符外，在 Access 中还有一些其他非常有用的运算符，如 Between … and …、In、IsNull，使用方法如表 5-5 所示。

表 5-5　特殊运算符

特殊运算符	用途	表达式示例	说明
Between … and …	表示某个范围	Between 150 and 200	意思是大于 150 和小于 200，表示返回字段值为 150~200 的记录
In	用于判断值是否为列表中的某个值	In(100,200,300)	返回字段值为 100、200 和 300 的所有记录
IsNull	用于判断值是不是 Null	［姓名］IsNull	判断姓名字段值是否为 Null（空）

★重点 5.5.2　实战：设置查询条件

实例门类	软件功能

查询条件类似于公式，是由运算符、常量值、函数和特殊操作符等组成的表达式，下面通过设置查询条件来查找数据，具体操作步骤如下。

技术看板

不同数据类型的字段，查询条件的用法大致相同。对于字符串类型，即文本类型的字段值，需要在两边用英文的双引号（""）引起来。对于日期/时间类型的字段值，在日期/时间值两边用井号（#）括起来。

Step01 打开"素材文件\第 5 章\人事管理数据表 3.accdb"，❶在【选择查询】查询上右击，❷在弹出的快捷菜单中选择【设计视图】命令，如图 5-119 所示。

图 5-119

Step02 ❶在【员工姓名】字段对应的【条件】行中输入查询条件"Like "余*""，❷单击【查询设计】选项卡【结果】组中的【运行】按钮，如图 5-120 所示。

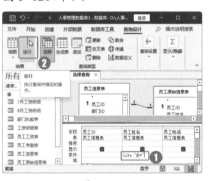

图 5-120

Step03 操作完成后，即可看到所有余姓员工的信息，如图 5-121 所示。

图 5-121

★新功能 5.5.3　实战：计算的类型

实例门类	软件功能

在 Access 中，查询中的计算类型可以分为两种，一种是预定义计算，另一种是自定义计算。预定义计算可以直接使用，使用后可以对字段进行计数、求最大值、求最小值等。自定义计算是通过编辑表达式，在表达式中对一个或多个字段进行计算。下面分别介绍两种计算类型的使用方法。

1. 预定义计算

预定义计算可以对数据进行简单的统计计算，下面以统计公司各部门员工人数为例，介绍使用预定义计算的方法。

Step01 打开"素材文件\第 5 章\人事管理数据表 4.accdb"，单击【创建】选项卡【查询】组中的【查询设计】按钮，如图 5-122 所示。

图 5-122

Step 02 打开【添加表】窗格，❶在【表】选项卡的列表框中选择【员工信息表】选项，❷单击【添加所选表】按钮，❸单击【关闭】按钮❌，如图 5-123 所示。

图 5-123

Step 03 在查询的设计视图中，将【部门】字段和其他任意一个字段添加到查询设计网格中，如【员工ID】字段，如图 5-124 所示。

图 5-124

Step 04 单击【查询设计】选项卡【显示/隐藏】组中的【汇总】按钮，如图 5-125 所示。

图 5-125

Step 05 在查询设计网格中添加【总计】行。❶单击【员工ID】字段【总计】行的下拉按钮☑，❷在弹出的下拉列表中选择【计数】选项，如图 5-126 所示。

图 5-126

Step 06 保持【员工ID】字段的选择状态，按【F4】键打开【属性表】窗格，❶在【标题】文本框中输入标题，❷单击【关闭】按钮❌，如图 5-127 所示。

图 5-127

Step 07 ❶单击快速访问工具栏中的【保存】按钮🖫，❷弹出【另存为】对话框，在【查询名称】文本框中

输入查询的标题，❸单击【确定】按钮，如图 5-128 所示。

图 5-128

Step 08 ❶在查询标签上右击，❷在弹出的快捷菜单中选择【数据表视图】命令，如图 5-129 所示。

图 5-129

Step 09 切换到数据表视图，即可看到部门人数统计结果，如图 5-130 所示。

图 5-130

2. 自定义计算

使用自定义计算可以对表或查询中的数据进行多种操作。在自定义计算中，可以使用各种运算符和

函数对字段、常数等进行计算、操作。下面以【客户信息管理】数据库中的【客户信息】数据表为例，将【姓氏】和【名字】两个字段整合为一个字段，以方便以后的使用，具体操作步骤如下。

Step01 打开"素材文件\第5章\客户信息管理.accdb"，单击【创建】选项卡【查询】组中的【查询设计】按钮，如图5-131所示。

图5-131

Step02 打开【添加表】窗格，❶在【表】选项卡的列表框中选择【客户信息】选项，❷单击【添加所选表】按钮，❸单击【关闭】按钮×，如图5-132所示。

图5-132

Step03 操作完成后，即可在查询的设计视图中看到添加的表对象，❶选择【客户信息】表中的所有字段，❷将其拖动到下方的查询设计网格中，如图5-133所示。

技术看板

如果添加的字段较少，也可以直

接在查询设计网格中选择需要的字段。

图5-133

Step04 删除【姓氏】和【名字】字段后，单击【查询设计】选项卡【查询设置】组中的【生成器】按钮，如图5-134所示。

图5-134

Step05 打开【表达式生成器】对话框，❶在【输入一个表达式以定义计算查询字段】文本框中输入表达式以定义计算查询字段，如输入"姓名:[姓氏]&[名字]"，❷单击【确定】按钮，如图5-135所示。

图5-135

Step06 ❶单击快速访问工具栏中的【保存】按钮■，❷弹出【另存为】对话框，在【查询名称】文本框中输入查询的标题，❸单击【确定】按钮，如图5-136所示。

图5-136

Step07 单击【查询设计】选项卡【结果】组中的【视图】按钮，如图5-137所示，切换到数据表视图。

图5-137

Step08 在数据表视图中即可看到自定义计算的结果，如图5-138所示。

图5-138

妙招技法

通过对前面知识的学习，相信读者已经掌握了在 Access 2021 中创建查询的方法。下面结合本章内容，给大家介绍一些实用技巧。

技巧 01：怎样从查询向导直接转换为查询设计

在使用查询向导创建查询时，可以直接转换为查询设计，以修改查询，具体操作步骤如下。

Step01 ❶ 在查询向导的指定标题界面，选中【修改查询设计】单选按钮，❷ 单击【完成】按钮，如图 5-139 所示。

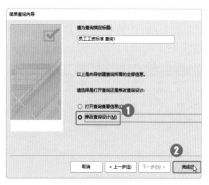

图 5-139

Step02 系统将自动切换到设计视图，此时用户可以在其中继续设置，如图 5-140 所示。

图 5-140

技巧 02：怎样启用所有宏

在执行新查询时，有时左下角状态栏会出现警告，提示操作或事件已被禁用模式阻止。这是因为数据库未在受信任位置或未签名，此时可以启用所有宏，具体操作步骤如下。

Step01 在【文件】选项卡中选择【选项】选项，如图 5-141 所示。

图 5-141

Step02 打开【Access 选项】对话框，❶ 选择【信任中心】选项卡，❷ 单击【信任中心设置】按钮，如图 5-142 所示。

图 5-142

Step03 打开【信任中心】对话框，❶ 选择【宏设置】选项卡，❷ 选中【宏设置】选项区域中的【启用所有宏】单选按钮，❸ 单击【确定】按钮即可，如图 5-143 所示。

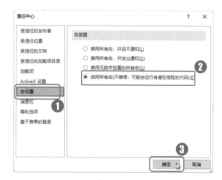

图 5-143

技巧 03：如何将查询结果进行汇总

在使用简单查询对数据进行查询时，可以让查询结果以指定方式汇总统计，如求和、求平均值等，具体操作步骤如下。

Step01 打开"素材文件\第 5 章\产品销量.accdb"，单击【创建】选项卡【查询】组中的【查询向导】按钮，如图 5-144 所示。

图 5-144

Step02 打开【新建查询】对话框，❶ 在右侧列表框中选择【简单查询向导】选项，❷ 单击【确定】按钮，如图 5-145 所示。

图 5-145

Step 03 打开【简单查询向导】对话框，❶在【可用字段】列表框中选择【产品名称】和【销售额】选项，将其添加到【选定字段】列表框中，❷单击【下一步】按钮，如图 5-146 所示。

图 5-146

Step 04 ❶在【简单查询向导】对话框中选中【汇总】单选按钮，❷单击【汇总选项】按钮，如图 5-147 所示。

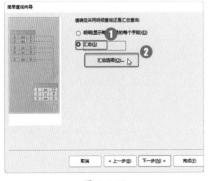

图 5-147

Step 05 打开【汇总选项】对话框，❶在【请选择需要计算的汇总值】列表框中选中需要计算的汇总方式复选框，如选中【汇总】复选框，❷单击【确定】按钮，如图 5-148 所示。

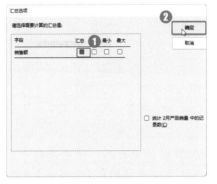

图 5-148

Step 06 返回【简单查询向导】对话框，单击【下一步】按钮，如图 5-149 所示。

图 5-149

Step 07 ❶在【简单查询向导】对话框中设置查询的标题，❷单击【完成】按钮，如图 5-150 所示。

图 5-150

Step 08 操作完成后，即可看到产品汇总的数据，如图 5-151 所示。

图 5-151

技巧 04：在查询向导中快速添加全部字段

通过查询向导创建查询时，需要将查询的字段添加到选定字段中，如果需要使用全部字段，可以快速添加，具体操作步骤如下。

Step 01 在【简单查询向导】对话框的【可用字段】区域中，单击【全部添加】按钮 >>，如图 5-152 所示。

图 5-152

Step 02 操作完成后，即可看到所有字段已经被添加到【选定字段】列表框中，如图 5-153 所示。

图 5-153

技巧 05：如何移除指定字段

为查询添加了字段之后，如果有某些字段需要移除，具体操作步骤如下。

Step01 ❶在【选定字段】列表框中选择需要移除的字段，❷单击【移除】按钮◁，如图 5-154 所示。

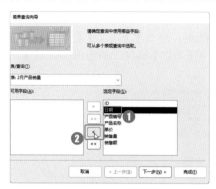

图 5-154

图 5-155

Step02 操作完成后，即可看到所选字段已经被移回【可用字段】列表框，如图 5-155 所示。

技术看板

如果要快速移除所有字段，可以单击全部移除按钮◁◁。

本章小结

本章介绍了在 Access 2021 中建立和使用各种查询的相关操作，合理使用查询操作，可以更快地查找数据、创建新表、修改数据等，同时也介绍了查询中可能用到的条件。用户在使用查询时应当注意，一旦运行查询，就不能再恢复数据，所以在创建查询时，应该注意保存原始文档，以避免因操作失误而造成数据丢失。

第6章　Access 数据库的高级查询设计

➜ 如何使用 SQL 语句创建和修改表？

➜ 如何使用 SELECT 语句查询数据？

➜ 知道一个文本范围，如何查找范围内的数据？

➜ 想要的数据分布在多个数据表中，如何使用 SQL 语句查询？

➜ 想要在数据表中计算数据，怎样将数据添加到新字段中？

SQL 是关系型数据库管理系统中用于执行各种任务的语言，任何查询都需要通过 SQL 来传达指令。在之前的介绍中，使用查询向导和设计视图这两种方法创建查询时，Access 会在后台自动生成等效的 SQL 语句，所以在你不知道的时候，就已经开始使用 SQL 语句了。相较于之前创建查询的操作，本章使用更丰富的 SQL 语句来实现更多的查询功能。

6.1　认识 SQL

SQL（Structured Query Language，结构查询语言）是一种功能强大的数据库语言，通常用于数据库的通信，它是关系型数据库管理系统的标准语言。SQL 语句通常用于完成一些数据库的操作任务，如在数据库中更新数据、检索数据等。在不同的数据库中，其功能命令可能有所不同，但标准的 SQL 命令，如 SELECT、INSERT、UPDATE、DELETE、CREATE 和 DROP 等在数据库中都是通用的，而且使用这些命令可以完成大多数的操作。

6.1.1　Access 中的 SQL

SQL 是数据库的标准查询语言，具有以下特点。

➜ SQL 是一种一体化语言，提供完整的数据定义、数据查询、数据操纵和数据控制等功能。

➜ SQL 具有完备的查询功能。

➜ SQL 结构简洁，易学易用。

➜ SQL 是一种高度非过程化的语言。

➜ SQL 的执行方式多样。

如果让第一次接触 Access 的用户来理解 SQL，他可能会觉得比较抽象，甚至不知道应该在什么地方使用 SQL。

下面先来了解一下在 Access 中，一般会在什么地方使用 SQL。

1. 在查询的 SQL 视图中

查询的视图除第 5 章介绍的数据表视图和设计视图外，还有一种 SQL 视图。在 Access 中，所有的查询操作都通过 SQL 语句来实现。在任意查询中切换到 SQL 视图，就可以看到使用 SQL 语句完成的查询语句，如图 6-1 所示。

图 6-1

2. 在 VBA 编辑器中

SQL 语句不仅可以单独使用，还可以在大部分的编程语言中直接使用。

在 Access 的 VBA 编辑器中，就可以直接使用 SQL 语句操作数据库，如图 6-2 所示。

图 6-2

6.1.2 SQL 的特点

SQL 能够进行数据定义、数据查询、数据操作和数据控制，充分体现了关系型数据语言的特点，具体如下。

➡ 综合统一。

➡ 高度非过程化。

➡ 面向集合的操作方式。

➡ 以一种语法结构提供多种使用方式。

➡ 语言简洁，易学易用。

➡ 数据统计方便直观。

6.1.3 SQL 可以实现的功能

如果用户想对数据库进行定义、增减、删改等操作，可以通过 SQL 语句来实现。SQL 语句并不复杂，常用的分为以下几组。

➡ 数据定义语言（DDL）：用于定义数据的结构，如创建、修改、删除数据库对象等。常用的 DDL 命令如表 6-1 所示。

表 6-1　常用的 DDL 命令

命令	作用
CREATE TABLE	创建表
ALTER TABLE	更改表
DROP TABLE	删除表
CREATE INDEX	创建索引

➡ 数据操作语言（DML）：用于检索或修改数据。常用的 DML 命令如表 6-2 所示。

表 6-2　常用的 DML 命令

命令	作用
SELECT	检索数据
INSERT	插入数据
UPDATE	修改数据
DELETE	删除数据

➡ 数据控制语言（Data Control Language，DCL）：用于定义数据库用户的权限。常用的 DCL 命令如表 6-3 所示。

表 6-3　常用的 DCL 命令

命令	作用
ALTER PASSWORD	修改密码
GRANT	授予权限
REVOKE	收回权限
CREATE SYNONYM	创建同义词

6.2　SQL 的数据定义功能

SQL 的数据定义功能，包括对数据库（database）、基本表（table）、索引（index）和视图（view）的定义，也可以说是对这 4 种对象的创建、删除和结构的修改等操作。

★重点 6.2.1　实战：创建基本表

实例门类	软件功能

使用 SQL 可以创建一张完整的表，包括设置表的名称、字段名称、数据类型、字段的完整性条件及表的完整性约束条件等。

1. 创建表的基本结构

使用简单查询向导功能是创建查询最常用、最简单的方式。通过简单查询向导，可以创建基于多个表或查询的简单查询。

如果要使用 SQL 语句来创建基本表，可以使用 CREATE TABLE 语句来定义基本表结构。现在，我们先忽略完整性约束条件来查看创建基本表的 SQL 语句，其一般的格式如下。

```
CREATE TABLE <基本表名>
(<列名> <数据类型>,
<列名> <数据类型>,
<列名> <数据类型>,
…)
```

其中，【<基本表名>】是用户创建的新表表名；【<列名>】是用户自定义的列标识符，即 Access 中的字段名；【<数据类型>】是指字段的数据类型。

在使用 SQL 创建表的基本结构时，字段的数据类型和在 Access 中直接创建的字段的数据类型的对应关系如表 6-4 所示。

表 6-4　SQL 数据类型与 Access 数据类型的对应关系

SQL 数据类型	Access 数据类型	说明
Text	短文本	用于存储文本或文本和数字，存储大小为 0~255 个字符
Char（size）	短文本	用于存储文本或文本和数字，存储大小为 0~255 个字符
Varchar（size）	短文本	用于存储文本或文本和数字，存储大小为 0~255 个字符
Memo	长文本	用于存储长度较长的文本和数据，存储大小为 0~65538 个字符

SQL数据类型	Access数据类型	说明
Byte	数字（字节）	存储 0~255 的整数
Int/Integer	数字（整型）	存储 −2147483648~2147483647 的整数
Short	数字（短整型）	存储 −32768~32767 的整数
Long	数字（长整型）	存储 −2147483648~2147483647 的整数
Single	数字（单精度型）	单精度浮点数，用于存储大多数小数
Double	数字（双精度型）	双精度浮点数，用于存储大多数小数
Date	日期/时间	用于存储日期和时间格式的数据
Time	日期/时间	用于存储日期和时间格式的数据
Currency	货币	用于存储与货币相关的数据
Counter	自动编号	用于为每条新记录生成唯一值，每次向该表中添加一条记录时，对该值进行递增
Bit	是/否	只能存储 0、1 和 Null（空）数据类型

下面以使用SQL语句创建一个名为【员工基本信息】的数据表为例，介绍使用SQL语句创建基本表的方法。表中包含【字段ID】（自动编号）、【员工编号】（长度为10的文本）、【姓名】（文本型）、【性别】（是/否）、【年龄】（两位整数）和【参加工作时间】（日期型），具体操作步骤如下。

Step01 打开"素材文件\第6章\员工信息管理.accdb"，单击【创建】选项卡【查询】组中的【查询设计】按钮，如图6-3所示。

图 6-3

Step02 打开【添加表】窗格，单击【关闭】按钮 ✕，创建空白查询，如图 6-4 所示。

图 6-4

Step03 ❶在查询标签上右击，❷在弹出的快捷菜单中选择【SQL视图】命令，如图6-5所示。

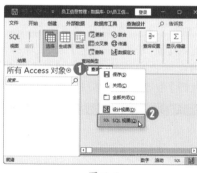

图 6-5

Step04 进入SQL编辑视图，在查询中输入SQL语句"create table 员工基本信息"，创建一个名称为"员工基本信息"的查询，如图6-6所示。

图 6-6

Step05 继续在查询中输入SQL语句，所有的字段都包含在一个小括号内，字段之间使用英文的逗号隔开，如图6-7所示。

语句的内容如下。

```
create table 员工基本信息
(ID counter,
员工编号 char(10),
姓名 char(10),
性别 bit,
年龄 short,
参加工作时间 date)
```

图 6-7

技能拓展——输入 SQL 语句时的注意事项

在输入 SQL 语句时，应该注意以下问题。

（1）SQL 语句的关键词不区分字母的大小写。

（2）SQL 语句中的所有符号、关键词都是英文半角状态，用户可自定义的部分除外，如表名、字段名等。

Step⑥ 输入完成后按【Ctrl+S】快捷键，打开【另存为】对话框，❶在【查询名称】文本框中输入"生成员工基本信息表"，❷单击【确定】按钮，如图 6-8 所示。

图 6-8

Step⑦ ❶在查询标签上右击，❷在弹出的快捷菜单中选择【关闭】命令，如图 6-9 所示。

Step⑧ 在导航窗格中双击【生成员工基本信息表】查询，如图 6-10 所示。

图 6-9

图 6-10

Step⑨ 弹出提示对话框，单击【是】按钮，如图 6-11 所示。

图 6-11

Step⑩ 系统将新建数据表，❶在新建的【员工基本信息】表上右击，❷在弹出的快捷菜单中选择【设计视图】命令，如图 6-12 所示。

图 6-12

Step⑪ 在设计视图中打开【员工基本信息】表，可以看到表中的字段已经按要求被添加了，如图 6-13 所示。

图 6-13

2. 创建表时添加字段约束条件

要在 Access 中创建一张完整的表，不仅需要完成表的创建、字段的添加，还需要对字段设置一定的约束条件。

在 SQL 中，这种条件称为列级完整性约束，这些约束条件紧跟在字段的数据类型之后。添加列级完整性约束条件的 SQL 数据定义语句如下。

```
CREATE TABLE <基本表名>
(<列名> <数据类型> [<列
级完整性约束>],
…)
```

技术看板

在 SQL 数据定义语句中，中括号中的内容表示可以选择。

列级完整性约束条件包括 6 种，可分为默认值、空值、单值、取值限制 4 种值约束，以及主键、外键 2 种键约束，如表 6-5 所示。

表 6-5　列级完整性约束

关键字	含义	说明
Default（常量表达式）	默认值	当没有给该字段输入值时，该字段采用的值
Null/Not Null	空值	注明该字段是否可接受空值，默认为可接受
Unique	单值	注明该字段中所有的值必须不相同
Check（逻辑表达式）	取值限制	逻辑表达式为真才可以，一般包含当前字段名
Primary Key	主键	注明该字段为主键，隐含非空、单值约束
References（父表名、主键）	外键	通过该约束，可以与其他的表建立关系

例如，要使用 SQL 语句创建【员工工资】表，并设置值约束条件和表之间的关系，该表中含有【员工编号】【基本工资】【绩效工资】【奖金】【考勤扣除】5 个字段，其中【员工编号】为主键。同时，还需要创建【员工工资】表和【员工基本信息】表之间的关系，且两个表之间的关系通过【员工编号】字段连接，具体操作步骤如下。

Step01 打开"素材文件\第 6 章\员工管理 .accdb"，单击【创建】选项卡【查询】组中的【查询设计】按钮，如图 6-14 所示。

图 6-14

Step02 打开【添加表】窗格，单击【关闭】按钮×，创建空白查询，如图 6-15 所示。

图 6-15

Step03 单击【查询设计】选项卡【结果】组中的【SQL】按钮，切换到 SQL 视图，如图 6-16 所示。

图 6-16

Step04 在新建的空白查询中输入创建【员工工资】表和添加字段的 SQL 语句，如图 6-17 所示。

语句内容如下。

```
create table 员工工资
（员工编号 char(10),
基本工资 single,
绩效工资 single,
奖金 single,
考勤扣除 single)
```

Step05 在【员工编号】字段的数据类型之后，输入关键字"primary key"，意思是设置该字段为主键，如图 6-18 所示。

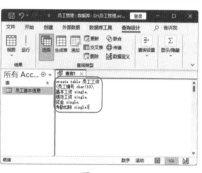

图 6-17

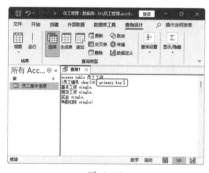

图 6-18

Step06 继续输入"references 员工基本信息(员工编号)"，即设置该字段为与【员工基本信息】表中【员工编号】字段关联的外键，如图 6-19所示。

图 6-19

Step 07 输入完成后按【Ctrl+S】快捷键，打开【另存为】对话框，❶在【查询名称】文本框中输入"创建员工工资表"，❷单击【确定】按钮，如图 6-20 所示。

图 6-20

Step 08 ❶在查询标签上右击，❷在弹出的快捷菜单中选择【关闭】命令，如图 6-21 所示。

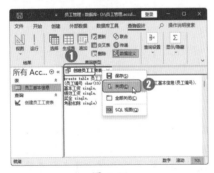

图 6-21

Step 09 在导航窗格中双击【创建员工工资表】查询，如图 6-22 所示。

图 6-22

Step 10 弹出提示对话框，单击【是】按钮，如图 6-23 所示。

图 6-23

Step 11 在设计视图中打开【员工工资】表，可以看到该表的字段和设置的主键，如图 6-24 所示。

图 6-24

Step 12 单击【数据库工具】选项卡【关系】组中的【关系】按钮，如图 6-25 所示。

图 6-25

Step 13 在打开的【关系】窗口中可以看到【员工基本信息】表和【员工工资】表之间的关系，如图 6-26 所示。

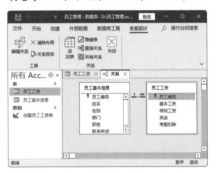

图 6-26

技术看板

如果打开【关系】窗口时，表之间的关系没有显示，可以单击【关系设计】选项卡【关系】组中的【所有关系】按钮，显示表关系。

★新功能 6.2.2 实战：修改基本表

| 实例门类 | 软件功能 |

修改基本表的操作包括增加或修改字段、增加或删除表的完整性约束等。

SQL 语句对基本表的修改一般使用 ALTER TABLE 语句来实现。

```
ALTER TABLE <表名>
[ADD (<新字段名> <数据类
型> [完整性约束][, …])]
[DROP <完整性约束名>]
ALTER COLUMN (<列名>
<数据类型>[, …])]
```

1. 在表中添加字段

在表中添加字段，需要选择 ADD 命令，该命令之后的列名、数据类型和完整性约束与使用 SQL 语句创建基本表时完全相同。下面以在【商品库存】表中添加【仓库信息】和【现有库存】这两个字段为例，介绍通过SQL语句在基本表中添加新字段的方法。

Step01 打开"素材文件\第6章\产品记录.accdb"，单击【创建】选项卡【查询】组中的【查询设计】按钮，如图6-27所示。

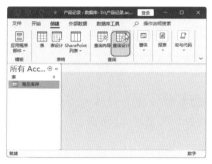

图 6-27

Step02 打开【添加表】窗格，单击【关闭】按钮×，创建空白查询，如图6-28所示。

图 6-28

Step03 单击【查询设计】选项卡【结果】组中的【SQL】按钮，切换到SQL视图，如图6-29所示。

图 6-29

Step04 在新建的空白查询中输入"alter table 商品库存"，意思是对【商品库存】表进行修改，本例为新增字段，如图6-30所示。

图 6-30

Step05 继续输入新增字段的SQL语句"add 仓库信息 char(4),现有库存 int"，意思是增加【仓库信息】和【现有库存】字段，并分别设置数据类型，如图6-31所示。

图 6-31

Step06 输入完成后按【Ctrl+S】快捷键，打开【另存为】对话框，❶在【查询名称】文本框中输入"新增字段"，❷单击【确定】按钮，如图6-32所示。

图 6-32

Step07 关闭查询，在导航窗格中双击【新增字段】查询，如图6-33所示。

图 6-33

Step08 弹出提示对话框，单击【是】按钮，如图6-34所示。

图 6-34

Step09 双击导航窗格中的【商品库存】表，在打开的数据表中即可看到该表已经添加了两个字段，如图6-35所示。

图 6-35

Step10 切换到设计视图，可以看到新增字段按照SQL语句定义了数据类型，如图6-36所示。

图 6-36

2. 修改字段的数据类型

如果要对表中已有的某些字段的数据类型进行修改，需要使用 ALTER COLUMN 语句。

下面以将【仓库信息】字段更改为【长文本】数据类型为例，介绍通过 SQL 语句修改字段数据类型的方法。

Step01 打开"素材文件\第 6 章\产品记录 1.accdb"，创建空白查询并切换到 SQL 视图，如图 6-37 所示。

图 6-37

Step02 在新建的空白查询中输入 "alter table 商品库存"，意思是对【商品库存】表进行修改，如图 6-38 所示。

图 6-38

Step03 继续输入 "alter column 仓库信息 memo"，表示修改【仓库信息】字段为【长文本】数据类型，如图 6-39 所示。

图 6-39

Step04 输入完成后按【Ctrl+S】快捷键，打开【另存为】对话框，❶ 在【查询名称】文本框中输入 "修改数据类型"，❷ 单击【确定】按钮，如图 6-40 所示。

图 6-40

Step05 关闭查询，在导航窗格中双击【修改数据类型】查询，如图 6-41 所示。

图 6-41

Step06 弹出提示对话框，单击【是】按钮，如图 6-42 所示。

图 6-42

Step07 进入【商品库存】数据表的设计视图，可以看到【仓库信息】的数据类型已经更改为【长文本】，如图 6-43 所示。

图 6-43

6.3 SQL 的数据操作功能

在 Access 中，最常用的 SQL 语句是数据操作功能。使用 SQL 语句可以方便地操作数据库中的所有数据，如对基本表中的数据进行检索、删除、修改、添加字段等操作。要通过SQL语句实现数据操作功能，使用的语句为SELECT语句及其子句，其完整的语法结构如下。

```
SELECT [ALL|DISTINCT]
{<表达式> [[AS] <字段名>][,<表达式> [[AS] <字段名>]…]}
[INTO <目标表名>]
FROM <源表名或视图名> AS [表别名][,<源表名或视图名> AS [表别名],…]
[WHERE <逻辑表达式>]
[GROUP BY <分组字段名>[,<分组字段名>,…]]
[HAVING <逻辑表达式>]
[ORDER BY <排序字段名> [ASC|SESC][,<排序字段名> [ASC|SESC],…]]
```

在SELECT语句的7个子句中，只有SELECT和FROM子句是必需的，其余子句可根据需要进行添加。

★新功能 6.3.1 实战：通过SELECT语句查询数据

实例门类	软件功能

使用SELECT语句可以在表或查询中查找符合一定条件的记录，其具体的语法结构如下。

```
SELECT <字段名>[,<字段名>,…]
FROM <表或查询名>
[WHERE <逻辑表达式>]
```

这个语句的意思是：从某个表或查询中选择某些字段，这些字段应该满足什么样的条件，其中条件可以省略。下面介绍通过SELECT语句查询数据的方法。

1. 在查询中显示表中的部分字段

当一张表中的数据较多时，查看起来会非常不便，这时可以将需要的字段添加到查询中，然后在应用程序中直接使用查询中的数据即可。下面以使用SELECT语句创建【应收账款】数据表中的【客户名称】【未收款金额】【是否到期】字段的查询为例，来介绍SELECT语句的使用方法。

Step01 打开"素材文件\第6章\应收账款.accdb"，单击【创建】选项卡【查询】组中的【查询设计】按钮，如图6-44所示。

图 6-44

Step02 打开【添加表】窗格，❶在【表】选项卡的列表框中选择【应收账款】选项，❷单击【添加所选表】按钮，❸单击【关闭】按钮 ✕，如图6-45所示。

图 6-45

Step03 ❶在查询标签上右击，❷在弹出的快捷菜单中选择【SQL视图】命令，如图6-46所示。

图 6-46

Step04 进入SQL编辑视图，可以看到查询中已经添加了SELECT语句，如图6-47所示。

图 6-47

Step05 在"SELECT"后输入"客户名称,未收款金额,是否到期"，如图6-48所示。

图 6-48

Step 06 输入完成后按【Ctrl+S】快捷键，打开【另存为】对话框，❶在【查询名称】文本框中输入"客户账务是否到期"，❷单击【确定】按钮，如图 6-49 所示。

图 6-49

Step 07 ❶在查询标签上右击，❷在弹出的快捷菜单中选择【数据表视图】命令，如图 6-50 所示。

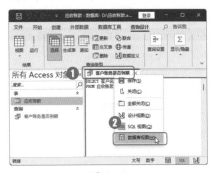

图 6-50

Step 08 在查询的数据表视图中即可看到需要显示的数据字段，如图 6-51 所示。

2. 在查询中显示符合条件的记录

用户在查询数据时，并不是只要求将查询中的某些字段显示出来，而是需要对查询中的记录进行一定的筛选，使查询中只显示符合条件的数据。下面以筛选出【应收账款】数据表中【是否到期】字段为【是】的记录为例，介绍在查询中显示符合条件的记录的方法。

Step 01 打开"素材文件\第 6 章\应收账款 1.accdb"，❶在【客户账务是否到期】查询上右击，❷在弹出的快捷菜单中选择【设计视图】命令，如图 6-52 所示。

图 6-51

图 6-52

Step 02 程序自动跳转到 SQL 视图，输入"Where 是否到期="是""，如图 6-53 所示。

Step 03 ❶在查询标签上右击，❷在弹出的快捷菜单中选择【数据表视图】命令，如图 6-54 所示。

图 6-53

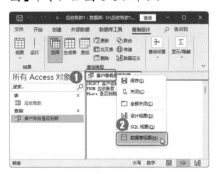

图 6-54

Step 04 在打开的数据表视图中，即可看到【是否到期】字段为【是】的记录，如图 6-55 所示。

图 6-55

★新功能 6.3.2 实战：通过 INSERT INTO 语句插入记录

实例门类	软件功能

在使用数据库时，向数据表中

添加新的记录是最常见的操作。使用INSERT INTO语句可以轻松地在表中添加数据。INSERT INTO语句的语法结构如下。

```
INSERT INTO <表名> [(字段列表)]
VALUES (值列表)
```

1. 在表中插入完整记录

在使用INSERT INTO语句插入记录时，如果要插入完整记录（对表中的每一个字段都输入一个对应的值），可以省略字段列表。

技术看板

在插入完整记录时，如果记录是自动编号字段或计算字段，需要在值列表中直接跳过，不然会发生错误。

下面以在【员工基本信息】数据表中插入记录为例，介绍使用INSERT INTO语句的方法。

Step01 打开"素材文件\第6章\员工管理.accdb"，创建空白查询，并切换到SQL视图，输入SQL语句"INSERT INTO 员工基本信息"和"VALUES ("6","蒋清扬","男","销售部","销售员","1322589****")"，如图6-56所示。

图 6-56

Step02 输入完成后按【Ctrl+S】快捷键，打开【另存为】对话框，❶在【查询名称】文本框中输入"插入记录"，❷单击【确定】按钮，如图6-57所示。

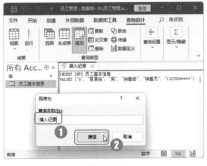

图 6-57

Step03 ❶关闭查询，双击导航窗格中的【插入记录】查询，❷在弹出的提示对话框中单击【是】按钮，如图6-58所示。

图 6-58

Step04 在弹出的提示对话框中单击【是】按钮，如图6-59所示。

图 6-59

Step05 打开【员工基本信息】数据表，即可看到表中插入的记录，如图6-60所示。

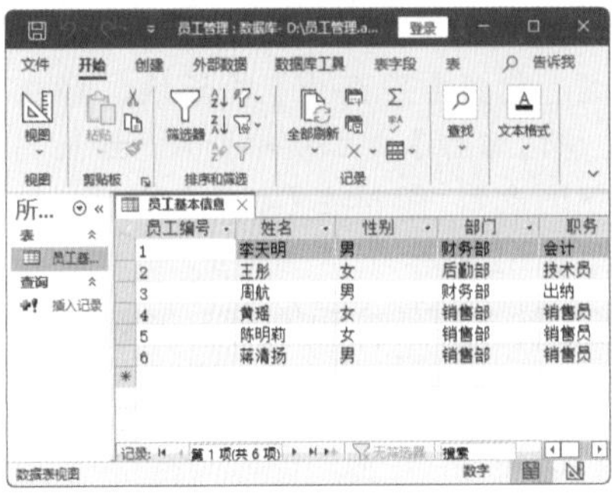

图 6-60

技术看板

如果在输入SQL语句时主键值重复，就会导致插入记录失败。

2. 插入只有部分字段值的记录

在向数据表中添加记录时，某些字段可能会由于一些原因暂时不能录入数据，此时可以保留这些字段为空值，具体操作步骤如下。

技术看板

在插入数据时，如果保留的字段设置了非空或主键等属性，就可能会导致插入数据失败。

Step01 继续上一例操作，创建空白查询，并切换到SQL视图，输入SQL语句"INSERT INTO 员工基本信息(员工编号,姓名,性别,联系电话)"和"VALUES ("7","刘冬","男","1335698****")"，如图6-61所示。

图 6-61

Step02 输入完成后按【Ctrl+S】快捷键，打开【另存为】对话框，❶在【查询名称】文本框中输入"插入部分记录"，❷单击【确定】按钮，如图 6-62 所示。

图 6-62

Step03 ❶关闭查询，双击导航窗格中的【插入部分记录】查询，❷在弹出的提示对话框中单击【是】按钮，如图 6-63 所示。

图 6-63

Step04 在弹出的提示对话框中单击【是】按钮，如图 6-64 所示。

图 6-64

Step05 打开【员工基本信息】数据表，即可看到表中插入的记录，该记录的【部门】和【职务】字段为空，如图 6-65 所示。

图 6-65

6.3.3 实战：通过UPDATE语句修改数据

实例门类	软件功能

向数据表中添加了记录后，有时还需要对数据表中的数据进行修改。例如，折扣季时产品的价格下调 20%、新的一年所有员工工资上调 200 元等。

对于类似数据的修改，都可以通过UPDATE语句来实现，该语句的语法结构如下。

```
UPDATE <表名> SET <字段名>= 新值
[WHERE <逻辑表达式>]
```

这个语句的意思是：将某个记录的某个字段的值更新为一个新的值，其中WHERE子句可以省略，该子句后面的逻辑表达式一般是字段值为多少或在某个范围内的表达式。

1. 更新整个字段的值

当省略WHERE子句时，可以更新整个字段的值。例如，要使用UPDATE语句在【销售数据明细】数据库中，将【8月销售数量表】数据表中的【折扣价】字段值更改为原数值的9折，具体操作步骤如下。

Step01 打开"素材文件\第6章\销售数据明细.accdb"，可以看到【销售单价】字段的数值与【折扣价】字段的数值相同，如图 6-66 所示。

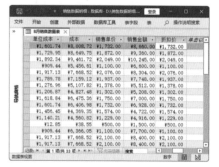

图 6-66

Step02 创建空白查询，并切换到SQL视图，输入SQL语句"UPDATE 8月销售数量表"和"SET 折扣价=折扣价*0.9"，如图 6-67 所示。

图 6-67

Step03 输入完成后按【Ctrl+S】快捷键，打开【另存为】对话框，❶在【查询名称】文本框中输入"折扣价"，❷单击【确定】按钮，如图 6-68 所示。

图 6-68

Step04 ❶关闭查询，双击导航窗格中的【折扣价】查询，❷在弹出的提示对话框中单击【是】按钮，如图 6-69 所示。

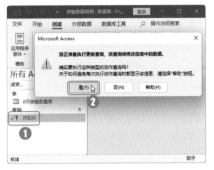

图 6-69

Step05 在弹出的提示对话框中单击【是】按钮，如图 6-70 所示。

图 6-70

Step06 打开【8月销售数量表】数据表的数据表视图，即可看到【折扣价】字段的数据已经更改，如图 6-71 所示。

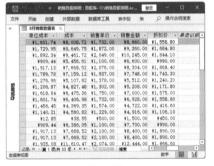

图 6-71

2. 更新满足条件的记录

如果不需要对数据表中的某个字段进行全面更新，而是只需对其中满足一定条件的记录进行更新，可以使用 WHERE 子句来筛选出需

要更新的记录，然后对这些记录中的字段进行操作。例如，要将【折扣价】数据大于 1500 的字段更改为原数值的 9 折，具体操作步骤如下。

Step01 打开"素材文件\第 6 章\销售数据明细 .accdb"，创建空白查询，并切换到 SQL 视图，输入 SQL 语句，如图 6-72 所示。

语句的内容如下。

```
UPDATE 8月销售数量表 SET
折扣价 = 折扣价 *0.9
WHERE 折扣价 >1500
```

图 6-72

Step02 输入完成后按【Ctrl+S】快捷键，打开【另存为】对话框，❶在【查询名称】文本框中输入"折扣价"，❷单击【确定】按钮，如图 6-73 所示。

图 6-73

Step03 ❶关闭查询，双击导航窗格中的【折扣价】查询，❷在弹出的

提示对话框中单击【是】按钮，如图 6-74 所示。

图 6-74

Step04 在弹出的提示对话框中单击【是】按钮，如图 6-75 所示。

图 6-75

Step05 打开【8月销售数量表】数据表的数据表视图，即可看到【折扣价】字段符合要求的数据已经被更改，如图 6-76 所示。

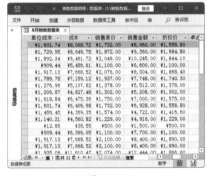

图 6-76

> **技术看板**
>
> 每执行一次更新查询，就会对目标字段进行一次修改，所以在使用本例中的更新查询时，一定要控

制更新查询执行的次数，避免最终结果与理想结果之间的误差。

6.3.4 实战：使用DELETE语句删除表中的记录

实例门类	软件功能

当数据库中的数据出现错误，或者用户已经不再需要当前数据库中的数据时，需要将其从数据表中删除。使用SQL语句删除数据表中的数据时，可以通过DELETE语句和TRUNCATE语句进行操作。

技术看板

DELETE语句和TRUNCATE语句的语法结构完全相同，只是DELETE语句删除记录时会触发【确认删除前】【删除】【确认删除后】等事件，而TRUNCATE语句删除记录时，这些事件都不会被触发。

一般情况下，为了不破坏数据库的结构和完整性，都会使用DELETE语句删除表中的记录。DELETE语句的语法结构如下。

```
DELETE FROM <表名>
[WHERE <逻辑表达式>]
```

这个语句的意思是：从指定的表中删除满足条件的所有记录，其中WHERE子句可以省略。

1. 删除表中的所有记录

如果只需要保留表的结构，而不需要保留表中的任何数据，具体操作步骤如下。

Step01 打开"素材文件\第6章\销售数据明细.accdb"，创建空白查询，并切换到SQL视图，输入SQL语句"DELETE FROM 8月销售数量表"，

如图 6-77 所示。

图 6-77

Step02 输入完成后按【Ctrl+S】快捷键，打开【另存为】对话框，❶在【查询名称】文本框中输入"删除数据"，❷单击【确定】按钮，如图 6-78 所示。

图 6-78

Step03 ❶关闭查询，双击导航窗格中的【删除数据】查询，❷在弹出的提示对话框中单击【是】按钮，如图 6-79 所示。

图 6-79

Step04 在弹出的提示对话框中单击

【是】按钮，如图 6-80 所示。

图 6-80

Step05 打开【8月销售数量表】数据表的数据表视图，即可看到所有的数据已经被删除，如图 6-81 所示。

图 6-81

2. 删除满足条件的记录

如果要删除表中满足一定条件的记录，具体操作步骤如下。

Step01 打开"素材文件\第6章\销售数据明细.accdb"，创建空白查询，并切换到SQL视图，输入SQL语句"DELETE FROM 8月销售数量表"和"WHERE 购货单位="商社电器""，如图 6-82 所示。

图 6-82

Step02 输入完成后按【Ctrl+S】快捷

键，打开【另存为】对话框，❶在【查询名称】文本框中输入"删除指定记录"，❷单击【确定】按钮，如图 6-83 所示。

图 6-83

Step 03 ❶关闭查询，双击导航窗格中的【删除指定记录】查询，❷在弹出的提示对话框中单击【是】按钮，如图 6-84 所示。

图 6-84

Step 04 在弹出的提示对话框中单击【是】按钮，如图 6-85 所示。

图 6-85

Step 05 打开【8月销售数量表】数据表的数据表视图，即可看到【购货单位】字段中为【商社电器】的数据已经被删除，如图 6-86 所示。

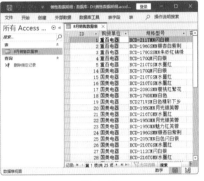

图 6-86

6.4　构建精确查询的表达式

在 Access 中，使用 SQL 的 WHERE、HAVING 等子句，都需要使用逻辑表达式来选择符合条件的记录。通过逻辑表达式选择出符合条件的记录进行操作，可以使 SQL 语句的功能更加强大。在精确查询数据时，除可以使用大于、小于等比较运算符构建逻辑表达式外，还可以使用本章介绍的方法构建出需要的表达式。

★重点 6.4.1　实战：构建指定范围数据的查询

实例门类	软件功能

对于数值型的数据来说，根据值的范围进行数据的检查是最常见的检索方式之一，如查询基本工资为 3500~4500 元的员工数据。

指定范围的数据查询，主要借助 BETWEEN（在指定范围内的）语句或 NOT BETWEEN 语句（不在指定范围内的）。其语法结构如下。

< 列名 >|< 表达式 > [NOT]

BETWEEN < 下限值 > AND < 上限值 >

例如，要查询【成本】在 5000~8000 元的数据，具体操作步骤如下。

Step 01 打开"素材文件\第 6 章\销售数据明细 .accdb"，创建空白查询，并切换到 SQL 视图，输入 SQL 语句，如图 6-87 所示。

语句的内容如下。

```
SELECT *
FROM 8月销售数量表
WHERE 成本 BETWEEN 5000
AND 8000
```

图 6-87

Step 02 输入完成后保存并运行查询，在打开的查询数据表视图中即可看到【成本】在 5000~8000 元的数据，如图 6-88 所示。

图 6-88

★重点 6.4.2 实战：构建多个常量中任选一个的查询

实例门类	软件功能

在进行查询时，有时会遇到需要选择某个字段的值为若干常量中的任意一个记录，此时可以使用 IN 语句来构建表达式。其语法结构如下。

`<字段名> [NOT] IN <常量表>`

例如，要查询发货地在【北京】【上海】【重庆】的数据，具体操作步骤如下。

Step① 打开"素材文件\第6章\采购记录表.accdb"，创建空白查询，并切换到 SQL 视图，输入 SQL 语句，如图 6-89 所示。

语句的内容如下。

```
SELECT *
FROM 采购记录表
WHERE 收货城市 IN ("北京",
"上海","重庆")
```

图 6-89

Step② 输入完成后保存并运行查询，在打开的查询数据表视图中即可看到需要的数据，如图 6-90 所示。

图 6-90

6.4.3 实战：构建文件匹配的查询

实例门类	软件功能

在对文本型数据进行查询时，如果文本等于某一个值或某一些值，使用上一个案例中的 IN 语句就可以了。但是，如果需要匹配的是文本中的某些值时，就需要使用 LIKE 关键字和通配符来查询，其语法结构如下。

`<字段名> [NOT] LIKE <字符表达式>`

> **技能拓展——SQL 中常用的通配符**
>
> 在 SQL 语句中，常用的通配符有 3 个：【?】【*】【#】。
> - ?：表示和任意一个字符匹配。
> - *：表示和任意多个字符匹配。
> - #：表示和任意一个数字匹配。

例如，要查找【姓名】字段值中包含【李】字的员工信息，具体操作步骤如下。

Step① 打开"素材文件\第6章\员工信息表.accdb"，创建空白查询，并切换到 SQL 视图，输入 SQL 语句，如图 6-91 所示。

语句的内容如下。

```
SELECT *
FROM 员工基本信息
WHERE 姓名 LIKE "*李*"
```

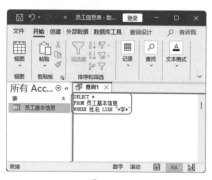

图 6-91

Step② 输入完成后保存并运行查询，在打开的查询数据表视图中即可看到需要的数据，如图 6-92 所示。

图 6-92

6.4.4 实战：构建匹配文本范围的查询

实例门类	软件功能

在查询中检索数据时，有时会要求检索记录某个字段的某个范围内的文本数据，此时可以使用中括号（[]）来指定范围。

常用的一些表示范围的方法如表 6-6 所示。

表6-6　常用的表示范围的方法

范围	说明
[a-z]	匹配任意一个字母
[!a-z]	匹配字母之外的任意一个字符
[0-9]	匹配任意一个数字
[a0-2]	匹配A、a、0、1、2中任意一个字符

技术看板

在 Access 中使用 SQL 语句时，一般不会区分字母的大小写，在使用中括号（[]）进行字母匹配时仍然不会区分大小写。

例如，要查找【采购编号】字段中含有【H-Z】范围的所有记录，具体操作步骤如下。

Step01 打开"素材文件\第6章\采购记录表 1.accdb"，创建空白查询，并切换到 SQL 视图，输入 SQL 语句，如图6-93所示。

语句的内容如下。

```
SELECT *
FROM 采购记录表
WHERE 采购编号 LIKE "*[H-Z]*"
```

图 6-93

Step02 输入完成后保存并运行查询，在打开的查询数据表视图中即可看到需要的数据，如图6-94所示。

图 6-94

6.4.5　实战：使用聚合函数

实例门类	软件功能

聚合函数查询就是将查询限制条件语句用函数或表达式表示，而不是用数值或文本。如果查询时需要对表中的数据进行统计，就可以使用SQL提供的聚合函数。

常用的聚合函数如表6-7所示。

表6-7　常用的聚合函数

函数	说明
COUNT(*)	统计选择的记录个数
COUNT(字段名)	统计某列值的个数
SUM(字段名)	计算数值型字段值的总和
AVG(字段名)	计算数值型字段值的平均值
MAX(字段名)	确定数值型字段的最大值
MIN(字段名)	确定数值型字段的最小值

例如，要统计【8月销售数量表】数据表中的【最高销售额】【最低销售额】【平均销售额】，具体操作步骤如下。

Step01 打开"素材文件\第6章\销售数据明细.accdb"，创建空白查询，并切换到 SQL 视图，输入 SQL 语句，如图6-95所示。

语句的内容如下。

```
SELECT MAX(销售金额) AS
最高销售额,MIN(销售金额)
AS 最低销售额,AVG(销售金
额) AS 平均销售额
FROM 8月销售数量表
```

图 6-95

Step02 输入完成后保存并运行查询，在打开的查询数据表视图中即可看到需要的数据，如图6-96所示。

图 6-96

6.5　使用嵌套查询

在 Access 中，如果使用已有数据作为另一个查询的数据源，就可以构成嵌套查询。在 SQL 语句中，一个查询通常就是一个SELECT语句，如果将一个SELECT语句作为另一个SELECT语句的一部分，也可以构成嵌套查询。

★重点 6.5.1 实战：单表嵌套查询

实例门类	软件功能

单表嵌套查询是指外层SELECT语句与内层SELECT语句都来自同一张表。

技术看板

在嵌套查询中，同样可以使用逻辑运算符、IN、LIKE、BETWEEN…AND…和聚合函数。

例如，要查询【8月销售数量表】数据表中销售金额在平均销售额以上的销售记录，具体操作步骤如下。

Step 01 打开“素材文件\第6章\销售数据明细.accdb”，创建空白查询，并切换到SQL视图，输入SQL语句，如图6-97所示。

语句的内容如下。

```
SELECT *
FROM 8月销售数量表
WHERE 销售金额 >=(SELECT
AVG(销售金额) FROM 8月销
售数量表)
```

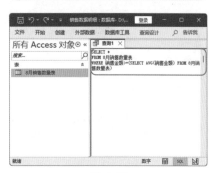

图 6-97

Step 02 输入完成后保存并运行查询，在打开的查询数据表视图中即可看到需要的数据，如图6-98所示。

单表嵌套查询

实发数量	单位成本	成本	销售单价	销售金额	折扣价
5	¥1,601.74	¥8,008.72	¥1,732.00	¥8,660.00	¥1,732.00
5	¥1,729.95	¥8,649.75	¥1,872.00	¥9,360.00	¥1,872.00
5	¥1,892.34	¥9,461.72	¥2,049.00	¥10,245.00	¥2,049.00
4	¥1,917.13	¥7,668.52	¥2,076.00	¥8,304.00	¥2,076.00
4	¥1,917.13	¥7,668.52	¥2,100.00	¥8,400.00	¥2,100.00
4	¥1,917.13	¥7,668.52	¥2,100.00	¥8,400.00	¥2,100.00
6	¥1,935.08	¥11,610.47	¥2,074.00	¥12,444.00	¥2,074.00
6	¥1,670.12	¥10,020.72	¥1,788.00	¥10,728.00	¥1,788.00
6	¥1,985.51	¥11,913.03	¥2,129.00	¥12,774.00	¥2,129.00
6	¥1,670.12	¥10,020.72	¥1,788.00	¥10,728.00	¥1,788.00
6	¥1,670.12	¥10,020.72	¥1,788.00	¥10,728.00	¥1,788.00
5	¥1,729.95	¥8,649.75	¥1,853.00	¥9,265.00	¥1,853.00
4	¥1,917.13	¥7,668.52	¥2,055.00	¥8,220.00	¥2,055.00
4	¥1,985.51	¥7,942.02	¥2,129.00	¥8,516.00	¥2,129.00
4	¥1,892.34	¥7,569.36	¥2,028.00	¥8,112.00	¥2,028.00
4	¥1,994.91	¥7,979.62	¥2,138.00	¥8,552.00	¥2,138.00
6	¥1,917.13	¥11,502.77	¥2,055.00	¥12,330.00	¥2,055.00

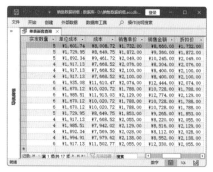

图 6-98

★重点 6.5.2 实战：多表嵌套查询

实例门类	软件功能

多表嵌套查询是指外层SELECT语句与内层SELECT语句来自不同的表，这要求两个表之间必须建立了关系。多表嵌套查询可以说是SQL语句中最为重要的查询，通过它可以在数据库应用程序中实现许多十分有用的功能。

如图6-99和图6-100所示，在【产品信息】和【交易表】数据表中分别记录了一些相关的数据。

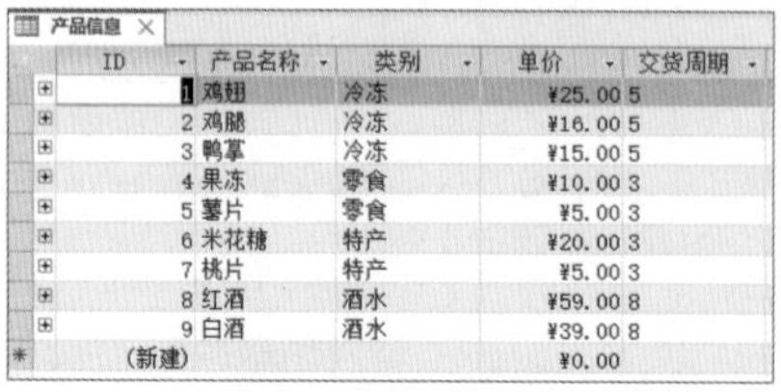

产品信息

ID	产品名称	类别	单价	交货周期
1	鸡翅	冷冻	¥25.00	5
2	鸡腿	冷冻	¥16.00	5
3	鸭掌	冷冻	¥15.00	5
4	果冻	零食	¥10.00	3
5	薯片	零食	¥5.00	3
6	米花糖	特产	¥20.00	3
7	桃片	特产	¥5.00	3
8	红酒	酒水	¥59.00	8
9	白酒	酒水	¥39.00	8
(新建)			¥0.00	

图 6-99

交易表

ID	销售日期	产品名称	单价	交易数量
1	2021/8/31	薯片	¥5.00	80
2	2021/9/1	鸡翅	¥25.00	50
3	2021/9/1	果冻	¥10.00	50
4	2021/9/2	桃片	¥5.00	60
5	2021/9/2	薯片	¥5.00	70
6	2021/9/3	米花糖	¥20.00	20
7	2021/9/4	鸡翅	¥25.00	20
8	2021/9/4	鸡腿	¥16.00	80
9	2021/9/4	白酒	¥39.00	70
10	2021/9/5	桃片	¥5.00	60
11	2021/9/5	薯片	¥5.00	100
12	2021/9/5	红酒	¥59.00	50
13	2021/9/6	薯片	¥5.00	120
14	2021/9/6	鸡腿	¥16.00	50
15	2021/9/6	鸭掌	¥15.00	30
16	2021/9/7	薯片	¥5.00	50
17	2021/9/7	鸡腿	¥16.00	10
18	2021/9/7	鸭掌	¥15.00	30
(新建)			¥0.00	

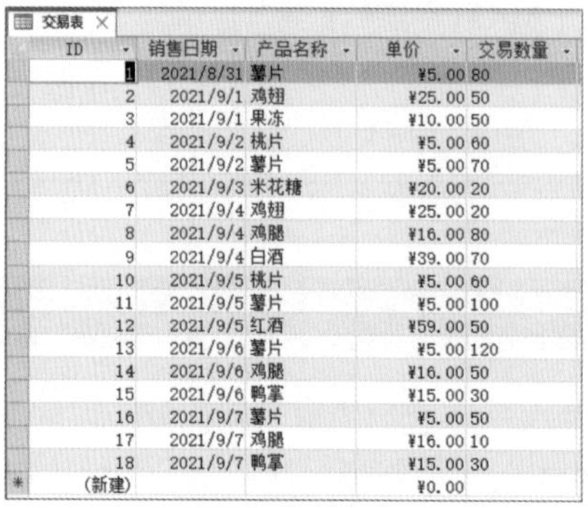

图 6-100

在【编辑关系】对话框中，【产品信息】和【交易表】数据表之间已经建立了一对多的关系，如图6-101所示。

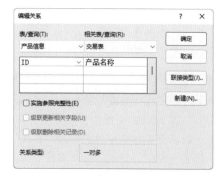

图 6-101

例如，现在要从【交易表】数据表中查询【冷冻】类别的交易信息，具体操作步骤如下。

Step 01 打开“素材文件\第6章\销售管理数据.accdb”，创建空白查询，并切换到SQL视图，输入SQL语句，如图6-102所示。

语句的内容如下。

```
SELECT *
FROM 交易表
WHERE 产品名称 IN (SELECT
产品名称 FROM 产品信息 WHERE
类别 =" 冷冻 ")
```

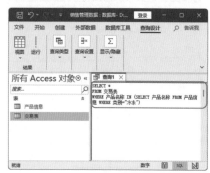

图 6-102

Step 02 输入完成后保存并运行查询，在打开的查询数据表视图中即可看到需要的数据，如图6-103所示。

图 6-103

6.5.3 实战：在查询中添加统计字段

实例门类	软件功能

在编写数据库应用程序时，有时会需要在表或查询中添加一些统计字段，如计算出某个字段的平均值。本例以在【8月销售数量表】数据表中制作一个包含源表中的所有数据，并且添加了【平均销售额】和【销量比较】两个字段的查询为例，介绍在查询中添加统计字段的方法。

Step01 打开"素材文件\第6章\销售数据明细.accdb"，创建空白查询，并切换到SQL视图，输入SQL语句，通过SELECT语句选择【8月销售数量表】数据表中的所有字段，如图 6-104 所示。

语句的内容如下。

SELECT ID，购货单位，规格型号，实发数量，销售单价，销售金额
FROM 8月销售数量表

图 6-104

Step02 通过SELECT语句获取【销售金额】字段的平均值，并通过AS关键字将其设置为【平均销售额】字段，如图 6-105 所示。

语句的内容如下。

（SELECT AVG （销售金额）FROM 8月销售数量表）AS 平均销售额

图 6-105

Step03 ❶使用【销售金额】字段减去获取的【平均销售额】字段，并使用AS关键字将其设置为【销量比较】字段，❷输入完成后单击【查询设计】选项卡【结果】组中的【运行】按钮，如图 6-106 所示。

技术看板

对于较长的SQL语句，最好在保存前先运行查询程序，预览查询效果。

语句的内容如下。

销售金额-（SELECT AVG （销售金额）FROM 8月销售数量表）AS 销售比较

图 6-106

Step04 在查询的数据表视图中，即可看到数据表中添加了【平均销售额】和【销售比较】两个字段，如图 6-107 所示。

图 6-107

Step05 输入完成后按【Ctrl+S】快捷键，打开【另存为】对话框，❶在【查询名称】文本框中输入"销售比较"，❷单击【确定】按钮，如图 6-108 所示。

图 6-108

第1篇
第2篇
第3篇
第4篇
第5篇
第6篇

115

妙招技法

通过对前面知识的学习，相信读者已经掌握了在Access中执行高级查询的方法。下面结合本章内容，给大家介绍一些实用技巧。

技巧01：快速查看查询运行的效果

在SQL视图下进行操作时，可以随时运行查询，以查看查询运行的效果，具体操作步骤如下。

Step01 打开"素材文件\第6章\员工信息管理1.accdb"，❶在SQL视图下编辑SQL语句，❷单击【查询设计】选项卡【结果】组中的【运行】按钮，如图6-109所示。

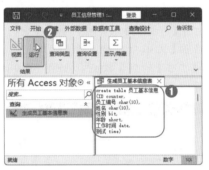

图 6-109

Step02 经过上一步操作后，即可运行当前的查询，如图6-110所示。

图 6-110

技术看板

在运行数据定义的查询时会创建一个对象，当再次运行时，如果上次创建的对象存在，则此次通过数据定义查询创建的对象不会成功。

技巧02：在查询中显示表中的所有字段

在创建查询时，有时为了方便查看，会固定查询某些字段，如果想要在查询中显示表中的所有字段，具体操作步骤如下。

Step01 打开"素材文件\第6章\应收账款2.accdb"，❶右击【客户账务是否到期】查询，❷在弹出的快捷菜单中选择【设计视图】命令，如图6-111所示。

图 6-111

Step02 ❶打开SQL视图，将【SELECT 客户名称,未收款金额,是否到期】更改为【SELECT *】，❷单击【查询设计】选项卡【结果】组中的【运行】按钮，如图6-112所示。

图 6-112

Step03 在打开的查询数据表视图中即可看到，表中的所有字段都显示出来了，如图6-113所示。

图 6-113

技巧03：怎样将查询记录保存为新表

在查询中并不能保存数据，如果需要查询的结果不随源表中数据的变化而变化，则可以将查询的结果保存在一张新表中，作为临时表或数据备份。

要将查询的记录保存为表，需要使用INTO子句，在INTO子句后设置保存记录的表名称，这个名称不能与已有的表或查询重名。运行该查询就可以创建一张保存查询的记录表，具体操作步骤如下。

Step01 打开"素材文件\第6章\应收账款.accdb"，单击【创建】选项卡【查询】组中的【查询设计】按钮，创建空白查询，并切换到SQL视图，如图6-114所示。

图 6-114

Step02 在新建的空白查询中输入 SQL 语句，如图 6-115 所示。

语句的内容如下。

```
SELECT *
FROM 应收账款
WHERE 是否到期 =" 是 "
```

图 6-115

Step03 输入完成后按【Ctrl+S】快捷键，打开【另存为】对话框，❶ 在【查询名称】文本框中输入"保存应收款到期记录"，❷ 单击【确定】按钮，如图 6-116 所示。

图 6-116

Step04 在 SELECT 子句后输入"into 到期账款"，意思是将查询结果

保存到【到期账款】数据表中，如图 6-117 所示。

图 6-117

Step05 ❶ 在查询标签上右击，在弹出的快捷菜单中选择【关闭】命令，❷ 双击【保存应收款到期记录】查询，如图 6-118 所示。

图 6-118

Step06 在弹出的提示对话框中单击【是】按钮，如图 6-119 所示。

图 6-119

Step07 在弹出的提示对话框中单击【是】按钮，如图 6-120 所示。

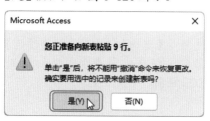

图 6-120

Step08 双击新建的【到期账款】数据表，即可看到筛选出的记录，如图 6-121 所示。

图 6-121

技巧 04: 怎样让查询结果有序化

在设计查询时，为了方便查询数据，经常会对查询结果进行排序。在 SQL 中，可以通过 ORDER BY 子句来排序。

技能拓展——如何设置排序方式

在对查询结果进行排序时，在 ORDER BY 之后，紧跟排序字段名和排序方式，如果要按字段名升序排序，则输入 ASC；如果要按字段名降序排序，则输入 DESC；如果不输入排序方式，则默认为升序排序。

下面以在【应收账款】数据表中创建【账款到期记录】查询，并将其中的记录按照【到期日期】排序为例，介绍通过 ORDER BY 子句排序的方法。

Step01 打开"素材文件 \ 第 6 章 \ 应收账款 3.accdb"，单击【创建】选项卡【查询】组中的【查询设计】按钮，创建空白查询，并切换到 SQL 视图，如图 6-122 所示。

图 6-122

Step02 在新建的空白查询中输入"SELECT 客户名称,未收款金额,到期日期,是否到期"和"FROM 应收账款",如图 6-123 所示。

图 6-123

Step03 继续在SQL语句中输入"ORDER BY 到期日期",意思是对查询结果按照【到期日期】排序,如图 6-124 所示。

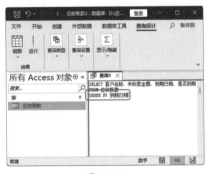

图 6-124

Step04 输入完成后按【Ctrl+S】快捷键,打开【另存为】对话框,❶在

【查询名称】文本框中输入"账款到期记录",❷单击【确定】按钮,如图 6-125 所示。

图 6-125

Step05 切换到数据表视图,即可看到筛选出的记录,而且记录已经按照【到期日期】字段升序排序,如图 6-126 所示。

图 6-126

技巧 05:怎样对查询结果进行分组

如果要对查询结果进行分组,可以使用GROUP BY子句。下面以在【员工信息表】数据表中通过GROUP BY子句获得部门信息为例,介绍其使用方法。

Step01 打开"素材文件\第6章\人事管理数据表.accdb",单击【创建】选项卡【查询】组中的【查询设计】按钮,创建空白查询,并切换到SQL视图,如图 6-127 所示。

图 6-127

Step02 在新建的空白查询中输入"SELECT 员工职位"和"FROM 员工信息表",如图 6-128 所示。

图 6-128

Step03 继续输入SQL语句"GROUP BY 员工职位",意思是按【员工职位】分组,如图 6-129 所示。

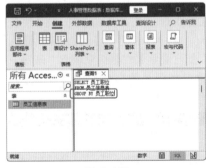

图 6-129

Step04 输入完成后按【Ctrl+S】快捷键,打开【另存为】对话框,❶在【查询名称】文本框中输入"部门列表",❷单击【确定】按钮,如图 6-130 所示。

图 6-130

图 6-131

Step 05 切换到数据表视图，即可看到其中罗列了【员工信息表】数据表中出现的部门，并已经删除了重复数据，如图 6-131 所示。

本章小结

通过对本章知识的学习和对案例的练习，相信读者已经掌握了使用 SQL 语句创建查询的方法。在使用 SQL 语句之前，必须先熟悉 SQL 的常用语句才能熟练地使用 SQL 语句查询想要的数据。本章重点介绍了 SELECT 语句、INSERT INTO 语句、UPDATE 语句和 DELETE 语句，掌握了这些语句的使用方法后，就可以编写更复杂的 SQL 语句了。

第3篇 窗体报表篇

窗体是数据库的第三大对象，可以为使用者建立一个美观简洁、操作方便、功能强大的用户操作界面。报表是数据库的第四大对象，可以将数据表或查询中的数据进行组合、汇总等操作，然后打印出来。本篇主要介绍 Access 的窗体和报表设计知识。

第7章 Access 窗体的设计与应用

- ➟ 快速创建一个窗体应该使用什么工具？
- ➟ 创建一个窗体应该使用什么工具？
- ➟ 创建多个项目窗体应该使用什么工具？
- ➟ 如何在窗体中创建一个子窗体？
- ➟ 如何在窗体中添加和删除数据？

Access 中的各种操作都是在各种各样的窗体中完成的。窗体是 Access 面向用户的操作界面，美观简洁的窗体可以给人耳目一新的感受，设计合理的按钮可以让数据操作更加方便。所以，本章将介绍如何通过各种方法创建不同的窗体。

7.1 认识窗体

窗体是 Access 中的一种对象，它通过计算机屏幕将数据告诉用户。一个优秀的数据库系统不但要有结构合理的表、灵活方便的查询，还应该有一个简洁美观、功能强大的用户界面。在 Access 中，这个用户界面就被称为窗体，它是用户与数据库交互的最主要的方式，在数据库的设计中占有重要的地位。

★重点 7.1.1 窗体的功能和分类

在 Access 中，窗体是数据库与用户直接交互的界面，是一个窗口，也是数据库中的数据和各种操作在计算机屏幕上的直观表现。在窗体中，用户既可以查看和修改数据库，也可以对数据库中的数据进行添加、修改和删除等操作。

总的来说，使用窗体可以将整个应用程序组织起来，控制程序流程，形成一个完整的应用系统。

在学习使用窗体之前，首先来了解一下窗体。

1. 窗体的功能

按照窗体在应用程序中的作用，其功能大致可以分为以下几种。

➜ 显示数据和信息：窗体最基本的作用是显示数据和信息，这是用户接受信息时最基本的方式。

➜ 数据的输入与反馈：应用程序与用户的交互离不开数据的输入与反馈，而这一功能通常是通过窗体来实现的。

➜ 控制程序流程：用户通过在窗体中使用控件，然后通过触发控件的事件来实现程序的功能，以达到控制程序的目的。

2. 窗体的分类

在 Access 中，窗体分为信息显示窗体、数据操作窗体和切换窗体，下面进行简单介绍。

➜ 信息显示窗体：以数字或图像的方式显示数据，该类窗体常在其他的窗体中被调用，是最基本的窗体之一，如图 7-1 所示。

图 7-1

➜ 数据操作窗体：在此类窗体中，可以进行数据的编辑、追加等操作，是用户编辑数据库数据的重要方法之一，如图 7-2 所示。

图 7-2

➜ 切换窗体：在此类窗体中可以添加一定的控件，通过这些控件可以打开其他的窗体或报表，如图 7-3 所示。

图 7-3

7.1.2　认识窗体的视图

在 Access 中，大部分窗体都提供了 4 种视图：设计视图、布局视图、窗体视图和数据表视图。

进行窗体操作时，在不同的视图下可以进行的操作有所区别，下面进行简单介绍。

1. 设计视图

设计视图是对窗体进行创建和修改的主要场所。用户不仅可以通过设计视图向窗体中添加控件并设置其属性，还可以美化窗体，如图 7-4 所示。

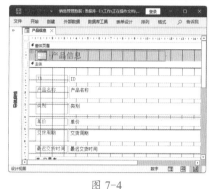

图 7-4

2. 布局视图

布局视图是用于修改窗体的最直观的视图，它与窗体视图的界面几乎相同。其区别在于，在布局视图中可以修改控件的位置和大小，从而对窗体进行重新布局，如图 7-5 所示。

图 7-5

3. 窗体视图

在窗体视图中可以看到完成窗体设计之后的效果。用户可以在该视图中对数据进行查看、添加、修改、删除等操作，如图 7-6 所示。

图 7-6

4. 数据表视图

数据表视图是窗体的另一种视图模式，该模式可以忽略窗体中的控件等对象，以数据表的形式浏览窗体中所涉及的数据，如图7-7所示。

图 7-7

★重点 7.1.3　认识窗体的结构

在窗体的设计视图中可以看到，窗体是由窗体页眉、页面页眉、主体、页面页脚和窗体页脚5个部分组成，每一部分被称为一个节。其中，窗体页眉和窗体页脚不受滚动条影响，始终都会显示，而页面页眉和页面页脚只有打印或预览窗体时才可见，正常的窗体视图并不能看见。下面介绍窗体的各个部分。

➡ 窗体页眉：用于显示窗体内容说明，主要用于显示窗体的标题。在打印时，窗体页眉只显示在第一页顶部。

➡ 页面页眉：用于显示列表头信息。在打印时，会显示在每页的顶部。

➡ 主体：指窗体的主要组成部分，用于显示、修改控件等。

➡ 页面页脚：用于显示日期或页码等信息。在打印时，会显示在每页的底部。

➡ 窗体页脚：用来显示命令按钮或窗体操作说明等信息。在打印时，只显示在尾页。

7.2　创建普通窗体

Access 提供了多种创建普通窗体的方法，在创建时主要利用窗体组中的各个按钮来实现。用户可以根据实际需要选择合适的创建方式。

★重点 7.2.1　实战：使用【窗体】工具为工资表创建窗体

实例门类	软件功能

使用【窗体】工具创建窗体是最快速的创建窗体的方法，单击【窗体】按钮，可以自动创建一个单项目窗体，该窗体每次只显示一条记录。使用【窗体】工具创建窗体的具体操作步骤如下。

Step01 打开"素材文件\第7章\员工工资数据.accdb"，❶在导航窗格中选择【工资发放明细】数据表作为数据源的表对象，❷单击【创建】选项卡【窗体】组中的【窗体】按钮，如图7-8所示。

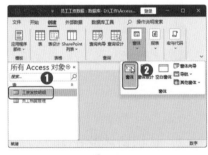

图 7-8

Step02 即可根据所选数据源表自动创建一个【工资发放明细】窗体，该窗体默认处于布局视图模式，且每次只显示一条员工工资记录，如图7-9所示。

图 7-9

Step03 ❶单击快速访问工具栏中的【保存】按钮，❷弹出【另存为】对话框，在【窗体名称】文本框中输入窗体名称（也可以使用默认名称），❸单击【确定】按钮即可保存窗体，如图7-10所示。

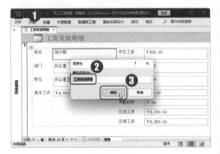

图 7-10

★重点 7.2.2　实战：使用【空白窗体】工具为工资表创建窗体

实例门类	软件功能

使用【空白窗体】工具可以创建一个新的空白窗体，用户根据需

要将表中的一个或多个字段拖动到空白窗体中。如果只需在窗体中放置几个字段，使用【空白窗体】工具会非常方便，具体操作步骤如下。

Step01 打开"素材文件\第7章\员工工资数据.accdb"，单击【创建】选项卡【窗体】组中的【空白窗体】按钮，如图7-11所示。

图7-11

Step02 此时，将创建一个名为【窗体1】的空白窗体，该窗体默认处于布局视图模式，在窗口右侧的【字段列表】窗格中单击【显示所有表】链接，如图7-12所示。

图7-12

Step03 单击表对象前方的【展开】按钮，展开表对象，如图7-13所示。

图7-13

Step04 选中要放置到窗体中的字段，按住鼠标左键不放，将字段拖动到窗体中，如图7-14所示。

图7-14

技术看板

双击字段名称也可以将其添加到窗体中。

Step05 使用相同的方法将需要的字段添加到窗体中，如图7-15所示。

图7-15

技术看板

在【其他表中的可用字段】区域

中，会显示出与当前表相关联的表，使用相同的方法可以将这些相关联表中的字段添加到窗体中。

Step06 完成后按【Ctrl+S】快捷键，弹出【另存为】对话框，❶在【窗体名称】文本框中输入窗体名称，❷单击【确定】按钮即可保存窗体，如图7-16所示。

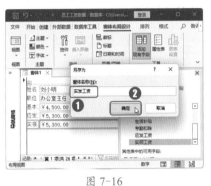

图7-16

★重点 7.2.3　实战：使用【窗体向导】工具为工资表创建窗体

实例门类	软件功能

使用【窗体向导】工具创建窗体，只需根据向导的提示，即可设置窗体中显示的字段、布局等，完成创建窗体的操作。使用【窗体向导】工具创建窗体的具体操作步骤如下。

Step01 打开"素材文件\第7章\员工工资数据.accdb"，单击【创建】选项卡【窗体】组中的【窗体向导】按钮，如图7-17所示。

图7-17

Step02 打开【窗体向导】对话框，❶单击【表/查询】右侧的下拉按钮，❷在弹出的下拉列表中选择数据源表，如图 7-18 所示。

图 7-18

Step03 在【可用字段】列表框中显示了数据源表的所有字段，❶单击【全部添加】按钮，将字段全部添加到【选定字段】列表框中，❷单击【下一步】按钮，如图 7-19 所示。

图 7-19

Step04 ❶在【请确定窗体使用的布局】界面中选择一种布局方式，如选中【两端对齐】单选按钮，❷单击【下一步】按钮，如图 7-20 所示。

图 7-20

Step05 ❶在【窗体向导】对话框的【请为窗体指定标题】文本框中输入窗体标题，❷单击【完成】按钮，如图 7-21 所示。

图 7-21

Step06 操作完成后，即可成功创建窗体，该窗体默认处于窗体视图模式，且每次只显示一条记录，如图 7-22 所示。

图 7-22

Step07 单击快速访问工具栏中的【保存】按钮，即可保存窗体。

7.2.4 实战：使用【多个项目】工具为工资表创建窗体

实例门类	软件功能

使用【多个项目】工具创建的窗体也称为连续窗体，该窗体可以同时显示多条记录，具体操作步骤如下。

Step01 打开"素材文件\第7章\员工工资数据.accdb"，❶在导航窗格中选择【工资发放明细】数据表作

为数据源的表对象，❷单击【创建】选项卡【窗体】组中的【其他窗体】按钮，❸在弹出的下拉菜单中选择【多个项目】命令，如图 7-23 所示。

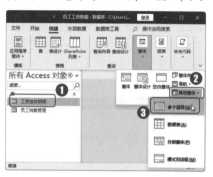

图 7-23

Step02 即可根据所选的数据源表自动创建一个窗体，该窗体默认处于布局视图模式，如图 7-24 所示。

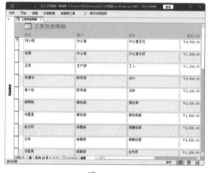

图 7-24

Step03 单击快速访问工具栏中的【保存】按钮，即可保存窗体。

★重点 7.2.5 实战：使用【数据表】工具为工资表创建窗体

实例门类	软件功能

使用【数据表】工具可以创建一个数据表窗体，该窗体与数据表对象的外观基本相同，通常作为一个子窗体出现在其他窗体中，具体操作步骤如下。

Step01 打开"素材文件\第7章\员工工资数据.accdb"，❶在导航窗格中选择【工资发放明细】数据表作

为数据源的表对象，❷单击【创建】选项卡【窗体】组中的【其他窗体】按钮，❸在弹出的下拉菜单中选择【数据表】命令，如图 7-25 所示。

图 7-25

Step02 即可根据所选的数据源表自动创建一个数据表窗体，该窗体默认处于数据表视图模式，如图 7-26 所示。

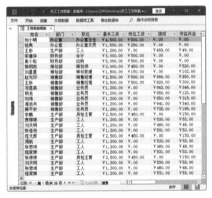

图 7-26

Step03 单击快速访问工具栏中的【保存】按钮，即可保存窗体。

7.2.6　实战：使用【分割窗体】工具为工资表创建窗体

实例门类	软件功能

使用【分割窗体】工具可以创建分割窗体，该窗体可以同时提供窗体视图和数据表视图。创建了分割窗体后，这两种视图被连接到同一数据源，并且总是保持相互同步。用户可以使用数据表视图快速定位数据，然后在窗体视图中查看和编辑记录，具体操作步骤如下。

Step01 打开"素材文件\第 7 章\员工工资数据.accdb"，❶在导航窗格中选择【工资发放明细】数据表作为数据源的表对象，❷单击【创建】选项卡【窗体】组中的【其他窗体】按钮，❸在弹出的下拉菜单中选择【分割窗体】命令，如图 7-27 所示。

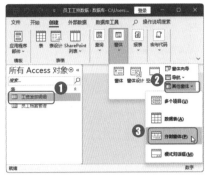

图 7-27

Step02 即可根据所选的数据源表自动创建一个分割窗体，该窗体上半部分为窗体视图，下半部分为数据表视图，如图 7-28 所示。

图 7-28

Step03 单击快速访问工具栏中的【保存】按钮，即可保存窗体。

7.3　创建主/次窗体

次窗体是指插入其他窗体中的窗体，又称为子窗体，而被插入的窗体则称为主窗体，主/次窗体又称为阶梯式窗体或父/子窗体。在处理关系型数据库时，如果需要在同一窗体中查看一对多关系的表或查询的数据时，就需要用到子窗体。在主/次窗体中，主窗体和次窗体链接在一起，次窗体只显示与主窗体中当前记录相关联的记录。主/次窗体的信息保持同步更新，当主窗体中的记录发生变化时，次窗体中的记录也会随之发生变化。

★重点 7.3.1　实战：利用向导为供货商表创建主/次窗体

实例门类	软件功能

使用【窗体向导】工具创建主/次窗体时，需要选择两个及两个以上的表或查询对象作为数据源，才能够成功创建，具体操作步骤如下。

Step01 打开"素材文件\第 7 章\供货商信息管理.accdb"，单击【创建】选项卡【窗体】组中的【窗体向导】按钮，如图 7-29 所示。

图 7-29

Step02 打开【窗体向导】对话框，❶在【表/查询】下拉列表中选择【表：供货商信息表】选项，❷在下方将要显示的字段添加到【选定字段】列表框中，如图 7-30 所示。

图 7-30

Step03 ❶在【表/查询】下拉列表中选择【表：进货单】选项，❷在下方将要显示的字段添加到【选定字段】列表框中，❸单击【下一步】按钮，如图 7-31 所示。

图 7-31

Step04 ❶在【窗体向导】对话框的【请确定查看数据的方式】列表框中选择查看数据的方式，如选择【通过供货商信息表】选项，❷在下方选中【带有子窗体的窗体】单选按钮，❸单击【下一步】按钮，如图 7-32 所示。

图 7-32

Step05 ❶在【窗体向导】对话框中选中【数据表】单选按钮，❷单击【下一步】按钮，如图 7-33 所示。

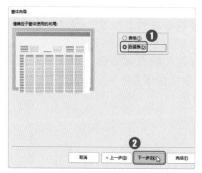

图 7-33

Step06 ❶在【窗体向导】对话框中，在【请为窗体指定标题】的【窗体】和【子窗体】文本框中分别输入窗体标题，❷选中【修改窗体设计】单选按钮，❸单击【完成】按钮，如图 7-34 所示。

图 7-34

Step07 即可创建主/次窗体，并进入该窗体的设计视图，在【主体】节中选择除子窗体外的所有控件，单击【排列】选项卡【表】组中的【堆积】按钮，将所选控件排列整齐，如图 7-35 所示。

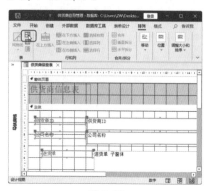

图 7-35

Step08 在【窗体页眉】节中将标签名称更改为【进货信息表】，如图 7-36 所示。

图 7-36

Step09 ❶单击【表单设计】选项卡【视图】组中的【视图】下拉按钮，❷在弹出的下拉菜单中选择【窗体视图】命令，如图 7-37 所示。

图 7-37

Step⑩ 切换到窗体视图，在其中即可看到主/次窗体的效果，如图7-38所示。

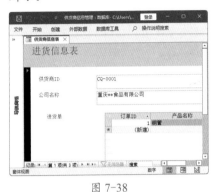

图 7-38

Step⑪ 单击快速访问工具栏中的【保存】按钮📁，即可保存窗体。

★重点 7.3.2 实战：为员工管理表创建两级子窗体的窗体

实例门类	软件功能

使用窗体向导，还可以创建含有两级子窗体的窗体，具体操作步骤如下。

Step① 打开"素材文件\第7章\员工管理.accdb"，单击【创建】选项卡【窗体】组中的【窗体向导】按钮，如图7-39所示。

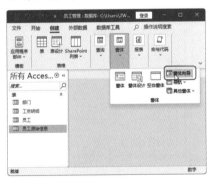

图 7-39

Step② 打开【窗体向导】对话框，❶在【表/查询】下拉列表中选择【表：员工】选项，❷在下方将要显示的字段添加到【选定字段】列表框中，如图7-40所示。

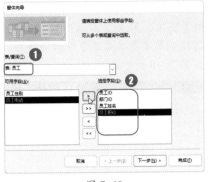

图 7-40

Step③ ❶在【表/查询】下拉列表中选择【表：部门】选项，❷在下方将要显示的字段添加到【选定字段】列表框中，如图7-41所示。

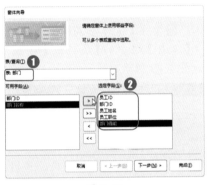

图 7-41

Step④ ❶在【表/查询】下拉列表中选择【表：工资明细】选项，❷在下方将要显示的字段添加到【选定字段】列表框中，❸单击【下一步】按钮，如图7-42所示。

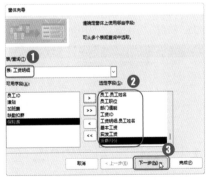

图 7-42

Step⑤ ❶在【窗体向导】对话框的【请确定查看数据的方式】列表框中选择一种查看方式，如选择【通过员工】选项，❷在下方选中【带有子窗体的窗体】单选按钮，❸单击【下一步】按钮，如图7-43所示。

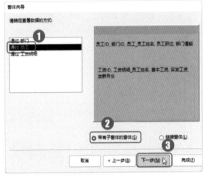

图 7-43

Step⑥ ❶在【窗体向导】对话框中选中【数据表】单选按钮，❷单击【下一步】按钮，如图7-44所示。

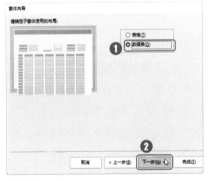

图 7-44

Step⑦ ❶在【窗体向导】对话框中，在【请为窗体指定标题】的【窗体】和【子窗体】文本框中分别输入窗体标题，❷单击【完成】按钮，如图7-45所示。

图 7-45

Step08 切换到窗体视图，在其中即可看到主/次窗体的效果，如图7-46所示。

图 7-46

Step09 单击快速访问工具栏中的【保存】按钮📇，即可保存窗体。

7.3.3 实战：通过拖动鼠标为员工管理表创建主/次窗体

| 实例门类 | 软件功能 |

如果要将已经存在的窗体作为其他窗体的子窗体使用，可以直接将其拖动到其他窗体中，从而快速创建主/次窗体，具体操作步骤如下。

Step01 打开"素材文件\第7章\员工管理1.accdb"，❶在导航窗格中右击【员工信息】窗体，❷在弹出的快捷菜单中选择【布局视图】命令，如图7-47所示。

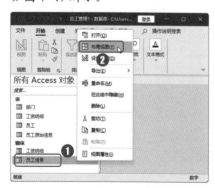

图 7-47

Step02 进入【员工信息】窗体的布局

视图，在导航窗格中选择【工资明细】窗体，按住鼠标左键不放，将其拖动到【员工信息】窗体的底部，如图7-48所示。

图 7-48

Step03 ❶选中添加的【工资明细】窗体，❷单击【窗体布局设计】选项卡【工具】组中的【属性表】按钮，如图7-49所示。

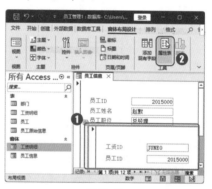

图 7-49

Step04 打开【属性表】窗格，单击【数据】选项卡【链接主字段】右侧的⋯按钮，如图7-50所示。

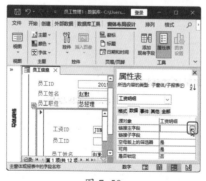

图 7-50

Step05 打开【子窗体字段链接器】对话框，【主字段】已经默认选择了【员工ID】，❶在【子字段】下拉列表中选择【员工ID】选项，❷单击【确定】按钮，如图7-51所示。

图 7-51

Step06 调整窗体中各控件的宽度，如图7-52所示。

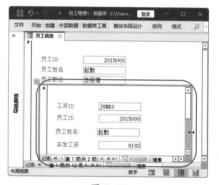

图 7-52

Step07 切换到窗体视图，即可看到窗体的最终效果，如图7-53所示。

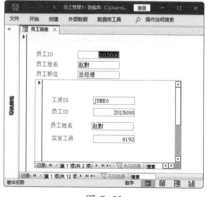

图 7-53

Step08 单击快速访问工具栏中的【保存】按钮📇，即可保存窗体。

7.3.4 实战：利用子窗体控件为员工管理表创建主/次窗体

实例门类	软件功能

如果要使用子窗体控件创建主/次窗体，子窗体中必须包含与父窗体关联的字段，即两个窗体的数据源表必须建立表关系，具体操作步骤如下。

Step01 打开"素材文件\第7章\员工管理1.accdb"，❶在导航窗格中右击【员工信息】窗体，❷在弹出的快捷菜单中选择【设计视图】命令，如图7-54所示。

图7-54

Step02 进入【员工信息】窗体的设计视图，❶单击【表单设计】选项卡【控件】组中的【控件】下拉按钮，❷在弹出的下拉菜单中选择【子窗体/子报表】控件，如图7-55所示。

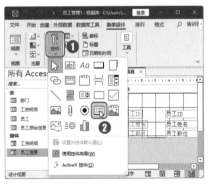

图7-55

Step03 在【主体】节所有控件的底部单击，如图7-56所示。

图7-56

Step04 弹出【子窗体向导】对话框，❶选中【使用现有的表和查询】单选按钮，❷单击【下一步】按钮，如图7-57所示。

图7-57

Step05 ❶在【子窗体向导】对话框的【表/查询】下拉列表中选择【表：工资明细】选项，❷在下方将相关字段添加到【选定字段】列表框中，❸单击【下一步】按钮，如图7-58所示。

图7-58

Step06 在【子窗体向导】对话框中保持默认设置，单击【下一步】按钮，如图7-59所示。

图7-59

Step07 ❶在【子窗体向导】对话框的【请指定子窗体或子报表的名称】文本框中输入子窗体名称，❷单击【完成】按钮，如图7-60所示。

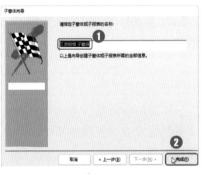

图7-60

Step08 返回设计视图，即可看到导航窗格中创建的子窗体，在【主体】节中选择控件子窗体，并调整其大小，如图7-61所示。

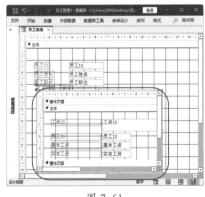

图7-61

Step09 单击底部的【窗体视图】按钮，即可看到窗体的最终效果，如图7-62所示。

图 7-62

Step⑩ 单击快速访问工具栏中的【保存】按钮 🖫，即可保存窗体。

7.4 使用窗体操作数据

在为数据表创建了窗体后，就可以在窗体中操作数据，如查看、添加、删除、筛选、排序和查找数据。在窗体中操作数据大多是在窗体视图中完成的。

7.4.1 实战：在窗体中查看、添加和删除记录

实例门类	软件功能

在窗体中查看、添加和删除记录是数据库中最常用的操作，下面分别进行介绍。

1. 查看记录

窗体创建完成后，用户经常会在窗体中查看数据。因为创建窗体的方法不同，所以查看记录的方法也不同。有的窗体可以显示所有记录，直接打开查看即可，而有的窗体每次只能查看一条记录，可以使用以下方法查看，具体操作步骤如下。

Step① 打开"素材文件\第 7 章\员工工资数据 1.accdb"，❶在导航窗格中双击【工资发放明细】窗体，❷在【记录】栏中单击【下一条记录】按钮 ▶，可以查看相邻的下一条记录，如图 7-63 所示。

图 7-63

Step② 在【记录】栏中单击【尾记录】按钮 ▶|，可以查看最后一条记录，如图 7-64 所示。

图 7-64

Step③ 在【记录】栏中单击【上一条记录】按钮 ◀，可以查看相邻的上一条记录，如图 7-65 所示。

图 7-65

Step④ 在【记录】栏中单击【第一条记录】按钮 |◀，可以查看第一条记录，如图 7-66 所示。

图 7-66

2. 添加记录

在窗体中添加记录需要通过【记录】栏来完成，具体操作步骤如下。

Step01 接上一例操作，在【记录】栏中单击【新（空白）记录】按钮▶，如图7-67所示。

图 7-67

Step02 ❶将显示一个空白记录，在其中输入相应的值，❷单击快速访问工具栏中的【保存】按钮💾，如图7-68所示。

图 7-68

Step03 打开【工资发放明细】表对象，即可看到新建的记录，如图7-69所示。

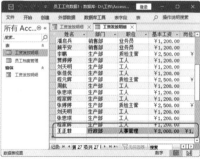

图 7-69

技术看板

如果要在子窗体中添加记录，

需要在子窗体下方的【记录】栏中操作。

3. 删除记录

在窗体中删除记录的方法很简单，具体操作步骤如下。

Step01 接上一例操作，❶选中要删除的记录，❷单击【开始】选项卡【记录】组中的【删除】下拉按钮×，❸在弹出的下拉菜单中选择【删除记录】命令，如图7-70所示。

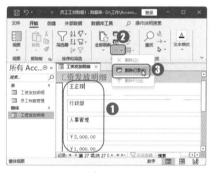

图 7-70

Step02 在弹出的提示对话框中单击【是】按钮，如图7-71所示。

图 7-71

Step03 打开【工资发放明细】表对象，即可看到所选记录已经被删除，如图7-72所示。

图 7-72

★重点 7.4.2　实战：在窗体中筛选、排序和查找记录

实例门类	软件功能

在窗体中，用户也可以方便地筛选、排序和查找记录，下面分别进行介绍。

1. 筛选记录

在窗体中筛选记录与在数据表中筛选记录的操作方法相似。例如，要根据【职位】筛选记录，具体操作步骤如下。

Step01 打开"素材文件\第7章\员工工资数据1.accdb"，❶将光标定位到【职位】右侧的文本框中，❷单击【开始】选项卡【排序和筛选】组中的【筛选器】按钮，如图7-73所示。

图 7-73

Step02 即可在【职位】字段上显示出筛选器，❶在列表框中取消选中除【工人】外的其他复选框，❷单击【确定】按钮，如图7-74所示。

图 7-74

Step **03** 即可筛选出符合条件的记录，在【记录】栏中显示共筛选出 10 条符合条件的记录，如图 7-75 所示。

图 7-75

图 7-76

2. 排序记录

在窗体中也可以排序。例如，要在窗体中将数据按【基本工资】升序排序，具体操作步骤如下。

Step **01** 接上一例操作，❶将光标定位到要排序字段右侧的文本框中，❷单击【开始】选项卡【排序和筛选】组中的【升序】按钮即可将数据按升序排序，如图 7-77 所示。

图 7-77

Step **02** 如果要取消排序，直接单击【开始】选项卡【排序和筛选】组中的【清除所有排序】按钮即可，如图 7-78 所示。

图 7-78

图 7-79

3. 查找记录

如果要在窗体中查找数据，具体操作步骤如下。

Step **01** 接上一例操作，单击【开始】选项卡【查找】组中的【查找】按钮，如图 7-80 所示。

图 7-80

Step **02** 打开【查找和替换】对话框，❶在【查找】选项卡的【查找内容】文本框中输入查找的内容，❷在下方设置【查找范围】【匹配】【搜索】等参数，❸单击【查找下一个】按钮，如图 7-81 所示。

图 7-81

Step **03** 即可按设置的参数查找所需要的内容，如图 7-82 所示。

图 7-82

妙招技法

通过对前面知识的学习，相信读者已经掌握了 Access 2021 中窗体的创建方法。下面结合本章内容，给大家介绍一些实用技巧。

技巧 01：如何在页眉处添加日期和时间

在某些窗体中，可以在页眉处为其添加日期和时间，具体操作步骤如下。

Step01 打开"素材文件\第7章\员工管理 2.accdb"，进入【员工】窗体的设计视图，单击【表单设计】选项卡【页眉/页脚】组中的【日期和时间】按钮，如图 7-83 所示。

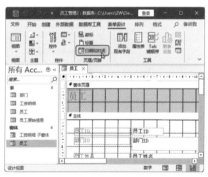

图 7-83

Step02 打开【日期和时间】对话框，❶选中【包含日期】复选框，并选择日期格式，❷选中【包含时间】复选框，并选择时间格式，❸单击【确定】按钮，如图 7-84 所示。

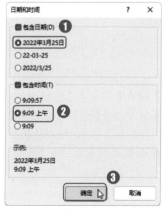

图 7-84

Step03 操作完成后，即可在页眉右侧看到添加的日期和时间控件，如图 7-85 所示。

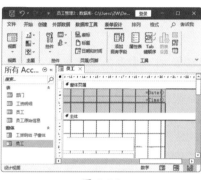

图 7-85

Step04 切换到窗体视图，即可看到窗体的右侧显示了当前的日期和时间，如图 7-86 所示。

图 7-86

技术看板

添加了日期和时间后，每次打开窗体，都会自动显示系统当前日期和时间。

技巧 02：怎样更改窗体的标题栏文本

一般情况下，窗体的标题栏文本与窗体的保存名称相同，如果有需要也可以为窗体的标题栏重新命名，具体操作步骤如下。

Step01 打开"素材文件\第7章\员工管理 2.accdb"，进入【员工】窗体的设计视图，单击【表单设计】选项卡【工具】组中的【属性表】按钮，如图 7-87 所示。

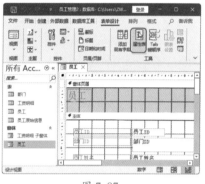

图 7-87

Step02 打开【属性表】窗格，❶在【格式】选项卡的【标题】文本框中输入窗体标题，❷单击【关闭】按钮✕关闭【属性表】窗格，如图 7-88 所示。

图 7-88

Step03 切换到窗体视图，即可看到窗体的标题栏文本已经更改，如图 7-89 所示。

图 7-89

技巧 03: 怎样删除记录选择器

记录选择器是窗体左侧的黑色箭头, 在多记录的数据表中, 记录选择器非常重要, 因为它指向当前记录。但是, 对于单记录窗体, 并不需要记录选择器, 此时可以选择删除记录选择器, 具体操作步骤如下。

Step 01 打开 "素材文件\第 7 章\员工管理 2.accdb", 进入【员工】窗体的窗体视图, 可以看到左侧的记录选择器默认显示, 如图 7-90 所示。

图 7-90

Step 02 切换到设计视图, 单击【表单设计】选项卡【工具】组中的【属性表】按钮, 如图 7-91 所示。

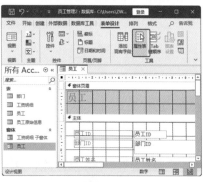

图 7-91

Step 03 打开【属性表】窗格, ❶在【格式】选项卡的【记录选择器】下拉列表中选择【否】选项, ❷单击【关闭】按钮 × 关闭【属性表】窗格, 如图 7-92 所示。

图 7-92

Step 04 切换到窗体视图, 即可看到记录选择器已经不再显示, 如图 7-93 所示。

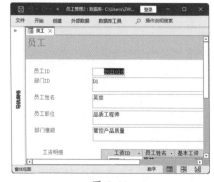

图 7-93

技巧 04: 怎样为窗体设置背景图片

创建的窗体默认为白色背景, 为了美化窗体, 也可以为窗体设置图片背景, 具体操作步骤如下。

Step 01 打开 "素材文件\第 7 章\员工管理 2.accdb", 进入【员工】窗体的设计视图, 单击【表单设计】选项卡【工具】组中的【属性表】按钮。

Step 02 打开【属性表】窗格, 在【格式】选项卡中单击【图片】右侧的 … 按钮, 如图 7-94 所示。

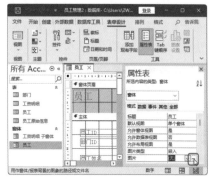

图 7-94

Step 03 打开【插入图片】对话框, ❶选择要设置的背景图片, ❷单击【确定】按钮, 如图 7-95 所示。

图 7-95

Step 04 ❶在【属性表】窗格中分别设置【图片平铺】【图片对齐方式】【图片缩放模式】等属性, ❷单击【关闭】按钮 × 关闭【属性表】窗格, 如图 7-96 所示。

图 7-96

Step**05** 切换到窗体视图，即可看到为窗体设置了背景图片后的效果，如图 7-97 所示。

图 7-97

技巧 05：隐藏与显示【记录】栏

【记录】栏位于窗体的底部，用户可以根据需要显示与隐藏【记录】栏，具体操作步骤如下。

Step**01** 单击【表单设计】选项卡【工具】组中的【属性表】按钮。

Step**02** 打开【属性表】窗格，在【格式】选项卡中将【导航按钮】属性设置为【否】，如图 7-98 所示。

图 7-98

Step**03** 切换到窗体视图，即可看到【记录】栏已经被隐藏，如图 7-99所示。

图 7-99

🔖 技术看板

如果要显示【记录】栏，在【属性表】窗格的【格式】选项卡中将【导航按钮】属性设置为【是】即可。

本章小结

　　一个优良的数据库系统不但要拥有高质量的数据管理、高效率的数据查询，而且还要有美观的用户界面。窗体实际就是一个用户界面。本章主要介绍了窗体的基础知识、如何设计窗体，以及在设计视图中修改窗体和设置窗体，在窗体的各种视图中，可以实现各种不同的功能。通过本章的介绍，可以将数据库中需要展示给用户的数据显示在窗体中，也可以在窗体中方便地查看、添加、编辑和删除数据。

第8章 Access 中窗体控件的使用

➜ 如何在窗体中输入数据？

➜ 窗体中的内容太多，如何使用选项卡将其分为两个窗体界面？

➜ 如何在窗体中添加公司标志？怎样插入图片控件？

➜ 控件默认的位置不合适，如何进行调整？

➜ 如果窗体的样式太呆板，怎样对窗体进行美化？

控件是构成窗体和报表的基础，在窗体和报表中有着至关重要的作用。如果要将窗体中的数据输入数据表中，或者从一个窗体返回另一个窗体，或者将图片插入窗体和报表中，或者在窗体中实现新建、保存、返回等效果，那么控件是必须掌握并熟悉的对象。本章将介绍各种控件的创建方法，以及设置控件样式的方法，让用户可以创建出既实用又美观的控件。

8.1 认识控件

在设计窗体时，控件的应用必不可少，这里可以简单地将其理解为流程操作和控制的开关、人机互动的桥梁。无论是窗体还是报表，在创建和使用控件时，方法都是相同的。本节主要介绍控件的基础知识，让用户对控件有一个全面的了解。

8.1.1 什么是控件

控件是窗体和报表的基本构成元素，主要用于显示数据、修改数据、执行操作、修饰窗体及报表等。

常见的控件包括文本框、命令按钮、复选框、组合框等，在窗体的设计视图中，使用【表单设计】选项卡【控件】组中的各种控件按钮，可以创建各种类型的控件，如图 8-1 所示。

图 8-1

不同控件的功能也不相同，用户可以参照表 8-1，了解常见控件的区别及功能。

表 8-1　Access 2021 的控件介绍

控件	名称	说明介绍
▷	选择	选择控件、节或窗体，释放锁定的按钮
abl	文本框	最常用的控件，用于显示和编辑数据，也可以显示表达式运算后的结果和接收用户输入的数据
Aa	标签	用于显示说明性的文本，如窗体的标题等
▭	按钮	也称为命令按钮，用于完成各种操作，如查找记录或筛选记录等
▯	选项卡控件	用于创建一个带选项卡的窗体，可以在选项卡中添加其他对象
⌔	超链接	在窗体中插入超链接控件
▤	导航控件	在窗体中插入导航条
[XYZ]	选项组	与复选框、选项按钮或切换按钮搭配使用，可以显示一组可选值
⊢	插入分页符	指定多页窗体的分页位置

续表

控件	名称	说明介绍
	组合框	结合列表框和文本框的特性，既可以在文本框中输入值，也可以从列表框中选择值
	直线	可以在窗体中绘制水平线、垂直线和对角线等直线，用来突出显示的数据或隔离不同的数据
	切换按钮	单击时可以在开/关或真/假（是/否）两种状态之间切换，使数据的输入更加直接、容易
	列表框	以固定的尺寸出现在窗体中，若选项超出了列表框的尺寸，在列表的右侧会出现一个滚动条，只可选择其中列出的值
	矩形	用来绘制一个矩形方框，将一组相关的控件组织在一起
	复选框	表示【是/否】值的最佳控件，显示为一个方框，如果选中会显示一个标记，否则为空白方框
	未绑定对象框	用于显示没有绑定到表的字段上的OLE对象或嵌入式图片，如Excel表格、Word文档等
	附件	在窗体中插入附件控件
	选项按钮	又称为单选按钮，显示为一个圆圈，如果选中，中间会显示一个点，作用与切换按钮类似
	子窗体/子报表	用于在主窗体中添加另一个窗体，即创建主/次窗体，显示来自多个表或查询的数据
	绑定对象框	用于显示与表字段绑定在一起的OLE对象或嵌入式图片
	图像	显示静态图像，且不能对其进行编辑
	Web浏览器控件	在窗体中插入浏览器控件
	图表	在窗体中插入图表对象，以图形的格式显示数据

8.1.2 控件的类型

在 Access 2021 中，人们通常把控件分为三大类：绑定型、未绑定型和计算型。

→ 绑定型控件：又称为结合型控件，以表或查询中的字段作为数据源，用于显示、输入及修改字段的值，控件内容会随着当前记录的改变而动态地发生变化。

→ 未绑定型控件：又称为非结合型控件，它没有数据来源，一般用于显示信息、图片、线条或矩形等。例如，显示窗体标题的标签控件就是未绑定型控件。

→ 计算型控件：它是根据用户设定的表达式来计算窗体、报表或控件中的字段数据，同时不会对数据源产生影响。表达式可以是运算符、控件名称、字段名称、返回单个值的函数及常数值的组合等。

8.2 在窗体中添加控件

认识了控件之后，就可以在窗体中创建控件了。在 Access 2021 中，添加控件的方法主要有两种：一种是从【控件】列表框中选择添加，另一种是通过拖动字段列表的方式添加。下面介绍在窗体中添加控件的方法。

★重点 8.2.1 实战：在窗体中添加文本框控件

实例门类 软件功能

文本框控件是窗体中最常用的控件，用于显示和编辑数据，也可以用于接收用户输入的数据或显示计算结果。文本框控件既可以是绑定型和未绑定型控件，也可以是计算型控件。绑定型文本框用于显示数据源表或查询的字段等；未绑定型文本框用于接收用户输入的数据；计算型文本框则可以用来显示表达式的值。

1. 添加绑定型文本框控件

添加绑定型文本框控件最简单的方法是在窗体中添加字段，从而实现自动添加控件，这种方法在第7章中已经有过介绍，此处简单介绍其操作步骤。

Step01 打开"素材文件\第8章\员工管理.accdb"，创建空白窗体，进入布局视图，打开【字段列表】窗格，在【工资明细】数据表中双击【员工

ID】字段，如图 8-2 所示。

图 8-2

Step02 即可在窗体中添加一组绑定型文本框控件，该控件与【工资明细】数据表中的【员工ID】字段相关联，如图 8-3 所示。

图 8-3

Step03 使用相同的方法将其他字段添加到窗体中即可，如图 8-4 所示。

图 8-4

技术看板

在窗体中选择控件，如某个员工的姓名，在【属性表】窗格的【数

据】选项卡中，可以看到【控件来源】属性为【员工姓名】，表示该控件与【员工姓名】字段相关联，如图 8-5 所示。

图 8-5

2. 添加未绑定型文本框控件

未绑定型文本框需要通过文本框控件来添加，具体操作步骤如下。

Step01 接上一例操作，❶单击【表单设计】选项卡【控件】组中的【控件】下拉按钮，❷在弹出的下拉菜单中单击【文本框】按钮 ab ，如图 8-6 所示。

图 8-6

技术看板

在设计视图和布局视图中都可以添加控件，区别在于布局视图中可选择的控件较少。

Step02 此时，鼠标指针将变为 ab 形状，在要添加文本框控件的位置单击，如图 8-7 所示。

图 8-7

Step03 打开【文本框向导】对话框，❶设置文本框中文本的样式，❷单击【下一步】按钮，如图 8-8 所示。

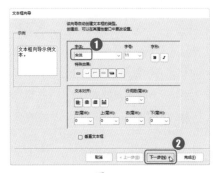

图 8-8

Step04 在【文本框向导】对话框中，❶选择输入法模式，❷单击【下一步】按钮，如图 8-9 所示。

图 8-9

Step05 ❶在【文本框向导】对话框的【请输入文本框的名称】文本框中输入"备注"，❷单击【完成】按钮，如图 8-10 所示。

图 8-10

Step 06 返回窗体，即可看到已经添加了一个名为【备注】的未绑定型文本框，如图 8-11 所示。

图 8-11

技术看板

一组绑定型文本框控件通常包含两个控件，其中左侧为标签控件，右侧为文本框控件。

Step 07 切换到窗体视图，可以观察到绑定型文本框与未绑定型文本框的区别，如图 8-12 所示。

图 8-12

3. 添加计算型文本框控件

如果要添加计算型文本框控件，具体操作步骤如下。

Step 01 接上一例操作，切换到设计视图，并添加一个名为【应发工资】的未绑定型文本框，如图 8-13 所示。

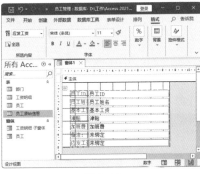

图 8-13

Step 02 ❶在【应发工资】文本框中输入"=基本工资+津贴+加班费"，❷单击【表单设计】选项卡【工具】组中的【属性表】按钮，如图 8-14 所示。

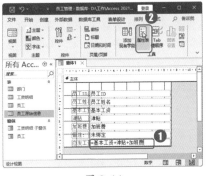

图 8-14

Step 03 打开【属性表】窗格，❶在【格式】选项卡的【格式】下拉列表中选择【货币】选项，❷单击【关闭】按钮，如图 8-15 所示。

图 8-15

Step 04 切换到窗体视图，在【应发工资】文本框中即可看到计算结果，如图 8-16 所示。

图 8-16

★重点 8.2.2　实战：在窗体中添加标签控件

实例门类	软件功能

如果用户需要在窗体或报表中显示说明性文字，可以使用标签控件。标签控件是典型的未绑定型控件，既不显示字段的值，也没有数据来源，只能单向地向用户传达信息。标签控件可以分为两种：独立标签和关联标签。其中，独立标签是利用标签按钮手动创建的标签，与其他标签没有关联，仅用于添加说明性文字。例如，添加一个独立标签控件作为窗体的标题或补充说明。关联标签是和除标签控件外的其他控件同时创建的，是可以附加到其他控件上的标签，又称为附加

标签，用于对其他控件进行说明性的介绍。例如，在添加字段时，将自动创建一组绑定型文本框控件，其中左侧的控件就是随文本框控件同时创建的关联标签控件，用于对右侧控件进行说明，如图 8-17 所示。

图 8-17

下面介绍创建独立标签控件的具体操作步骤。

Step01 打开"素材文件\第 8 章\员工管理 1.accdb"，打开【标签框控件】窗体，并进入设计视图，❶单击【表单设计】选项卡【控件】组中的【控件】下拉按钮，❷在弹出的下拉菜单中单击【标签】按钮 Aa，如图 8-18 所示。

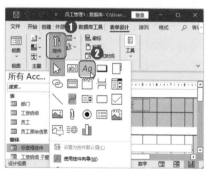

图 8-18

Step02 此时，鼠标指针将变为 ⁺A 形状，在要添加文本框控件的位置按住鼠标左键不放进行拖动，拖至合适的位置后松开鼠标左键，如图 8-19 所示。

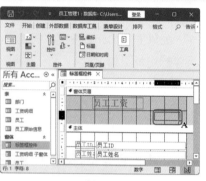

图 8-19

Step03 在绘制的标签中输入文本，如公司名称、副标题等，如图 8-20 所示。

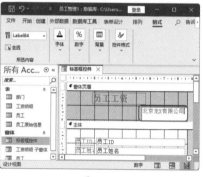

图 8-20

Step04 切换到窗体视图，即可看到添加了标签控件的效果，如图 8-21 所示。

图 8-21

★重点 8.2.3 实战：在窗体中添加选项组控件

实例门类	软件功能

选项组由一个组框架和一组复选框、选项按钮或切换按钮组成，用户只需单击即可选择其中的选项，但一次只能选择一个选项。

在选项组控件中，可以使用复选框、选项按钮和切换按钮控件来创建窗体的选项。这 3 种控件都用于显示两种状态，如是/否、开/关或真/假等，它们的区别在于表示这两种状态的图形不同，如表 8-2 所示。

表 8-2　3 种控件的图形表示

控件	是	否
复选框	☑	☐
选项按钮	◉	○
切换按钮	是	否

使用图形表示，是最容易让人理解的方式，当选中或按下控件时，表示【是】，其值为【-1】，反之则为【否】，其值为【0】。

一般情况下，人们大多会选择复选框作为表示【是/否】值的最佳控件，是向窗体添加【是/否】字段时默认的控件类型，而选项按钮和切换按钮通常作为选项组的一部分。

下面以在【员工管理 1】数据库中添加选项组控件为例，来创建一个简单的【员工社团活动调查】窗体，具体操作步骤如下。

Step01 接上一例操作，新建一个空白窗体，切换到设计视图，❶单击【表单设计】选项卡【控件】组中的【控件】下拉按钮，❷在弹出的下拉菜单中单击【选项组】按钮，如图 8-22 所示。

图 8-22

Step02 此时，鼠标指针将变为⁺□形状，在要添加选项组控件的位置按住鼠标左键不放进行拖动，拖至合适的位置后松开鼠标左键，如图 8-23 所示。

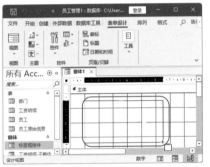

图 8-23

Step03 打开【选项组向导】对话框，①在【标签名称】文本框中输入选项的内容，②单击【下一步】按钮，如图 8-24 所示。

图 8-24

Step04 ①在【选项组向导】对话框中选择某项作为默认选项，②单击【下一步】按钮，如图 8-25 所示。

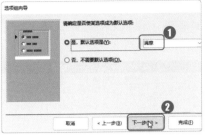

图 8-25

Step05 ①在【选项组向导】对话框的【请为每个选项赋值】列表框中为标签赋值，②单击【下一步】按钮，如图 8-26 所示。

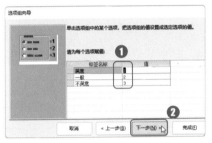

图 8-26

Step06 在【选项组向导】对话框中，①在【请确定在选项组中使用何种类型的控件】下方选中【选项按钮】单选按钮，②在【请确定所用样式】下方选择选项按钮的样式，③单击【下一步】按钮，如图 8-27 所示。

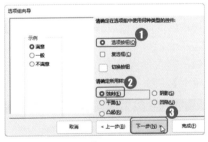

图 8-27

Step07 ①在【选项组向导】对话框的【请为选项组指定标题】文本框中输入选项组的标题，②单击【完成】按钮，如图 8-28 所示。

图 8-28

Step08 返回窗体，即可看到创建的选项组，如图 8-29 所示。

图 8-29

Step09 使用相同的方法创建一个选项组，前面的操作与 Step 02~Step 05 相同，如图 8-30 所示。

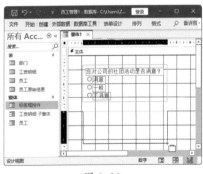

图 8-30

Step10 ①在【请确定在选项组中使用何种类型的控件】下方选中【复选框】复选框，②在【请确定所用样式】下方选中【蚀刻】单选按钮，③单击【下一步】按钮，如图 8-31 所示。

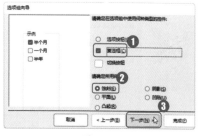

图 8-31

Step⑪ 使用相同的方法为选项组指定标题，完成控件的创建，效果如图 8-32 所示。

图 8-32

Step⑫ 使用相同的方法创建一个【切换按钮】类型的选项组，如图 8-33 所示。

图 8-33

Step⑬ 创建完成后的效果如图 8-34 所示。

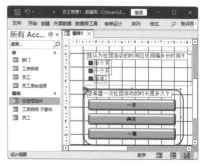

图 8-34

Step⑭ 切换到窗体视图即可看到最终效果，按【Ctrl+S】快捷键保存窗体即可，如图 8-35 所示。

图 8-35

★重点 8.2.4 实战：在窗体中添加选项卡控件

实例门类	软件功能

当窗体中含有多个控件时，使用时可能会比较混乱，此时可以使用选项卡控件，将同类控件放在选项卡的各页上，从而使窗体更加有条理，也可以更高效地处理数据。在窗体中添加选项卡控件的具体操作步骤如下。

Step① 打开"素材文件\第 8 章\员工管理 2.accdb"，新建一个空白窗体，切换到设计视图，❶单击【表单设计】选项卡【控件】组中的【控件】下拉按钮，❷在弹出的下拉菜单中单击【选项卡】按钮，如图 8-36 所示。

图 8-36

Step② 此时，鼠标指针将变为 形

状，在要添加选项卡控件的位置按住鼠标左键不放进行拖动，拖至合适的位置后松开鼠标左键，如图 8-37 所示。

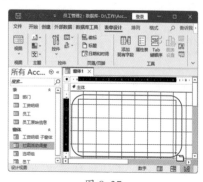

图 8-37

Step③ 即可绘制一个包含【页 1】和【页 2】两个选项卡的选项卡控件，如图 8-38 所示。

图 8-38

Step④ ❶单击【表单设计】选项卡【工具】组中的【添加现有字段】按钮，❷打开【字段列表】窗格，将【员工】数据表中的【员工 ID】【员工姓名】【员工职位】字段拖动到【页 1】选项卡下，如图 8-39 所示。

图 8-39

Step05 ①切换到【页2】选项卡，②绘制一个名为【信息】的未绑定型文本框，如图8-40所示。

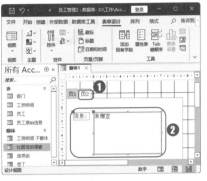

图 8-40

Step06 完成后切换到窗体视图，在【页1】选项卡中查看页1的效果，如图8-41所示。

图 8-41

Step07 在【页2】选项卡中查看页2的效果，如图8-42所示。

图 8-42

★重点 8.2.5 实战：在窗体中添加列表框和组合框控件

实例门类	软件功能

列表框控件是提供一列选项的控件，由一个列表和一个可选标签组成。如果列表框中的选项超过了控件中可显示的数目，Access会在控件中显示一个滚动条，拖动滚动条即可显示出所有选项。

技术看板

用户只能选择列表框中提供的选项，而不能在列表框中输入其他值。

组合框控件综合了列表框和文本框的功能，用户既可以输入值，也可以在列表框中选择提供的选项。组合框控件的界面比列表框更简洁，只有在单击下拉按钮时才会显示出列表框，否则列表框会一直处于隐藏状态。

列表框和组合框可以是绑定型或未绑定型控件，它们的数据既可以是用户自己设定的值，也可以从数据表或查询中选择。使用列表框和组合框可以让用户从一个列表中选取数据，加快输入速度，并减少出错的概率。

1. 添加列表框控件

如果要在窗体中添加列表框控件，具体操作步骤如下。

Step01 打开"素材文件\第8章\员工管理 2.accdb"，新建一个空白窗体，切换到设计视图，①单击【表单设计】选项卡【控件】组中的【控件】下拉按钮，②在弹出的下拉菜单中单击【列表框】按钮，如图8-43所示。

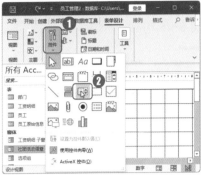

图 8-43

Step02 此时，鼠标指针将变为形状，在要添加列表框控件的位置按住鼠标左键不放进行拖动，拖至合适的位置后松开鼠标左键，如图8-44所示。

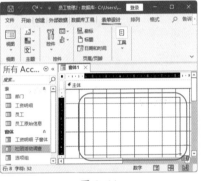

图 8-44

Step03 打开【列表框向导】对话框，①选中【使用列表框获取其他表或查询中的值】单选按钮，②单击【下一步】按钮，如图8-45所示。

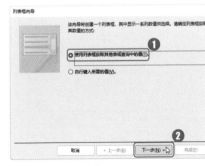

图 8-45

Step04 ①在【列表框向导】对话框的【请选择为列表框提供数值的表或查询】列表框中选择数据源表或

查询，②单击【下一步】按钮，如图 8-46 所示。

图 8-46

Step05 在【列表框向导】对话框中，①将需要的字段添加到【选定字段】列表框中，②单击【下一步】按钮，如图 8-47 所示。

图 8-47

Step06 在【列表框向导】对话框中，①选择排序次序，②单击【下一步】按钮，如图 8-48 所示。

图 8-48

Step07 在【列表框向导】对话框中，①将光标移动到右侧边框处，当鼠标指针变为┿形状时，按住鼠标左键不放，拖动鼠标到合适的宽度，②单击【下一步】按钮，如图 8-49 所示。

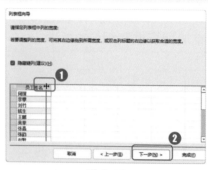

图 8-49

Step08 ①在【列表框向导】对话框的【请为列表框指定标签】文本框中输入标签名称，②单击【完成】按钮，如图 8-50 所示。

图 8-50

Step09 返回设计视图，即可看到列表框已经被创建，如图 8-51 所示。

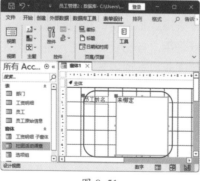

图 8-51

Step10 切换到窗体视图，即可看到最终效果，返回设计视图，即可看到列表框已经被创建，如图 8-52 所示。

图 8-52

2. 添加组合框控件

如果要在窗体中添加组合框控件，具体操作步骤如下。

Step01 接上一例操作，①单击【表单设计】选项卡【控件】组中的【控件】下拉按钮，②在弹出的下拉菜单中单击【组合框】按钮，如图 8-53 所示。

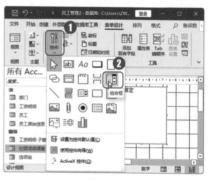

图 8-53

Step02 此时，鼠标指针将变为┼形状，在要添加组合框控件的位置按住鼠标左键不放进行拖动，拖至合适的位置后松开鼠标左键，如图 8-54 所示。

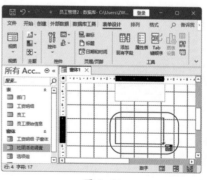

图 8-54

Step03 打开【组合框向导】对话框，❶选中【自行键入所需的值】单选按钮，❷单击【下一步】按钮，如图 8-55 所示。

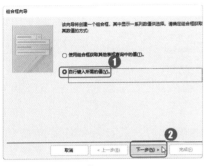

图 8-55

Step04 在【组合框向导】对话框中，❶输入要显示在组合框中的数据，并调整列宽，❷单击【下一步】按钮，如图 8-56 所示。

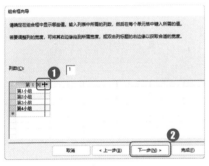

图 8-56

Step05 在【组合框向导】对话框中，❶在【请为组合框指定标签】文本框中输入标签名称，❷单击【完成】按钮，如图 8-57 所示。

图 8-57

Step06 返回设计视图，即可看到组

合框已经被创建，如图 8-58 所示。

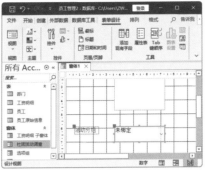

图 8-58

Step07 切换到窗体视图，即可看到最终效果，单击组合框下拉按钮，即可看到列表框中的数据，如图 8-59 所示。

图 8-59

★重点 8.2.6　实战：在窗体中添加按钮控件

实例门类	软件功能

按钮控件主要用于响应窗体中的鼠标事件，当用户单击该控件时，可以执行某个操作。例如，人们常用的【上一步】【下一步】【确定】【取消】【关闭】等均属于按钮控件。如果要通过按钮控件添加按钮，具体操作步骤如下。

> **技术看板**
>
> 对于单击按钮时要执行的操作，

既可以使用Access的宏对象或VBA程序来创建，也可以通过按钮控件直接创建。

Step01 打开"素材文件\第 8 章\员工管理 3.accdb"，打开【列表框和组合框】窗体的设计视图，❶单击【表单设计】选项卡【控件】组中的【控件】下拉按钮，❷在弹出的下拉菜单中单击【按钮】按钮□，如图 8-60 所示。

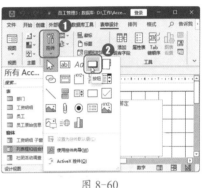

图 8-60

Step02 此时，鼠标指针将变为⁺□形状，在要添加按钮控件的位置按住鼠标左键不放进行拖动，拖至合适的位置后松开鼠标左键，如图 8-61 所示。

图 8-61

Step03 打开【命令按钮向导】对话框，❶在【类别】列表框中选择操作的类别，❷在【操作】列表框中选择按下按钮时执行的操作，❸单击【下一步】按钮，如图 8-62 所示。

图 8-62

Step04 在【命令按钮向导】对话框中选择在按钮上显示图片还是显示文字，❶选中【文本】单选按钮，在右侧的文本框中输入需在按钮上显示的文本，❷单击【下一步】按钮，如图 8-63 所示。

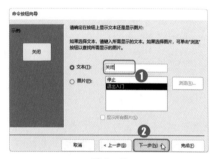

图 8-63

Step05 ❶在【命令按钮向导】对话框的文本框中输入按钮的名称，❷单击【完成】按钮，如图 8-64 所示。

图 8-64

Step06 操作完成后，即可看到创建的按钮控件，如图 8-65 所示。

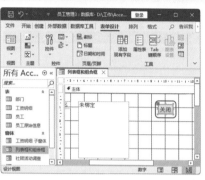

图 8-65

Step07 切换到窗体视图，❶单击【关闭】按钮，❷在弹出的提示对话框中单击【是】按钮，即可保存并关闭窗体，如图 8-66 所示。

图 8-66

8.2.7 实战：在窗体中添加图像控件

实例门类	软件功能

使用图像控件可以在窗体中插入图片，美化窗体，具体操作步骤如下。

Step01 打开"素材文件\第8章\员工管理 5.accdb"，打开【标签框控件】窗体，并进入设计视图，❶单击【表单设计】选项卡【控件】组中的【控件】下拉按钮，❷在弹出的下拉菜单中单击【图像】按钮 ⊡，如图 8-67 所示。

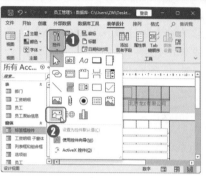

图 8-67

Step02 此时，鼠标指针将变为 ⁺口 形状，在要添加图像控件的位置按住鼠标左键不放进行拖动，拖至合适的位置后松开鼠标左键，如图 8-68 所示。

图 8-68

Step03 ❶打开【插入图片】对话框，选择要加入窗体的图片，❷单击【确定】按钮，如图 8-69 所示。

图 8-69

Step04 返回窗体，即可看到图像控件已经被插入，使用鼠标拖动图片可以调整其大小和位置，如图 8-70 所示。

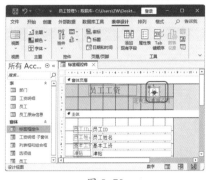

图 8-70

Step05 切换到窗体视图，即可看到添加了图像控件的效果，如图 8-71 所示。

图 8-71

8.2.8 实战：在窗体中添加图表控件

实例门类	软件功能

使用图表可以更直观地向用户展示数据，在 Access 中，可以通过图表控件的形式用图表显示数据，具体操作步骤如下。

Step01 打开"素材文件\第 8 章\销售记录表 .accdb"，创建一个空白窗体，并切换到设计视图，❶单击【表单设计】选项卡【控件】组中的【控件】下拉按钮，❷在弹出的下拉菜单中单击【图表】按钮 ，如图 8-72 所示。

图 8-72

Step02 此时，鼠标指针将变为 形状，在要添加图表控件的位置按住鼠标左键不放进行拖动，拖至合适的位置后松开鼠标左键，如图 8-73 所示。

图 8-73

Step03 打开【图表向导】对话框，❶在列表框中选择数据源，❷单击【下一步】按钮，如图 8-74 所示。

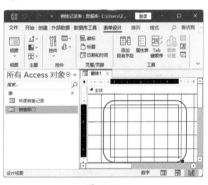

图 8-74

Step04 在【图表向导】对话框中，❶将需要创建图表的字段添加到【用于图表的字段】列表框中，❷单击【下一步】按钮，如图 8-75 所示。

图 8-75

Step05 在【图表向导】对话框中，❶选择图表的类型，❷单击【下一步】按钮，如图 8-76 所示。

图 8-76

Step06 在【图表向导】对话框中，❶指定图表的布局，❷单击【下一步】按钮，如图 8-77 所示。

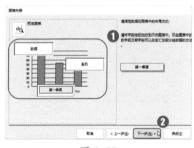

图 8-77

Step07 ❶在【图表向导】对话框的文本框中输入图表标题，❷单击【完成】按钮，如图 8-78 所示。

图 8-78

Step 08 返回设计视图，即可看到创建的图表控件，该图表是系统默认的示例图表，并不是所创建的真实图表，如图 8-79 所示。

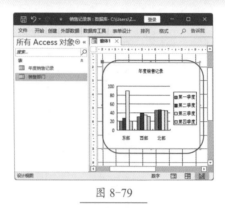

图 8-79

Step 09 切换到窗体视图，即可看到

图表的最终效果，如图 8-80 所示。

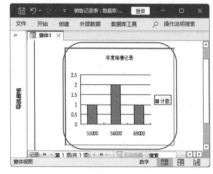

图 8-80

8.3 设置控件样式

控件的默认样式大多比较简单，很多用户都希望能将控件制作得更加精美，此时就需要设置控件的样式。创建了控件之后，用户还可以调整控件的大小、位置、颜色等，从而使控件的布局更加精美。

8.3.1 选择添加的控件

选择控件是操作控件的第一步，而用户只有在设计视图或布局视图中才能选择控件。

1. 选择单个控件

选择单个控件的方法很简单，单击控件的边框即可选中控件，如图 8-81 所示。

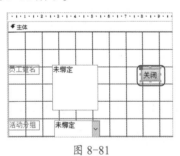

图 8-81

但是，如果某个控件有附加控件，那么在选择一个控件时，另一个控件也会被选中，在移动一个控件时，另一个控件也会随之移动，如图 8-82 所示。

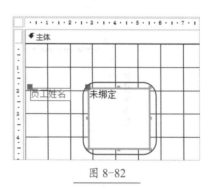

图 8-82

2. 选择多个控件

如果需要选择多个控件，有以下几种方法。

→ 按住鼠标左键不放，然后拖动鼠标形成一个方框，方框接触到的所有控件即可被选中，如图 8-83 所示。

→ 在水平标尺（或垂直标尺）上按住鼠标左键不放，此时会出现一条水平线（或垂直线），向左或向右（向上或向下）拖动鼠标，可以选择标签范围内的所有控件，如图 8-84 所示。

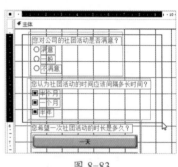

图 8-83

图 8-84

→ 按住【Shift】或【Ctrl】键不放，单击需要选择的控件即可。

→ 按【Ctrl+A】快捷键，可以选择所有控件。

★重点 8.3.2　调整控件的大小

创建控件时，控件的大小可能不会一步到位或刚刚合适，此时就需要调整控件的大小。调整控件的大小主要有3种方法：手动调整、使用功能区调整和使用属性表调整。

1. 手动调整

选择控件后，控件的四周会出现6个小方块，被称为控件柄，将鼠标指针移动到这些控件柄上，鼠标指针将变为双向箭头形状，拖动鼠标即可调整控件的大小，如图8-85所示。

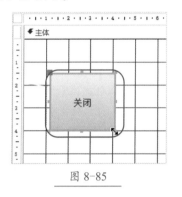

图 8-85

技能拓展——快速调整控件大小

如果要根据控件的内容来快速调整控件的大小，可以双击控件的任意控件柄，即可自动调整控件大小。

2. 使用功能区调整

如果要使用功能区调整控件大小，可以在选中控件后，单击【排列】选项卡【调整大小和排序】组中的【大小/空格】下拉按钮，在弹出的下拉菜单中选择【大小】组中的6个命令来调整，如图8-86所示。

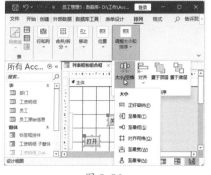

图 8-86

【大小】组中的6个命令含义如下。

➡ 正好容纳：Access将根据内容自动调整控件的大小。

➡ 至最高：将所选控件的高度调整为控件中最大的高度值。

➡ 至最短：将所选控件的高度调整为控件中最小的高度值。

➡ 对齐网格：将所选控件调整为网格大小。

➡ 至最宽：将所选控件的宽度调整为控件中最大的宽度值。

➡ 至最窄：将所选控件的宽度调整为控件中最小的宽度值。

3. 使用属性表调整

如果需要得到精确的控件大小，可以使用属性表调整。方法是：切换到设计视图，选中控件，打开【属性表】窗格，在【格式】选项卡的【宽度】和【高度】文本框中分别输入具体的数值即可，如图8-87所示。

图 8-87

★重点 8.3.3　对齐控件

创建控件时，可能因为手动绘制而没有完全对齐，此时可以设置控件的对齐方式，使控件的排列更加有规律，具体操作步骤如下。

Step01 打开"素材文件\第8章\员工管理5.accdb"，打开【列表框和组合框】窗体，并进入设计视图，❶选择需要对齐的控件，❷单击【排列】选项卡【调整大小和排序】组中的【对齐】下拉按钮，在弹出的下拉菜单中选择一种对齐方式，如选择【靠上】命令，如图8-88所示。

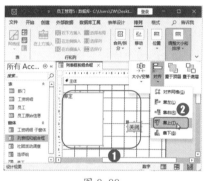

图 8-88

Step02 操作完成后，即可看到所选控件已经靠上方对齐，如图8-89所示。

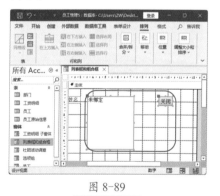

图 8-89

【对齐】下拉菜单中的5个命令含义如下。

➡ 对齐网格：将所选控件的左上角与最接近的网格对齐。

➡ 靠左：将所选控件以最左边的控

件为基准进行左对齐。

➡ 靠右:将所选控件以最右边的控件为基准进行右对齐。

➡ 靠上:将所选控件以最上边的控件为基准进行上对齐。

➡ 靠下:将所选控件以最下边的控件为基准进行下对齐。

8.3.4 实战:为控件设置外观

实例门类 软件功能

在创建控件时,往往都是使用默认的控件外观,为了美化控件,用户可以为控件设置合适的外观。例如,为控件设置字体样式、外观样式等,具体操作步骤如下。

Step01 ❶打开"素材文件\第8章\员工管理 6.accdb",打开【列表框和组合框】窗体,并进入设计视图,❶选中要设置字体样式的控件,❷在【格式】选项卡的【字体】组中设置字体样式,如图 8-90 所示。

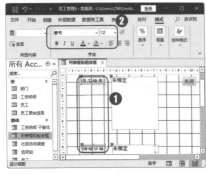

图 8-90

Step02 ❶选中要设置样式的控件,❷在【格式】选项卡的【控件格式】组中分别设置【形状填充】和【形状轮廓】,如图 8-91 所示。

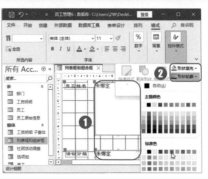

图 8-91

Step03 ❶选中按钮控件,❷单击【格式】选项卡【控件格式】组中的【形状效果】下拉按钮,❸在弹出的下拉菜单中选择一种形状效果,如选择【棱台】命令,❹在弹出的级联菜单中选择一种棱台样式,如图 8-92 所示。

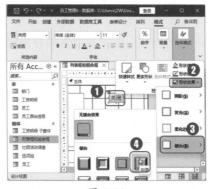

图 8-92

Step04 操作完成后,切换到窗体视图,即可看到设置后的效果,如图 8-93 所示。

图 8-93

★重点 8.3.5 实战:组合控件

实例门类 软件功能

当窗体中创建了多个控件时,可以将控件组合,使其成为一个整体,具体操作步骤如下。

Step01 打开"素材文件\第8章\销售记录表 1.accdb",打开【图表控件】窗体的设计视图,❶按住【Ctrl】键选中要组合的控件,❷单击【排列】选项卡【调整大小和排序】组中的【大小/空格】下拉按钮,❸在弹出的下拉菜单中选择【组合】命令,即可组合控件,如图 8-94 所示。

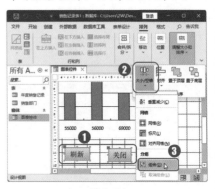

图 8-94

Step02 如果要取消组合控件,❶可以选中要取消组合的控件,❷单击【排列】选项卡【调整大小和排序】组中的【大小/空格】下拉按钮,❸在弹出的下拉菜单中选择【取消组合】命令,即可取消组合控件,如图 8-95 所示。

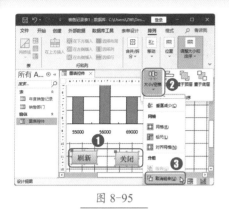

图 8-95

8.3.6 实战：调整控件的布局

实例门类	软件功能

当控件较多时，手动对齐控件会耗费较多的时间，此时通过调整布局来排列控件，可以快速地将控件排列得整齐、美观。

Access 2021 为用户提供了两种布局方式。

➡ 【堆积】布局：所有控件从上到下堆积排列。

➡ 【表格】布局：附加的标签控件位于顶端，所有控件从左到右排列。

例如，要将控件使用【表格】布局或【堆积】布局排列，具体操作步骤如下。

Step01 打开"素材文件\第8章\员工管理 5.accdb"，打开【标签框控件】窗体的设计视图，❶选择要调整布局的控件，❷单击【排列】选项卡【表】组中的【表格】按钮，如图 8-96 所示。

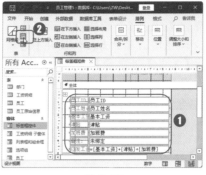

图 8-96

Step02 ❶操作完成后，所选控件即可按【表格】布局排列，❷单击【排列】选项卡【表】组中的【堆积】按钮，如图 8-97 所示。

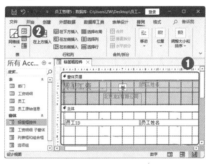

图 8-97

Step03 操作完成后，所选控件即可按【堆积】布局排列，如图 8-98 所示。

图 8-98

Step04 切换到窗体视图，即可看到使用【堆积】布局排列后的效果，如图 8-99 所示。

图 8-99

8.3.7 删除控件

如果在添加了控件之后需要将其删除，可以使用以下方法。

➡ 选中控件后，按【Delete】键即可删除控件。

➡ 选中控件后，在控件上右击，在弹出的快捷菜单中选择【删除】命令，即可删除控件，如图 8-100 所示。

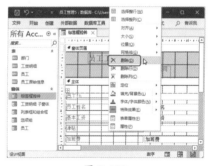

图 8-100

妙招技法

通过对前面知识的学习，相信读者已经掌握了在 Access 2021 中使用窗体控件的方法。下面结合本章内容，给大家介绍一些实用技巧。

技巧01：如何随意更换复选框、选项按钮和切换按钮控件类型

在创建了复选框、选项按钮和切换按钮控件之后，用户还可以随意更换复选框、选项按钮和切换按钮控件的类型，具体操作步骤如下。

Step01 打开"素材文件\第8章\员工管理 7.accdb"，❶进入【员工社团活动调查】窗体的设计模式，在需要切换的控件上右击，在弹出的快捷菜单中选择【更改为】命令，❷在弹出的级联菜单中选择需要更改的命令，如选择【切换按钮】命令，如图 8-101 所示。

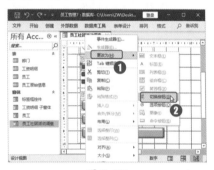

图 8-101

Step02 操作完成后，即可看到所选控件已经更改，如图 8-102 所示。

图 8-102

技巧02：如何禁止其他用户在窗体中修改后台数据

为了数据库的安全，用户可以禁止其他用户在窗体中修改后台数据，具体操作步骤如下。

Step01 打开"素材文件\第8章\员工管理 7.accdb"，打开要保护窗体的设计视图，单击【表单设计】选项卡【工具】组中的【属性表】按钮，如图 8-103 所示。

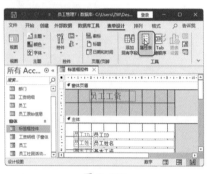

图 8-103

Step02 打开【属性表】窗格，在【数据】选项卡中设置【允许删除】和【允许编辑】为【否】即可，如图 8-104 所示。

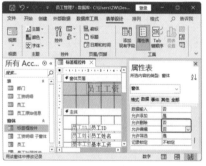

图 8-104

技巧03：启动时怎样让系统打开指定窗体

在数据库中，可以设置一个窗体在启动系统时自动打开，使其直接呈现在用户面前，从而直接进行操作，具体操作步骤如下。

Step01 打开"素材文件\第8章\员工管理 7.accdb"，选择【文件】选项卡进入【文件】选项卡操作界面，选择【选项】选项，如图 8-105 所示。

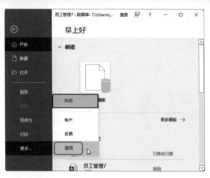

图 8-105

Step02 打开【Access选项】对话框，❶选择【当前数据库】选项卡，❷在【显示窗体】下拉列表中选择要自动打开的窗体，❸单击【确定】按钮，如图 8-106 所示。

图 8-106

Step03 弹出提示对话框，单击【确定】按钮，如图 8-107 所示。

图 8-107

Step04 再次打开Access数据库时，所选窗体将自动打开，如图 8-108 所示。

图 8-108

技巧 04：使用主题快速设置控件外观

窗体制作完成后，用户可以设置控件的外观，如果不知道如何搭配外观的字体、颜色等，可以使用主题快速设置控件外观，具体操作步骤如下。

Step01 打开"素材文件\第8章\员工管理 7.accdb"，进入【标签框控件】窗体的设计视图，❶单击【表单设计】选项卡【主题】组中的【主题】下拉按钮，❷在弹出的下拉菜单中选择一种主题样式，如图 8-109 所示。

图 8-109

Step02 切换到窗体视图，即可看到窗体设置了主题后的效果，如图 8-110 所示。

图 8-110

技巧 05：如何更改【Tab】键的次序

当窗体中的控件较多时，按【Tab】键可以在不同的控件之间切换，从而使光标移动到不同的对象中。在切换时，默认的顺序是以添加控件的顺序来选择，为了更方便地使用，可以手动设置【Tab】键的次序，具体操作步骤如下。

Step01 打开"素材文件\第8章\员工管理 7.accdb"，进入【标签框控件】窗体的设计视图，单击【表单设计】选项卡【工具】组中的【Tab键顺序】按钮，如图 8-111 所示。

图 8-111

Step02 打开【Tab键次序】对话框，在其中可以查看当前【Tab】键的次序，将鼠标指针定位到要移动控件的行首，然后按住鼠标左键不放，拖动鼠标至合适的位置后松开鼠标左键，即可调整该控件的【Tab】键次序，如图 8-112 所示。

图 8-112

Step03 使用相同的方法移动其他控件的【Tab】键位置，然后单击【确定】按钮即可，如图 8-113 所示。

图 8-113

本章小结

通过对本章知识的学习和对案例的练习，相信读者已经掌握了窗体控件的使用方法。不同的窗体控件有着不同的作用，用户可以根据需要在窗体中添加合适的控件，并适当地美化窗体，给用户一个既方便又美观的用户界面。

第9章

Access 报表的创建与应用

➜ 如何为数据表创建报表，用哪种方法最合适？

➜ 既要展示数据，又担心数据过于枯燥，那么图表报表应该怎样创建呢？

➜ 报表中的数据众多，如何筛选出想要的数据呢？

➜ 默认的报表格式过于简单，怎样制作出美观大方的报表呢？

➜ 如果要横向打印报表，该怎么设置呢？

一份完整的报表，查看数据和展示数据的功能必不可少。在为他人展示数据时，可以使用报表将需要的数据一一呈现，而在制作报表时，还可以使用分组、排序、汇总等方法整理数据，让数据更容易被查看和理解。本章将介绍制作报表的过程，无论是通过【报表】功能制作简单的报表，还是通过【报表设计】功能制作专业的报表，总会找到一款适合展示当前数据的报表。

9.1 了解报表的基础知识

报表是 Access 数据库的第四大对象。在 Access 中，可以将数据进行报表化，以方便用户对数据进行查看、管理和操作。报表的所有内容格式及外观既可以由用户自己设计，也可以根据需要对数据进行分组、排序和汇总等，从而能够方便地找到并整理所需要的数据。在使用报表之前，需要先了解报表的功能、结构、分类、视图等基础知识。

9.1.1 报表的功能

报表是数据库中数据和文档信息输出的一种形式，它可以将数据库中的数据信息和文档信息以多种形式通过屏幕或打印机显示出来。报表的功能如下。

➜ 从一个或多个表中对数据进行比较、分组、排序和计算等。

➜ 可以设计美观的目录或数据标签，如发票、发货单等。

➜ 可以提供单个记录的详细信息。

总的来说，报表就是为打印和查看数据而生的特殊窗体，创建一个内容丰富、清晰明了的报表，可以很大程度地提高数据分析的效率。

★重点 9.1.2 报表的结构

报表和窗体的结构相似，都由5 个部分组成。但不同于窗体的是，报表最多可以由 7 个部分组成，其中组页眉和组页脚可以同时存在多个，如图 9-1 所示。

图 9-1

➜ 报表页眉：在报表第 1 页的顶端，打印时不会重复，用来显示报表的标题、图形或说明性文字。一般来说，报表页眉主要用于封面。

➜ 页面页眉：页面页眉中的文字或控件一般显示在每一页的顶端，通常用来显示数据的列标题等信息。

可以给每个控件文本标题加上特殊的效果，如改变颜色、字体样式和字体大小等。一般会把报表的标题放在报表页眉中，打印时该标题在第 1 页的开始位置出现，如果把标题移动到页面页眉中，则该标题在每一页上都会显示。

➜ 组页眉：在报表设计的 5 个基本"节"区域的基础上，还可以使用【排序与分组】属性来设置【组页眉】区域，以实现报表的分组输出和分组统计。【组页眉】节主要通过文本框或其他类型控件显示分组字段等数据信息，可以建立多层次的【组页眉】，但不能分出太多的层。

➜ 主体：打印表或查询中的记录数据，是报表显示数据的主要区域，根据【主体】节中字段数据的显示位置，报表又分为多种类型。

→ 组页脚：【组页脚】节中主要通过文本框或其他类型控件显示分组统计数据。打印输出时，其数据显示在每组结束的位置。在实际操作中，【组页脚】可以根据需要单独设置使用。

→ 页面页脚：一般包含页码或控件项的合计内容，在报表每页底部打印页码信息。

→ 报表页脚：该节区一般是在所有的主体和组页脚输出完成后才会打印在报表的最后面。通过在报表页脚区域添加文本框或其他一些类型控件，可以显示整个报表的计算汇总或其他的统计数据信息。

★重点 9.1.3　报表的分类

在 Access 中，根据报表【主体】节中的内容及其显示方式的不同，可以将报表分为 4 种类型：纵栏式报表、表格式报表、图表报表和标签报表。

→ 纵栏式报表：也称为窗体式报表，一般是在一页的【主体】节中以垂直方式显示一条或多条记录。这种报表既可以显示一条记录的区域，也可以同时显示多条记录的区域，还可以进行数据合计，如图 9-2 所示。

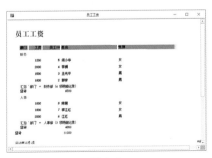

图 9-2

→ 表格式报表：以行和列的形式显示记录数据，通常一行显示一条记录，一页显示多条记录。表格式报表与纵栏式报表不同，字段标题信息不是在每页的【主体】节中显示，而是在页面页眉中显示，如图 9-3 所示。

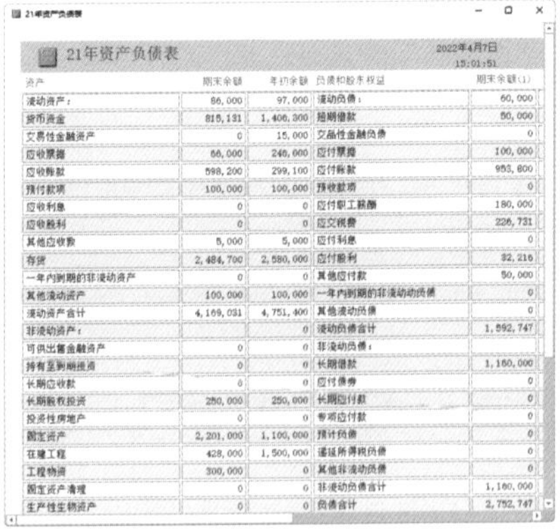

图 9-3

→ 图表报表：指在报表中使用图表，这种方式可以更直观地表示出数据之间的关系。使用图表报表不仅可以美化报表，而且可以一目了然地查看数据，如图 9-4 所示。

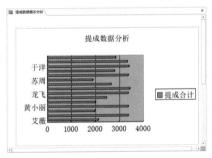

图 9-4

→ 标签报表：一种特殊类型的报表，它全部由标签控件构成，并且通过在标签中对表和查询中的字段使用表达式，可以实现在标签中显示信息的目的。在实际工作中，报表标签十分常用，如商品标签、分类标签、客户标签等都可以通过标签报表来制作，如图9-5 所示。

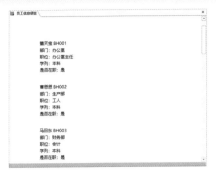

图 9-5

9.1.4　报表的视图

在报表中进行不同的操作，需要切换到不同的视图下进行。在 Access 2021 中，报表一共有 4 种视图：设计视图、布局视图、报表视图和打印预览视图。

→ 设计视图：通过设计视图，既可以创建报表，也可以更改已有的报表结构，如图 9-6 所示。

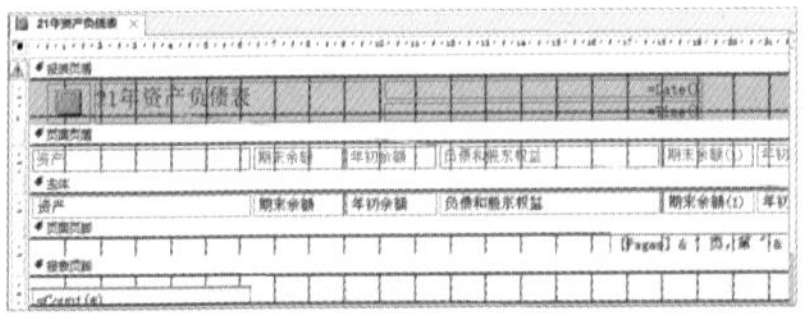

图 9-6

→ 布局视图：在布局视图中，不仅可以根据报表的实际效果调整报表的结构，还可以添加新的字段，设置报表的控件属性等，如图 9-7 所示。

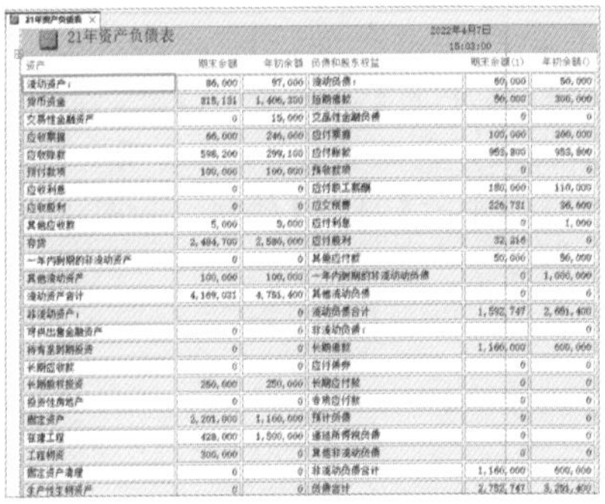

图 9-7

→ 报表视图：在报表视图中可以查

看记录，如图 9-8 所示。

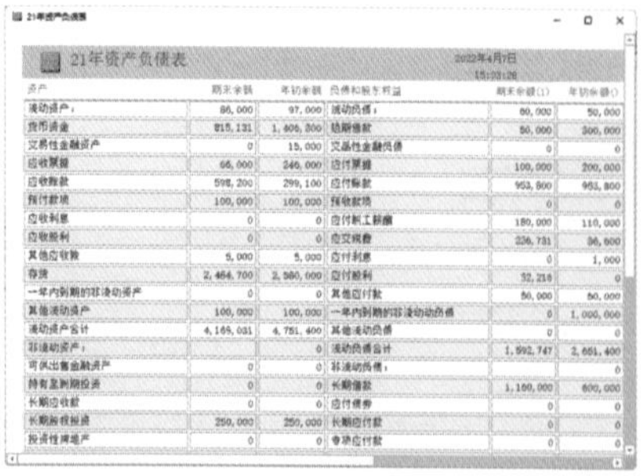

图 9-8

➡ 打印预览视图：在打印预览视图中，既可以查看报表中的每一页数据，也可以查看报表的整个页面设置，如图 9-9 所示。

图 9-9

9.1.5　报表与窗体的区别

报表与窗体的主要区别是输出结果的目的不同。

报表是将数据打印出来，从而查看数据，而窗体除查看数据外，还可以用于数据的输入和与用户的交互。

除输入数据外，可以通过窗体实现的功能，都可以通过报表来实现。

而且，创建报表、控件和设置属性的方法与窗体的操作方法几乎完全相同。

9.2　创建报表

报表是数据库中常用的对象之一，所以必须掌握创建报表的方法。在【创建】选项卡的【报表】组中，用户可以通过【报表】【报表设计】【空报表】【报表向导】【标签】5 个按钮来创建报表。下面分别介绍通过这 5 个按钮创建报表的方法。

★重点 9.2.1　实战：使用【报表】工具为固定资产登记表创建报表

实例门类	软件功能

使用【报表】工具，可以根据当前选中的表或查询快速创建一个报表，该报表将显示表或查询中的所有记录，具体操作步骤如下。

Step01 打开"素材文件\第 9 章\固定资产登记表.accdb"，❶双击导航窗格中的【固定资产】表，打开数据表，❷单击【创建】选项卡【报表】组中的【报表】按钮，如图 9-10 所示。

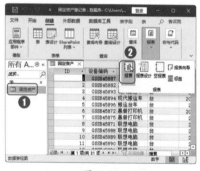

图 9-10

Step02 经过上一步操作后，即可创建一个【固定资产】报表，该报表默认处于布局视图模式，如图 9-11 所示。

图 9-11

Step03 按【Ctrl+S】快捷键，打开【另存为】对话框，在【报表名称】文本框中为报表命名，默认为数据表名称，如果不需要更改名称，直接单击【确定】按钮，如图 9-12 所示。

图 9-12

技术看板

使用【报表】工具快速创建的报表布局可能不太合理，用户可以在布局视图或设计视图中进行修改，以达到使用要求。

9.2.2　实战：使用【空报表】工具为固定资产登记表创建报表

实例门类	软件功能

使用【空报表】工具会创建一个新的空白报表，用户可以根据需要把一个或多个字段拖动到报表中，从而创建报表。当用户只需在报表中放置几个为数不多的字段时，使用【空报表】工具可以十分便捷地创建符合要求的报表。下面以在【固定资产登记表】数据库中创建报表为例，介绍使用【空报表】工具创建报表的方法。

Step01 打开"素材文件\第9章\固定资产登记表.accdb"，单击【创建】选项卡【报表】组中的【空报表】按钮，如图9-13所示。

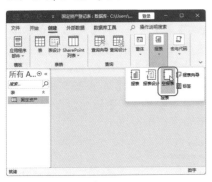

图 9-13

Step02 此时，将创建一个名为【报表1】的空报表，该报表默认处于布局视图模式，在右侧的【字段列表】窗格中单击【显示所有表】链接，如图9-14所示。

图 9-14

Step03 窗格中会显示出所有表对象，展开表对象，❶在需要添加的字段上右击，❷在弹出的快捷菜单中选择【向视图添加字段】命令，如图9-15所示。

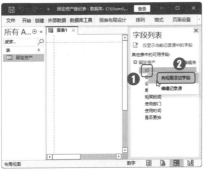

图 9-15

Step04 或者使用拖动字段、双击字段的方法，将其他需要添加的字段添加到报表中，如图9-16所示。

图 9-16

Step05 切换到报表视图，即可看到创建的报表效果，如图9-17所示。

图 9-17

Step06 ❶单击快速访问工具栏中的【保存】按钮，❷弹出【另存为】

对话框，在【报表名称】文本框中输入报表名称，❸单击【确定】按钮即可，如图9-18所示。

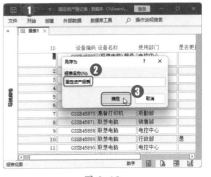

图 9-18

★重点 9.2.3　实战：使用【报表向导】工具为资产负债表创建报表

实例门类	软件功能

使用【报表向导】工具创建报表，用户不仅可以选择在报表中显示哪些字段，还可以指定数据的分组和排序方式。如果所选择的数据源表与其他表存在表关系，还可以使用与之存在表关系的多个表中的字段。下面以在【资产负债表】数据库中创建报表为例，介绍使用【报表向导】工具创建报表的方法。

Step01 打开"素材文件\第9章\资产负债表.accdb"，单击【创建】选项卡【报表】组中的【报表向导】按钮，如图9-19所示。

图 9-19

技术看板

在使用【报表向导】工具创建报表时，选择的数据不同，执行的操作不同，【报表向导】就会提供不同的选项。所以，在使用【报表向导】工具时，如果没有出现需要的选项，请检查数据源是否符合要求，是否进行了其他操作或设置。读者也可以尝试不同选项的组合会产生什么样的报表。

Step02 打开【报表向导】对话框，在【表/查询】下拉列表中选择【表：21年科目余额表】选项，如图 9-20 所示。

图 9-20

Step03 单击【全部添加】按钮 >>，如图 9-21 所示。

图 9-21

Step04 所有字段将被添加到【选定字段】列表框中，单击【下一步】按

钮，如图 9-22 所示。

图 9-22

Step05 在打开的【报表向导】对话框中可以选择是否添加分组，如果不需要添加分组可以直接单击【下一步】按钮，如图 9-23 所示。

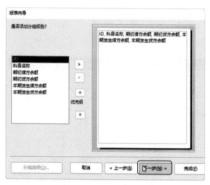

图 9-23

Step06 在【报表向导】对话框中需要确定排序次序，在第 1 个排序下拉列表中选择【ID】选项，如图 9-24 所示。

图 9-24

Step07 ❶在第 2 个排序下拉列表中选择【科目名称】选项，❷单击【下一步】按钮，如图 9-25 所示。

图 9-25

技术看板

如果需要对字段降序排序，可以单击右侧的【升序】按钮，将排序切换为降序即可。

Step08 在【报表向导】对话框中需要选择布局方式，❶在【布局】栏中选中【表格】单选按钮，❷在【方向】栏中选中【纵向】单选按钮，❸单击【下一步】按钮，如图 9-26 所示。

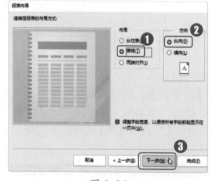

图 9-26

Step09 ❶在【报表向导】对话框的【请为报表指定标题】文本框中输入报表标题，❷选中【预览报表】单选按钮，❸单击【完成】按钮，如图 9-27 所示。

图 9-27

Step⑩ 操作完成后，即可成功创建报表，并进入报表的打印预览视图，如图 9-28 所示。

图 9-28

9.2.4 使用【标签】工具创建产品标签

【标签】工具主要用于制作需要粘贴的信息文本，如产品标签、物品标签等，创建标签的具体操作步骤如下。

Step① 打开"素材文件\第 9 章\销售管理数据 .accdb"，单击【创建】选项卡【报表】组中的【标签】按钮，如图 9-29 所示。

图 9-29

技术看板

创建【标签】报表只能选择单个表或查询作为数据源，并且这个表需要在创建之前先选中，否则不能成功创建。

Step② 打开【标签向导】对话框，❶在【请指定标签尺寸】列表框中选择需要的标签尺寸，❷单击【下一步】按钮，如图 9-30 所示。

图 9-30

技术看板

在【请指定标签尺寸】列表框中，如果预设的尺寸不能满足需求，可以单击【自定义】按钮，在弹出的对话框中设置需要的尺寸。

Step③ 在【标签向导】对话框的【文本外观】栏中设置字体、字号和字体粗细，单击【文本颜色】下方的 ⋯ 按钮，如图 9-31 所示。

图 9-31

Step④ ❶打开【颜色】对话框，选择需要的字体颜色，❷单击【确定】按钮，如图 9-32 所示。

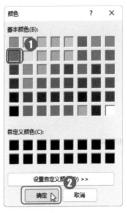

图 9-32

Step⑤ 返回【标签向导】对话框，在左侧可以查看标签的示例效果，单击【下一步】按钮，如图 9-33 所示。

图 9-33

Step⑥ ❶在【标签向导】对话框的【可用字段】列表框中选择【ID】选项，然后单击【添加】按钮 ，将该字段添加到【原型标签】列表框中，按【Space】键，❷在【可用字段】列表框中选择【产品名称】选项，然后单击【添加】按钮 ，如图 9-34 所示。

图 9-34

Step⑦ ❶在【原型标签】列表框中按【Enter】键，输入"售价："，❷在【可用字段】列表框中选择【单价】

选项，单击【添加】按钮，将其添加到【原型标签】列表框中，如图 9-35 所示。

图 9-35

Step⑧ ❶使用相同的方法，输入"交货周期："，并将【交货周期】选项添加到【原型标签】列表框中，❷单击【下一步】按钮，如图 9-36 所示。

图 9-36

Step⑨ ❶在【标签向导】对话框的【可用字段】列表框中选择【交货周期】选项，将其添加到【排序依据】列表框中，❷单击【下一步】按钮，如图 9-37 所示。

图 9-37

Step⑩ ❶在【标签向导】对话框中输入报表名称，❷单击【完成】按钮，如图 9-38 所示。

图 9-38

Step⑪ 即可创建【标签】报表，切换到设计视图，将鼠标指针移动到【主体】节与【页面页脚】节的交界处，当鼠标指针变为 ✛ 形状时，按住鼠标左键不放进行拖动，拖动到合适的位置后松开鼠标左键，如图 9-39 所示。

图 9-39

Step⑫ 切换到报表视图，即可看到【标签】报表的最终效果，如图 9-40 所示。

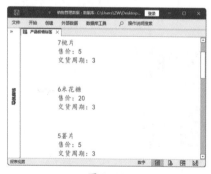

图 9-40

★重点 9.2.5　实战：使用【报表设计】工具为资产负债表创建报表

实例门类	软件功能

使用【报表设计】工具创建报表时，将自动创建一个空白报表，并进入该报表的设计视图，用户可以在其中添加控件和字段，并设置相应的属性，从而创建专业的报表。下面介绍使用【报表设计】工具创建报表的方法。

Step① 打开"素材文件\第9章\资产负债表.accdb"，单击【创建】选项卡【报表】组中的【报表设计】按钮，如图 9-41 所示。

图 9-41

Step② 在空白处右击，在弹出的快捷菜单中选择【页面页眉/页脚】命令，取消显示页面页眉和页脚，如图 9-42 所示。

图 9-42

Step03 单击【报表设计】选项卡【页眉/页脚】组中的【标题】按钮，如图9-43所示。

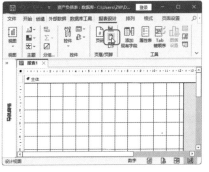

图 9-43

Step04 系统将自动添加报表页眉，在标题文本框中输入"2021资产负债表"，如图9-44所示。

图 9-44

Step05 保持标题文本框的选中状态，在【格式】选项卡的【字体】组中设置字体样式，如图9-45所示。

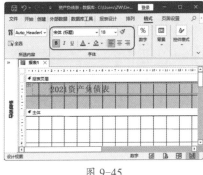

图 9-45

Step06 ❶选中标题文本框前面的图

标并右击，❷在弹出的快捷菜单中选择【删除】命令，如图9-46所示。

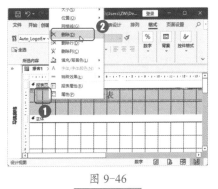

图 9-46

Step07 将鼠标指针移动到【报表页眉】节与【主体】节的交界处，当鼠标指针变为✛形状时，按住鼠标左键不放进行拖动，拖动到合适的位置后松开鼠标左键，如图9-47所示。

图 9-47

Step08 ❶选中标题文本框，❷单击【格式】选项卡【字体】组中的【居中】按钮☰，如图9-48所示。

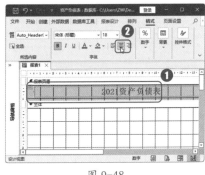

图 9-48

Step09 单击【报表设计】选项卡【工具】组中的【添加现有字段】按钮，如图9-49所示。

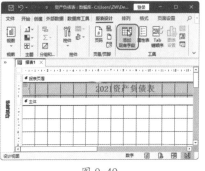

图 9-49

Step10 打开【字段列表】窗格，单击【显示所有表】链接，如图9-50所示。

图 9-50

Step11 展开数据表，将需要的字段添加到报表中，如图9-51所示。

图 9-51

Step12 ❶选中所有添加的字段，❷单击【排列】选项卡【表】组中的【堆积】按钮▦，如图9-52所示。

第 1 篇

第 2 篇

第 3 篇

第 4 篇

第 5 篇

第 6 篇

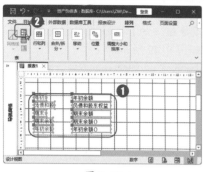

图 9-52

Step⑬ 将鼠标指针移动到【主体】节与【报表页脚】节的交界处,当鼠标指针变为 ✛ 形状时,按住鼠标左键不放进行拖动,拖动到合适的位置后松开鼠标左键,如图 9-53 所示。

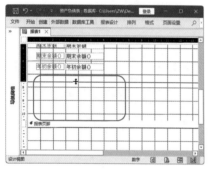

图 9-53

Step⑭ ❶单击快速访问工具栏中的【保存】按钮🖫,❷弹出【另存为】对话框,在【报表名称】文本框中输入报表名称,❸单击【确定】按钮即可,如图 9-54 所示。

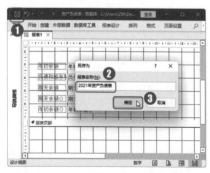

图 9-54

Step⑮ 切换到报表视图,即可看到报表的最终效果,如图 9-55 所示。

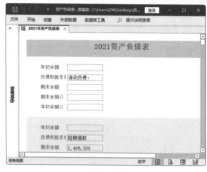

图 9-55

★重点 9.2.6 实战:创建专业的报表

实例门类	软件功能

在创建报表时,除可以在报表中添加数据表中的数据外,还可以为报表添加图片、日期、时间、页码等控件,以创建更专业的报表。下面以在【固定资产报表 1】数据库中完善报表为例,介绍创建专业报表的方法。

Step① 打开"素材文件\第 9 章\固定资产登记表 1.accdb",进入【固定资产报表】报表的设计视图,单击【报表设计】选项卡【页眉/页脚】组中的【徽标】按钮🖳,如图 9-56 所示。

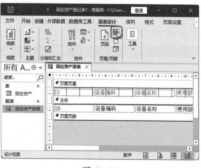

图 9-56

Step② 打开【插入图片】对话框,❶选择要插入的图片,❷单击【确定】按钮,如图 9-57 所示。

图 9-57

Step③ 在【报表页眉】节中将插入的图片作为徽标,选中该图片右侧附加的标签控件,按【Delete】键将其删除,然后调整图片的大小和位置,如图 9-58 所示。

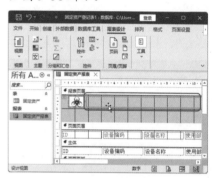

图 9-58

Step④ ❶单击【报表设计】选项卡【控件】组中的【控件】下拉按钮,❷在弹出的下拉菜单中单击【标签】按钮,如图 9-59 所示。

图 9-59

Step⑤ ❶在图片右侧绘制一个标签控件,并输入标题文本,❷在【格式】选项卡的【字体】组中设置字体样式，如图9-60所示。

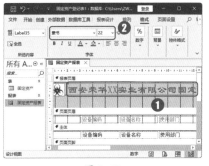

图 9-60

Step06 ❶单击【报表页眉】节中的空白区域选中该节，❷单击【格式】选项卡【控件格式】组中的【形状填充】下拉按钮，❸在弹出的下拉菜单中选择一种填充颜色，如图9-61所示。

图 9-61

Step07 单击【报表设计】选项卡【页眉/页脚】组中的【日期和时间】按钮，如图9-62所示。

图 9-62

Step08 ❶打开【日期和时间】对话框，选择日期和时间格式，❷单击【确

定】按钮，如图9-63所示。

图 9-63

Step09 即可在【报表页眉】节中添加一个日期控件，并与徽标图片控件呈组合状态，❶选中该组合控件，❷单击【排列】选项卡【表】组中的【删除布局】按钮，如图9-64所示。

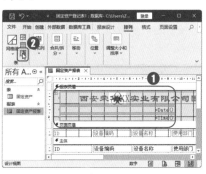

图 9-64

Step10 分别调整3个控件的位置，如图9-65所示。

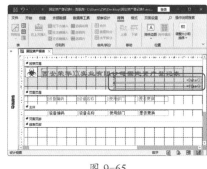

图 9-65

Step11 单击【报表设计】选项卡【页眉/页脚】组中的【页码】按钮，如图9-66所示。

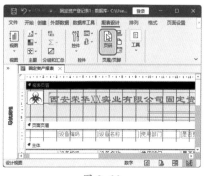

图 9-66

Step12 打开【页码】对话框，❶设置页码格式和位置等，❷单击【确定】按钮，如图9-67所示。

图 9-67

Step13 经过上一步操作后，即可在页面页脚处添加页码控件，如图9-68所示。

图 9-68

Step14 切换到报表视图，即可看到报表的最终效果，如图9-69所示。

图 9-69

9.3 创建高级报表

前面介绍了多种创建报表的方法，利用这些方法创建的报表比较简单，要想制作出更漂亮、更高级的报表，可以通过添加控件、设置属性等方法进行制作。

★重点 9.3.1 实战：创建主/次报表

实例门类	软件功能

主/次报表的结构及创建方法与主/次窗体类似，其中次报表又称为子报表，将其插入主报表中，可以显示与主报表中当前记录相关联的记录。下面介绍使用控件创建主/次报表的方法。

Step① 打开"素材文件\第9章\资产负债表.accdb"，❶在导航窗格中选择【21年资产负债表】数据表，❷单击【创建】选项卡【报表】组中的【报表】按钮，如图9-70所示。

图 9-70

Step② 快速创建一个【21年资产负债表】报表，❶单击【报表布局设计】选项卡【视图】组中的【视图】下拉按钮，❷在弹出的下拉菜单中选择【设计视图】命令，如图9-71所示。

图 9-71

Step③ 将鼠标指针移动到【主体】节下边缘位置，当鼠标指针变为╬形状时，向下拖动鼠标，增加【主体】节的高度，如图9-72所示。

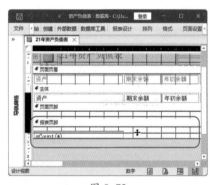

图 9-72

Step④ ❶单击【报表设计】选项卡【控件】组中的【控件】下拉按钮，❷在弹出的下拉菜单中单击【子窗体/子报表】按钮，如图9-73所示。

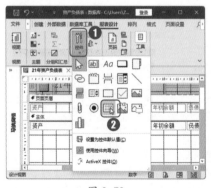

图 9-73

Step05 选择控件后，在【主体】节中所有控件的底部单击，如图9-74所示。

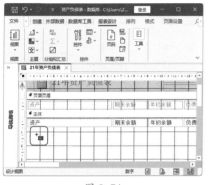

图 9-74

Step06 弹出【子报表向导】对话框，❶选中【使用现有的表和查询】单选按钮，❷单击【下一步】按钮，如图9-75所示。

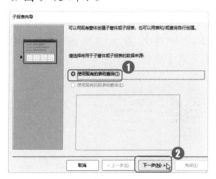

图 9-75

技术看板

如果数据库中包含其他报表或窗体，当选中【使用现有的报表和窗体】单选按钮时，可以直接将现有的报表作为子报表。

Step07 ❶在【子报表向导】对话框的【表/查询】下拉列表中选择【表：20年资产负债表】选项，❷单击【全部添加】按钮，将所有字段添加到【选定字段】列表框中，❸单击【下一步】按钮，如图9-76所示。

图 9-76

Step08 在【子报表向导】对话框中，❶选中【从列表中选择】单选按钮，❷在下方的列表框中选择【对21年资产负债表中的每个记录用资产显示20年资产负债表】选项，❸单击【下一步】按钮，如图9-77所示。

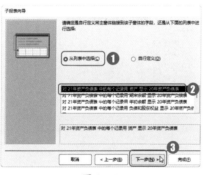

图 9-77

Step09 ❶在【子报表向导】对话框的文本框中输入子报表的名称，❷单击【完成】按钮，如图9-78所示。

图 9-78

Step10 返回设计视图，即可看到【主体】节中成功添加了一个子报表，单击【报表设计】选项卡【工具】组

中的【新窗口的子报表】按钮，如图9-79所示。

图 9-79

Step11 进入子报表的设计视图，❶按住【Ctrl】键选中所有控件，❷单击【排列】选项卡【表】组中的【表格】按钮，如图9-80所示。

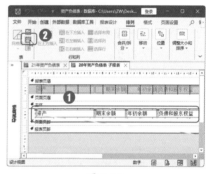

图 9-80

Step12 设置完成后，保存并关闭子报表，返回【21年资产负债表】报表，在其中调整各控件的高度及节宽度，如图9-81所示。

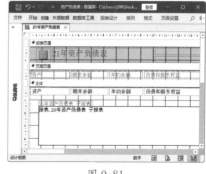

图 9-81

Step13 切换到报表视图，即可看到最终效果，如图9-82所示。

图 9-82

9.3.2 实战：创建图表报表

实例门类	软件功能

使用图表报表来展示数据，可以更加直观地将数据展现在用户面前，一目了然。如果要创建图表报表，可以使用图表控件来完成，具体操作步骤如下。

Step01 打开"素材文件\第9章\销售记录表.accdb"，单击【创建】选项卡【报表】组中的【报表设计】按钮，如图 9-83 所示。

图 9-83

Step02 创建一个空白报表，并进入设计视图，❶单击【报表设计】选项卡【控件】组中的【控件】下拉按钮，❷在弹出的下拉菜单中单击【图表】按钮，如图 9-84 所示。

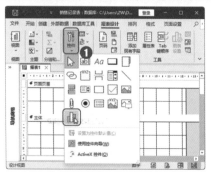

图 9-84

Step03 此时，鼠标指针变为⁺形状，在【主体】节中单击，打开【图表向导】对话框，❶在列表框中选择【表：年度销售记录】选项，❷单击【下一步】按钮，如图 9-85 所示。

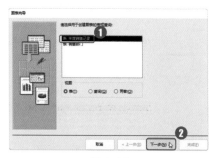

图 9-85

Step04 在打开的【图表向导】对话框中，❶将需要的字段添加到【用于图表的字段】列表框中，❷单击【下一步】按钮，如图 9-86 所示。

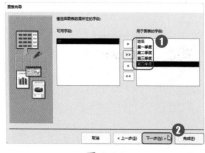

图 9-86

Step05 在打开的【图表向导】对话框中，❶选择需要的图表样式，❷单击【下一步】按钮，如图 9-87 所示。

Step06 在打开的【图表向导】对话框中，❶选择需要的布局方式，❷单击【下一步】按钮，如图 9-88 所示。

图 9-87

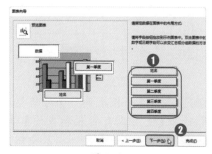

图 9-88

Step07 ❶在【请指定图表的标题】文本框中输入图表的标题，❷单击【完成】按钮，如图 9-89 所示。

图 9-89

Step08 选中图表，拖动控制柄调整图表的大小，如图 9-90 所示。

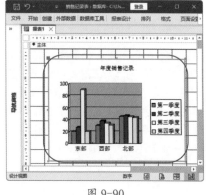

图 9-90

Step⑨ 切换到报表视图，即可看到图表报表的最终效果，如图 9-91 所示。

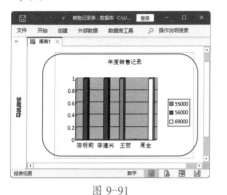

图 9-91

Step⑩ 按【Ctrl+S】快捷键，打开【另存为】对话框，❶在文本框中输入报表名称，❷单击【确定】按钮保存即可，如图 9-92 所示。

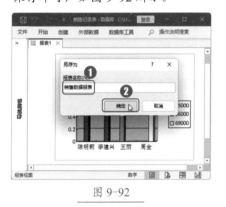

图 9-92

9.3.3　实战：创建弹出式报表

实例门类	软件功能

如果使用弹出式报表，无论用户有没有访问数据库的其他对象，该报表将始终停留在其他数据库对象的上方。创建弹出式报表的具体操作步骤如下。

Step① 打开"素材文件\第 9 章\固定资产登记表 2.accdb"，打开【固定资产报表】报表的设计视图，单击【报表设计】选项卡【工具】组中的【属性表】按钮，如图 9-93 所示。

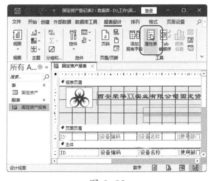

图 9-93

Step② 打开【属性表】窗格，在【其他】选项卡中设置【弹出方式】属性为【是】，如图 9-94 所示。

图 9-94

Step③ 切换到报表视图，即可看到该报表是一个独立的窗口，位于其他数据库对象的上方，如图 9-95 所示。

图 9-95

9.4　分析报表

报表中的数据虽然是静态的，但用户不仅可以对其进行排序、汇总、分组、筛选、突出显示等操作，还可以使用控件对报表进行控制。

★重点 9.4.1　实战：在固定资产报表中进行分组和排序

实例门类	软件功能

对于报表中的数据，可以对其进行分组和排序，使其更具条理性，查看起来更加方便，在报表中进行分组和排序的具体操作步骤如下。

Step① 打开"素材文件\第 9 章\固定资产登记表 2.accdb"，❶在【固定资产报表】报表上右击，❷在弹出的快捷菜单中选择【布局视图】命令，打开报表的布局视图，如图 9-96 所示。

图 9-96

Step② 单击【报表布局设计】选项卡【分组和汇总】组中的【分组和排序】按钮，如图9-97所示。

图 9-97

Step③ 在报表的【分组、排序和汇总】区域单击【添加组】按钮，如图9-98所示。

图 9-98

Step④ 在【分组形式】下拉列表中选择【使用部门】选项，如图9-99所示。

图 9-99

Step⑤ 在报表的【分组、排序和汇总】区域单击【添加排序】按钮，如图9-100所示。

图 9-100

🛠 技能拓展——快速分组字段

如果只需对报表的单一字段进行分组，那么可以在布局视图下，在报表的字段上右击，在弹出的快捷菜单中选择【分组形式+字段名称】命令。例如，要根据【设备名称】字段分组，则选择【分组形式设备名称】命令，如图9-101所示。

图 9-101

Step⑥ 在【排序依据】下拉列表中选择【是否更换】选项，如图9-102所示。

图 9-102

Step⑦ 在【排序依据】右侧选择【降序】选项，如图9-103所示。

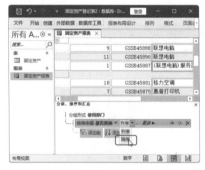

图 9-103

📚 技术看板

如果要对多个字段进行排序，那么可以重复排序操作。

Step⑧ ❶单击【报表布局设计】选项卡【视图】组中的【视图】下拉按钮，❷在弹出的下拉菜单中选择【报表视图】命令，如图9-104所示。

图 9-104

Step⑨ 切换到报表视图，即可看到分组和排序的结果，如图9-105所示。

图 9-105

⚙ 技能拓展——删除分组或排序设置

对报表设置了分组或排序之后，如果要删除分组或排序设置，可以单击【分组、排序和汇总】区域的【删除】按钮 ✕（图9-106），或者单击【报表布局设计】选项卡【分组和汇总】组中的【分组和排序】按钮。

图 9-106

★重点 9.4.2　实战：在固定资产报表中进行数据汇总

实例门类	软件功能

在 Access 中，对报表数据可以使用两种方法进行汇总：一是通过快捷菜单，二是通过分组和排序功能。下面以在【固定资产登记表3】数据库中汇总更换了设备的部门数量为例，介绍在报表中进行数据汇总的方法。

Step01 打开"素材文件\第9章\固定资产登记表3.accdb"，使用布局视图打开【固定资产报表】报表，单击【报表布局设计】选项卡【分组和汇总】组中的【分组和排序】按钮，如图9-107所示。

图 9-107

Step02 单击【分组、排序和汇总】区域的【更多】按钮，如图9-108所示。

图 9-108

Step03 ❶单击【汇总】下拉按钮▾，❷弹出【汇总】下拉菜单，在【汇总方式】下拉列表中选择【是否更换】选项，如图9-109所示。

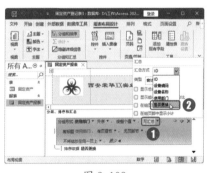

图 9-109

Step04 选中【在组页脚中显示小计】

复选框，如图9-110所示。

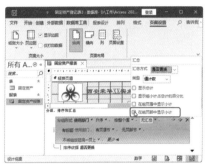

图 9-110

⚙ 技能拓展——快速进行汇总

通过快捷菜单，可以对数据进行快速汇总，操作方法是：在报表的布局视图中，在要汇总的字段上右击，在弹出的快捷菜单中选择【汇总+字段名称】命令，在弹出的级联菜单中选择汇总方式。例如，要汇总【使用部门】字段，可以选择【汇总使用部门】命令，在弹出的级联菜单中选择【记录计数】命令，如图9-111所示。

图 9-111

Step05 切换到报表视图，即可在分组中查看每一组的汇总结果，如图9-112所示。

图 9-112

9.4.3 实战：在固定资产报表中进行数据筛选

实例门类	软件功能

在查看报表时，可以将需要查看的数据筛选出来，以提高工作效率。例如，要将更换了设备的数据筛选出来，具体操作步骤如下。

Step01 打开"素材文件\第 9 章\固定资产登记表 3.accdb"，使用布局视图打开【固定资产报表】报表，❶在【是否更换】字段列上右击，在弹出的快捷菜单中选择【文本筛选器】命令，❷在弹出的级联菜单中选择【等于】命令，如图 9-113 所示。

图 9-113

Step02 打开【自定义筛选】对话框，❶在【是否更换等于】文本框中输入"是"，❷单击【确定】按钮，如图 9-114 所示。

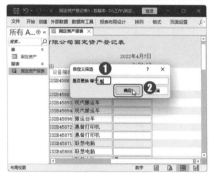

图 9-114

Step03 系统将自动根据用户设置的筛选条件筛选出相应的数据，如图 9-115 所示。

图 9-115

9.4.4 实战：使用条件格式突出显示销量数据

实例门类	软件功能

在数据表中，突出显示指定的数据可以让用户快速查看重点数据。此时，使用条件格式可以快速突出显示符合条件的数据，具体操作步骤如下。

Step01 打开"素材文件\第 9 章\销售记录表 1.accdb"，使用布局视图打开【年度销售记录】报表，单击【格式】选项卡【控件格式】组中的【条件格式】按钮，如图 9-116 所示。

图 9-116

Step02 打开【条件格式规则管理器】对话框，❶在【显示其格式规则】下拉列表中选择【第一季度】选项，❷单击【新建规则】按钮，如图 9-117 所示。

图 9-117

Step03 打开【新建格式规则】对话框，❶单击【介于】右侧的下拉按钮，❷在弹出的下拉列表中选择【大于】选项，如图 9-118 所示。

图 9-118

Step04 ❶在【大于】右侧的条件文本框中输入数值，❷单击【加粗】按钮 B，如图 9-119 所示。

图 9-119

Step05 ❶ 分别单击【背景色】⚫ 和【字体颜色】▲ 下拉按钮，设置背景色和字体的颜色，❷ 设置完成后单击【确定】按钮，如图 9-120 所示。

图 9-120

Step06 返回【条件格式规则管理器】对话框，在列表框中可以看到设置的规则和格式，单击【应用】按钮，如图 9-121 所示。

图 9-121

Step07 ❶ 在【显示其格式规则】下拉列表中选择【第二季度】选项，❷ 单击【新建规则】按钮，使用相同的方法创建格式规则，如图 9-122 所示。

图 9-122

Step08 所有规则创建完成后，在【条件格式规则管理器】对话框中单击【确定】按钮，返回报表中即可看到符合条件规则的数据已经突出显示，如图 9-123 所示。

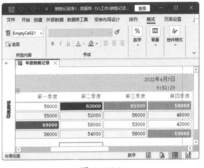

图 9-123

9.5 美化和打印报表

默认创建的报表样式比较简单，而作为向外展示数据信息的报表，需要让用户从感观上获得更好的体验。因此，报表作为输出数据的对象，打印也是非常重要的一环。本节将介绍如何快速美化报表，并设置页面格式将其打印出来。

★重点 9.5.1 实战：手动美化报表

实例门类	软件功能

报表制作完成后，用户还可以手动设置报表的样式，美化报表。例如，设置报表中的字体、类型、字号、边框、填充等，使报表看起来更加美观、专业。手动美化报表的具体操作步骤如下。

Step01 打开"素材文件\第 9 章\销售记录表 1.accdb"，使用设计视图打开【年度销售记录】报表，❶ 在【报表页眉】区域中选择任意控件，

单击左上角出现的【全选】按钮⊞，❷ 在【格式】选项卡的【字体】组中设置字体样式，如图 9-124 所示。

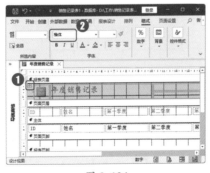

图 9-124

Step02 保持页眉对象的选中状态，单击【排列】选项卡【表】组中的

【删除布局】按钮▦，如图 9-125 所示。

图 9-125

Step03 单独选中标题控件，拖动控制柄调整标题栏的大小，如图 9-126 所示。

图 9-126

Step(04) 选中日期和时间控件，将其调整到控件右侧，与【第四季度】的控件右侧对齐，如图 9-127 所示。

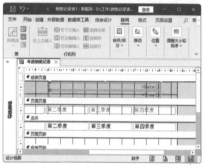

图 9-127

Step(05) ❶在【报表页眉】区域的任意空白处右击，❷在弹出的快捷菜单中选择【填充/背景色】命令，❸在弹出的级联菜单中选择一种填充颜色，如图 9-128 所示。

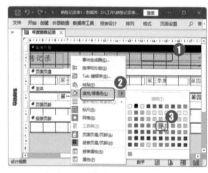

图 9-128

Step(06) ❶在【页面页眉】区域中选择任意控件，单击左上角出现的【全选】按钮，选择【页面页眉】【主体】【报表页脚】区域的所有对象，❷在【格式】选项卡【字体】组中设

置字体样式，如图 9-129 所示。

图 9-129

Step(07) 保持控件的选中状态，单击【格式】选项卡【字体】组中的【居中】按钮三，如图 9-130 所示。

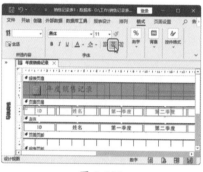

图 9-130

Step(08) 选中【主体】区域中的【姓名】控件，单击【格式】选项卡【字体】组中的【左对齐】按钮三，如图 9-131 所示。

图 9-131

Step(09) 选中【主体】区域中的所有控件，打开【属性表】窗格，在【格式】选项卡中设置【边框样式】属性为【透明】，如图 9-132 所示。

图 9-132

Step(10) 在【报表页脚】区域中选中统计控件，按【Delete】键将其删除，如图 9-133 所示。

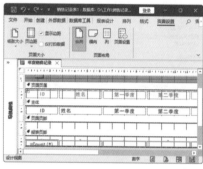

图 9-133

Step(11) 在报表标签上右击，在弹出的快捷菜单中选择【布局视图】命令，如图 9-134 所示。

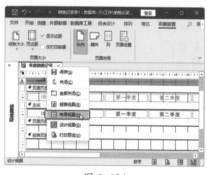

图 9-134

Step(12) 选择报表数据区域之外的任意区域，❶单击【格式】选项卡【背景】组中的【可选行颜色】下拉按钮，❷在弹出的下拉菜单中选择一种颜色，如图 9-135 所示。

图 9-135

Step13 选中【主体】区域中的所有数据列字段，❶单击【排列】选项卡【表】组中的【网格线】下拉按钮，❷在弹出的下拉菜单中选择【下】命令，如图 9-136 所示。

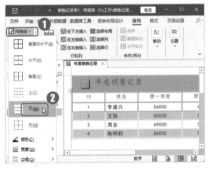

图 9-136

Step14 保持【主体】区域中所有数据列字段的选中状态，❶单击【排列】选项卡【表】组中的【网格线】下拉按钮，❷在弹出的下拉菜单中选择【颜色】命令，❸在弹出的级联菜单中选择需要的颜色，如图 9-137 所示。

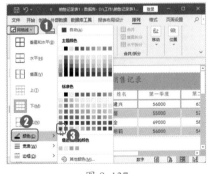

图 9-137

Step15 ❶单击【排列】选项卡【表】

组中的【网格线】下拉按钮，❷在弹出的下拉菜单中选择【边框】命令，❸在弹出的级联菜单中选择需要的边框样式，如图 9-138 所示。

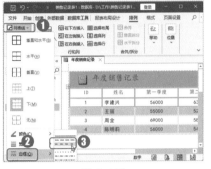

图 9-138

Step16 选中【主体】区域中的所有控件，❶单击【排列】选项卡【位置】组中的【控件边距】下拉按钮，❷在弹出的下拉菜单中选择【无】命令，如图 9-139 所示。

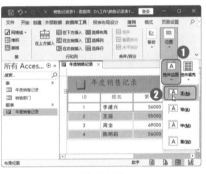

图 9-139

Step17 ❶单击【排列】选项卡【位置】组中的【控件填充】下拉按钮，❷在弹出的下拉菜单中选择【无】命令，如图 9-140 所示。

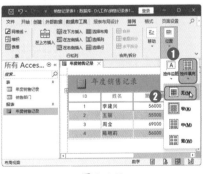

图 9-140

Step18 ❶选中【第一季度】到【第四季度】之间的所有列，❷在【格式】选项卡【数字】组中设置数字格式为【货币】，如图 9-141 所示。

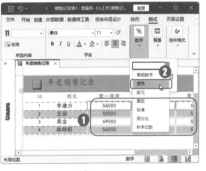

图 9-141

Step19 切换到报表视图，即可看到手动设置了报表样式后的效果，如图 9-142 所示。

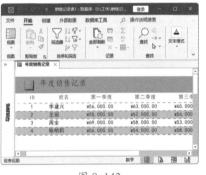

图 9-142

★重点 9.5.2　实战：使用主题快速美化报表

实例门类	软件功能

Access 2021 内置了多种主题，如果觉得手动美化报表的方法太复杂，也可以使用主题快速美化报表，具体操作步骤如下。

Step01 打开"素材文件\第 9 章\销售记录表 1.accdb"，使用布局视图打开【年度销售记录】报表，❶单击【报表布局设计】选项卡【主题】组中的【主题】下拉按钮，❷在弹出的下拉菜单中选择一种主题样式，如图 9-143 所示。

图 9-143

Step 02 ❶单击【报表布局设计】选项卡【主题】组中的【颜色】下拉按钮，❷在弹出的下拉菜单中选择一种颜色样式，如图 9-144 所示。

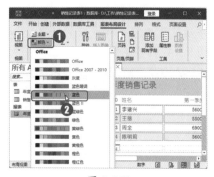

图 9-144

Step 03 ❶单击【报表布局设计】选项卡【主题】组中的【字体】下拉按钮，❷在弹出的下拉菜单中选择一种字体样式，如图 9-145 所示。

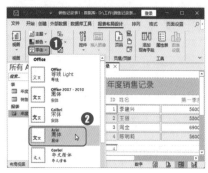

图 9-145

Step 04 设置完成后，切换到报表视图，即可看到设置了主题后的效果，如图 9-146 所示。

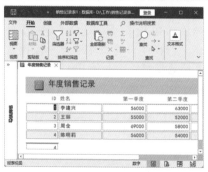

图 9-146

9.5.3 实战：使用图片快速美化报表

实例门类	软件功能

在 Access 2021 中，用户可以为报表添加图片背景，以充实和美化报表。下面介绍使用图片美化报表的具体操作步骤。

Step 01 打开"素材文件\第 9 章\销售记录表 2.accdb"，使用布局视图打开【年度销售记录】报表，❶选中【主体】区域中的所有控件，❷单击【格式】选项卡【控件格式】组中的【形状填充】下拉按钮，❸在弹出的下拉菜单中选择【透明】命令，如图 9-147 所示。

图 9-147

Step 02 ❶单击【格式】选项卡【控件格式】组中的【形状轮廓】下拉按钮，❷在弹出的下拉菜单中选择

【透明】命令，如图 9-148 所示。

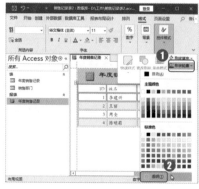

图 9-148

Step 03 ❶单击【格式】选项卡【背景】组中的【背景图像】下拉按钮，❷在弹出的下拉菜单中选择【浏览】命令，如图 9-149 所示。

图 9-149

Step 04 打开【插入图片】对话框，❶选择作为背景的图片，❷单击【确定】按钮，如图 9-150 所示。

图 9-150

Step 05 ❶在报表的【主体】区域中右击，❷在弹出的快捷菜单中选择【报表属性】命令，如图 9-151 所示。

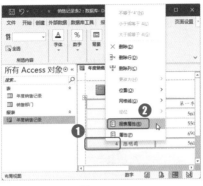

图 9-151

Step⑥ 打开【属性表】窗格，在【格式】选项卡中设置【图片平铺】属性为【是】、【图片对齐方式】属性为【左上】、【图片缩放模式】属性为【水平拉伸】，如图 9-152 所示。

图 9-152

Step⑦ 设置完成后切换到报表视图，即可看到最终效果，如图 9-153 所示。

图 9-153

9.5.4　实战：报表的页面设置

实例门类	软件功能

在报表制作完成后，还需要对页面，如页边距、纸张大小和方向等进行设置，具体操作步骤如下。

Step① 打开"素材文件\第 9 章\销售记录表 2.accdb"，❶在导航窗格中右击【年度销售记录】报表，❷在弹出的快捷菜单中选择【打印预览】命令，如图 9-154 所示。

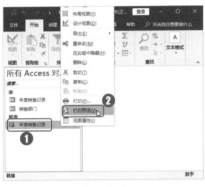

图 9 154

Step② 自动激活并切换到【打印预览】选项卡，❶单击【页面大小】组中的【纸张大小】下拉按钮，❷在弹出的下拉菜单中选择【A4】命令，如图 9-155 所示。

图 9-155

Step③ ❶单击【页面大小】组中的【页边距】下拉按钮，❷在弹出的下拉

菜单中选择【宽】命令，如图 9-156 所示。

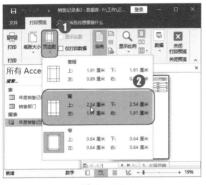

图 9-156

Step④ 单击【打印预览】选项卡【页面布局】组中的【横向】按钮，如图 9-157 所示。

图 9-157

Step⑤ 设置完成后，即可看到最终效果，如图 9-158 所示。

图 9-158

Step⑥ 单击【打印预览】选项卡【关闭预览】组中的【关闭打印预览】按钮，即可完成报表的页面设置，如图 9-159 所示。

图 9-159

9.5.5 打印报表

制作报表的最终目的是要将报表打印出来，以方便数据的查看、保管。打印报表非常简单，具体操作步骤如下。

Step01 打开"素材文件\第9章\销售记录表2.accdb"，打开【年度销售记录】报表，❶单击【开始】选项卡【视图】组中的【视图】下拉按钮，❷在弹出的下拉菜单中选择【打印预览】命令，如图 9-160 所示。

图 9-160

技能拓展——其他打印方法

打开数据库后，选择【文件】选项卡，在打开的【文件】选项卡操作界面中选择【打印】选项，进入【打印】界面，如图 9-161 所示，可以打印报表。在【打印】界面中有以下 3 个选项。

➡ 快速打印：不做任何设置，直接打印报表。

➡ 打印：弹出【打印】对话框，设置参数后即可打印。

➡ 打印预览：进入打印预览视图，在其中可以进行页面设置，并打印报表。

图 9-161

Step02 自动激活并切换到【打印预览】选项卡，进行页面设置后单击【打印】组中的【打印】按钮，如图 9-162 所示。

图 9-162

Step03 打开【打印】对话框，❶设置【打印机】【打印范围】【份数】等参数，❷单击【确定】按钮即可开始打印报表，如图 9-163 所示。

图 9-163

技术看板

系统默认的打印份数为【1】，在【打印】对话框【份数】栏的【打印份数】微调框中，可以对打印份数进行设置。

妙招技法

通过对前面知识的学习，相信读者已经掌握了在 Access 2021 中创建与应用报表的基本操作。下面结合本章内容，给大家介绍一些实用技巧。

技巧01：设置自定义主题

系统内容的主题样式固定，如果用户没有找到合适的主题样式，也可以自定义主题样式，具体操作步骤如下。

Step01 打开"素材文件\第9章\销售记录表2.accdb"，使用布局视图打开【年度销售记录】报表，❶单击【报表布局设计】选项卡【主题】组中的【颜色】下拉按钮，❷在弹出的下拉菜单中选择【自定义颜色】命令，如图 9-164 所示。

图 9-164

Step02 打开【新建主题颜色】对话框，❶在【主题颜色】栏中分别设置需要的颜色，❷在【名称】文本框中输入名称，❸单击【保存】按钮，如图 9-165 所示。

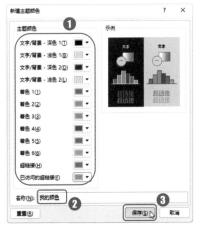

图 9-165

Step03 ❶单击【报表布局设计】选项卡【主题】组中的【字体】下拉按钮，❷在弹出的下拉菜单中选择【自定义字体】命令，如图 9-166 所示。

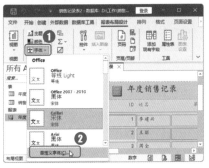

图 9-166

Step04 打开【新建主题字体】对话框，❶分别设置【西文】和【中文】字体的【标题字体】和【正文字体】，❷在【名称】文本框中输入名称，❸单击【保存】按钮，如图 9-167 所示。

图 9-167

Step05 颜色和字体设置完成后，❶单击【报表布局设计】选项卡【主题】组中的【主题】下拉按钮，❷在弹出的下拉菜单中选择【保存当前主题】命令，如图 9-168 所示。

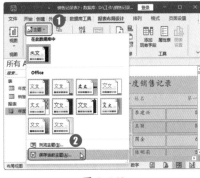

图 9-168

Step06 ❶打开【保存当前主题】对话框，设置保存路径和文件名，❷单击【保存】按钮，如图 9-169 所示。

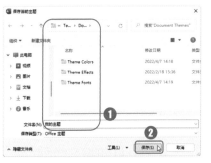

图 9-169

Step07 返回数据库，单击【报表布局设计】选项卡【主题】组中的【主题】下拉按钮，在弹出的下拉菜单中即可看到新建的自定义主题，如图 9-170 所示。

图 9-170

图 9-171

技巧02：只打印报表数据

为了报表的美观，可以为报表设置多种样式，如背景样式、网格线样式。但是，某些场合并不需要打印出报表的美化效果时，可以设置只打印报表的数据，具体操作步骤如下。

Step01 打开"素材文件\第9章\销售记录表4.accdb"，使用布局视图打开【年度销售记录】报表，单击【页面设置】选项卡【页面布局】组中的【页面设置】按钮，如图9-172所示。

图 9-172

Step02 打开【页面设置】对话框，❶在【打印选项】选项卡中选中【只打印数据】复选框，❷单击【确定】按钮，如图9-173所示。

图 9-173

Step03 返回数据库，单击【打印预览】按钮，如图9-174所示。

图 9-174

Step04 进入打印预览视图，即可看到数据库中只显示了报表的数据，如图9-175所示。

图 9-175

技巧03：设置符合工作要求的页边距

Access内置了多种页边距，但是工作中遇到的情况众多，当内置的页边距不能满足报表的需求时，可以自定义符合要求的页边距，具体操作步骤如下。

Step01 在报表的布局视图中单击【页面设置】选项卡【页面布局】组中的【页面设置】按钮，如图9-176所示。

图 9-176

Step02 打开【页面设置】对话框，❶在【打印选项】选项卡中分别设置页边距的【上】【下】【左】【右】距离，❷单击【确定】按钮，如图9-177所示。

图 9-177

技巧04：设置首页不显示页码

如果为报表添加了页码，那么默认所有页面都会添加，但是首页是比较特殊的页面，如果有需要，可以将首页设置为不显示页码，具体操作步骤如下。

Step01 在报表的布局视图中单击【报表布局设计】选项卡【页眉/页脚】

组中的【页码】按钮, 如图 9-178 所示。

图 9-178

Step02 打开【页码】对话框, ❶取消选中【首页显示页码】复选框, ❷单击【确定】按钮即可, 如图 9-179 所示。

图 9-179

技巧 05: 设置特定的标签尺寸

标签的用途广泛, 不同作用的标签, 需要的大小可能也不相同。在【标签向导】对话框中, 可以选择的标签尺寸有限, 如果用户需要特定尺寸的标签, 可以通过以下方法来设置。

Step01 在【标签向导】对话框中单击【自定义】按钮, 如图 9-180 所示。

图 9-180

Step02 打开【新建标签尺寸】对话框, 单击【新建】按钮, 如图 9-181 所示。

图 9-181

Step03 打开【新建标签】对话框, ❶在【标签名称】文本框中输入标签名称, ❷在【度量单位】栏中选中【公制】单选按钮, 在【标签类型】栏中选中【送纸】单选按钮, 在【方向】栏中选中【纵向】单选按钮, ❸在下方的文本框中分别设置标签的尺寸, ❹完成后单击【确定】按钮, 如图 9-182 所示。

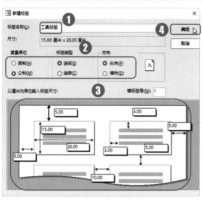

图 9-182

Step04 返回【新建标签尺寸】对话框, 新建的标签已经显示在列表框中, 单击【关闭】按钮, 如图 9-183 所示。

图 9-183

Step05 返回【标签向导】对话框, 选择新建的标签后继续创建标签即可, 如图 9-184 所示。

图 9-184

本章小结

通过对本章知识的学习和对案例的练习, 相信读者已经掌握了报表的创建与应用方法。从建立报表到最终打印报表的过程比较繁杂, 如果想建立一个完善、美观的报表, 就应该特别注重对报表的编辑。报表的编辑分为字段添加及删除、格式的修改、徽标的添加、日期和时间的添加等, 它们都是完善、美化报表的重要内容。此外, 还需注重报表的打印, 只有充分掌握报表的打印过程及方法, 才能得到最终要求的结果。

第 4 篇

自动化篇

宏是数据库的第五大对象，它是一种特殊的编程语言，这种语言无须用户编写复杂的代码。当用户需要频繁地重复一系列操作时，就可以创建宏来执行这些操作。模块是数据库的第六大对象，它是用 VBA 编写的，用户可以通过 VBA 编程，创建出功能强大的专业数据库管理系统。本篇主要介绍 Access 中的宏和 VBA 应用。

第 **10** 章

Access 数据库中宏的使用

➡ 如何打开、关闭数据库对象？

➡ 如何导入、导出数据？

➡ 如何在报表中定制菜单？

➡ 如何制作登录窗体？

➡ 如何在数据库对象中弹出信息提示框或警告信息？

使用 Access 提供的几十种内置的宏，可以依次执行一系列操作，从而更简单地操作数据库。本章介绍几种常用宏的添加，并通过宏创建出工作中多种常用的功能。

10.1 了解宏

宏是一个或多个操作的集合，其中每个操作执行特定的功能。例如，打开或关闭某个报表，就是一个宏操作。在 Access 中，系统已经预定义了宏的操作，用户只需进行简单的参数设置就可以直接使用。

★重点 10.1.1 宏的功能和类型

在学习使用宏之前，首先来了解宏的功能和类型。

1. 宏的功能

在 Access 中，经常需要进行一些重复性的操作，如打开表、查询、窗体、报表等。此时，用户就可以将这些重复性的操作创建一个宏，只要运行宏就可以自动完成操作，从而提高工作效率。每次运行宏，都能按照同样的方法自动完成操作，也大大地增加了数据库的准确性和有效性。

总之，宏可以完成数据库的大部分操作。在Access中，宏的主要功能如下。

➜ 执行重复性操作，节约用户的时间，如打开和关闭表、查询、窗体、报表等对象。

➜ 使数据库中的各个对象联系得更加紧密。

➜ 模拟键盘动作，为对话框或其他等待输入的任务提供字符串的输入。

➜ 移动窗口，改变窗口的大小。

➜ 实现数据的导入、导出。

➜ 在报表、表单中定制菜单。

➜ 执行报表的显示、预览和打印功能。

➜ 查询或筛选数据库中的记录。

➜ 设置窗体、报表和控件的属性。

➜ 弹出信息提示框或警告信息。

2. 宏的类型

在Access中，如果按宏创建时打开宏设计视图的方法来分类，可以将宏分为以下几种类型。

➜ 独立宏：指独立的对象，独立于表、窗体等对象之外。它在导航窗格中是可见的。

➜ 嵌入宏：与独立宏相反，嵌入宏是嵌入窗体、报表或控件中的宏，或者为所嵌入对象或控件的一个属性。它在导航窗格中是不可见的。

➜ 数据宏：允许用户在表事件中添加逻辑。有两种类型的数据宏，一种是由表事件触发的数据宏；另一种是为响应按名称调用而运行的数据宏。

10.1.2 宏的设计视图

在使用宏之前，需要先了解宏

的设计视图。

单击【创建】选项卡【宏与代码】组中的【宏】按钮，即可进入宏的设计视图，如图10-1所示。

图 10-1

在宏的设计视图中，会激活【宏设计】选项卡。在宏的设计视图中，主要包括【宏生成器】和【操作目录】窗格，主要用于添加和编辑宏的操作。

1.【宏生成器】窗格

【宏生成器】窗格中只有一个【添加新操作】列表框，用户可以在其中输入宏操作命令，以完成添加操作。也可以单击右侧的下拉按钮，在弹出的下拉列表中选择宏操作命令，如图10-2所示。

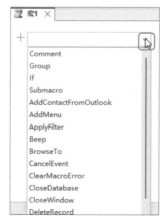

图 10-2

2.【操作目录】窗格

【操作目录】窗格以树形结构分

别列出了【程序流程】【操作】【在此数据库中】3个主目录，每个主目录下方还有相应的子目录，如图10-3所示。

图 10-3

➜ 【程序流程】目录：包括Comment（注释）、Group（组）、If（条件）和Submacro（子宏）4个程序块。其中，注释是对宏的整体或一部分进行说明；组可以根据目的把宏操作命令进行分组，使其结构更为清晰；条件是指在执行宏操作之前必须满足的某些标准或限制子宏是否可以用于创建宏组。

➜ 【操作】目录：Access针对宏操作命令的功能将其分为8类，对应【操作】目录下包含的8个子目录。展开各子目录，即可添加该类别下的宏操作。注意，【操作】目录中所提供的宏操作与【宏生成器】窗格中提供的宏操作是完全一致的。

➜ 【在此数据库中】目录：在该目录中，系统列出了当前数据库中已存在的宏对象，以便用户查看和重复利用。此外，根据已存在宏的实际情况，还会列出该宏对象上层的报表、窗体等对象。

★重点 10.1.3　宏的操作命令

Access 提供了非常丰富的宏操作命令，用户可以在【宏生成器】窗格的【添加新操作】下拉列表中进行查看，也可以在【操作目录】窗格的【操作】目录中查看。

技术看板

注意，宏的每个操作命令都是按照其功能来命名的，如"OpenForm""CloseWindow"等。

宏的操作命令非常丰富，表 10-1 中是一些常用的命令，用户可以参照表中的说明使用。

表 10-1　常用的宏操作命令

宏操作命令	功能介绍
AddMenu	用于将菜单添加到自定义的菜单栏上或创建自定义快捷菜单
ApplyFilter	用于筛选或限制表、窗体或报表中的记录。用于报表时，只能在报表的 OnOpen 事件的嵌入式宏中使用此命令
Beep	使用计算机的扬声器发出"嘟嘟"声
CancelEvent	取消引起宏操作的事件
CloseWindow	关闭指定的窗口。如果没有指定窗口，则关闭当前的活动窗口
CloseDatabase	关闭当前的数据库
EMailDatabaseObject	将指定的表、窗体、报表、模块或数据访问页包含在电子邮件中，以便进行查看和转发
ExportWithFormatting	导出指定的数据库对象
FindRecord	查找符合 FindRecord 参数指定条件的数据库的第一个实例
FindNext	依据 FindRecord 操作使用的查找准则查找下一条记录
GoToControl	在打开的窗体、表或查询中，将焦点移动到指定的字段或控件上，使用该命令还可以根据某些条件在窗体中进行导航
GoToPage	在活动窗体中将焦点移动到指定页的第一个控件上
GoToRecord	指定表、查询或窗体中的记录为当前记录
MaximizeWindow	最大化活动窗口，从而使其充满 Access 窗口。该命令可以使用户尽可能多地看到活动窗口中的对象
MessageBox	可以显示一个包含警告或信息性消息的消息框
MinimizeWindow	与 MaximizeWindow 命令的作用相反，该命令最小化活动窗口，使其缩小为 Access 窗口底部的标题栏
OnError	指定当前宏出现错误时应如何处理
OpenForm	在窗体视图、设计视图、打印预览或数据表视图中打开窗体。通过设置参数，用户可以为窗体选择数据输入和窗口模式，并可以限制窗体显示的记录
OpenQuery	在数据表视图、设计视图或打印预览中打开选择查询或交叉表查询，或者执行动作查询。同时，还可以选择该查询的数据输入模式
OpenReport	在设计视图或打印预览中打开报表，或者将报表直接发送到打印机。同时，还可以限制报表打印记录
OpenTable	在数据表视图、设计视图或打印预览中打开表，还可以选择该表的数据输入模式

宏操作命令	功能介绍
QuitAccess	退出 Access 2021 数据库系统
Requery	对对象上指定控件的数据源进行再次查询，从而实现对该控件中数据的更新。如果没有指定控件，则会对对象自身的数据进行再次查询。该命令可确保对象或其包含的控件显示最新数据
RestoreWindow	将处于最大化或最小化的窗口改为原来的大小
RunCode	调用 VBA 函数过程
RunMacro	从其他宏中运行宏，也可以根据条件运行宏，或者将宏附加到自定义菜单命令中
StopMacro	终止当前正在运行的宏

10.1.4　宏和宏组

在工作中，一个宏对象往往包含多个宏，以执行不同的操作，这个宏对象通常被称为宏组。

宏组以单个宏的形式显示在导航窗格中，但实际上却包含了多个宏，从而便于用户管理和操作数据库。宏组下的多个宏又被称为子宏，用户可以为宏组和子宏分别命名，

如图 10-4 所示。

图 10-4

宏和宏组的关系如下。

➥ 宏是操作的集合，而宏组是宏的集合。

➥ 一个宏组可以包含多个宏，每个宏中又可以包含一个或多个宏操作。

10.2　创建宏

宏是用户给系统下达的一些指令操作，使用 Access 提供的预定义的宏操作命令，可以轻松地创建宏，而不用编辑任何代码。在添加了宏操作后，还需要设置宏的各项操作参数，以完成宏的创建。

★重点 10.2.1　实战：创建独立的宏

实例门类	软件功能

独立宏是独立于表、窗体等对象之外的宏。本例以在【员工管理】数据库中创建一个【员工信息】窗体，并将该窗体最大化的宏为例，介绍创建独立宏的方法。

Step01 打开"素材文件\第 10 章\员工管理.accdb"，单击【创建】选项卡【宏与代码】组中的【宏】按钮，

如图 10-5 所示。

图 10-5

Step02 创建一个名为【宏1】的空白宏，并进入该宏的设计视图，❶单

击【添加新操作】右侧的下拉按钮，❷在弹出的下拉列表中选择【OpenForm】选项，如图 10-6 所示。

图 10-6

技术看板

除可以通过下拉列表选择外，用户还可以直接输入操作命令，或者在【操作目录】窗格中选择相应的操作命令。

Step03 弹出【OpenForm】窗格，设置【窗体名称】为【员工信息】、【视图】为【窗体】，如图10-7所示。

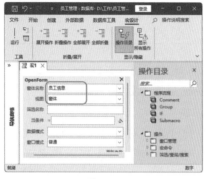

图 10-7

Step04 ①在宏的下方再次单击【添加新操作】右侧的下拉按钮✓，②在弹出的下拉列表中选择【MaximizeWindow】选项，该宏不需要设置参数，如图10-8所示。

图 10-8

Step05 按【Ctrl+S】快捷键，弹出【另存为】对话框，①在【宏名称】文本框中输入新建的宏名称，②单击【确定】按钮，如图10-9所示。

图 10-9

Step06 单击【宏设计】选项卡【工具】组中的【运行】按钮，如图10-10所示。

图 10-10

Step07 此时，Access将打开【员工信息】窗体，并将该窗体最大化。在导航窗格中可以看到，用户已经成功创建了【打开员工信息表】宏，该宏为独立宏，如图10-11所示。

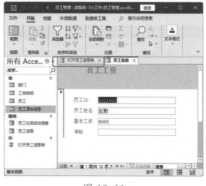

图 10-11

在设置宏的各参数时，设置方法如下。

➥ 窗体名称：这一参数是必需的，表示要打开的窗体名称。

➥ 视图：表示打开窗体时使用的视图，如图10-12所示，其默认为【窗体】。

图 10-12

➥ 筛选名称：表示对窗体中的记录进行限制或排序的筛选器，可以输入现有查询的名称或另存为查询的筛选名称。

➥ 当条件：表示从窗体的数据源表或查询中选择记录的WHERE子句或表达式。

➥ 数据模式：指窗体的数据输入模式，仅适用于在窗体视图或数据表视图界面中打开的窗体，默认值为【编辑】。单击【数据模式】右侧的下拉按钮，可以看到系统共提供了3种数据模式，如图10-13所示。其中，【增加】模式表示允许增加新记录；【编辑】模式表示既允许编辑现有记录，也可以增加新记录；【只读】模式表示只允许查看记录。

图 10-13

➡ 窗口模式：指打开窗体时所用的窗口模式，默认值为【普通】。单击【窗口模式】右侧的下拉按钮，在弹出的下拉列表中可以看到 4 种窗口模式，如图 10-14 所示。其中，【普通】模式表示以其窗体属性所设置的模式打开；【隐藏】模式表示隐藏窗体；【图标】模式表示窗体打开时将其最小化为屏幕底部的一个小标题栏；【对话框】模式表示将窗体的【模式】和【弹出方式】属性设置为【是】。

图 10-14

10.2.2 实战：创建嵌入宏

实例门类	软件功能

与独立宏相反，嵌入宏是指嵌入窗体、报表或其他控件的事件属性中的宏，因其被嵌入对象中，所以在导航窗格中不能查看。

创建嵌入宏的方法有两种，下面分别进行介绍。

第一种方法是在使用控件向导添加控件时，为执行某种操作而设置该控件的事件属性。例如，在创建按钮控件时，在【命令按钮向导】对话框中选择相应的操作创建相关按钮。本例选择【保存记录】按钮，如图 10-15 所示。

图 10-15

操作完成后，在该按钮控件的【属性表】窗格的【事件】选项卡中，【单击】事件的属性值将被自动设置为【嵌入的宏】，如图 10-16 所示。

图 10-16

第二种方法是在【属性表】窗格的【事件】选项卡中，直接对某个事件属性值进行设置。

在【属性表】窗格的【事件】选项卡中，包含了各种事件。它是预先定义好的活动，但事件被引发后要执行什么内容，则由用户为此事件创建的宏或事件过程决定。当一个对象上指定的事件发生时，便会触发相应的宏。

下面以在【员工管理】数据库的【员工信息】窗体中创建两个宏为例，介绍创建嵌入宏的方法。

Step01 打开"素材文件\第 10 章\员工管理.accdb"，打开【员工信息】窗体，并切换到设计视图，如图 10-17 所示。

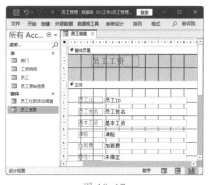

图 10-17

Step02 ❶单击【表单设计】选项卡【控件】组中的【控件】下拉按钮，❷在弹出的下拉菜单中单击【按钮】按钮，如图 10-18 所示。

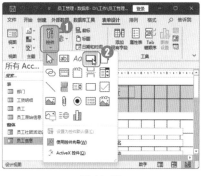

图 10-18

Step03 在【主体】节中单击，弹出【命令按钮向导】对话框，直接单击【取消】按钮，如图 10-19 所示。

图 10-19

Step04 将光标定位到按钮控件的文本框中，输入新名称，如图 10-20 所示。

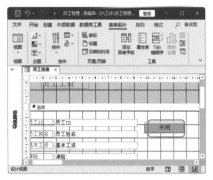

图 10-20

Step⑤ ❶选中该按钮控件，❷单击【表单设计】选项卡【工具】组中的【属性表】按钮，如图 10-21 所示。

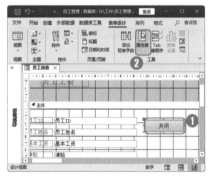

图 10-21

Step⑥ 打开【属性表】窗格，在【事件】选项卡中单击【单击】右侧的…按钮，如图 10-22 所示。

图 10-22

技能拓展——设置已存在的宏为嵌入宏

单击【单击】右侧的下拉按钮☑，

在弹出的下拉列表中选择已存在的宏，可以直接将其生成为嵌入的宏，如图 10-23 所示。

图 10-23

Step⑦ 弹出【选择生成器】对话框，❶选择【宏生成器】选项，❷单击【确定】按钮，如图 10-24 所示。

图 10-24

Step⑧ 进入宏的设计视图，在【添加新操作】文本框中输入操作命令"CloseWindow"，如图 10-25 所示。

图 10-25

Step⑨ 按【Enter】键进入该命令的窗

格，设置【对象类型】为【窗体】、【对象名称】为【员工信息】、【保存】为【提示】，如图 10-26 所示。

图 10-26

Step⑩ ❶参数设置完成后单击快速访问工具栏中的【保存】按钮🖫，❷右击宏设置窗格的标题栏，在弹出的快捷菜单中选择【关闭】命令，如图 10-27 所示。

图 10-27

技术看板

【保存】参数有 3 个选项，含义分别如下。

➡ 提示：表示关闭前会提示是否保存该对象。

➡ 是：表示关闭前自动保存对象。

➡ 否：表示关闭前不需要保存对象。

Step⑪ 返回【员工信息】窗体，此时可以看到【属性表】窗格中，该按钮【单击】事件的属性已经设置为【嵌入的宏】，如图 10-28 所示。

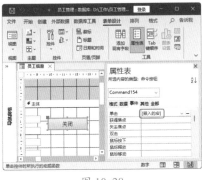

图 10-28

Step 12 ❶单击【属性表】下方的下拉按钮 ▾，❷在弹出的下拉列表中选择【窗体】选项，如图 10-29 所示。

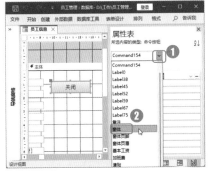

图 10-29

Step 13 单击【打开】右侧的 ··· 按钮，如图 10-30 所示。

图 10-30

Step 14 弹出【选择生成器】对话框，❶选择【宏生成器】选项，❷单击【确定】按钮，如图 10-31 所示。

图 10-31

Step 15 进入宏的设计视图，在【添加新操作】文本框中输入操作命令"MessageBox"，如图 10-32 所示。

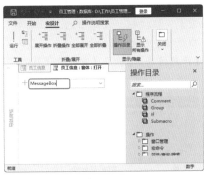

图 10-32

Step 16 按【Enter】键进入该命令的窗格，❶设置【消息】为【这是一个员工的工资信息】、【发嘟嘟声】为【是】、【标题】为【提示】，按【Ctrl+S】快捷键保存宏设置，❷关闭宏设置窗格，如图 10-33 所示。

图 10-33

Step 17 返回【员工信息】窗体的设计视图，在【属性表】窗格中，可以看到【打开】事件的属性已经设置为【嵌入的宏】，如图 10-34 所示。

图 10-34

Step 18 切换到【员工信息】窗体的窗体视图，会弹出一个提示对话框，表示窗体的打开事件触发了宏操作【MessageBox】，如图 10-35 所示。

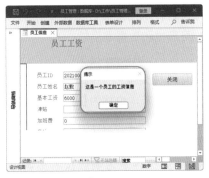

图 10-35

Step 19 单击【关闭】按钮，会弹出【Microsoft Access】对话框，提示关闭前是否保存窗体，单击【是】按钮，即可关闭当前的窗体，表示【关闭】按钮的单击事件触发了宏操作【CloseWindow】，如图 10-36 所示。

图 10-36

技术看板

创建嵌入宏时，Access 允许用户将已存在的宏或宏组生成为嵌入的宏。但是，当触发事件时，只有宏组中的第一个宏会执行，后面的宏将被忽略。

10.2.3 实战：创建与设计数据宏

实例门类	软件功能

数据宏类似于触发器，允许用户在表事件中添加逻辑，如添加、更新或删除数据等。添加数据宏后，无论是以什么方式访问数据，它都将运行，从而提高数据表应用程序的可靠性和数据准确性。

目前，Access 提供的数据宏主要有两种类型：一种是由表事件触发的数据宏，也称为【事件驱动的】数据宏，其中表事件包括更改前、删除前、插入后、更新后和删除后5种；另一种是为响应按名称调用而运行的数据宏，也称为【已命名的】数据宏。

下面以在【销售管理数据】数据库的【产品信息】数据表中创建一个【更改前】数据宏事件来验证用户输入的数据。宏设置完成后，在更改表中的数据时，如果不符合条件，就会弹出警告框，具体操作步骤如下。

Step01 打开"素材文件\第10章\销售管理数据.accdb"，❶双击导航窗格中的【产品信息】表，进入该表的数据表视图，❷单击【表】选项卡【前期事件】组中的【更改前】按钮，如图10-37所示。

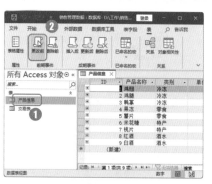

图 10-37

技术看板

在【产品信息】数据表的设计视图中，单击【表设计】选项卡【字段、记录和表格事件】组中的【创建数据宏】下拉按钮，在弹出的下拉菜单中选择【更改前】命令，也可以进入【产品信息：更改前】宏的设计视图，如图10-38所示。

图 10-38

Step02 进入【产品信息：更改前】宏的设计视图，双击【操作目录】窗格中的【If】选项，将其添加到【宏生成器】窗格中，如图10-39所示。

图 10-39

技术看板

选中【If】选项后，按住鼠标左键不放，将其拖动到【宏生成器】窗格中，也可以将其添加到【宏生成器】窗格中，如图10-40所示。

图 10-40

Step03 单击【If】右侧的【表达式生成器】按钮，如图10-41所示。

图 10-41

Step04 打开【表达式生成器】对话框，❶在文本框中输入条件表达式"[最迟交货时间]>3"，❷单击【确定】按钮，如图10-42所示。

图 10-42

Step 05 设置了条件表达式后，还需要添加相应的宏操作。❶在【Then】后面单击【添加新操作】右侧的下拉按钮，❷在弹出的下拉列表中选择【RaiseError】选项，如图 10-43 所示。

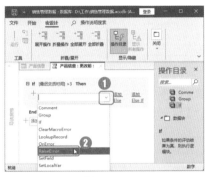

图 10-43

技术看板

【RaiseError】宏操作表示出错时的通知应用程序，可用于失败验证。

Step 06 ❶在【错误号】文本框中输入错误号，如"88888"，❷在【错误描述】文本框中输入错误描述，如"超期时间过长，请加快生产流程"，然后保存并关闭宏，如图 10-44 所示。

图 10-44

技术看板

【错误号】是用来标识特定错误的错误号，对于 Access 并无意义，用户可以随意设定。

Step 07 返回数据表视图，用户可以进行验证并查看最终效果。例如，在【最迟交货时间】字段更改任意值为"5"，按【Enter】键，即会弹出【Microsoft Access】对话框，提示出现错误，如图 10-45 所示。

图 10-45

技能拓展——执行已命名的数据宏

已命名的数据宏不能直接执行，需要在其他的地方，如其他宏、VBA 代码等中运行。事件驱动的数据宏则会在事件发生时运行，不需要通过其他的方式运行。当然，作为宏，事件驱动的数据宏也可以在其他的宏或 VBA 代码中引用。

10.2.4 实战：创建宏组

实例门类	软件功能

一个宏既可以包含多个宏操作，也可以包含多个子宏，当包含多个子宏时，这个宏就被称为宏组。在 Access 中，宏组和子宏都可以单独引用，引用子宏的格式为【宏组名 . 子宏名】。下面以在【固定资产登记表】数据库中创建宏组为例，介绍其具体操作步骤。

Step 01 打开"素材文件\第 10 章\固定资产登记表 .accdb"，单击【创建】选项卡【宏与代码】组中的【宏】按钮，如图 10-46 所示。

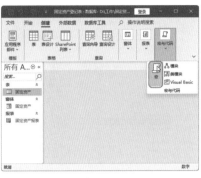

图 10-46

Step 02 创建一个空白宏，并进入该宏的设计视图，❶单击【添加新操作】右侧的下拉按钮，❷在弹出的下拉列表中选择【Submacro】选项，如图 10-47 所示。

图 10-47

Step 03 创建一个子宏，在【子宏】文本框中输入该子宏的名称，如图 10-48 所示。

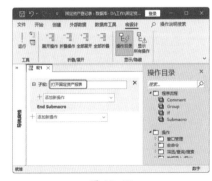

图 10-48

Step 04 ❶单击子宏下方【添加新操作】右侧的下拉按钮，❷在弹出的下拉列表中选择【OpenReport】选项，如图 10-49 所示。

图 10-49

Step 05 在【报表名称】文本框中输入操作名称，在【视图】列表框中选择【报表】选项，如图 10-50 所示。

图 10-50

Step 06 ❶在子宏内部再次单击【添加新操作】右侧的下拉按钮，❷在弹出的下拉列表中选择【MaximizeWindow】选项，如图 10-51 所示。

图 10-51

Step 07 在最下方的【添加新操作】文本框中输入"Submacro"，按【Enter】键，如图 10-52 所示。

图 10-52

Step 08 在【子宏】文本框中输入该子宏的名称，如图 10-53 所示。

图 10-53

Step 09 ❶单击子宏下方【添加新操作】右侧的下拉按钮，❷在弹出的下拉列表中选择【OpenForm】选项，如图 10-54 所示。

图 10-54

Step 10 在【窗体名称】文本框中输入窗体名称，设置【视图】为【窗体】，如图 10-55 所示。

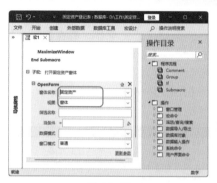

图 10-55

Step 11 ❶在子宏内部单击【添加新操作】右侧的下拉按钮，❷在弹出的下拉列表中选择【MaximizeWindow】选项，如图 10-56 所示。

图 10-56

Step 12 经过以上设置后，可以查看最终参数结构，如图 10-57 所示。

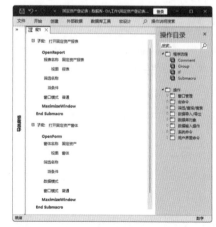

图 10-57

Step 13 按【Ctrl+S】快捷键，弹出【另存为】对话框，❶在【宏名称】文本框中输入宏名称，❷单击【确定】按钮，如图 10-58 所示。

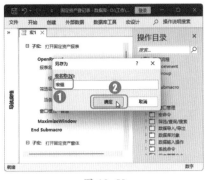

图 10-58

Step⑭ 关闭【宏生成器】窗格，在导航窗格中可以看到新建的宏组，双

击创建的宏组即可查看运行效果，如图 10-59 所示。

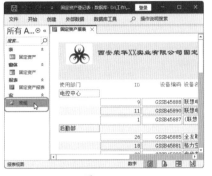

图 10-59

10.3　宏的基本操作

创建了宏之后，不仅可以对宏进行添加、移动、删除等操作，还可以向宏中添加If块，使宏的设计更完美。下面介绍宏的基本操作。

★重点 10.3.1　添加宏的操作

在创建空白宏之后，只有在其中添加宏操作命令，并设置相关的参数，才能正确地创建宏。下面介绍添加宏操作的几种常见方法。

→ 在【添加新操作】文本框中直接输入宏操作命令，然后按【Enter】键即可，如图 10-60 所示。

图 10-60

→ 在【添加新操作】下拉列表中选择要添加的宏操作命令，如图 10-61 所示。

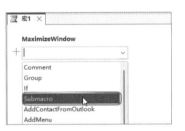

图 10-61

→ 在【操作目录】窗格中双击要添加的宏操作命令，或者直接将其拖动到【宏生成器】窗格中。

→ 在需要添加的宏操作命令上右击，在弹出的快捷菜单中选择【添加操作】命令即可，如图 10-62 所示。

图 10-62

★重点 10.3.2　移动宏的操作

添加了多个宏操作命令之后，如果想要移动各个操作命令，可以使用以下方法。

→ 选择操作后，按住鼠标左键不放，将其向上或向下拖动到合适位置后松开鼠标左键，如图 10-63所示。

图 10-63

→ 选择操作后，按【Ctrl+↑】或【Ctrl+↓】快捷键完成上下移动。选择操作后，单击右侧的【上移】按钮 或【下移】按钮 完成上下

移动，如图 10-64 所示。

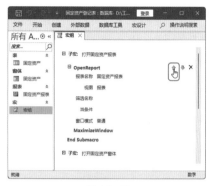

图 10-64

➡ 在操作上右击，在弹出的快捷菜单中选择【上移】或【下移】命令，如图 10-65 所示。

图 10-65

10.3.3 删除宏的操作

如果不再需要数据库中的某个宏，可以将其删除。删除宏的操作方法有以下几种。

➡ 选择操作后，按【Delete】键即可删除。

➡ 选择操作后，单击右侧的【删除】按钮 × 即可删除，如图 10-66 所示。

钮即可，如图 10-68 所示。

图 10-66

➡ 在操作上右击，在弹出的快捷菜单中选择【删除】命令，如图 10-67 所示。

图 10-67

技术看板

如果删除了某个操作块，如 If 或 Group 块，该块中的所有操作都将被删除。

10.3.4 展开和折叠宏操作或块

在创建宏之后，【宏生成器】窗格中将显示出所有宏操作，而其中的参数都是可见的。如果有需要，可以折叠部分或全部宏操作，以便观察宏的结构。

1. 展开和折叠单个宏操作或块

如果需要展开单个宏操作或块，可以使用以下方法。

➡ 直接单击宏操作或块左侧的 ⊞ 按

图 10-68

➡ 选中操作后，按键盘上的【←】键即可。

➡ 选中操作后，单击【宏设计】选项卡【折叠/展开】组中的【展开操作】按钮即可，如图 10-69 所示。

图 10-69

如果需要折叠单个宏操作或块，可以使用以下方法。

➡ 直接单击宏操作或块左侧的 ⊟ 按钮，如图 10-70 所示。

图 10-70

➥ 选中操作后，按键盘上的【→】
键即可。

➥ 选中操作后，单击【宏设计】选
项卡【折叠/展开】组中的【折
叠操作】按钮即可，如图 10-71
所示。

图 10-71

2. 展开和折叠全部宏操作或块

如果需要展开或折叠全部宏操
作或块，可以单击【宏设计】选项卡
【折叠/展开】组中的【全部展开】或
【全部折叠】按钮，如图 10-72 所示。

图 10-72

★重点 10.3.5 向宏中添加If块

在宏中使用 If 块，可以限制宏
在条件为 True 时才执行。如果向宏
中添加 If 块，可以按照前文添加宏

的操作方法来添加。

也可以在选中宏操作后右击，
在弹出的快捷菜单中选择【生成 If
程序块】命令，即可生成 If 块，如
图 10-73 所示。

图 10-73

生成了 If 块后，用户还需要在
If 块后面的文本框中输入表达式，
如图 10-74 所示。或者单击【表达
式生成器】按钮，在弹出的【表达
式生成器】对话框中输入表达式。

图 10-74

技术看板

输入的表达式必须是一个计算
结果为 True 或 False 的表达式，即布
尔表达式。只有当表达式的结果为
True 时，系统才会执行 Then 后面的
宏操作。

★重点 10.3.6 向If块中添加Else或Else If块

如果需要扩展 If 块，可以向 If
块中添加 Else 或 Else If 块。操作方
法有以下几种。

➥ 选择 If 块后，在该块的右下角单
击【添加 Else】或【添加 Else If】
链接即可添加，如图 10-75 所示。

图 10-75

➥ 在要添加 If 块的操作上右击，在
弹出的快捷菜单中选择【添加
Else】或【添加 Else If】命令即可，
如图 10-76 所示。

图 10-76

技术看板

在一个 If 块中，最多可以嵌套
10 级。

10.4 宏的调试与运行

创建了宏之后，并不是所有的宏都能符合用户的需求正常运行，在此之前需要对宏进行调试，以保证宏的执行效果与用户的需求一致。调试成功后，用户就可以放心地运行宏了。

★重点 10.4.1 调试宏

在执行宏时，经常会得到一些异常的结果，此时可以使用系统提供的调试工具对宏进行调试。特别是对于由多个操作组成的复杂宏，需要进行反复调试，观察宏的每一步操作的结果，确保最终结果符合用户的需求。

调试宏可以使用 Access 中的【单步】运行功能来实现。使用【单步】运行功能，一次只能执行一个宏的操作，一个操作成功后，再进行下一步操作，从而逐步排除宏的每一个操作错误。

下面以在【固定资产登记表1】数据库中调试宏为例，介绍宏的调试方法。

Step01 打开"素材文件\第10章\固定资产登记表1.accdb"，❶在导航窗格中右击【打开对象】宏，❷在弹出的快捷菜单中选择【设计视图】命令，如图 10-77 所示。

图 10-77

Step02 进入该宏的设计视图，❶单击【宏设计】选项卡【工具】组中的【单步】按钮，锁定单步执行操作，❷单击【工具】组中的【运行】按钮，

如图 10-78 所示。

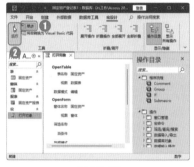

图 10-78

Step03 弹出【单步执行宏】对话框，在其中显示当前正在执行的宏名称、条件、操作名称、参数和错误号等信息，单击【单步执行】按钮，执行第一个宏操作，如图 10-79 所示。

图 10-79

Step04 本例的第一个宏操作是在数据表视图中打开【固定资产】数据表，执行单步操作后，可以看到该数据表已经打开，表示第一个宏操作执行成功，如图 10-80 所示。

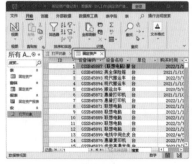

图 10-80

Step05 在【单步执行宏】对话框中再次单击【单步执行】按钮，如图 10-81 所示。

图 10-81

Step06 第二个宏操作成功打开，如图 10-82 所示。

图 10-82

技能拓展——修改错误宏

如果执行的宏发生错误，会弹出提示对话框，并简单分析错误原因，给出处理建议，如图 10-83 所示。

图 10-83

单击【确定】按钮，返回【单步执行宏】对话框时，会发现【错误号】不为0，表示出现错误，如图 10-84 所示。

图 10-84

此时，可以单击【停止所有宏】按钮，停止执行宏，返回宏的设计视图，对发生错误的操作进行修改后，再使用上面的方法调试宏，直到所有宏成功执行。

Step 07 使用相同的方法调试其他宏，完成后关闭【单步执行宏】对话框，返回宏的设计视图，再次单击【宏设计】选项卡【工具】组中的【单步】按钮，取消锁定单步执行操作即可，如图 10-85 所示。

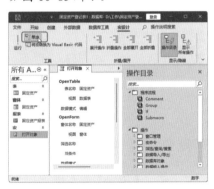

图 10-85

★重点 10.4.2　运行宏

宏调试成功后，即可开始运行宏。运行宏的方法有多种，下面介绍几种常用方法。

1. 在导航窗格中运行宏

在导航窗格中运行宏是最简单的方法：在导航窗格中双击宏对象，或者在宏对象上右击，在弹出的快捷菜单中选择【运行】命令，即可

运行宏，如图 10-86 所示。

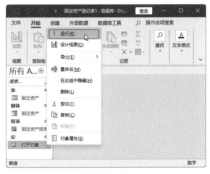

图 10-86

2. 利用【执行宏】对话框运行宏

单击【数据库工具】选项卡【宏】组中的【运行宏】按钮，可以弹出【执行宏】对话框，在【宏名称】下拉列表中选择宏对象，然后单击【确定】按钮，即可执行宏，如图 10-87 所示。

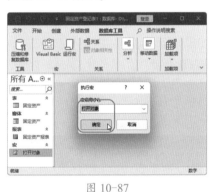

图 10-87

技术看板

用户既可以将包含子宏的宏组作为整体来运行，也可以单独运行每个子宏。如果要单独运行子宏，在【执行宏】对话框的【宏名称】下拉列表中选择子宏即可。子宏的宏名表现形式为【宏组名.子宏名】。

3. 在设计视图中运行宏

进入宏的设计视图，单击【宏

设计】选项卡【工具】组中的【运行】按钮，即可运行宏，如图 10-88 所示。

图 10-88

4. 从另一个宏中运行宏

从另一个宏中运行宏需要使用【RunMacro】宏操作命令来实现。在宏中添加该宏操作后，在【宏名称】参数中设置要运行的其他宏，然后单击【宏设计】选项卡【工具】组中的【运行】按钮，即可在该宏中运行其他宏，如图 10-89 所示。

图 10-89

5. 以响应窗体、报表或控件中发生的事件的形式运行宏

这种方法是运行嵌入宏的方式，嵌入宏被设置为其中一个事件的属性。当窗体或报表对象发生相应的事件时，会自动运行该宏，如图 10-90 所示。

图 10-90

10.5 宏在 Access 中的应用

在 Access 中，其他对象都有强大的数据处理功能，但它们独立工作，不能相互协调、相互利用。使用宏可以使这些对象连接在一起，自动完成各种重复性工作，从而提高工作效率。本节将介绍宏在 Access 中的应用，让用户可以学习如何将宏应用在实际工作中。

★重点 10.5.1 实战：创建通过快捷键执行的宏

实例门类	软件功能

在 Access 应用程序中，如果想要通过快捷键执行某些操作，可以将相应的操作设置到一个名称为 AutoKeys 的宏中，并且需要为每一个使用快捷键的宏设置一个宏名，这个宏名就是指定的快捷键。

在指定宏名之前，需要先了解指定快捷键时需要的结构，如表 10-2 所示。

表 10-2 快捷键结构说明

快捷键结构	对应的快捷键
^+字母、数字或功能键	Ctrl+对应的字母、数字或功能键，如^C对应的快捷键为【Ctrl+C】
{功能键}	对应功能键，如{F1}对应的快捷键就是功能键【F1】
+{功能键}	Shift+对应的功能键，如+{F1}对应的快捷键为【Shift+F1】

下面以在【固定资产登记表】数据库中创建 AutoKeys 宏为例，介绍创建通过快捷键执行的宏，并屏蔽复制快捷键【Ctrl+C】，具体操作步骤如下。

Step01 打开"素材文件\第 10 章\固定资产登记表.accdb"，单击【创建】选项卡【宏与代码】组中的【宏】按钮，如图 10-91 所示。

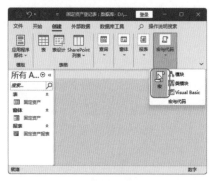

图 10-91

Step02 创建一个名为【宏1】的空白宏，并进入该宏的设计视图，按【Ctrl+S】快捷键，打开【另存为】对话框，❶在【宏名称】文本框中输入"AutoKeys"，❷单击【确定】按钮，如图 10-92 所示。

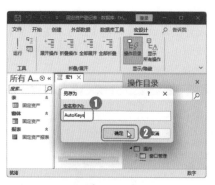

图 10-92

Step03 ❶双击【操作目录】窗格中的【Submacro】选项，在宏中添加一个子宏，❷在【子宏】文本框中设置宏名为【^K】，如图 10-93 所示。

图 10-93

Step04 ❶单击子宏下方【添加新操作】右侧的下拉按钮✓，❷在弹出的下拉列表中选择【OpenReport】选项，如图 10-94 所示。

图 10-94

Step 05 设置【报表名称】为【固定资产报表】、【视图】为【报表】，如图 10-95 所示。

图 10-95

Step 06 ❶再次双击【操作目录】窗格中的【Submacro】选项，在宏中添加一个子宏，❷在【子宏】文本框中设置宏名为【^C】，该宏不做任何参数设置，如图 10-96 所示。

图 10-96

Step 07 保存并关闭宏，然后按【Ctrl+K】快捷键，将打开【固定资

产报表】报表，而此时按【Ctrl+C】快捷键将不能继续复制，如图 10-97 所示。

图 10-97

10.5.2 实战：使用宏为固定资产报表创建快捷菜单

实例门类	软件功能

在制作报表时，为了方便用户的使用，可以将常用的功能创建到快捷菜单中。使用宏可以轻易地实现这一功能，具体操作步骤如下。

Step 01 打开"素材文件\第 10 章\固定资产登记表.accdb"，单击【创建】选项卡【宏与代码】组中的【宏】按钮，如图 10-98 所示。

图 10-98

Step 02 创建一个空白宏，并进入该宏的设计视图，❶双击【操作目录】窗格中的【Submacro】选项，添加一个子宏，❷在【子宏】右侧的文本框中输入名称，❸在下方【添加新操作】文本框中输入"OpenTable"，

按【Enter】键，如图 10-99 所示。

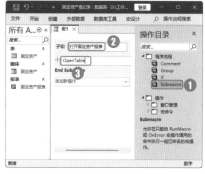

图 10-99

Step 03 设置【表名称】为【固定资产】、【视图】为【数据表】、【数据模式】为【编辑】，如图 10-100 所示。

图 10-100

Step 04 ❶再次双击【操作目录】窗格中的【Submacro】选项，添加一个子宏，❷在【子宏】右侧的文本框中输入名称，如图 10-101 所示。

图 10-101

Step 05 在子宏内部添加【OpenReport】宏操作并设置其参数，如图 10-102 所示。

图 10-102

Step06 ❶再次双击【操作目录】窗格中的【Submacro】选项，添加一个子宏，❷在【子宏】右侧的文本框中输入名称，如图 10-103 所示。

图 10-103

Step07 在子宏内部添加【CloseWindow】宏操作并设置其参数，如图 10-104 所示。

图 10-104

Step08 按【Ctrl+S】快捷键，打开【另存为】对话框，❶设置【宏名称】为【快捷菜单】，❷单击【确定】按钮，然后关闭创建的宏，如图 10-105 所示。

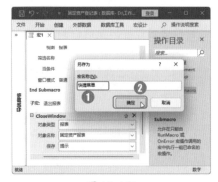

图 10-105

Step09 ❶在功能区的空白处右击，❷在弹出的快捷菜单中选择【自定义功能区】命令，如图 10-106 所示。

图 10-106

Step10 打开【Access选项】对话框，并自动切换到【自定义功能区】选项卡，❶在【主选项卡】列表框中选中【开始】复选框，❷单击【新建组】按钮，如图 10-107 所示。

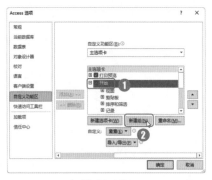

图 10-107

Step11 在【从下列位置选择命令】下拉列表中选择【不在功能区中的命令】选项，如图 10-108 所示。

Step12 ❶在下方的列表框中选择【用宏创建快捷菜单】选项，❷单击【添加】按钮，如图 10-109 所示。

图 10-108

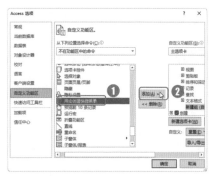

图 10-109

Step13 操作完成后，即可看到所选命令已经添加到【新建组】中，单击【确定】按钮返回Access主界面，如图 10-110 所示。

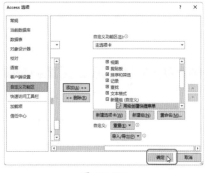

图 10-110

Step14 ❶在导航窗格中选择【快捷菜单】宏，❷单击【开始】选项卡【新建组】组中的【用宏创建快捷菜单】按钮，如图 10-111 所示。

图 10-111

Step⑮ 使用设计视图打开【固定资产报表】报表，单击【报表设计】选项卡【工具】组中的【属性表】按钮，在打开的【属性表】窗格中，设置【其他】选项卡的【快捷菜单栏】属性为【快捷菜单】，如图 10-112 所示。

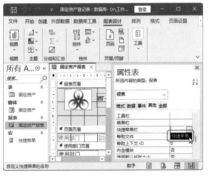

图 10-112

Step⑯ 切换到【固定资产报表】报表的报表视图，在空白处右击，即可看到创建的快捷菜单，如图 10-113 所示。

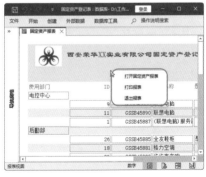

图 10-113

★重点 10.5.3 实战：使用宏实现登录窗体的功能

实例门类	软件功能

在数据库中，经常会遇到使用窗体登录的情况，此时可以使用宏来完善窗体登录的功能，如打开数据库之后自动打开登录窗体、判断登录名和密码是否正确、登录成功后弹出欢迎窗体等。下面介绍使用宏实现登录窗体功能的具体操作步骤。

Step① 打开"素材文件\第 10 章\登录窗体 .accdb"，单击【创建】选项卡【宏与代码】组中的【宏】按钮，如图 10-114 所示。

图 10-114

Step② ❶单击【添加新操作】右侧的下拉按钮，❷在弹出的下拉列表中选择【OpenForm】选项，如图 10-115 所示。

图 10-115

Step③ 在打开的【OpenForm】宏操

作中，设置【窗体名称】为【登录】、【视图】为【窗体】、【窗口模式】为【对话框】，如图 10-116 所示。

图 10-116

Step④ 按【Ctrl+S】快捷键，打开【另存为】对话框，❶在【宏名称】文本框中输入宏名称，❷单击【确定】按钮，如图 10-117 所示。

图 10-117

Step⑤ 使用设计视图打开【登录】窗体，❶在【登录】按钮上右击，❷在弹出的快捷菜单中选择【事件生成器】命令，如图 10-118 所示。

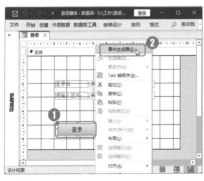

图 10-118

Step⑥ 打开【选择生成器】对话框，

❶在列表框中选择【宏生成器】选项，❷单击【确定】按钮，如图10-119所示。

图 10-119

Step⑦ ❶在【操作目录】窗格中双击【If】选项，❷单击【If】右侧的【表达式生成器】按钮，如图10-120所示。

图 10-120

Step⑧ 打开【表达式生成器】对话框，❶在文本框中输入表达式"IsNull([登录名])Or IsNull([密码])"，以判断登录名和密码是否为空，❷单击【确定】按钮，如图10-121所示。

图 10-121

Step⑨ 在下方【添加新操作】文本框中输入"MessageBox"，按【Enter】键，如图10-122所示。

图 10-122

Step⑩ 打开【MessageBox】宏操作，❶设置没有输入登录名或密码时弹出的消息框，❷单击【添加Else If】链接，如图10-123所示。

图 10-123

Step⑪ 在添加的Else If块中，输入"[登录名]<>"admin""，如图10-124所示。

图 10-124

Step⑫ 添加【MessageBox】宏操作，

❶设置登录名错误时弹出的消息框，❷单击【添加Else If】链接，如图10-125所示。

图 10-125

Step⑬ 在添加的Else If块中，输入"[密码]<>"123456""，如图10-126所示。

图 10-126

Step⑭ 添加【MessageBox】宏操作，❶设置密码错误时弹出的消息框，❷单击【添加Else】链接，如图10-127所示。

图 10-127

Step⑮ 在添加的Else块的【添加新操作】文本框中输入"OpenForm"，按

【Enter】键,如图 10-128 所示。

图 10-128

Step16 添加【OpenForm】宏操作,设置【窗体名称】为【欢迎页面】、【视图】为【窗体】、【窗口模式】为【对话框】,然后保存并关闭宏,效果如图 10-129 所示。

图 10-129

技术看板

在添加的 Else 块中,如果输入不正确,就会提示前几步设置的宏操作;如果输入正确,就会弹出欢迎窗体。

Step17 返回【登录】窗体的设计视图,❶在【关闭】按钮上右击,❷在弹出的快捷菜单中选择【事件生成器】命令,如图 10-130 所示。

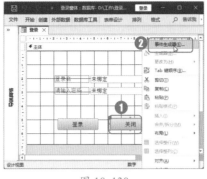

图 10-130

Step18 打开【选择生成器】对话框,❶在列表框中选择【宏生成器】选项,❷单击【确定】按钮,如图 10-131 所示。

图 10-131

Step19 打开【CloseWindow】宏操作,设置相关参数,表示在单击【关闭】按钮时关闭窗体,如图 10-132 所示。

图 10-132

Step20 保存并关闭数据库,再次打

开数据库时,【登录】窗体即可自动打开,如图 10-133 所示。

图 10-133

Step21 用户名和密码均未输入时,单击【登录】按钮,弹出图 10-134 所示的对话框。

图 10-134

Step22 用户名输入错误时,单击【登录】按钮,弹出图 10-135 所示的对话框。

图 10-135

Step23 密码输入错误时,单击【登录】按钮,弹出图 10-136 所示的对话框。

图 10-136

Step 24 用户名和密码均正确输入时，弹出欢迎页面，如图 10-137 所示。

图 10-137

10.6 设置宏的安全

Access 提供了几十种预定义的宏操作命令，可以用来执行一些常见的任务，但为了实现更强大的功能，还需要编写 VBA 代码来创建更复杂的宏，而这些宏或 VBA 代码可能会引起潜在的安全风险。如果有人通过文档或文件引入恶意宏，一旦打开这些文档或文件，就会自动执行恶意宏，使计算机感染病毒或泄露资料。因此，需要对宏进行安全设置。

★重点 10.6.1 解除阻止宏

在 Access 中，宏的安全性是通过【信任中心】对话框进行设置和保证的。当用户打开包含宏的文档时，信任中心首先需要进行检查，然后才会允许在文档中启用宏。信任中心检查的项目如下。

➥ 开发人员是否使用数字签名对包含宏的数据库进行了签名。

➥ 该数字签名是否有效。

➥ 该数字签名是否过期。

➥ 与该数字签名关联的证书是否由受信任的根证书颁发机构（Certificate Authority，CA）颁发。

➥ 对宏进行签名的开发人员是否为受信任的发布者。

只有通过以上 5 项检查，才能在文档中执行宏。如果信任中心检查到任何一项出现问题，就会禁用宏。例如，打开某数据库时，工作窗口中会出现安全警告信息栏，通知用户部分活动内容已被禁用，这就意味着信任中心检测到某一项有问题，只有解除了安全警告才能运行宏。

如果要解除阻止宏，可以使用以下方法来操作。

1. 单击【启用内容】按钮

启动 Access 后，单击【安全警告】消息栏中的【启用内容】按钮，即可解除阻止的内容，如图 10-138 所示。

图 10-138

2. 启用所有内容

如果要启用所有内容，使数据库再次打开时不会出现【安全警告】消息栏，具体操作步骤如下。

Step 01 单击【安全警告】消息栏中的【部分活动内容已被禁用。单击此处了解详细信息】链接，如图 10-139 所示。

图 10-139

Step 02 进入【信息】窗格，① 单击【启用内容】下拉按钮，② 在弹出的下拉列表中选择【启用所有内容】选项，即可解除阻止内容，如图 10-140 所示。

图 10-140

技术看板

选择【启用所有内容】选项后，Access 将启用所有禁用的内容，包括潜在的恶意代码，如果恶意代码损坏了数据或计算机，Access 将无法弥补该损失，所以请谨慎使用此项功能。

在【启用内容】下拉列表中，有以下两个选项。

➜ 启用所有内容：选择该选项，再次打开该数据库时，Access 已将其设置为信任的文档，不会再出现【安全警告】消息栏。

➜ 高级选项：选择该选项，仅会在此次会话中启用宏，再次打开该数据库时，Access 会继续阻止该数据库中的宏。

10.6.2 设置信任中心

在【信任中心】对话框中可以设置宏的安全级别，用户可以根据需要进行选择，具体操作步骤如下。

Step01 在【文件】选项卡中选择【选项】选项，如图 10-141 所示。

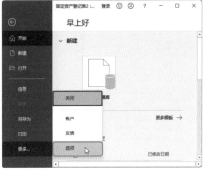

图 10-141

Step02 打开【Access 选项】对话框，在【信任中心】选项卡中单击【信任中心设置】按钮，如图 10-142 所示。

图 10-142

Step03 打开【信任中心】对话框，❶在【宏设置】选项卡中选中需要的安全级别，❷单击【确定】按钮即可，如图 10-143 所示。

图 10-143

在【信任中心】对话框的【宏设置】选项卡中，提供了以下 4 个选项，用于设置宏的安全级别。

➜ 禁用所有宏，并且不通知：表示文档中的所有宏及有关的安全警告都将被禁用。

➜ 禁用所有宏，并发出通知：系统的默认选项，表示禁用文档中的所有宏，但会给出【安全警告】提示框，由用户来选择是否启用宏。

➜ 禁用无数字签署的所有宏：表示启用由受信任的发布者添加了数字签名的宏，禁用所有未签名的宏，并且不发出通知。对于除此之外的情况，将会禁用文档中的所有宏，但会给出【安全警告】提示框。

➜ 启用所有宏（不推荐；可能会运行有潜在危险的代码）：允许运行所有宏。选择此项会使用户的计算机容易受到潜在恶意代码的攻击，因此不建议使用。

妙招技法

通过对前面知识的学习，相信读者已经掌握了在 Access 2021 使用宏的基本操作。下面结合本章内容，给大家介绍一些实用技巧。

技巧 01：怎样编辑已命名的宏

在Access中，对于普通宏，可以直接在导航窗格中以设计视图的方式将其打开，然后进行编辑。但是对于已命名的宏，如果直接打开，则无法对其编辑，如图10-144所示。

图 10-144

此时，可以打开已命名的宏所在的数据表对象，然后进行编辑，具体操作步骤如下。

Step01 打开"素材文件\第10章\财务工资.accdb"，❶在导航窗格中打开已命名的宏所在的数据表对象，❷单击【表】选项卡【已命名的宏】组中的【已命名的宏】按钮，❸在弹出的下拉菜单中选择【编辑已命名的宏】命令，❹在弹出的级联菜单中选择宏名称，如图10-145所示。

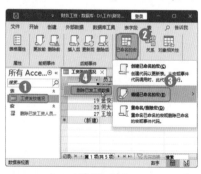

图 10-145

Step02 经过上一步操作后，即可进入编辑状态，单击相应的参数、链接即可进入编辑界面，如图10-146所示。

图 10-146

技巧 02：怎样使用宏打印报表

打印报表是Access中常见的操作，在学习了使用宏之后，可以在宏中设置一些打印参数，简化打印的流程。使用宏打印报表的具体操作步骤如下。

Step01 打开"素材文件\第10章\固定资产登记表.accdb"，单击【创建】选项卡【宏与代码】组中的【宏】按钮，创建一个空白宏，在【添加新操作】下拉列表中选择【OpenReport】选项，如图10-147所示。

图 10-147

技术看板

如果将【OpenReport】宏操作中的【视图】设置为【打印】，那么可以直接打印数据表。但是，此时并不能设置打印范围、打印份数等。

Step02 ❶设置【报表名称】为【固定资产报表】、【视图】为【打印预览】，❷单击【宏设计】选项卡【显示/隐藏】组中的【显示所有操作】按钮，如图10-148所示。

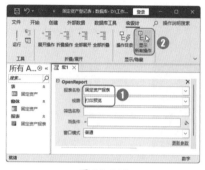

图 10-148

Step03 此时，【添加新操作】下拉列表中将显示Access提供的所有宏操作，选择【PrintOut】选项，如图10-149所示。

图 10-149

Step04 ❶设置【PrintOut】宏操作的参数，❷保存宏操作，单击【宏设计】选项卡【工具】组中的【运行】按钮，即可运行宏，从而打印固定资产登记表，如图10-150所示。

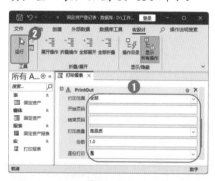

图 10-150

技能拓展——显示所有宏操作

默认情况下，【添加新操作】下

拉列表和【操作目录】窗格中仅显示在不受信任的数据库中执行的宏操作命令。如果要查看所有的命令，需要单击【宏设计】选项卡【显示/隐藏】组中的【显示所有操作】按钮，从而显示出所有的命令；如果要隐藏部分命令，可以再次单击该按钮。

技巧 03：怎样使用宏发送 Access 对象

在 Access 中，可以通过创建宏来发送对象，具体操作步骤如下。

Step 01 打开"素材文件\第 10 章\固定资产登记表.accdb"，单击【创建】选项卡【宏与代码】组中的【宏】按钮，创建一个空白宏，在【添加新操作】下拉列表中选择【EMailDatabaseObject】选项，如图 10-151 所示。

图 10-151

Step 02 设置【对象类型】为【表】、【对象名称】为【固定资产】、【输出格式】为【PDF格式】，在【到】文本框中输入电子邮箱地址，在【主题】文本框中输入邮件主题，如图 10-152 所示。

图 10-152

技术看板

【EMailDatabaseObject】宏操作的【对象类型】下拉列表中提供了多个选项，包括表、查询、窗体等，选择不同的选项，可发送的对象输出格式也会有所不同。需要注意的是，如果在【对象类型】下拉列表中选择了【模块】选项，输出格式就只能被设置为【文本文件】格式。

Step 03 保存宏操作，单击【宏设计】选项卡【工具】组中的【运行】按钮，即可启动邮件收发软件（如Outlook），发送【固定资产】对象到指定邮箱，如图 10-153 所示。

图 10-153

技巧 04：怎样使用宏导出数据

想要将数据库中的数据导出，可以使用【ExportWithFormatting】宏操作，具体操作步骤如下。

Step 01 打开"素材文件\第 10 章\固定资产登记表.accdb"，单击【创建】选项卡【宏与代码】组中的【宏】按钮，创建一个空白宏，在【添加新操作】下拉列表中选择【ExportWithFormatting】选项，如图 10-154 所示。

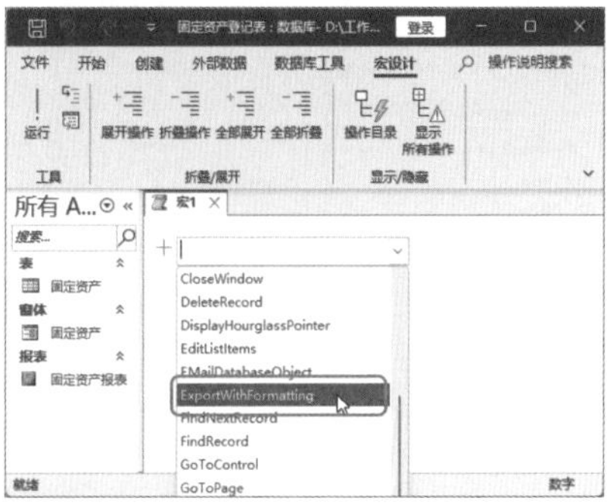

图 10-154

Step 02 设置【对象类型】为【报表】、【对象名称】为【固定资产报表】、【输出格式】为【Excel 97-Excel 2003 工作簿】、【输出质量】为【屏幕】，如图 10-155 所示。

图 10-155

Step 03 保存宏操作，单击【宏设计】选项卡【工具】组中的【运行】按钮，如图 10-156 所示。

图 10-156

Step 04 打开【输出到】对话框，❶设置保存路径和文件名，❷单击【确定】按钮，如图 10-157 所示。

图 10-157

Step 05 操作完成后，即可将【固定资产报表】导出到目标路径，打开该表，即可查看导出报表的效果，如图 10-158 所示。

图 10-158

技巧 05：怎样将现有宏转换为 VBA

宏操作实际上是一些 Access 数据库的命令，执行对数据库常用的操作和管理。对数据库进行更为全面细致的操作，只能通过 VBA 程序代码来实现。在习惯编写 VBA 代码

之后，可能希望将某些应用程序宏重新编写为 VBA 过程。此时，就可以将宏转换为 VBA 代码，快速将宏转换为模块，具体操作步骤如下。

Step 01 打开"素材文件\第 10 章\固定资产登记表 1.accdb"，❶在导航窗格中右击【打开对象】宏，❷在弹出的快捷菜单中选择【设计视图】命令，如图 10-159 所示。

图 10-159

Step 02 单击【宏设计】选项卡【工具】组中的【将宏转换为 Visual Basic 代码】按钮，如图 10-160 所示。

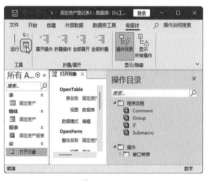

图 10-160

Step 03 打开【转换宏：打开对象】对话框，默认选中【给生成的函数加入错误处理】和【包含宏注释】复选框，直接单击【转换】按钮，如图 10-161 所示。

图 10-161

Step 04 弹出【将宏转换为 Visual Basic 代码】对话框，提示转换完成，单击【确定】按钮，如图 10-162 所示。

图 10-162

Step 05 打开 VBA 窗口，在左侧的【工程资源管理器窗口】中双击名为【被转换的宏—打开对象】的模块，即可查看转换的 VBA 代码，如图 10-163 所示。

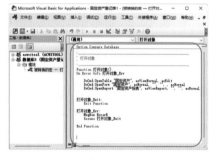

图 10-163

本章小结

通过对本章知识的学习和对案例的练习，相信读者已经掌握了宏的创建和使用。在 Access 中创建宏与在 Word 中录制宏不同，后者允许录制一系列的操作，并在稍后回放这些操作，而 Access 宏是允许执行定义的操作，并向窗体和报表中添加功能。创建宏包括从下拉列表中选择操作，然后设置操作参数，在使用的过程中可以发现，宏操作允许在不编写任何一行 VBA 代码的情况下选择操作。如果不熟悉 VBA，创建宏是了解可以使用的部分命令的绝佳手段。

第 11 章　Access 数据库中 VBA 的应用

➡ 为员工评定等级可以使用 VBA 代码来操作吗？

➡ 用代码计算值时，应该使用什么语句？

➡ 为【关闭】按钮添加功能，应该怎样编写代码？

➡ 使用代码创建一个九九乘法表，应该怎样来完成？

➡ VBA 代码编写完成后，如果发生错误，应该怎样调试？

在学习了一段时间的 Access 后你会发现，就算不使用 VBA 也可以创建出精美的操作界面和美观的报表，对于普通用户来说，这种程度的数据库已经可以正常使用了。可是，如果想要创建出功能更加强大的数据库，脱离了 VBA 是绝对不可能完成的。本章将介绍 VBA 的精髓所在，通过 VBA 代码来发现数据库中更加广阔的空间。

11.1　认识 VBA

Access 作为面向对象的开放型数据库，提供了强大的个性化开发功能，而学习 VBA 最重要的就是 VBA 的编程语言。本节先简单介绍 VBA，包括 VBA 的定义、VBA 与宏的关系、VBA 的编写环境等。

11.1.1　VBA 的定义

VBA 是 Visual Basic for Applications 的简称，是内置到 Microsoft Access 的编程语言。VBA 在所有的 Office 应用程序间共享，包括 Word、Excel、Outlook、PowerPoint 和 Visio。

在绝大多数专业的 Access 应用程序中，VBA 都占据了重要的地位，在 Access 中使用 VBA，可以为数据库应用程序提供更强大的功能。

要了解 VBA，首先要了解 VB。VB 是由微软公司开发的可视化程序设计语言，有着十分强大的编程功能。此外，微软公司又对 VB 进行了开发和整合，形成了两个重要的 VB 子集：VBA 和 VBScript。其中，VBA 被集成在 Office 办公软件中，用来开发应用程序。

VBA 是基于 VB 发展而来的，它们具有相似的语言结构，但 VBA 却更加简单。如果用户已经了解了 VB，那么学习 VBA 会很容易。相应地，学习 VBA 也会为学习 VB 打下坚实的基础。

在本书中，VBA 是指 Access 2021 中的一种编程语言，与 Word、Excel 等内置的 VBA 相同，只是不同的应用程序中有不同的内置对象和属性方法。因为 VBA 内置于 Office 系列软件中，所以它只能依存于各软件执行，不能脱离 Office 环境而存在。

使用 VBA 语言编写的代码，将被保存在 Access 的一个模块中，并通过类似在窗体中触发宏的操作来启动这个模块，从而实现想要的功能。

VBA 提供了面向对象的程序设计方法和相当完整的程序设计语言。与其他面向对象的编程语言一样，VBA 语言中也有对象、属性、方法和事件等。

➡ 对象：是代码和数据的一个结合单元，如表、窗体等都是对象，一个对象是由语言中的"类"来定义的。

➡ 属性：指定义的对象特性，如颜色、大小等。

➡ 方法：指对象能够执行的动作，决定了对象能够完成什么事，如打开、关闭等。

➡ 事件：指对象能够识别的动作，如单击、双击事件等。

★重点 11.1.2　VBA 与宏的关系

使用宏可以完成一些简单的操作，如打开或关闭窗体、运行报表等，并且构建应用程序的速度也更快。

因为VBA可用于创建危害数据安全或损坏文件的代码，所以一般来说，为了确保数据库的安全，在可能的情况下，尽量使用宏，而只使用VBA来完成宏无法完成的工作。

在实际应用中，用户选择宏还是VBA来完成工作，取决于要完成的任务的性质。如果是以下几种情况，就需要使用VBA，而不是宏。

➥ 创建自定义函数：除使用Access提供的内置函数外，通过使用VBA代码，用户可以创建自定义函数。

➥ 创建或操作对象：大多数情况下，用户必须在设计视图中处理对象，然而在有些情况下，可能需要在代码中操作对象的定义。通过使用VBA，用户可以操作数据库中的所有对象，包括数据库本身。

➥ 方便数据的维护：与宏不同，VBA代码作为事件过程嵌入窗体或报表的内部，如果把窗体或报表从一个数据库移到另一个数据库，嵌入窗体或报表内部的事件过程也会随之移动，这极大地方便了数据的维护和管理。

11.1.3 VBA的编写环境

Access提供了VBA程序的编程、调试环境，在了解VBA的编写环境之前，首先要了解进入VBA编写环境的方法。

➥ 直接进入VBA的编写环境：单击【数据库工具】选项卡【宏】组中的【Visual Basic】按钮，即可进入VBA编写环境，如图11-1所示。

图 11-1

➥ 新建一个模块，进入VBA的编写环境：单击【创建】选项卡【宏与代码】组中的【模块】按钮，可以新建一个VBA模块，同时进入VBA的编写环境。如果单击【类模块】按钮，可以新建一个类模块，同时进入编写环境，或者直接单击【Visual Basic】按钮，如图11-2所示。

图 11-2

➥ 新建一个用于响应窗体、报表或控件的事件过程，进入VBA的编写环境：将某个控件或窗体、报表等对象的事件属性设置为【事件过程】，然后单击其右侧的⋯按钮，即可进入VBA的编写环境，如图11-3所示。

图 11-3

使用以上3种方法都可进入VBA的编写环境，窗口顶部是菜单栏和工具栏，下方的3个窗格分别是工程资源管理器窗口、属性窗口和代码窗口，如图11-4所示。

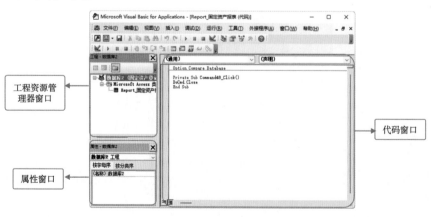

图 11-4

菜单栏和工具栏与其他程序的使用方法相似，此处只介绍其他部分。

→ 工程资源管理器窗口：该窗口以一个分层结构列表显示了数据库中的所有类模块和标准模块对象，双击某个模块，在代码窗口中即可显示和编辑这个模块的VBA程序代码。

→ 属性窗口：在该窗口中，可以显示和设置VBA模块对象的各种属性，当选择多种控件时，属性窗口会列出所有控件的共同属性。

→ 代码窗口：在该窗口中可以显示、编写和修改VBA程序代码。在该窗口中右击，在弹出的快捷菜单中还可以对代码进行剪切、复制和粘贴等操作。该窗口顶部有两个组合框，当为事件过程时，左边组合框中显示所有对象名称，右边组合框中显示当前对象能识别的所有事件名称，选定一个对象，再选定一个事件，系统会自动生成相应事件过程的起始行与结束行，用户只需在两行中间添加过程代码即可。当为通用过程时，右边组合框中显示出当前所有的过程名，窗口左下角有【过程视图】按钮和【全模块视图】按钮，前者只显示当前过程，后者为默认选项，显示出全部过程。

技术看板

在进入一个新的代码窗口时，第一行为默认的代码【Option Compare Database】只能在Access中使用，表示当需要进行字符串比较时，将根据数据库的区域ID确定的排序级别进行比较。

11.2　VBA 编程和设计基础

在学习VBA编程之前，首先需要学习VBA编程和设计的基础知识，如了解数据类型、常量、变量、数组、运算符等编程语言。

★重点 11.2.1　数据类型

VBA支持多种数据类型，不同的数据类型有着不同的存储方式和数据结构。如果不指定数据类型，VBA会默认将其作为变体型Variant，此数据类型可以根据实际需要自动转换成相应的其他数据类型。但是，让VBA自动转换数据类型会使程序的执行效率降低，所以在编写VBA代码时，必须定义好数据类型，选择占用字节最少、又能很好地处理数据的类型，才能保证程序运行更快。VBA支持的数据类型主要有字符串型、数值型、日期型、货币型等。除这些内置的数据类型外，用户还可以自定义数据类型。表11-1中列出了常用的数据类型供用户参考。

表 11-1　VBA常用的数据类型

数据类型	数据名称	类型标识符	数据范围	字节数
String	定长字符串型	$	最多可包含大约 65400 个字符	—
String	变长字符串型	$	最多可包含大约 20 亿个字符	—
Boolean	布尔型	无	True 或 False	1
Byte	字节	无	0~255 的整数	1
Integer	整型	%	−32768~32767	2
Long	长整型	&	−2147483648~2147483647	4
Single	单精度浮点型	!	负数：−3.402823E38~−1.401298E−45 正数：1.401298E−45~3.402823E38	4
Double	双精度浮点型	#	负数：−1.797639313486231E308~4.9406564841247E−324 正数：4.9406564841247E−324~1.797639313486231E308	8
Date	日期型	无	100/1/1~9999/12/31	8

续表

数据类型	数据名称	类型标识符	数据范围	字节数
Currency	货币型	@	−922337203685477.5808~922337203685477.5807	8
Variant	变体型	无	除定长字符串型和用户自定义类型外，可包含任意类型	—

技术看板

在 Access 中，字段的数据类型与 VBA 中的数据类型大多是相对应的。例如，字段的货币类型与 VBA 中的货币型相对应，是/否类型与 VBA 中的布尔型相对应。

1. 字符串型

字符串型用来存储字符串数据，它是一个字符序列，由字母、数字、符号和文字等组成。在 VBA 中，字符串类型分为定长字符串型和变长字符串型两种。

用户定义字符串时，需要用双引号把字符串引起来，而双引号并不算在字符串中。例如，"book"、"员工信息表"和""（空白字符串）等，都表示字符串型数据。

具体来说，定义字符串型数据的方法如下。

```
Dim str1 as String
```

这表示声明一个名为 str1 的字符串型变量。对于定长字符串的定义，可以使用"String*Size"的方式。例如：

```
Dim str2 as String*12
```

2. 数值数据型

数值数据型是可以进行数学计算的数据，在 VBA 中，数值数据型分为字节、整型、长整型、单精度浮点型和双精度浮点型。

其中，整型和长整型数据是不

带小数点和指数符号的数。例如：

➡ 111、−189、222% 均表示整型数据。

➡ 111&、−189& 均表示长整型数据。

单精度浮点型和双精度浮点型数据是带有小数部分的数。例如：

➡ 111!、−189.75、0.111E+3 均表示单精度浮点型数据。

➡ 111#、−189.75#、0.111E+3#、0.111D+3 均表示双精度浮点型数据。

在 VBA 中，定义整型数据变量有两种方法：一种是直接使用 Integer 关键字，类似前文中定义字符串型变量的方法；另一种是直接在变量的后面添加一个百分比符号（%）。例如：

```
Dim a1 as Integer
Dim a2%
```

以上定义中的 a1 和 a2 都是整型数据变量。

技术看板

定义其他数值数据型的方法与定义整型数据变量的方法类似，只是后面的类型标识符不一样。

3. 日期型

日期型数据用来表示日期和时间信息，在存储时，日期型数据的整数部分被存储为日期值，小数部分被存储为时间值。

用户定义时间类型的数据时，需要用井号（#）把日期和时间

括起来。例如，#August5,2022#、#2022/5/25#、#2022-5-25 15:25:30# 等，均是日期型数据。

定义日期型数据的方法如下。

```
Dim aa as Date
```

技术看板

在 Access 中，可以使用 Now() 函数来提取当前时间，使用 Date() 函数来提取当前日期。

4. 货币型

货币型是为了表示货币而设置的，此类数据以 8 字节进行存储，并精确到小数点后 4 位和小数点前 15 位，而小数点后 4 位之后的数字都将被舍去。

表 11-1 中表明了货币型的数据范围，如果超过这个范围，就不适合将其定义为货币型数据。

定义货币型数据的方法如下。

```
Dim cost as Currency
```

5. 布尔型

布尔型是用于进行逻辑判断的数据类型，其值为逻辑值。布尔型数据只有 True（真）或 False（假）两个值。

定义布尔型数据的方法如下。

```
Dim c as Boolean
```

技术看板

将布尔型数据转换为整型时，

True 转换为 -1，False 转换为 0。当将其他类型的数据转换为布尔型数据时，非 0 数据转换为 True，0 转换为 False。

6. 变体型

当用户在编写 VBA 时，如果没有定义某个变量的数据类型，那么系统会自动将这个变量定义为变体型。如果以后调用这个数据，就可以根据需要改变为不同的数据类型。

变体型是一种特殊的数据类型，除定义长字符串型和用户自定义类型外，它可以包含任何类型的数据，甚至包含 Empty、Error、Nothing 和 Null 等特殊值。

7. 自定义的数据类型

除前文中系统提供的基本数据类型外，在 VBA 中，用户还可以自定义数据类型。自定义的数据类型实际是由基本数据类型构建而成的一种数据类型，其语法格式如下。

```
Type 数据类型名
类型元素名 as 系统数据类型名
End Type
```

例如，要定义一个名为 Lily 的用户数据类型：

```
Type Lily
RDnumber as Long
RDname as String
RDphone as Long
RDbirthday as Date
End Type
```

上面共包含了 4 个元素。

➡ RDnumber 定义了编号为长整型的变量。
➡ RDname 定义了姓名为字符串型的变量。
➡ RDphone 定义了电话为长整型的

变量。
➡ RDbirthday 定义了生日为日期型的变量。

11.2.2 常量

在 VBA 程序中，经常需要反复使用一些常数，为了方便记忆和维护这些常数，可以为这些常数定义一个名称，然后在程序中使用定义的名称来代替对应的常数，而这个为常数定义的名称就称为常量。在 VBA 中，常量有系统内置的常量和用户自定义的常量两种。

1. 系统内置的常量

在 VBA 中，系统内置的常量有很多，其中 Microsoft Access 相关库中定义的常量一般以 "ac" 开头，ADO 相关库中定义的常量一般以 "ad" 开头，Visual Basic 相关库中定义的常量一般以 "vb" 开头，如 acForm、adAddNew、vbCurrency。

2. 用户自定义的常量

在 VBA 中，使用 Const 关键字来自定义常量，其具体格式如下。

```
Const 常量名 [as 数据类型]=
表达式
```

这里的 Const 是定义常量的关键字，等号后面表达式计算的结果将被保存在常量名中，保存之后，用户就不能修改常量名中的保存值了。例如：

```
Const VAR1=365
Const MSG="Good morning"
```

上面分别声明了一个整型常量 VAR1 和字符串型常量 MSG。

11.2.3 变量

变量是指在程序执行的过程中，

值会发生变化的量。根据变量的作用域不同，可将其分为局部变量和全局变量。

一个变量有以下 3 个要素。
➡ 变量名：通过变量名来指定数据在内存中的存储位置。
➡ 变量类型：它决定了数据的存储方式和数据结构。VBA 程序并不要求在使用变量之前必须声明变量类型，但用户最好在系统允许的情况下，尽可能地声明变量的数据类型。
➡ 变量的值：在内存中存储的变量值是可以改变的值，在 VBA 中可通过赋值语句来改变变量的值。

在 VBA 中，对于变量的命名有如下规则。
➡ 变量名只能由字母、数字、下划线构成，不允许存在空格和其他特殊字符。
➡ 变量名必须以字母和下划线开头。
➡ VBA 不区分大小写，但在命名变量时最好能体现该变量的作用，以增加程序的可读性。
➡ 不能使用 VBA 中的关键字作为变量名。
➡ 变量名最多可以包含 254 个字符。
➡ 变量名必须唯一，不能与模块中其他的名称相同。

> 📌 **技术看板**
>
> 常量名的命名规则与变量名的命名规则相同。

如果在 VBA 中不声明变量而直接在程序中使用，系统会自动创建一个变量。但是，为了提高程序的效率，同时也使程序易于调试，最好在使用之前强制声明变量。

声明变量的语法格式如下。

定义词 变量名 [as 数据类型]

as 关键字后面指定变量的数据类型，这个类型可以是系统提供的基本数据类型，也可以是用户自定义的数据类型。

技术看板

"as 数据类型"使用中括号括起来，表示在声明变量时可以不指定 as 关键字后面的数据类型，系统会根据指定的值自动为该变量指定数据类型。

定义词可以是 Dim、Static、Public 等。

➡ Dim 是最常用的定义词，也被用来声明局部变量。与 Static 不同的是，Dim 声明的是动态变量，当过程结束时，该变量所占有的内存就会被系统回收。

➡ 当定义词是 Static 时，声明的是局部变量，同时还是静态变量，表示只能在该过程中引用这个变量，对于其他过程，即使是保存在同一个模块中，也无从知道这个过程中声明的变量。在过程结束后，这个变量所占有的内存不会被回收。

➡ 当定义词为 Public 时，声明的是全局变量，表示应用程序中的所有模块都能使用这个变量。

例如，定义词 Dim 可以使用如下语句。

```
Dim name as String
Dim age as Integer
Dim birthday as Date
```

上面分别声明了 3 个变量，第一个是字符串型变量，第二个是整型变量，第三个是日期型变量。

另外，多个变量也可以在同一个 Dim 语句中声明，此时需要指定每一个变量的数据类型。例如：

```
Dim intA as Integer,intB
as Integer,intC as Integer
```

该语句声明了 3 个整型变量，名称分别为 intA、intB 和 intC。

如果某个变量没有指定数据类型。例如：

```
Dim intA intB,intC as
Integer
```

在这个语句中，intA 和 intB 没有指定数据类型，因此它们的数据类型是变体 Variant，只有 intC 的数据类型是整型。

11.2.4 数组

数组是一组相关数据的集合，其中每个变量的排列顺序号称为变量的下标，而每个带有不同顺序号的同名变量称为这个数组的一个元素。在定义了数据之后，可以引用整个数组，也可以引用数组中的某个元素。

声明数据的方法和声明变量的方法相同。下面使用常用的 Dim 语句进行声明，其语法格式如下。

```
Dim 数组名称（数组范围）as
数据类型
```

其中，如果在数组范围中不定义数组下标的下限，则默认下限为 0。例如：

```
Dim bAge(10) as Integer
```

这条语句声明了一个具有 11 个元素的数组，并且每个数组元素均为整型变量，其元素分别为 bAge(0)、bAge(1)、bAge(2)、bAge(3)、…、bAge(10)。

如果需要指定数据下标的范围，可以使用 to 关键字。例如：

```
Dim bAge(3 to 10) as
Integer
```

这条语句声明了一个具有 8 个元素的数组，其元素分别为 bAge(3)、bAge(4)、bAge(5)、…、bAge(10)。

在 VBA 中，还允许用户定义动态数组。例如：

```
Dim bAge() as Integer
```

这条语句没有指定数组的范围，声明了一个动态数组。

11.2.5 运算符与表达式

运算符连接表达式中的各个操作数，是用来指明对操作数所进行的运算。运用运算符可以更加灵活地对数据进行运算，常见的运算符有算术运算符、比较运算符、逻辑运算符等。

1. 算术运算符

算术运算符是最基本的运算符，用于对两个或多个数字进行计算，常见的算术运算符如表 11-2 所示。

表 11-2　算术运算符

运算符	作用	示例	结果
+	加减运算	1+1	2
−	减法运算	2−1	1
*	乘法运算	2*2	4
/	除法运算	9/3	3
∧	求幂运算	3^2	9
\	整除运算	10\3	3
Mod	求模运算	10 Mod 3	1

下面介绍在 VBA 窗口中使用运算符的具体操作步骤。

Step01 ❶ 在 VBA 窗口中选择【视图】选项卡，❷ 在弹出的下拉菜单中选择【立即窗口】命令，如图 11-5

所示。

图 11-5

Step 02 打开【立即窗口】，输入语句：

```
a=12\2.2
print a
```

如图 11-6 所示。

图 11-6

Step 03 按【Enter】键，即可得到返回结果，如图 11-7 所示。

图 11-7

Step 04 输入 "print 35.2 mod 3.6"，按【Enter】键即可得到返回结果，如图 11-8 所示。

图 11-8

📖 **技术看板**

【立即窗口】是调试程序的重要工具，本例是为了方便理解运算符，将其作为立即显示计算结果的展示工具。

2. 比较运算符

比较运算符又称为关系运算符，表示对两个值或表达式进行比较。使用比较运算符构成的表达式总会返回一个逻辑值（True 或 False）或 Null（空值或未知）。

在 Access 中，提供了 8 种比较运算符，如表 11-3 所示。

表 11-3　比较运算符

运算符	含义	示例	结果
=	等于	2.5=3	False
<> 或 !=	不等于	2.5<>3	True
>	大于	6>8	False
>=	大于等于	"A">="B"	False
<	小于	6<8	True
<=	小于等于	6<=3	False
Like	比较样式		
Is	比较对象变量		

同样，可以使用【立即窗口】验证比较运算符的使用效果。

例如，输入 "print 2.5<>3"，按【Enter】键，可以看到返回的逻辑值为【True】。

又如，输入 "print 6<=3"，按【Enter】键，可以看到返回的逻辑值为【False】，如图 11-9 所示。

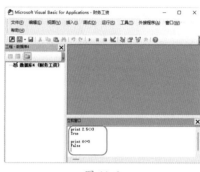

图 11-9

3. 逻辑运算符

逻辑运算符又称为布尔运算符，用于在表达式中创建多个条件。用逻辑运算符连接两个或多个表达式，可以组成一个布尔表达式。它与比较运算符类似，会返回一个逻辑值（True 或 False）或 Null。

在 Access 中，常见的逻辑运算符如表 11-4 所示。

表 11-4　逻辑运算符

运算符	含义	示例	结果
Not	逻辑非	Not 3<6	False
And	逻辑与	3<6 And 4>6	False
Or	逻辑或	3<6 Or 4>6	True
Xor	逻辑异或	3<6 Xor 6<4	True
Eqv	逻辑等于	3<6 Eqv 4>6	False

同样，可以使用【立即窗口】验证逻辑运算符的使用效果。

例如，输入 "print 3<6 And 4>6"，按【Enter】键，可以看到返回的逻

辑值为【False】。

又如，输入"print 3<6 Or 4>6"，按【Enter】键，可以看到返回的逻辑值为【True】，如图11-10所示。

图 11-10

下面将详细介绍逻辑运算符。

→ Not运算符：又称为取反运算符，是对结果取反。如果表达式结果为True，那么Not运算符就返回False；如果表达式结果为False，那么Not运算符就返回True。

→ And运算符：又称为与运算符，用来对两个表达式执行逻辑连接，要求两边的表达式结果都为True。如果任意一方的返回结果为Null或False，那么结果将返回False。

→ Or运算符：又称为或运算符，只要左右两侧的表达式任何一方为True，结果就返回True。只有两边都为False时，结果才返回False。

→ Xor运算符：又称为异或运算符，当左右两侧的表达式的值同时为True或同时为False时，结果返回False，否则返回True。

→ Eqv运算符：又称为等价运算符，

与Xor运算符结果相反。当左右两侧的表达式的值同时为True或同时为False时，结果返回True，否则返回False。

在计算表达式时，系统会根据运算符的优先级按照先后顺序进行计算。与数学中学过的"先乘除，后加减"一样，在VBA中，各种运算符也有优先顺序，如表11-5所示。

表 11-5　运算符优先顺序从低到高

优先级	运算符
低	Eqv
	Xor
	Or
	And
	Not
	=, <>, <, >, <=, >=
	&
	+, -
	Mod
	\
	*, /
	^
	-（负号）
高	!

技术看板

如果使用了圆括号，则圆括号内的操作优先于圆括号外的操作。在圆括号内部，系统同样遵守定义的运算符优先级。

★重点 11.2.6　常用的标准函数

在VBA中，系统提供了大量的内置函数，如Sin()、Max()等。在编写程序时，开发者可以直接引用这些函数。

在引用这些函数时，需要注意以下几点。

→ 函数的名称：在每种编程语言中，数学函数都有固定的名称，如使用Sin()函数求正弦、Cos()函数求余弦等。

→ 函数的参数：参数跟在函数名后面，需要用括号括起来。当函数没有参数或参数个数为零时，括号内不填写内容即可。当参数个数为两个或两个以上时，各参数之间需要用英文状态下的逗号（,）分隔开，并且函数的参数具有特定的数据类型。

→ 函数的返回值：每个函数均有返回值，并且函数的返回值也具有特定的数据类型。

VBA常用的标准函数分为数学函数、字符串函数、日期/时间函数、类型转换函数和输入/输出函数五大类，下面分别进行介绍。

1. 数学函数

数学函数又称为算术函数，VBA中提供了多个数学函数，如表11-6所示。

表 11-6　数学函数

函数	中文名称	说明	示例	结果
Abs()	绝对值函数	返回数值表达式的绝对值	Abs(-8)	8

函数	中文名称	说明	示例	结果
Int()	向下取整函数	返回数值表达式的向下取整数的结果。当参数为负数时，将返回小于等于该参数值的第一个负整数	Int(8.8) Int(-8.8)	8 -9
Fix()	取整函数	返回数值表达式的整数部分	Fix(-8.8)	-8
Sqr()	开平方函数	计算数值表达式的平方根	Sqr(11)	3.3166247903554
Rnd()	随机函数	返回一个 0~1 的随机数，为单精度类型函数，还可以指定随机数的范围和数据类型	Rnd() Int(100*Rnd+1)	0~1 的随机数 1~99 的整型随机数
Round()	四舍五入函数	按取舍位数对数值进行四舍五入，还可以指定进行四舍五入运算时的小数点右边保留的位数	Round(3.141) Round(3.14159,1) Round(3.14159256,3)	3 3.1 3.142
Sin()	正弦函数	返回某个角的正弦值	Sin(1)	0.841470984807897
Cos()	余弦函数	返回某个角的余弦值	Cos(1)	0.54030230586814
Log()	自然对数函数	返回某数的自然对数	Log(2)	0.693147180559945

以上示例都可以在【立即窗口】中运行，如图 11-11 所示。

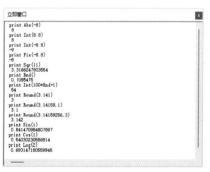

图 11-11

2. 字符串函数

字符串函数是程序中处理数据的重要手段，也是必不可少的，Access 中的字符串函数如表 11-7 所示。

表 11-7 字符串函数

函数	函数类型	说明	语法结构
Instr()	字符串检索	返回数值表达式的绝对值	Instr([Start,]<str1>),<str2>[,compare]
Left()	字符串截取函数	返回某字符串从左边截取的 N 个字符	Left(<String>,<N>)
Right()		返回某字符串从右边截取的 N 个字符	Right(<String>,<N>)
Mid()		从中间位置返回字符串，N 代表字符的起始位数	Mid(<String>,<N>)
Space()	生成空格字符函数	返回一个包含指定空格数的 Variant（String）值	Space(<Number>)
Len()	字符长度检测函数	返回字符串的长度	Len(String)
Ucase()	大小写转换函数	可以将字符串中小写字母转换成大写字母	Ucase(<String>)
Lcase()		可以将字符串中大写字母转换成小写字母	Lcase(<String>)

函数	函数类型	说明	语法结构
Ltrim()		删除字符串开始的空格	Ltrim(\<String\>)
RTrim	删除空格函数	删除字符串尾部的空格	RTrim(\<String\>)
Trim()		删除字符串开始和尾部的空格	Trim(\<String\>)

3. 日期/时间函数

在 Office 系列软件中，日期和时间都是一种比较特殊的数据，这些数据使用数学函数或字符串函数处理都比较麻烦。因此，系统提供了一些专门用于处理日期和时间的标准函数，如表 11-8 所示。

表 11-8　日期/时间函数

函数	函数类型	说明
Date()	获取系统日期和时间的函数（这 3 个函数都没有参数）	获取系统的日期
Time()		获取系统的时间
Now()		获取系统的日期和时间
Year()		获取日期中的年份
Month()		获取日期中的月份
Day()		获取日期中的天数
Weekday()	获取日期和时间分量函数	获取日期中对应的星期
Hour()		获取时间中的小时
Minute()		获取时间中的分钟
Second()		获取时间中的秒数
DateSerial()	返回日期函数	根据给定的年、月、日数据返回对应的日期，该函数的语法格式为 DateSerial(year, month,day)
Format()	日期格式化函数	根据给定的格式代码将日期转换为指定的格式，该函数的语法格式为 Format(date, format)

4. 类型转换函数

在 VBA 中，虽然有些数据类型在需要时可以自动进行转换，但是在另外一些情况下，却要求使用指定类型的数据。这时就需要将数据转换为该类型的数据后再使用，常见的类型转换函数如表 11-9 所示。

表 11-9　类型转换函数

函数	函数类型	说明
Asc()	字符串转换为字符代码函数	获取指定字符串第一个字符的 ASCII 值，且只有一个字符串参数
Chr()	字符代码转换为字符函数	将字符代码转换为对应的字符，常用于在程序中输入一些不易直接输入的字符，如换行符、制表符等
Str()	数值转换为字符串函数	将数值转换为字符（注意，当数值转换为字符串时，会在开始位置保留一个空格来表示正负。若表达式值为正，返回的字符串最前面有一个空格，反之则没有）
Val()	字符串转换为数值函数	将数字字符串转换为数值型数字，同时可自动将字符串中的空格、制表符和换行符去掉

5. 输入/输出函数

输入/输出函数的作用是在用户需要时打开一个对话框供用户输入或输出数据，使用输入和输出函数可以减轻用户的编程工作量，不用自定义一个输入/输出窗体。

➥ 输出函数 MsgBox()：又称为消息框，其语法格式为 MsgBox(消息 [,命令个数及形式][,标题文字] [,帮助文件,帮助文件号])，其中【消息】参数是必需的，其他都是可选的。默认的【命令个数及形式】参数是【确定】按钮，当中间的若干个参数不写时，逗号(,)不可缺少。在使用该函数时，当没有将该函数的结果赋予某个变量时，不能够使用括号。例如，新建一个模块，在其中输入 MsgBox() 函数，运行后即可弹出消息框，如图 11-12 所示。

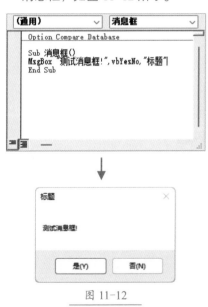

图 11-12

➥ 输入函数 InputBox()：又称为输入框，其语法格式为 InputBox (<提示信息>[,标题],[,默认], [,x坐标],[,y坐标],[,帮助文件,帮助文件号])，其中【提示信息】参数是必需的，其他都是可选的。例如，新建一个模块，在其中使用 InputBox() 函数输入一个整数，然后使用消息框可以返回这个整数加 111 的结果，如图 11-13 所示。

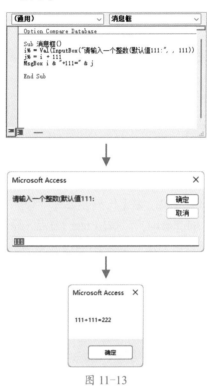

图 11-13

★重点 11.2.7 程序语句

程序语句是由各种变量、常量、运算符和函数等连接在一起，能够完成特定功能的代码块。它是整个程序中非常重要的组成部分。在 VBA 中，程序语句可以分为以下 3 种。

➥ 声明语句：用于命名变量、常量或数组等，并设定数据类型、定义范围等。

➥ 赋值语句：用于给某一个变量或常量赋予确定的值或表达式。

➥ 可执行语句：一条可执行语句就是 VBA 的一个动作，执行一个方法或函数，从而实现 VBA 过程中需要完成的功能，它是过程的主体，通常包含数学运算符或条件运算符。

当然，任何编程语句都有一定的语法规则，要求如下。

➥ 每条语句的结尾都是以【Enter】键结束。

➥ 通常情况下，一条语句需要写在同一行中，但是也可以利用下划线(_)将语句持续到下一行中，并且下划线至少应该与它前面的字符保留一个空格，否则系统会直接将下划线与前面的字符当作一个字符串。

➥ 语句中的定义词、变量名或函数等不区分大小写。

➥ 如果多条语句写在同一行中，可以用冒号(:)隔开。例如：

```
Dim strl string
Strl="Good morning"
```

如果写在一行中，就可以写成：

```
Dim strl string:Strl=
"Good morning"
```

在 VBA 中，系统会对输入的语句进行简单的格式化处理，当用户在【代码窗口】中输入某条语句后，按【Enter】键就可以观察其格式化处理的结果。例如，输入语句 strl="Good morning"，按【Enter】键后，就会自动变为 Strl= "Good morning"，系统自动将定义词的第一个字母大写。

技术看板

系统还会自动在运算符前后加空格，或者将输入的函数变为固定的格式等。

下面介绍几种在 VBA 中常用的语句。

1. 声明语句

在VBA中，用户通过声明语句来命名和定义常量、变量、数据、过程等，并通过定义的位置和使用的关键字来决定这些内容的生命周期和作用范围。例如：

```
Sub library()
  Dim lname String
  Const lprice As Single=
7.6
End Sub
```

这个代码包括了 3 条声明语句，Sub 语句声明了一个名为【library】的过程，当【library】过程被调用或运行时，Sub 与 End Sub 之间包含的语句都将被执行。Dim 语句声明了一个名为【lname】的变量，而 Const 语句声明了一个常量。

2. 赋值语句

赋值语句可以将特定的值或表达式赋给常量或变量。在赋值语句中，最重要的是赋值运算符【=】，它可以将运算符右边的值赋给运算符左边。例如：

```
lname="2021 年销量 "
a1=5.5
a2=a2-1
```

在以上 3 条赋值语句中，前两条直接赋予了明确的值，第三条则是将原来的 a2 值减 1 再重新赋给 a2。

技术看板

在同一条赋值语句中，不能同时给多个变量赋值。

3. 结束语句

在VBA中，使用End语句来结束一个程序的运行。例如：

```
End Sub  结束一个过程
End If  结束一个 If 语句
End Function  结束一个函数
End Type  结束用户自定义数据类型的定义
```

技术看板

End语句也可以结束过程、函数等。

在编写程序时，开发者应该养成使用End语句结束程序的好习惯，从而减少错误，增加程序的可读性。在VBA中，因为会对输入的语句进行简单的格式处理，所以系统会将End语句作为约定的格式。例如，在【代码窗口】中输入"Sublibrary()"，按【Enter】键后，系统会自动在下面显示End Sub语句。

4. 输入语句

在VBA中，有多种输入语句的方法，这里介绍一种常用的方法，使用InputBox()函数进行输入。它的作用在介绍标准函数时已经有过介绍，下面介绍它的语法格式。

```
InputBox(prompt[,title]
[,default][,xpos][,ypos]
[,helpfile,context])
```

语法中的各个参数含义如下。

➡ prompt：必选参数，用于显示输入对话框中的信息。

➡ title：可选参数，用于定义在对话框标题栏处显示的文本内容，如果没有定义，系统会默认将应用程序名【Microsoft Access】放在标题栏。

➡ default：可选参数，用来定义当用户没有输入内容时返回的值，如果省略，则默认返回为空。

➡ xpos：可选参数，指定对话框左边与屏幕左边的水平距离，如果省略，则对话框放置在水平方向居中的位置。

➡ ypos：可选参数，指定对话框上方与屏幕上方的垂直距离，如果省略，则对话框会放置在垂直方向距离屏幕上方约 1/3 的位置。

➡ helpfile：可选参数，字符串表达式，识别用来向对话框提供上下文相关帮助的帮助文件，如果提供了 helpfile 参数，也必须提供相应的 context。

➡ context：可选参数，数值表达式，由帮助文件的作者指定给适当的帮助主题的帮助上下文编号。

例如，在【立即窗口】中输入以下语句。

```
Print inputBox(" 请输入价
格 "," 扣税商品 ",100 , , ,
" 帮助 ",5)
```

按【Enter】键后，就会弹出一个对话框。如果在文本框中输入"150"，单击【确定】按钮，可以看到【立即窗口】中将返回输入的值，如图 11-14 所示。

图 11-14

如果不输入值，则默认返回100，如图 11-15 所示。

图 11-15

5. 输出语句

在 VBA 中，也有多种输出语句的方法，这里介绍使用 MsgBox() 函数进行输出的方法，其语法格式如下。

```
MsgBox(prompt[,buttons]
[,title][,helpfile,context])
```

语法中的各个参数含义如下。

→ prompt：必选参数，用于显示输入对话框中的信息。

→ buttons：可选参数，用于定义输出窗口的按钮样式及图标显示类型，默认为【确定】按钮。

→ title：可选参数，用于定义在对话框标题栏处显示的文本内容，如果没有定义，系统会默认将应用程序名【Microsoft Access】放在标题栏。

→ helpfile：可选参数，字符串表达

式，识别用来向对话框提供上下文相关帮助的帮助文件，如果提供了 helpfile 参数，也必须提供相应的 context。

→ context：可选参数，数值表达式，由帮助文件的作者指定给适当的帮助主题的帮助上下文编号。

例如，在【立即窗口】中输入以下语句。

```
Print msgbox(" 请输入单品
价格 ", ,"注意 ")
```

按【Enter】键后，即可弹出一个对话框，显示出设定的信息，如图 11-16 所示。

图 11-16

单击【确定】按钮，此时在【立即窗口】中将返回【确定】按钮对应的整型值【1】，如图 11-17 所示。

图 11-17

图 11-17 中【立即窗口】展示的是 MsgBox() 函数的用法。下面使用 MsgBox() 函数在具有【是】和【否】按钮的对话框中显示一条提示信息，提示是否保存信息。

在【代码窗口】中输入以下代码，如图 11-18 所示。

```
Sub msgtest()
Dim a
a = MsgBox(" 您确定保存修
改信息吗？ ", vbYesNo)
End Sub
```

图 11-18

输入完成后，按【F5】键执行程序，会弹出提示对话框，提示是否保存修改信息，并有【是】和【否】两个按钮，如图 11-19 所示。

图 11-19

11.3　创建 VBA 程序

在了解了 VBA 的语法规则和一些常见的语句后，用户就可以开始创建一些简单的 VBA 程序了。程序语言一般可分为顺序结构、选择结构和循环结构 3 种，下面就来介绍如何通过这 3 种程序结构来创建 VBA 程序。

★重点 11.3.1 实战：为财务工资表创建顺序结构 VBA

实例门类 软件功能

顺序结构是最基本的结构，它是在执行完一条语句之后，顺序执行下一条语句，一条一条按顺序执行下去。

下面以在【财务工资】数据库中创建一个简单的顺序结构 VBA 程序为例，介绍具体的操作步骤。

Step01 打开"素材文件\第 11 章\财务工资 .accdb"，单击【创建】选项卡【宏与代码】组中的【模块】按钮，如图 11-20 所示。

图 11-20

Step02 系统将新建一个模块，并进入该模块的编辑界面，❶在【代码窗口】中输入代码，❷单击【运行子过程/用户窗体】按钮▶，如图 11-21 所示。代码如下。

```
Sub test()
Dim mystr, myint
mystr = "Hello World"
myint = 5
Debug.Print "mystr=";
mystr
Debug.Print "myint=";
myint
End Sub
```

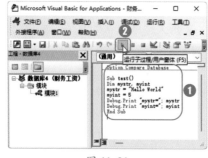

图 11-21

Step03 ❶选择【视图】选项卡，❷在弹出的下拉菜单中选择【立即窗口】命令，如图 11-22 所示。

图 11-22

Step04 在打开的【立即窗口】中即可查看结果，如图 11-23 所示。

图 11-23

★重点 11.3.2 实战：为财务工资表创建选择结构 VBA

实例门类 软件功能

选择结构也称为分支结构，该结构中通常包含一个条件判断语句，根据语句中条件表达式的结果执行不同的操作，从而控制程序的流程。

选择结构主要有两种：If 语句和 Case 语句。

If 语句又称为条件语句，Case 语句又称为情况语句，两者的本质相同，都是在 VBA 中进行条件判断，区别在于：当进行简单的条件判断时使用 If 语句，如果判断之后的结果较多，可以使用 Case 语句。

1. If 语句

VBA 中最常见的分支语句就是 If 语句，在使用时，又可以根据情况分为以下 3 种形式。

第一种是最简单的形式，只有一个条件判断分支语句，语法格式如下。

```
If <条件表达式> then <语句 1> End If
```

条件表达式的结果为 True，则执行 then 后面的语句 1，否则就直接跳过该 If 语句。

第二种形式是带有 Else 的形式，语法格式如下。

```
If <条件表达式> then
<语句 1>
Else
<语句 2>
End If
```

第二种形式比第一种形式多了 Else 语句，表示当条件表达式的结果为 True 时，执行 then 后面的语句 1，否则就执行 Else 后面的语句 2。

以上两种形式都只有一个条件，当有多重条件时，可以使用第三种形式，语法格式如下。

```
If <条件表达式 1>  then
<语句 1>
Else <条件表达式 2> then
<语句 2>
…
ElseIf <条件表达式 n> then
```

```
<语句 n>
Else
<语句 n+1>
End If
```

以上语句的执行流程是：先判断条件表达式 1，如果为 True，执行语句 1，否则就继续判断条件表达式 2，如果为 True，执行语句 2……一直判断到条件表达式 n，如果为 True，执行语句 n，如果结果一直为 False，则执行 Else 后面的语句 n+1。如果没有 Else 语句，则跳出整个 If 语句，继续执行 End If 后面的语句。

下面使用 If 多重条件作为判断语句，根据员工的运单数判断奖励金等级，具体操作步骤如下。

Step01 打开"素材文件\第 11 章\财务工资.accdb"，单击【创建】选项卡【宏与代码】组中的【模块】按钮。

Step02 系统将新建一个模块，并进入该模块的编辑界面，在【代码窗口】中输入代码，如图 11-24 所示。代码如下。

```
Sub test1()
    Dim stuScore As
Integer
    stuScore =
InputBox(" 请输入运单数 ")
    If stuScore > 95 Then
        MsgBox " 该员工获
得一等奖励金 "
    ElseIf stuScore > 85
Then
        MsgBox " 该员工获
```

得二等奖励金 "
```
    Else
        MsgBox " 该员工未
获得奖励金 "
    End If
End Sub
```

图 11-24

Step03 输入完成后，按【F5】键执行程序，弹出【Microsoft Access】对话框，①在【请输入运单数】文本框中输入运单数，②单击【确定】按钮，如图 11-25 所示。

图 11-25

Step04 此时，系统将根据输入的运单数进行判断，并显示出相应的结果，如图 11-26 所示。

图 11-26

由执行结果可以看到，If 语句从上到下依次进行检测，当运单数为【88】时，满足第 2 个 ElseIf 语句，运单数大于 85 且小于等于 95，所以执行的是第 2 个 then 后面的语句。

2. Case 语句

当条件表达式的结果较多时，使用 If 语句建立的程序可读性会较差，不容易理解，此时可以使用 Case 语句来实现。其语法格式如下。

```
Select Case <条件表达式>
Case 表达式值 1
<语句块 1>
Case 表达式值 2
<语句块 2>
...
Case 表达式值 n
<语句块 n>
Case Else
<语句块 n+1>
End Select
```

Case 语句是以 Select Case 开始，以 End Select 结束。此处与 If 语句不同的是，If 语句中条件表达式的结果只能是 True 或 False，而 Case 语句中条件表达式的结果可以是数值或字符串。

如果条件表达式的值与某个 Case 后面的值匹配，则执行该 Case 下面的语句，然后执行 End Select 后面的语句。

如果不止一个 Case 与条件表达式的值匹配，则只对第一个匹配的 Case 执行相关语句。

如果所有表达式的值没有一个与条件表达式的值匹配，则 VBA 执行Case Else后面的语句n+1。

下面使用Case语句，根据员工的业绩来评选等级，具体操作步骤如下。

Step01 打开"素材文件\第11章\财务工资.accdb"，单击【创建】选项卡【宏与代码】组中的【模块】按钮。

Step02 系统将新建一个模块，并进入该模块的编辑界面，在【代码窗口】中输入代码，如图11-27所示。代码如下。

```
Sub test2()
Dim grade As Integer,
evalu As String
grade = InputBox("请输入
业绩分数")
Select Case grade
 Case 100: evalu = "十佳
员工"
 Case 90 To 99: evalu =
"优秀员工"
 Case 80 To 89: evalu =
"三好员工"
 Case 70 To 79: evalu =
"好评员工"
 Case 60 To 69: evalu =
"普通员工"
 Case 0 To 59: evalu =
"待查员工"
 Case Else: evalu = "数
据错误"
End Select
MsgBox "分数为" & grade &
"" & "等级为" & evalu
End Sub
```

图 11-27

Step03 输入完成后，按【F5】键执行程序，弹出【Microsoft Access】对话框，❶在【请输入业绩分数】文本框中输入分数，❷单击【确定】按钮，如图11-28所示。

图 11-28

Step04 此时，系统将根据输入的业绩分数进行判断，并显示出相应的结果，如图11-29所示。

图 11-29

★重点 11.3.3 实战：为财务工资表创建循环结构VBA

实例门类	软件功能

循环结构也称为重复结构，可以将某些语句重复执行若干次，以实现重复性操作。

在VBA中，提供了不同形式的循环结构，最常用的有两种：For…Next循环和Do While…Loop循环。

For…Next循环可以按照指定的次数重复执行语句；Do While…Loop循环则需要根据条件判断是否继续执行循环。

1. For…Next循环

For…Next循环是最常用的一种循环控制结构，其语法格式如下。

```
For 循环变量＝初值 To 终值
[Step 步长]
[循环体]
```

```
Next [循环变量]
```

语法中的各个参数含义如下。

➡ 循环变量：也称为循环控制变量，作为循环控制的计数器，必须是一个数值型变量。

➡ 初值和终值：表示循环变量的初始值和终止值，都是数值表达式。

➡ 步长：表示每次循环时，循环变量增加的值，不能为0，可以是正数或负数。步长为1时可以省略Step子句。

➡ 循环体：表示要执行的循环内容。

➡ Next：表示终止循环语句，后面的循环变量与For语句中的循环变量必须相同，可省略。

下面使用For…Next循环计算s=1+2+3+4+…+x的累加值，并输出结果，具体操作步骤如下。

Step01 打开"素材文件\第11章\财务工资.accdb"，单击【创建】选项卡【宏与代码】组中的【模块】按钮。

Step02 系统将新建一个模块，并进入该模块的编辑界面，在【代码窗口】中输入代码，如图11-30所示。代码如下。

```
Sub test3()
Dim x As Integer, s As
Integer
s = 0
x = InputBox("请输入累加
的终值")
For x = 1 To x Step 1
s = x + s
Next
MsgBox s
End Sub
```

图 11-30

Step 03 输入完成后，按【F5】键执行程序，弹出【Microsoft Access】对话框，❶在【请输入累加的终值】文本框中输入需要的累加值，如"100"，❷单击【确定】按钮，如图 11-31 所示。

图 11-31

Step 04 在打开的对话框中即可看到从 1 到 100 的累加值，如图 11-32 所示。

图 11-32

2. Do While…Loop 循环

如果只知道控制条件，但不能确定需要执行多少次循环，可以使用 Do While…Loop 循环，其语法格式如下。

```
Do While <条件>
[语句块]
Loop
```

当执行 Do While 时，首先对条件进行判断，如果结果为 True，则执行下面的语句块，然后向下执行到 Loop，程序自动返回 Do While 语句，继续新一轮的判断与循环，一直到判断结果为 False 时，程序跳出语句块，直接执行 Loop 后面的语句。

下面以使用 Do While…Loop 循环计算阶乘为例，计算 s=1*2*3*…*n 的值，并输出结果，具体操作步骤如下。

Step 01 打开"素材文件\第 11 章\财务工资 .accdb"，单击【创建】选项卡【宏与代码】组中的【模块】按钮。

Step 02 系统将新建一个模块，并进入该模块的编辑界面，在【代码窗口】中输入代码，如图 11-33 所示。代码如下。

```
Sub test4()
Dim s, x As Integer
s = 1: n = 1:
x = InputBox(" 请输入阶乘
的值 ")
Do While n < x
n = n + 1
s = s * n
```

```
Loop
MsgBox s
End Sub
```

图 11-33

Step 03 输入完成后，按【F5】键执行程序，弹出【Microsoft Access】对话框，❶在【请输入阶乘的值】文本框中输入任意值，可以计算出从 1 到这个值的阶乘值，如输入"22"，❷单击【确定】按钮，如图 11-34 所示。

图 11-34

Step 04 在打开的对话框中即可显示出从 1 到 22 的阶乘值，如图 11-35 所示。

图 11-35

11.4 过程与模块

用户编写的 VBA 代码实际是被保存在 Access 模块中的，所以如果要完成更复杂的功能，必须掌握模块的使用方法，下面来介绍过程与模块。

11.4.1 认识过程与模块

过程是由能够实现某项特定功能的代码段所组成的。利用过程可以将复杂的代码细分为许多部分，每种过程实现各自的功能，以方便用户管理。使用过程还可以扩展VB的构件，以及共享任务或压缩重复任务等。

模块是由声明、语句和过程组成的集合，它们作为一个单元存储在一起。

★重点 11.4.2 创建过程

在VBA中，创建过程又分为创建事件过程和创建通用过程。

1. 创建事件过程

事件是指用户对对象的操作，Access提供了50多种事件，如单击、通过键盘输入数据等均称为事件。

事件过程是指在某件事发生时执行的代码。例如，可以为单击事件设置代码，指示单击后要执行的动作。动作可以是退出某个程序，或者执行程序等，具体操作步骤如下。

Step01 打开"素材文件\第11章\固定资产登记表.accdb"，进入【固定资产报表】报表的设计视图，❶单击【关闭】按钮，❷单击【报表设计】选项卡【工具】组中的【属性表】按钮，如图11-36所示。

图 11-36

Step02 打开【属性表】窗格，❶在【事件】选项卡的【单击】下拉列表中选择【事件过程】选项，❷单击其右侧的 ... 按钮，如图11-37所示。

图 11-37

Step03 打开VBA窗口，并且自动新建一个名为【Report_固定资产报表】的类模块，在【代码窗口】中已经生成了【Command48_Click()】过程，如图11-38所示。

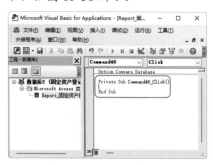

图 11-38

技术看板

Command48是指【关闭】按钮控件的名称属性，Click是指【单击】事件，所以事件过程的命名规则为：控件名称+下划线+事件名称。在Sub语句和End Sub语句中间，用户即可添加代码实现相应的功能。

Step04 在【代码窗口】中输入代码"DoCmd.Close"，然后按【Ctrl+S】快捷键保存，如图11-39所示。

图 11-39

技术看板

DoCmd是Access的一个特殊对象，用于调用内置方法，DoCmd.Close语句表示关闭当前工作窗体。

Step05 切换到报表视图，单击【关闭】按钮即可关闭当前报表，如图11-40所示。

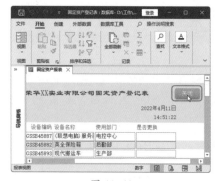

图 11-40

2. 创建通用过程

上面创建的事件过程只能作用于一个事件，要想使用多个控件或事件执行同样的动作，可以创建一个公共过程，然后让各个控件或事件调用这个过程。这个公共过程通常称为通用过程。

通用过程根据是否返回值又分为Sub过程和Function过程。

➥ Sub过程即子过程，它可以执行一系列操作但是不返回值。

➥ Function过程通常称为函数过程，它将返回一个值。

（1）创建 Sub 过程。首先来介绍如何创建 Sub 过程。其语法结构如下。

```
[Private|Public]
[Static] Sub <过程名称>
[(参数列表)]
[语句段]
[Exit Sub]
[语句段]
End Sub
```

语法中的各个参数含义如下。

→ Private：可选参数，表示只有在同一模块中的过程可以访问该 Sub 过程。

→ Public：可选参数，表示所有模块的过程都可以访问该 Sub 过程。

→ Static：可选参数，表示在调用之前保留 Sub 过程的局部变量的值。Static 属性对在 Sub 外声明的变量不会产生影响，即使过程中也使用了这些变量。

→ 过程名称：用于指定 Sub 的过程名称。

→ 参数列表：可选参数，表示在调用时要传递给 Sub 过程的参数的变量列表，多个变量需要用逗号（,）隔开。

→ 语句段：包含 Sub 过程中所执行的任何语句组。

下面以创建一个用于输出九九乘法表的 Sub 过程为例，介绍其使用方法。

Step01 打开"素材文件\第 11 章\财务工资.accdb"，单击【创建】选项卡【宏与代码】组中的【模块】按钮。

Step02 系统将新建一个模块，并进入该模块的编辑界面，在【代码窗口】中输入代码，如图 11-41 所示。代码如下。

```
Public Sub TestSub1()
```

```
Dim i As Integer
Dim j As Integer
    '通过循环的嵌套实现九九乘法表
    For i = 1 To 9
        For j = 1 To i
            Debug.Print Tab((j - 1) * 9 + 1); i & "×" & j & "=" & i * j;
        Next j
    Next i
End Sub
```

图 11-41

Step03 按【F5】键执行程序，❶选择【视图】选项卡，❷在弹出的下拉菜单中选择【立即窗口】命令，如图 11-42 所示。

图 11-42

Step04 打开【立即窗口】，在其中可以查看结果，如图 11-43 所示。

图 11-43

以上是手动在【代码窗口】中创建 Sub 过程的方法。用户还可以在对话框中定义 Sub 过程，只需要指定子过程的名称、类型和使用范围，就可以创建 Sub 过程的模板代码了。

（2）创建 Function 过程。创建 Function 过程的基本语法结构如下。

```
[Public|Private]
[Static] Function <函数
名称> [(参数列表)] [As
数据类型]
[语句段]
[函数名称 = 表达式 1]
[Exit Function]
[语句段]
[函数名称 = 表达式 2]
End Function
```

语法中的各个参数含义如下。

→ 数据类型：表示 Function 过程的返回值的数据类型，可以是 Byte、Boolean、Integer、Long、Currency、Single、Double、Date、String（除定长）、Object、Variant 或用户自定义类型。

→ 表达式 1：可选参数，用于指定 Function 的返回值。

🛢️ 技术看板

其他参数与 Sub 过程的含义相同。如果函数体内没有"[函数名称=表达式1]"类语句，函数将返回默认值 0。

Function过程的语法结构与Sub过程相似，主要有以下两点不同。

→ 在函数第一行的声明语句中"As 数据类型"定义函数的返回值类型。

→ 在函数体内，通过给函数名赋值来指定函数的返回值。

下面是一个计算长方形周长的Function过程。

```
Private Function circu(x
As Single, y As Single)
As Single
Dim z As Single
z = 2 * (x + y)
circu = z
MsgBox circu
End Function
```

该函数过程定义了一个带有参数x、y的circu函数，返回值为一个单精度浮点型数据。

如果要在另一个过程中调用该函数，计算一个长为5.5、宽为3.6的长方形的周长，具体操作步骤如下。

Step01 打开"素材文件\第11章\财务工资1.accdb"，双击【计算周长】模块，如图11-44所示。

图11-44

Step02 在【代码窗口】中输入代码，如图11-45所示。代码如下。

```
Sub aa()
Call circu(3.6, 5.5)
End Sub
```

图11-45

Step03 按【F5】键执行程序，将弹出对话框，在其中可以查看计算结果，如图11-46所示。

图11-46

11.4.3　VBA程序模块

模块是VBA声明、语句和过程的集合，而过程是由一段代码组成的。打开一个代码窗口，这个窗口就是一个模块，而每一段灰色横线的中间部分则为一个过程，如图11-47所示。

图11-47

模块又分为标准模块和类模块

两种类型。在【工程资源管理器窗口】中，【模块】目录下的就是标准模块，而【Microsoft Access类对象】和【类模块】目录下的则是类模块，如图11-48所示。

图11-48

1. 标准模块

标准模块并不与任何对象相关联，通常用于存放通用过程。创建标准模块主要有以下4种方法。

→ 单击【创建】选项卡【宏与代码】组中的【模块】按钮，如图11-49所示。

图11-49

→ 在VBA窗口的工具栏中单击【插入模块】按钮🖳，或者单击右侧的下拉按钮🖳·，在弹出的下拉菜单中选择【模块】命令，如图11-50所示。

图 11-50

→ 在VBA窗口中选择【插入】选项卡，在弹出的下拉菜单中选择【模块】命令，如图 11-51 所示。

图 11-51

→ 在【工程资源管理器窗口】的空白处右击，在弹出的快捷菜单中选择【插入】命令，然后在弹出的级联菜单中选择【模块】命令，如图 11-52 所示。

图 11-52

2. 类模块

类模块是包含类的定义模块，通常分为自定义类模块、窗体类模块和报表类模块 3 种。

自定义类模块：此类模块并不直接与窗体或报表相关联，允许用户定义自己的对象、属性和方法，其创建方法与创建模块的方法类似。

窗体类模块和报表类模块：此类模块的作用是为窗体、报表或控件设置事件过程。使用它们可以使用户更方便地创建和响应窗体、报表和控件的各种事件。相对于标准模块，窗体类模块和报表类模块主要有以下优点。

→ 类模块的所有代码都保存在相应的窗体或报表中，当对窗体或报表进行复制、导出等操作时，事件过程作为属性一起被复制或导出，以方便数据的维护。

→ 事件过程直接与事件相关联，用户无须进行太多设定。

11.5　处理异常与错误

在编写VBA代码时，总是会不可避免地出现各种各样的错误，此时就需要开发人员及时找出问题及原因，纠正错误。

11.5.1　VBA的错误类型

在编写VBA时，排除因设计不佳的查询而导致的错误、由于不合理地应用参照完整性规则而导致的更新和插入异常等，通常情况下，发生的错误包括编译错误、逻辑错误和运行错误 3 种类型。

下面介绍这 3 种类型的错误的解决方法。

1. 编译错误

编译错误的检测与解决非常简单，具体操作步骤如下。

Step01 ❶在VBA窗口中选择【工具】选项卡，❷在弹出的下拉菜单中选择【选项】命令，如图 11-53 所示。

图 11-53

Step02 打开【选项】对话框，❶在【编辑器】选项卡的【代码设置】组中选中所有复选框，❷单击【确定】按钮即可帮助用户快速检测VBA代码，如图 11-54 所示。

图 11-54

当运行VBA代码时，系统对于编译错误会弹出以下提示框，如

图 11-55 和图 11-56 所示。

图 11-55

图 11-56

单击【确定】按钮，此时 Access 会将光标定位到发生错误的过程或语句中，并以黄色突出显示，提示用户进行更正，如图 11-57 所示。

图 11-57

2. 逻辑错误

逻辑错误一般是由程序中错误的逻辑设计引起的，导致应用程序没有按计划执行，或者生成无效的结果。此类错误一般不提示任何信息，通常难以检测和消除。当发生此类错误时，可以使用 VBA 的调试工具，一步一步地解决问题。

3. 运行错误

运行错误是指程序正常运行后，遇到非法运算从而引发的错误。

例如，在计算累加值时，声明变量 x 和 s 为整型，即它的数据范围为 -32768~32767，当输入 x 值计算它的累加值 s 时，如果计算结果超出了此数据范围，就会发出数据溢出的错误，如图 11-58 所示。

图 11-58

或者声明 x 为整型变量，但如果输入一个字符串型数据，就会发生类型不匹配错误，如图 11-59 所示。

图 11-59

当然，还有一些其他的非法运算，如被 0 除、向不存在的文件中输入数据等，都可能引发运行错误。

发生此类错误时，单击对话框中的【调试】按钮，系统会将光标定位到发生错误的语句中，并以黄色突出显示，如图 11-60 所示。

图 11-60

以上这些运行错误都是在代码内部产生的，而在实际运用中，开发者还可能会遇到其他类型的运行错误，如错误删除文件、磁盘驱动器不够、网络通信发生异常等。当发生此类运行错误时，程序将停止运行，直到异常被清除。

★重点 11.5.2 VBA 的调试工具

当发生错误时，对应用程序中的错误进行定位和更正的过程称为调试。VBA 提供了一些帮助分析程序运行的工具，这些调试工具对于错误源的定位尤其重要。

要打开【调试】工具栏，可以在 VBA 窗口中选择【视图】选项卡，在弹出的下拉菜单中选择【工具栏】命令，在弹出的级联菜单中选择【调试】命令即可，如图 11-61 所示。

图 11-61

使用【调试】工具栏中的工具，可以对 VBA 代码进行调试，如图 11-62 所示。

图 11-62

在【调试】工具栏中，各按钮的作用如表 11-10 所示。

技术看板

如果没有调出【调试】工具栏，也可以在【视图】【调试】【运行】3 个菜单的下拉菜单中找到对应的命令。

表 11-10　调试工具栏按钮功能

按钮	名称	功能
⬓	设计模式	打开或关闭设计模式
▶	运行子过程/用户窗体	用于运行过程或窗体
‖	中断	用于中止程序的运行，并切换到中断模式，对代码分析
▪	重新设置	结束正在运行的程序，重新进入模块设计状态
🖐	切换断点	用于设置或清除断点
⌸	逐语句	用于单步跟踪操作，每操作一次执行一句代码，当遇到调用过程语句时，会跟踪到调用过程内部去执行
⌸	逐过程	每操作一次执行一个过程，当遇到调用过程语句时，不会跟踪到被调用过程内部，而是在本过程中单步执行
⌸	跳出	用于运行当前过程中剩余代码
▥	本地窗口	用于弹出【本地窗口】，该窗口可查看当前过程中所有声明的变量、变量值及类型
▥	立即窗口	用于弹出【立即窗口】，该窗口可查看计算结果，根据结果来判断程序是否正确
▥	监视窗口	用于弹出【监视窗口】，该窗口可对调试中的程序变量或表达式的值进行追踪
66	快速监视	用于弹出【快速监视】对话框，当程序处于中断模式时，显示出所选变量或表达式的当前值
▦	调用堆栈	用于弹出【调用堆栈】对话框，仅在中断模式下才可使用该对话框，对话框中将列出所有被调用且未完成运行的过程

11.5.3　VBA 程序调试

熟悉了 VBA 的调试工具后，就可以开始使用这些工具对 VBA 程序进行调试了。在调试时，切换断点和单步执行是最主要的两种方法。

1. 切换断点

断点是在代码的某个特定语句上设置一个位置点，以中断程序的执行，其作用主要是为了更好地观察程序的运行情况。断点的设置和使用会贯穿程序调试的整个过程。下面在【代码窗口】中设置断点，并进行调试，具体操作步骤如下。

Step 01 打开"素材文件\第 11 章\财务工资 2.accdb"，双击导航窗格中的【断点执行】模块。

Step 02 进入 VBA 窗口，并进入【断点执行】模块，❶将光标定位到 Loop 语句末尾处，❷单击【调试】工具栏中的【切换断点】按钮🖐，如图 11-63 所示。

图 11-63

Step 03 即可设置断点，此时断点行以暗红色显示，单击【调试】工具栏中的【运行子过程/用户窗体】按钮▶，如图 11-64 所示。

图 11-64

Step 04 弹出【Microsoft Access】对话框，❶在【请输入阶乘的值】文本框中输入数值，如输入"20"，❷单击【确定】按钮，如图 11-65 所示。

图 11-65

Step05 在【代码窗口】中，可以看到断点行以黄色显示，表示代码执行到此处停止。如果没有设置断点，程序正常运行时，系统应该弹出对话框，显示阶乘为【20】的计算结果，但语句【MsgBox】在断点行之后，系统不会执行此代码，因此不会显示出计算结果，如图11-66所示。

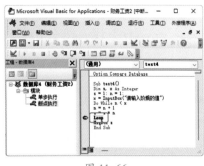

图 11-66

Step06 ①选择【视图】选项卡，②在弹出的下拉菜单中选择【本地窗口】命令，如图11-67所示。

图 11-67

Step07 在打开的【本地窗口】中可以看到当前变量的值，如图11-68所示。

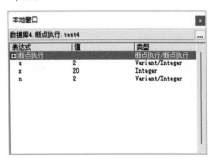

图 11-68

Step08 ①选择【视图】选项卡，②在弹出的下拉菜单中选择【立即窗口】命令，如图11-69所示。

图 11-69

Step09 在打开的【立即窗口】中输入语句："Debug.Print s"，按【Enter】键即可查看其他变量的值，如图11-70所示。

图 11-70

Step10 如果判断出当前结果符合设计要求，可单击【调试】工具栏中的【重新设置】按钮，可结束断点的运行，如图11-71所示。

图 11-71

Step11 如果要消除断点，单击断点指示符即可，如图11-72所示。

图 11-72

技术看板

在设置断点时，可以设置运行一部分代码，并通过【立即窗口】或【本地窗口】分析变量和表达式的值在语句运行后的变化情况，从而判断结果是否符合设计要求。在一个过程中可以设置多个断点进行调试。

2. 单步执行

单步执行是指逐步运行每一条语句，并观察每一条语句运行后的结果，从而判断是否符合要求。下面使用单步执行工具进行调试，具体操作步骤如下。

Step01 打开"素材文件\第11章\财务工资2.accdb"，双击导航窗格中的【单步执行】模块。

Step02 进入VBA窗口，并进入【单步执行】模块，单击【调试】工具栏中的【逐语句】按钮，此时第一条语句将以黄色显示，如图11-73所示。

图 11-73

Step03 再次单击【逐语句】按钮，

跳过声明变量语句，跳至InputBox语句，并以黄色显示，如图11-74所示。

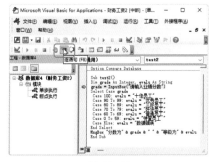

图 11-74

Step04 再次单击【逐语句】按钮，执行InputBox语句，弹出对话框，在文本框中输入数值，如"99"，单击【确定】按钮，如图11-75所示。

图 11-75

Step05 此时，将跳至下一行Select Case语句，开始执行选择判断，如图11-76所示。

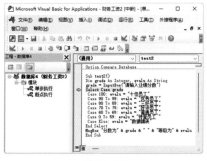

图 11-76

Step06 再次单击【逐语句】按钮，跳至第一行Case语句，因为Case语句的值与输入的值不匹配，所以不执行后面的evalu语句，开始跳至第二行Case语句，如图11-77所示。

图 11-77

Step07 再次单击【逐语句】按钮，判断值与输入值是否匹配，如图11-78所示。

图 11-78

Step08 系统判断此时条件表达式的值与输入的值相匹配，跳至后面的evalu语句，如图11-79所示。

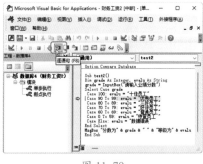

图 11-79

Step09 再次单击【逐语句】按钮，此时系统不再执行剩余的Case判断语句，直接跳至End Select语句，如图11-80所示。

Step10 再次单击【逐语句】按钮，跳至MsgBox语句，如图11-81所示。

图 11-80

图 11-81

Step11 再次单击【逐语句】按钮，弹出对话框，提示分数为99等级为优秀员工，单击【确定】按钮，如图11-82所示。

图 11-82

Step12 再次单击【逐语句】按钮，跳至End Sub语句，结束该过程，如图11-83所示。

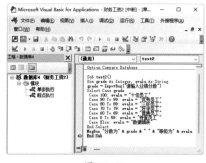

图 11-83

技术看板

在单步执行时，同样可以使用【本地窗口】和【立即窗口】检测每个变量的值。当程序较多或具有多个变量时，【本地窗口】中可能会显示多个变量，此时还可以通过【监视窗口】指定要监视哪些变量。

妙招技法

通过对前面知识的学习，相信读者已经掌握了编写VBA代码的基本操作。下面结合本章内容，给大家介绍一些实用技巧。

技巧01：快速查找VBA代码

在代码比较多时，要查找某个代码，如果依次查找，速度较慢，此时可以通过快速定位的方法来查找，具体操作步骤如下。

Step01 ❶在VBA窗口中单击【通用】右侧的下拉按钮，❷在弹出的下拉列表中选择需要的代码选项，如图11-84所示。

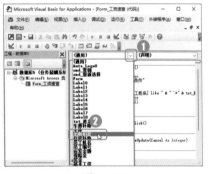

图 11-84

Step02 操作完成后，即可快速跳转到目标代码处，如图11-85所示。

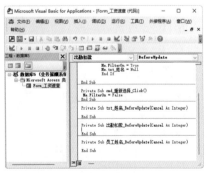

图 11-85

技巧02：使用【监视窗口】设置监视

在大型应用程序或具有很多处于有效作用域中的变量的应用程序中，【本地窗口】可能会包含大量的变量。此时，可以使用【监视窗口】，指定希望在单步执行代码时监视的变量，具体操作步骤如下。

Step01 打开"素材文件\第11章\财务工资2.accdb"，❶在VBA窗口中选择【视图】选项卡，❷在弹出的下拉菜单中选择【监视窗口】命令，如图11-86所示。

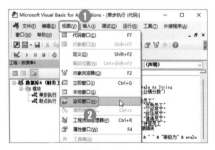

图 11-86

Step02 在VBA窗口中将显示【监视窗口】，如图11-87所示。

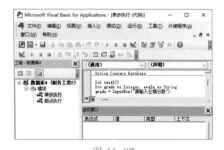

图 11-87

Step03 ❶选择【调试】选项卡，❷在弹出的下拉菜单中选择【添加监视】命令，如图11-88所示。

图 11-88

Step04 打开【添加监视】对话框，❶在【表达式】文本框中输入变量或其他任何表达式的名称，❷在【监视类型】栏中选中【监视表达式】单选按钮，❸单击【确定】按钮，如图11-89所示。

图 11-89

Step05 操作完成后，即可看到【监视窗口】中已经添加的表达式，如图11-90所示。

图 11-90

在【添加监视】对话框中，可以根据需要选择监视类型。

→ 监视表达式：变量的值将在【监视窗口】中动态更改。必须使用显式的断点或Stop语句来观察被监视的变量的值。

→ 当监视值为真时中断：选中该单选按钮可在被监视变量或表达式的值变为真时声明中断。

→ 当监视值改变时中断：选中该单选按钮会在变量或表达式的值发生改变时停止执行。

技巧 03：取消自动语法检测

如果设置了自动语法检测，那么在代码编辑器中编辑代码时，Access会针对每行代码检查语法错误，并在找到错误时显示一个消息框。当用户对代码编辑日渐熟悉时，自动语法检测会对开发产生一定的干扰，此时可以禁用自动语法检测，具体操作步骤如下。

Step01 ❶在VBA窗口中选择【工具】选项卡，❷在弹出的下拉菜单中选择【选项】命令，如图 11-91 所示。

图 11-91

Step02 打开【选项】对话框，❶在【编辑器】选项卡的【代码设置】组中取消选中【自动语法检测】复选框，❷单击【确定】按钮即可，如图 11-92 所示。

图 11-92

技巧 04：为数据库添加数字签名

在一些禁用了无数字签署的宏的计算机中，编写的VBA代码会无法正常运行。此时，除可以重新设置宏的安全级别外，也可以为VBA添加数字证书，具体操作步骤如下。

Step01 ❶在VBA窗口中选择【工具】选项卡，❷在弹出的下拉菜单中选择【数字签名】命令，如图 11-93 所示。

图 11-93

Step02 打开【数字签名】对话框，显示为【无证书】，单击【签署为】栏中的【选择】按钮，如图 11-94 所示。

图 11-94

Step03 打开【Windows安全中心】对话框，单击【更多选项】链接，如图 11-95 所示。

图 11-95

Step04 即可在下方显示出所有证书，❶选择需要的证书，❷单击【确定】按钮，如图 11-96 所示。

图 11-96

Step05 返回【数字签名】对话框，即可看到签署的证书，单击【确定】按钮返回VBA窗口即可,如图11-97所示。

图 11-97

技巧 05:在对话框中定义Sub过程

在创建Sub过程时,除可以在【代码窗口】中手动创建外,还可以在对话框中定义Sub过程,只需要指定子过程的名称、类型和使用范围,就可以创建Sub过程的模板代码,具体操作步骤如下。

Step 01 在VBA窗口中选择【插入】选项卡,在弹出的下拉菜单中选择【过程】命令,如图11-98所示。

图 11-98

Step 02 打开【添加过程】对话框,❶在【名称】文本框中输入过程名称,❷在【类型】栏和【范围】栏中设置需要的选项,❸单击【确定】按钮,如图11-99所示。

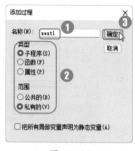

图 11-99

Step 03 返回VBA窗口,即可看到创建了Sub过程的模板代码,如图 11-100 所示。

图 11-100

本章小结

通过对本章知识的学习和对案例的练习,相信读者已经掌握了VBA代码的编写和异常处理方法。虽然在前面已经学习了可以使用宏来制作应用程序,但是宏的局限性比较明显。如果要编写数据访问、循环、分支及其他宏不支持的功能,VBA会是用户最佳的帮手。刚开始学习编程时,不要因为VBA语言看起来比较复杂而感到灰心,与学习其他任何新技能一样,在不断尝试的过程中,VBA也会变得得心应手。本章介绍了VBA的基础知识、语法结构、过程与模块及处理VBA异常与错误的方法,在开始学习时,可以先执行一个步骤,渐渐加深,逐渐熟悉,相信你一定可以很快地掌握VBA的应用方法。

第5篇 安全共享篇

在制作数据库时，或者数据库制作完成时，经常需要将数据从一个Access数据库移动到另一个数据库，或者需要将不同格式的数据文件移动到Access数据库中。此时，就需要导入和导出数据库。数据库制作完成后，还需要完成保护和优化的操作，以保障数据库的安全。本篇主要介绍Access数据库的安全与共享。

第12章 导入／导出和链接数据

- ➥ 需要的数据已经存在于Excel电子表格中，想要在Access中使用该数据时，要重新输入吗？
- ➥ 需要对Access数据库中的数据进行较为复杂的计算，可以将数据复制到Excel中进行计算吗？
- ➥ 在制作信封时，怎样快速地将数据库中的地址信息填写到Word的信封中？
- ➥ 如果想要在Access中使用外部数据，又要保持外部数据的更新，应该怎样导入？

Office应用程序的每一个软件都有自己的格式，Access也不例外，在大多数情况下，这种格式已经足够使用。但是在某些时候，也许会需要将其他格式的数据导入Access，也可能需要将Access中的数据使用其他格式导出，或者需要将同步更新的数据链接到Access。本章将介绍如何轻松地转换数据格式和链接各种格式的外部数据。

12.1 了解外部数据

在使用数据库时，除可以直接向数据库中输入数据外，导入外部数据是建立数据库的常用方法。在数据库中，有效地利用外部数据，可以有效地提高数据库的性能，避免重复输入数据导致的错误。

Access作为典型的开放式数据库，支持与其他类型的外部数据进行交互和共享。

打开数据库后，可以看到Access 2021提供了一个专门的【外部数据】选项卡，如图12-1所示。

图12-1

在这个选项卡中，可以方便快速地使用外部数据。

在Access中进行数据交互和共享时，可以使用导入、导出和链接等方式进行操作。

1. 导入

导入是将数据从 Excel 电子表格、文本文件等应用程序格式中复制到 Access 中。被导入的数据将使用 Access 数据库的格式。

2. 导出

导出是将 Access 数据库对象复制到 Excel 电子表格、文本文件等应用程序格式中。

技术看板

进入导入和导出操作后，源文件和目标文件没有任何关系，对一方进行编辑，并不会影响到另一方。

3. 链接

链接是创建与其他的格式数据或另一个 Access 数据库对象的链接。与导入和导出不同，它是在数据库中创建一个数据表链接的对象，允许在打开链接时从源文件中获取数据，数据本身并不存储在 Access 数据表中，而是保存在源文件中。

当用户在 Access 数据库中对链接的对象进行修改时，也会同时修改源文件中的数据。相应地，在源文件中修改数据时，在数据库中也会发生变化。

对于不同类型的文件，在 Access 中创建链接表后，对数据的限制也不同。

例如，在一个数据库中创建另一个数据库对象链接，用户可以进行双方编辑，这种更改会同时反映给对方。

如果在数据库中建立 Excel 电子表格或文本文件链接，则 Access 只能将链接表作为只读数据处理，用户无法对其进行编辑操作。

一般情况下，作为数据源的数据如果经常需要在外部进行修改，可以选择链接方式；如果不需要修改，可以选择导入方式。

12.2　导入外部数据

使用 Access 可以很好地管理各种数据，但是在实际应用中，许多数据并不是使用 Access 来收集的。此时，为了使用 Access 管理其他软件或程序收集到的数据，可以将收集到的数据导入 Access 中。在 Access 数据库中，可以将其他的 Access 数据库、ODBC 数据库、Excel 电子表格、HTML 文档和文本文件等外部数据导入当前数据库中，下面将分别进行介绍。

★重点 12.2.1　实战：从其他 Access 数据库导入

实例门类	软件功能

如果要将其他 Access 数据库导入数据库对象，既可以使用复制和粘贴的方法，也可以使用【导入向导】工具来完成。使用【导入向导】工具可以在不打开 Access 的情况下完成，具体操作步骤如下。

Step01 打开"素材文件\第 12 章\销售管理数据.accdb"，❶单击【外部数据】选项卡【导入并链接】组中的【新数据源】下拉按钮，❷在弹出的下拉菜单中选择【从数据库】命令，❸在弹出的级联菜单中选择【Access】命令，如图 12-2 所示。

图 12-2

Step02 打开【获取外部数据-Access 数据库】对话框，单击【文件名】文本框右侧的【浏览】按钮，如图 12-3 所示。

图 12-3

Step03 打开【打开】对话框，❶选择要导入的数据库，❷单击【打开】按钮，如图 12-4 所示。

图 12-4

Step**04** 返回【获取外部数据-Access 数据库】对话框，❶选中【将表、查询、窗体、报表、宏和模块导入当前数据库】单选按钮，❷单击【确定】按钮，如图 12-5 所示。

图 12-5

技术看板

选中【将表、查询、窗体、报表、宏和模块导入当前数据库】单选按钮，表示导入后的对象与源对象是独立的，没有任何关系。如果选中【通过创建链接表来链接到数据源】单选按钮，会在当前数据库中创建一个链接表，链接到源数据库对象上，此链接表的改动是双向的，无论是修改源对象还是当前数据库对象，都会同步反映给双方。在 Access 中，利用该链接功能，可以实现文件的共享。

Step**05** 打开【导入对象】对话框，在 6 个选项卡中分别显示了源数据库中的各个对象，❶本例在【表】选项卡的列表框中选择【年度销售记录】选项，❷单击【确定】按钮，如图 12-6 所示。

图 12-6

Step**06** 返回【获取外部数据-Access 数据库】对话框，❶选中【保存导入步骤】复选框，❷在【另存为】文本框中输入名称，❸单击【保存导入】按钮，如图 12-7 所示。

图 12-7

Step**07** 操作完成后，即可导入选择的数据库，如图 12-8 所示。

图 12-8

★重点 12.2.2 实战：从 Excel 电子表格导入

实例门类	软件功能

对于一般用户而言，对 Excel 的熟悉程度远远高于 Access，尤其是在操作表格数据时，Excel 的界面更加直观，操作也更为简洁。所以，用户可以先在 Excel 中编辑好数据，然后将其导入 Access 中，从而方便快捷地制作表对象，具体操作步骤如下。

Step**01** 打开"素材文件\第 12 章\销

售管理数据.accdb"，❶单击【外部数据】选项卡【导入并链接】组中的【新数据源】下拉按钮，❷在弹出的下拉菜单中选择【从文件】命令，❸在弹出的级联菜单中选择【Excel】命令，如图 12-9 所示。

图 12-9

Step**02** 打开【获取外部数据-Excel 电子表格】对话框，单击【文件名】文本框右侧的【浏览】按钮，如图 12-10 所示。

图 12-10

Step**03** 打开【打开】对话框，❶选择要导入的 Excel 电子表格，❷单击【打开】按钮，如图 12-11 所示。

图 12-11

Step**04** 返回【获取外部数据-Excel 电子表格】对话框，❶选中【将源数据导入当前数据库的新表中】单选按钮，❷单击【确定】按钮，如图12-12所示。

图12-12

Step05 打开【导入数据表向导】对话框，❶选中【显示工作表】单选按钮，❷单击【下一步】按钮，如图12-13所示。

图12-13

Step06 在【导入数据表向导】对话框中，❶选中【第一行包含列标题】复选框，❷单击【下一步】按钮，如图12-14所示。

图12-14

Step07 ❶在【导入数据表向导】对话框的【字段选项】栏中分别指定每

个字段的名称、数据类型、索引等信息，如指定【销售编号】字段的【索引】为【有（有重复）】，❷单击【下一步】按钮，如图12-15所示。

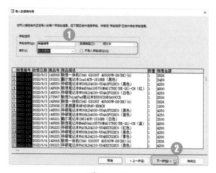

图12-15

Step08 在【导入数据表向导】对话框中，❶选中【我自己选择主键】单选按钮，❷在右侧的下拉列表中选择【销售编号】选项，❸单击【下一步】按钮，如图12-16所示。

图12-16

Step09 在【导入数据表向导】对话框的【导入到表】文本框中指定表名称，如保持默认名称，单击【完成】按钮，如图12-17所示。

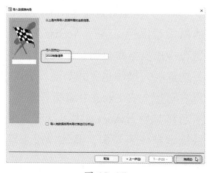

图12-17

Step10 返回【获取外部数据-Excel电子表格】对话框，❶选中【保存导入步骤】复选框，❷在【另存为】文本框中输入名称，❸单击【保存导入】按钮，如图12-18所示。

图12-18

Step11 操作完成后，即可导入选择的Excel电子表格，并在数据库中创建一个新表，如图12-19所示。

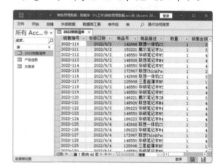

图12-19

12.2.3 实战：从文本文件导入

实例门类 软件功能

在工作中，需要使用文本文件导出的数据很多，如考勤文件、企业到企业（B2B）的数据传输等。如果有需要，也可以将这些文本文件导入Access数据库中，具体操作步骤如下。

Step01 打开"素材文件\第12章\销售管理数据.accdb"，❶单击【外部数据】选项卡【导入并链接】组中的【新数据源】下拉按钮，❷在弹出的下拉菜单中选择【从文件】命令，❸在弹出的级联菜单中选择【文本文件】命令，如图 12-20 所示。

图 12-20

Step02 打开【获取外部数据-文本文件】对话框，单击【文件名】文本框右侧的【浏览】按钮，如图 12-21 所示。

图 12-21

Step03 打开【打开】对话框，❶选择要导入的文本文件，❷单击【打开】按钮，如图 12-22 所示。

图 12-22

Step04 返回【获取外部数据-文本文件】对话框，❶选中【将源数据导入当前数据库的新表中】单选按钮，❷单击【确定】按钮，如图 12-23 所示。

图 12-23

Step05 打开【导入文本向导】对话框，❶选中【带分隔符】单选按钮，❷单击【下一步】按钮，如图 12-24 所示。

图 12-24

技能拓展——导入固定宽度的文本文件

如果文本文件是使用固定宽度分隔开的，可以选中【固定宽度】单选按钮，系统会根据宽度创建分隔线。用户也可以对分隔线执行添加、移动等操作，如图 12-25 所示。

图 12-25

Step06 ❶在【导入文本向导】对话框

的【请选择字段分隔符】栏中选中【逗号】单选按钮，❷选中【第一行包含字段名称】复选框，❸单击【下一步】按钮，如图 12-26 所示。

图 12-26

Step07 ❶在【导入文本向导】对话框的【字段选项】栏中设置各字段的名称和数据类型，❷单击【下一步】按钮，如图 12-27 所示。

图 12-27

Step08 在【导入文本向导】对话框中，❶选中【让 Access 添加主键】单选按钮，❷单击【下一步】按钮，如图 12-28 所示。

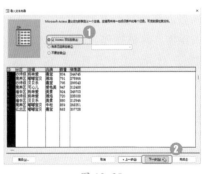

图 12-28

Step09 ❶在【导入文本向导】对话框

的【导入到表】文本框中输入文件名，❷单击【完成】按钮，如图12-29所示。

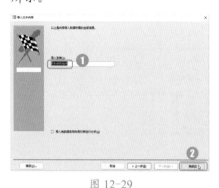

图 12-29

Step⑩ 返回【获取外部数据-文本文件】对话框，直接单击【关闭】按钮，如图12-30所示。

图 12-30

Step⑪ 操作完成后，即可导入选择的文本文件，并在数据库中创建一个新表，如图12-31所示。

图 12-31

12.3 导出 Access 数据

导出数据可以对 Access 数据库中现有的数据进行备份，并将备份以指定的数据形式进行存储。备份数据可以保证数据库的安全和实现数据共享。Access 支持将数据导出为 Excel 电子表格、文本文件、XML 文件、PDF 文件、电子邮件、Word 文档等数据格式。与导入数据相似，导出数据同样需要使用 Access 提供的【导出向导】工具，按照提示一步一步操作，就可以轻松导出。下面介绍导出 Access 数据的方法。

★重点 12.3.1 实战：将数据导出到其他 Access 数据库

实例门类	软件功能

在 Access 中，用户可以使用多种方法将表、窗体等对象从一个数据库复制到另一个数据库中，本小节主要介绍使用 Access 提供的【导出向导】工具进行操作。使用该工具可以在不打开其他数据库的情况下操作，具体操作步骤如下。

Step① 打开"素材文件\第 12 章\销售记录表.accdb"，❶在导航窗格中选择【年度销售记录】数据表，❷单击【外部数据】选项卡【导出】组中的【Access】按钮，如图12-32所示。

技术看板

Access 不能将数据库整体导出，

一次只能导出一个数据库对象，并且在导出包含子窗体或子数据表的窗体或数据表时，只能导出主窗体或主数据表，而导出报表时，该报表中包含的子窗体或子报表会随主报表一起导出。

图 12-32

Step② 打开【导出-Access数据库】对话框，单击【文件名】文本框右侧的【浏览】按钮，如图12-33所示。

图 12-33

Step③ 打开【保存文件】对话框，❶选择要导出的数据库，❷单击【保存】按钮，如图12-34所示。

图 12-34

Step04 返回【导出-Access数据库】对话框，单击【确定】按钮，如图 12-35 所示。

图 12-35

Step05 弹出【导出】对话框，保持默认设置，单击【确定】按钮，如图 12-36 所示。

图 12-36

Step06 返回【导出-Access数据库】对话框，❶选中【保存导出步骤】复选框，❷在【另存为】文本框中输入名称，❸单击【保存导出】按钮，如图 12-37 所示。

图 12-37

Step07 打开【销售管理数据】数据库，即可看到所选数据表已经导入该数据库中，如图 12-38 所示。

图 12-38

★重点 12.3.2　实战：将数据导出到Excel电子表格

实例门类	软件功能

使用 Access 的导出功能，可以将数据库中的对象导出到 Excel 电子表格中。导出数据库中的数据后，用户既可以在 Access 中存储数据，又可以在 Excel 中分析数据。下面介绍将数据导出到 Excel 电子表格的具体操作步骤。

Step01 打开"素材文件\第 12 章\固定资产登记表.accdb"，❶在导航窗格中选择【固定资产】数据表，❷单击【外部数据】选项卡【导出】组中的【Excel】按钮，如图 12-39 所示。

图 12-39

Step02 打开【导出-Excel电子表格】对话框，❶单击【文件名】文本框右侧的【浏览】按钮，设置保存路径和文件名，❷在【文件格式】下拉列表中选择保存格式，❸选中【导出数据时包含格式和布局】和【完成导出操作后打开目标文件】复选框，❹单击【确定】按钮，如图 12-40 所示。

图 12-40

Step03 在【导出-Excel电子表格】对话框中直接单击【关闭】按钮，如图 12-41 所示。

图 12-41

Step04 系统将新建【固定资产】电子表格，并打开表格，如图 12-42 所示。

图 12-42

12.3.3 实战：将数据导出到文本文件

实例门类	软件功能

文本文件占用内存较小，能够满足多种需求，如果要将数据导出到文本文件，具体操作步骤如下。

Step① 打开"素材文件\第12章\固定资产登记表.accdb"，❶在导航窗格中选择【固定资产】数据表，❷单击【外部数据】选项卡【导出】组中的【文本文件】按钮，如图12-43所示。

图 12-43

Step② 打开【导出－文本文件】对话框，❶单击【文件名】文本框右侧的【浏览】按钮，设置保存路径和文件名，❷选中【导出数据时包含格式和布局】和【完成导出操作后打开目标文件】复选框，❸单击【确定】按钮，如图12-44所示。

图 12-44

Step③ 打开【对'固定资产'的编码方式】对话框，❶选中【Windows】单选按钮，❷单击【确定】按钮，如图12-45所示。

图 12-45

Step④ 返回【导出－文本文件】对话框，单击【关闭】按钮，如图12-46所示。

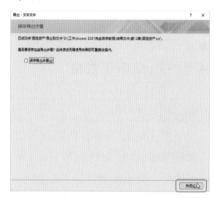

图 12-46

Step⑤ 系统将新建【固定资产】文本文件，并打开文本文件，如图12-47所示。

图 12-47

12.3.4 实战：将数据导出到PDF文件

实例门类	软件功能

如果不希望导出的数据被更改，可以将其导出为PDF或XPS文件，具体操作步骤如下。

Step① 打开"素材文件\第12章\固定资产登记表.accdb"，❶在导航窗格中选择【固定资产】数据表，❷单击【外部数据】选项卡【导出】组中的【PDF或XPS】按钮，如图12-48所示。

图 12-48

Step② 打开【发布为PDF或XPS】对话框，❶设置保存路径和文件名，❷单击【发布】按钮，如图12-49所示。

图 12-49

Step③ 返回【导出－PDF】对话框，单击【关闭】按钮，如图12-50所示。

图 12-50

Step04 系统将新建【固定资产】PDF文件，并打开该文件，如图12-51所示。

图 12-51

12.3.5　实战：将数据导出到Word文件

实例门类	软件功能

Access 提供了两种方式可以将数据导出到 Word 中，分别是导出到 RTF 文档和将数据合并到 Word 文档，下面分别进行介绍。

1. 导出到 RTF 文档

RTF 文档是包含用于定义格式的特殊字符的纯文本文件，导出到 RTF 会创建一个具有 RTF 扩展名的文档，而不是本地 Word 文档。但是，导出之后，Word 可以像写字板及许多其他文本编辑器一样读取 RTF 文档，具体操作步骤如下。

Step01 打开"素材文件\第 12 章\固定资产登记表 .accdb"，❶在导航窗格中选择【固定资产】数据表，❷单击【外部数据】选项卡【导出】组中的【其他】下拉按钮，❸在弹出的下拉菜单中选择【Word】命令，如图 12-52 所示。

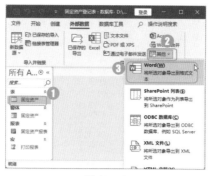

图 12-52

Step02 打开【导出-RTF文件】对话框，❶设置保存路径和文件名，❷单击【确定】按钮，如图 12-53 所示。

图 12-53

Step03 在下一步对话框中直接单击【关闭】按钮，如图 12-54 所示。

图 12-54

Step04 在保存路径打开 Word 文档，即可查看导出的数据库数据，如图 12-55 所示。

图 12-55

2. 将数据合并到 Word 文档

使用 Word 合并功能，可以控制数据出现在 Word 文档中的什么位置，对于发送信函、填写信封地址、生成报表等非常方便。下面以填写信封地址为例，介绍将数据合并到 Word 文档的具体操作步骤。

Step01 打开"素材文件\第 12 章\供货商信息管理 .accdb"，❶在导航窗格中选择【供货商信息表】数据表，❷单击【外部数据】选项卡【导出】组中的【Word合并】按钮，如图 12-56 所示。

图 12-56

Step02 打开【Microsoft Word邮件合并向导】对话框，❶选中【将数据链接到现有的 Microsoft Word 文档】单选按钮，❷单击【确定】按钮，如图 12-57 所示。

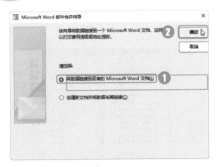

图 12-57

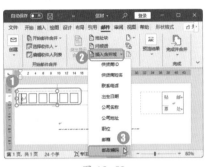

图 12-59

图 12-61

Step 03 打开【选择Microsoft Word文档】对话框，❶选择【信封】选项，❷单击【打开】按钮，如图 12-58 所示。

Step 05 使用相同的方法插入公司地址、供货商姓名、职位等信息，如图 12-60 所示。

Step 07 在 Word 文档中即可预览合并数据后的效果，如图 12-62 所示。

图 12-58

图 12-60

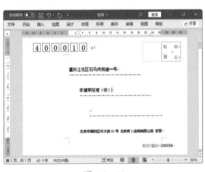

图 12-62

Step 04 在打开的 Word 文档中，❶将光标定位到邮政编码的位置，❷单击【邮件】选项卡【编写和插入域】组中的【插入合并域】下拉按钮，❸在弹出的下拉菜单中选择【邮政编码】命令，如图 12-59 所示。

Step 06 ❶在职位右侧输入"（收）"，❷选中【供货商姓名】字段，在【开始】选项卡的【字段】组中设置字体样式，完成后单击【邮件】选项卡【预览结果】组中的【预览结果】按钮，如图 12-61 所示。

技术看板

在【邮件】选项卡的【预览结果】组中单击【上一记录】按钮◁和【下一记录】按钮▷，可以查看其他合并的信息。

12.4 链接外部数据

　　链接外部数据，实际就是一个动态数据的引用过程。为数据创建链接，可以保证数据库中的信息实时更新，也可以节省 Access 的空间，减少整个文件的大小。

12.4.1 适合链接的数据

　　在为数据库链接外部数据时，并不是所有外部数据都适合链接，要链接的数据主要包括以下 3 种。

1. 数据超大

　　当数据库需要的外部数据超过了数据库本身的容量，或者占用数据库本身大部分容量时，数据库本身的存储空间就会受到影响，此时可以使用链接的方式链接外部数据。

2. 数据必须与数据库分离

　　当进行链接的外部数据相对独立，必须要求外部数据与数据库分离时，可以链接外部数据。

3. 多用户修改或完善数据

　　当外部数据需要由其他多个用户不定时地修改或调用时，可以使用链接的方式链接外部数据。

★重点 12.4.2　实战: 将Access 数据表链接到其他数据库

实例门类	软件功能

在链接外部数据时, 首先应该考虑链接数据库, 以保证数据库数据的灵活调用。

下面以将【销售记录表】数据库中的【年度销售记录】数据表链接到【销售管理数据】数据库中为例, 介绍将数据链接到数据库的具体操作步骤。

Step01 打开 "素材文件 \ 第 12 章 \ 销售管理数据.accdb", ❶单击【外部数据】选项卡【导入并链接】组中的【新数据源】下拉按钮, ❷在弹出的下拉菜单中选择【从数据库】命令, ❸在弹出的级联菜单中选择【Access】命令, 如图 12-63 所示。

图 12-63

Step02 打开【获取外部数据-Access 数据库】对话框, 单击【文件名】文本框右侧的【浏览】按钮, 如图 12-64 所示。

图 12-64

Step03 打开【打开】对话框, ❶选择【销售记录表】数据库, ❷单击【打开】按钮, 如图 12-65 所示。

图 12-65

Step04 返回【获取外部数据-Access 数据库】对话框, ❶选中【通过创建链接表来链接到数据源】单选按钮, ❷单击【确定】按钮, 如图 12-66 所示。

图 12-66

Step05 打开【链接表】对话框, ❶在【表】列表框中选择需要链接的数据表, ❷单击【确定】按钮, 如图 12-67 所示。

图 12-67

Step06 返回数据库, 在导航窗格中即

可看到链接的数据表, 如图 12-68 所示。

图 12-68

12.4.3　实战: 将文本文件链接到数据库

实例门类	软件功能

如果需要链接的数据是文本文件, 具体操作步骤如下。

Step01 打开 "素材文件 \ 第 12 章 \ 销售管理数据.accdb", ❶在要链接数据的数据表上右击, ❷在弹出的快捷菜单中选择【导入】命令, ❸在弹出的级联菜单中选择【文本文件】命令, 如图 12-69 所示。

图 12-69

Step02 打开【获取外部数据-文本文件】对话框, ❶在【文件名】文本框中设置要链接的文本文件, ❷选中【通过创建链接表来链接到数据源】单选按钮, ❸单击【确定】按钮, 如图 12-70 所示。

图 12-70

Step 03 打开【链接文本向导】对话框，❶选中【带分隔符】单选按钮，❷单击【下一步】按钮，如图 12-71 所示。

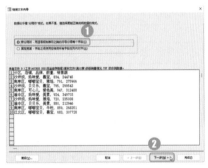

图 12-71

Step 04 ❶在【链接文本向导】对话框的【请选择字段分隔符】栏中选中【逗号】单选按钮，❷选中【第一行包含字段名称】复选框，❸单击【下一步】按钮，如图 12-72 所示。

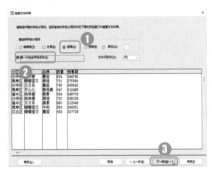

图 12-72

Step 05 ❶在【链接文本向导】对话框的【字段选项】栏中设置字段的名称和数据类型，❷单击【下一步】按钮，如图 12-73 所示。

图 12-73

Step 06 在【链接文本向导】对话框中，❶设置链接表名称，❷单击【完成】按钮，如图 12-74 所示。

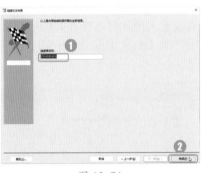

图 12-74

Step 07 弹出【链接文本向导】提示框，单击【确定】按钮，如图 12-75 所示。

图 12-75

Step 08 返回数据库，在导航窗格中即可看到链接的文本文件，如图 12-76 所示。

图 12-76

12.4.4 实战：将HTML文档链接到数据库

实例门类 软件功能

对于一些以网页形式保存的数据，可以将其保存为HTML文件，然后将其链接到Access中，具体操作步骤如下。

Step 01 打开"素材文件\第 12 章\员工信息表.accdb"，❶单击【外部数据】选项卡【导入并链接】组中的【新数据源】下拉按钮，❷在弹出的下拉菜单中选择【从文件】命令，❸在弹出的级联菜单中选择【HTML文档】命令，如图 12-77 所示。

图 12-77

Step 02 打开【获取外部数据-HTML文档】对话框，❶在【文件名】文本框中设置要链接的HTML文件，❷选中【通过创建链接表来链接到数据源】单选按钮，❸单击【确定】按钮，如图 12-78 所示。

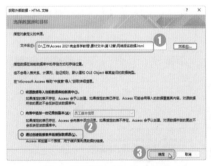

图 12-78

Step 03 打开【链接HTML向导】对话

框，❶选中【第一行包含列标题】复选框，❷单击【下一步】按钮，如图 12-79 所示。

图 12-79

Step04 ❶在【链接 HTML 向导】对话框的【字段选项】栏中设置字段的名称和数据类型，❷单击【下一步】按钮，如图 12-80 所示。

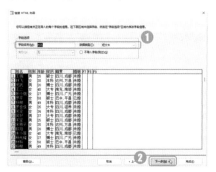

图 12-80

Step05 在【链接 HTML 向导】对话框中，❶设置链接表名称，❷单击【完成】按钮，如图 12-81 所示。

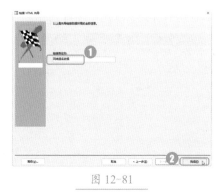

图 12-81

Step06 弹出【链接 HTML 向导】提示框，单击【确定】按钮，如图 12-82 所示。

图 12-82

Step07 返回数据库，在导航窗格中即可看到链接的 HTML 文件，如图 12-83 所示。

图 12-83

★重点 12.4.5　实战：将 Excel 电子表格链接到数据库

实例门类	软件功能

Excel 可以进行各种数据的处理和统计分析，当数据库需要使用 Excel 的数据，又希望与 Excel 进行数据协同处理时，可以将 Excel 电子表格链接到数据库，具体操作步骤如下。

Step01 打开"素材文件\第 12 章\销售管理数据.accdb"，❶单击【外部数据】选项卡【导入并链接】组中的【新数据源】下拉按钮，❷在弹出的下拉菜单中选择【从文件】命令，❸在弹出的级联菜单中选择【Excel】命令，如图 12-84 所示。

图 12-84

Step02 打开【获取外部数据-Excel 电子表格】对话框，❶在【文件名】文本框中设置要链接的 Excel 电子表格，❷选中【通过创建链接表来链接到数据源】单选按钮，❸单击【确定】按钮，如图 12-85 所示。

图 12-85

Step03 打开【链接数据表向导】对话框，❶选中【显示工作表】单选按钮，❷单击【下一步】按钮，如图 12-86 所示。

图 12-86

Step04 在【链接数据表向导】对话框中直接单击【下一步】按钮，如图 12-87 所示。

图 12-87

247

Step 05 ❶在【链接数据表向导】对话框的【链接表名称】文本框中输入链接表名称，❷单击【完成】按钮，如图 12-88 所示。

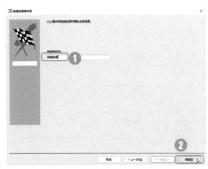

图 12-88

Step 06 弹出【链接数据表向导】提示框，单击【确定】按钮，如图 12-89 所示。

图 12-89

Step 07 返回数据库，在导航窗格中即可看到链接的 Excel 电子表格，如图 12-90 所示。

图 12-90

12.5 编辑链接对象

将数据链接到数据表后，还可以编辑链接对象，如修改链接表的名称、修改链接表的属性、更新链接数据等。

12.5.1 实战：修改链接表名称

实例门类	软件功能

修改链接表名称的方法很简单，与修改数据表名称的方法基本相同，具体操作步骤如下。

Step 01 打开"素材文件\第 12 章\销售管理数据 1.accdb"，❶在导航窗格中右击【销售数据】链接表，❷在弹出的快捷菜单中选择【重命名】命令，如图 12-91 所示。

图 12-91

Step 02 名称进入编辑状态，直接输入新名称，然后按【Enter】键即可，如图 12-92 所示。

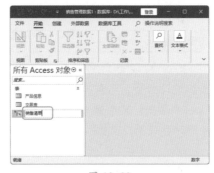

图 12-92

★重点 12.5.2 实战：将销售清单工作表转换为本地表

实例门类	软件功能

链接的数据对象会随着外部数据的变化而变化，要想防止数据意外丢失或被修改，可以将链接表转换为本地表，具体操作步骤如下。

Step 01 接上一例操作，❶在导航窗格中右击【销售清单】链接表，❷在弹出的快捷菜单中选择【转换为本地表】命令，如图 12-93 所示。

图 12-93

Step 02 操作完成后，即可在导航窗格中看到数据表的图标已经更改为本地表的样式，如图 12-94 所示。

图 12-94

12.5.3　实战：更新销售数据链接

| 实例门类 | 软件功能 |

链接的数据表可以随着外部数据的变化而变化，当外部数据发生变化时，可以对数据表进行更新，以保证数据的准确性和及时性，具体操作步骤如下。

Step01 打开"素材文件\第 12 章\销售管理数据 1.accdb"，单击【外部数据】选项卡【导入并链接】组中的【链接表管理器】按钮，如图 12-95 所示。

图 12-95

Step02 打开【链接表管理器】对话框，❶在列表框中选中要更新的链接表，❷单击【刷新】按钮，如图 12-96 所示。

图 12-96

Step03 在【链接表管理器】对话框中单击【关闭】按钮即可，如图 12-97 所示。

图 12-97

Step04 打开【销售数据】链接表，即可看到更新的数据，如图 12-98 所示。

图 12-98

技能拓展——快速更新链接表

在导航窗格中右击要更新的链接表，在弹出的快捷菜单中选择【刷新链接】命令，即可快速更新链接，如图 12-99 所示。

图 12-99

妙招技法

通过对前面知识的学习，相信读者已经掌握了导入和导出数据的基本操作。下面结合本章内容，给大家介绍一些实用技巧。

技巧 01：快速运行已保存的导入

在数据表中保存了导入操作后，如果要再次导入相同的数据，可以快速运行已保存的数据，具体操作步骤如下。

Step01 打开"素材文件\第 12 章\销售管理数据 2.accdb"，单击【外部数据】选项卡【导入并链接】组中的【已保存的导入】按钮，如图 12-100 所示。

图 12-100

Step02 打开【管理数据任务】对话框，❶在【已保存的导入】选项卡中选择要再次导入的数据，❷单击【运行】按钮，如图 12-101 所示。

图 12-101

Step03 在弹出的提示对话框中提示已成功导入所有对象，单击【确定】按钮，如图 12-102 所示。

图 12-102

Step04 返回数据库，即可看到已经再次执行了已保存的导入，如图 12-103 所示。

图 12-103

技巧 02：导入 Excel 的指定区域数据

在将 Excel 电子表格中的数据导入 Access 数据库中时，如果只需要导入 Excel 电子表格中的部分数据，可以先为部分数据定义名称，然后执行导入操作，具体操作步骤如下。

Step01 打开"素材文件\第 12 章\销售清单.xlsx"，❶选择要导入的数据区域，❷单击【公式】选项卡【定义的名称】组中的【定义名称】按钮，如图 12-104 所示。

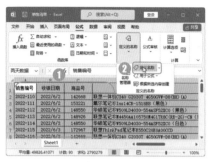

图 12-104

Step02 打开【新建名称】对话框，❶在【名称】文本框中输入选择区域的名称，❷单击【确定】按钮，如图 12-105 所示。

图 12-105

Step03 打开"素材文件\第 12 章\销售记录表.accdb"，❶单击【外部数据】选项卡【导入并链接】组中的【新数据源】下拉按钮，❷在弹出的下拉菜单中选择【从文件】命令，❸在弹出的级联菜单中选择【Excel】命令，如图 12-106 所示。

图 12-106

Step04 打开【获取外部数据-Excel 电子表格】对话框，单击【文件名】文本框右侧的【浏览】按钮，如图 12-107 所示。

图 12-107

Step05 打开【打开】对话框，❶选择要导入的 Excel 电子表格，❷单击【打开】按钮，如图 12-108 所示。

图 12-108

Step06 返回【获取外部数据-Excel 电子表格】对话框，❶选中【将源数据导入当前数据库的新表中】单选按钮，❷单击【确定】按钮，如图 12-109 所示。

图 12-109

Step07 在【导入数据表向导】对话框中，❶选中【显示命名区域】单选按钮，❷在右侧的列表框中选择定义了名称的区域，❸单击【下一步】按钮，如图 12-110 所示。

图 12-110

Step⑧ 按照前文的方法导入数据表，操作完成后，即可导入选择的 Excel 电子表格，并在数据库中创建一个新表，如图 12-111 所示。

图 12-111

技巧 03：将Excel电子表格中的数据导入已有数据表中

大多数从 Excel 电子表格中导入的数据都是以新表的形式导入，如果想要将数据导入原有的数据表中，具体操作步骤如下。

Step① 打开"素材文件\第 12 章\销售记录表 1.accdb"，❶单击【外部数据】选项卡【导入并链接】组中的【新数据源】下拉按钮，❷在弹出的下拉菜单中选择【从文件】命令，❸在弹出的级联菜单中选择【Excel】命令，如图 12-112 所示。

图 12-112

Step② 打开【获取外部数据-Excel 电子表格】对话框，❶单击【浏览】按钮选择要导入的 Excel 电子表格文件，❷选中【向表中追加一份记录的副本】单选按钮，❸在右侧的下拉列表中选择【两天数据】选项，❹单击【确定】按钮，如图 12-113 所示。

图 12-113

Step③ 打开【导入数据表向导】对话框，❶选中【显示工作表】单选按钮，❷单击【下一步】按钮，如图 12-114 所示。

图 12-114

Step④ 按照 12.2.2 小节的方法执行接下来的操作，即可看到 Excel 工作表中的数据已经追加到【两天数据】数据表的下方，如图 12-115 所示。

图 12-115

技巧 04：重新链接数据表

链接的数据表因为位置改变而无法访问时，可以重新链接数据表，具体操作步骤如下。

Step① 打开"素材文件\第 12 章\销售管理数据 2.accdb"，单击【外部数据】选项卡【导入并链接】组中的【链接表管理器】按钮，如图 12-116 所示。

图 12-116

Step② 打开【链接表管理器】对话框，❶在列表框中选中要重新链接的数据表，❷单击【重新链接】按钮，如图 12-117 所示。

图 12-117

Step 03 打开【选择新位置Excel】对话框，❶选择要重新链接的文件，❷单击【确定】按钮，如图 12-118 所示。

图 12-118

Step 04 在弹出的提示对话框中单击【是】按钮，如图 12-119 所示。

图 12-119

Step 05 返回【链接表管理器】对话框，即可看到文件的路径已经更改，单击【关闭】按钮即可，如图 12-120 所示。

图 12-120

技巧 05：通过电子邮件发送数据表

如果要将数据库中的对象发送给他人，也可以通过电子邮件的方式，具体操作步骤如下。

Step 01 打开"素材文件\第 12 章\销售记录表 1.accdb"，❶在导航窗格中选择要发送的数据表，❷单击【外部数据】选项卡【导出】组中的【通过电子邮件发送】按钮，如图 12-121 所示。

图 12-121

Step 02 打开【对象发送为】对话框，❶在【选择输出格式】列表框中选择一种输出格式，❷单击【确定】按钮，如图 12-122 所示。

图 12-122

Step 03 即可启动 Outlook 2021，❶所选数据表已经添加到附件中，填写收件人、抄送等信息，❷单击【发送】按钮即可，如图 12-123 所示。

图 12-123

本章小结

通过对本章知识的学习和对案例的练习，相信读者已经掌握了导入和导出数据的操作方法。熟悉导入的操作方法，不仅可以提高工作效率，也可以减少在输入数据时可能发生的错误。而且，并不是所有用户都能熟练使用Access，在向他人发送数据库中的数据时，转换为一种常用的形式，可以让人更容易查看和使用。

第 13 章 Access 数据库的安全与保护

➥ 想要保护数据库不被他人查看，应该怎样对数据加密？

➥ 想要设置一个受信任的位置，让数据每次打开时启用所有功能，应该怎样操作？

➥ 数据库太大，怎样压缩数据库？

➥ 数据库杂乱无章，应该怎样整理数据库？

➥ 怎样为数据创建签名包？

Access 数据库具有操作方便、界面友好等特点，所以拥有大批的用户，而数据库中存储的企业资料如果发生丢失和泄露，则会给企业带来重大的损失。所以，在使用数据库时，数据库的安全与优化工作必不可少。怎样使数据库更快运行？怎样保证数据库的安全？在学习本章内容之后，就可以轻松地保护和优化数据库了。

13.1 保护数据库

通常，建立了数据库之后并不希望任何人都可以随便打开使用，此时可以为数据库设置保护措施，限制某些人访问，防止数据库的数据被随意修改。

★重点 13.1.1 实战：为销售管理数据库进行加密

实例门类	软件功能

如果为数据库设置了密码，每次访问数据库时，系统都会提示输入密码，为数据库设置密码的具体操作步骤如下。

Step01 ❶单击【开始】按钮▦，❷在打开的【开始】菜单中选择【Access】命令，如图 13-1 所示。

图 13-1

Step02 打开 Access，并进入工作首页界面，选择【打开】选项，如图 13-2 所示。

图 13-2

Step03 打开【打开】界面，单击【浏览】按钮，如图 13-3 所示。

图 13-3

Step04 打开【打开】对话框，❶选择要设置密码的数据库，如选择【销售管理数据】数据库，❷单击【打开】按钮右侧的下拉按钮▾，❸在弹出的下拉列表中选择【以独占方式打开】选项，如图 13-4 所示。

图 13-4

技术看板

在为数据库设置密码之前，必须以独占方式打开数据库。

Step05 即可以独占方式打开目标数据库，在【文件】选项卡的【信息】界面中单击【用密码进行加密】按钮，如图 13-5 所示。

图 13-5

Step06 打开【设置数据库密码】对话框，❶在【密码】文本框和【验证】文本框中输入相同的密码，如输入"123"，❷单击【确定】按钮，如图 13-6 所示。

图 13-6

技术看板

密码分强密码和弱密码。使用

由大写字母、小写字母、数字和符号组合而成的密码为强密码。弱密码则不混合使用这些元素。密码长度应大于或等于 8 个字符。最好使用包括 14 个或更多字符的密码。

Step07 关闭数据库，并再次打开数据库，此时会弹出【要求输入密码】对话框，❶在【请输入数据库密码】文本框中输入密码，❷单击【确定】按钮即可打开该数据库，如图 13-7 所示。

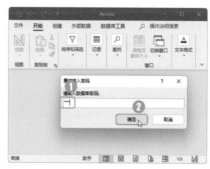

图 13-7

13.1.2 实战：使用受信任位置中的 Access 数据库

实例门类	软件功能

打开数据库时，经常会发现工作界面的上方弹出了【安全警告】消息栏，如图 13-8 所示。在禁用模式下，Access 会禁用以下内容。

➡ VBA 代码中的任何引用及任何不安全的表达式。

➡ 所有宏中的不安全操作。

➡ 用于添加、更新和删除数据的某些操作查询。

➡ 用于在数据库中创建或更改对象的数据定义语言查询。

➡ SQL 传递查询。

➡ ActiveX 控件。

图 13-8

如果将数据库放在受信任位置中，那么以上这些被禁用的内容都会在打开数据库时运行，也不会再弹出【安全警告】消息栏，具体操作步骤如下。

Step01 打开"素材文件\第 13 章\销售管理数据 .accdb"，在【文件】选项卡中选择【选项】选项，如图 13-9 所示。

图 13-9

Step02 打开【Access 选项】对话框，❶切换到【信任中心】选项卡，❷单击【信任中心设置】按钮，如图 13-10 所示。

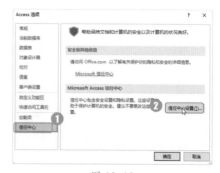

图 13-10

Step 03 打开【信任中心】对话框，在【受信任位置】选项卡中单击【添加新位置】按钮，如图 13-11 所示。

图 13-11

Step 04 打开【Microsoft Office 受信任位置】对话框，单击【浏览】按钮，如图 13-12 所示。

图 13-12

Step 05 打开【浏览】对话框，❶设置

要添加的受信任位置，❷单击【确定】按钮，如图 13-13 所示。

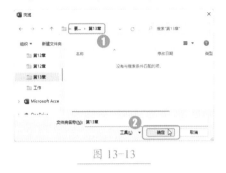

图 13-13

Step 06 返回【Microsoft Office 受信任位置】对话框，此时【路径】文本框中已经变为设置的受信任位置，❶选中【同时信任此位置的子文件夹】复选框，❷单击【确定】按钮，如图 13-14 所示。

图 13-14

Step 07 返回【信任中心】对话框，可以看到已经成功添加了受信任的位置，连续单击【确定】按钮退出即可，如图 13-15 所示。

图 13-15

🎯 技术看板

选择受信任位置后，单击【修改】按钮，可以修改位置；单击【删除】按钮，可以删除位置。

13.2　优化和分析数据库

当用户创建了数据库中的各对象后，由于频繁地读取、更新等操作，可能会损坏 Access 数据库结构或数据，从而出现数据读取出错、运行速度慢、服务器 CPU 内存占用过高等情况。此时，可以使用 Access 提供的分析器，分析表间数据的分布或性能，从而优化数据库。

★重点 13.2.1　实战：压缩和修复数据库

实例门类	软件功能

为了确保数据库的最佳性能，用户需要定期压缩和修复 Access 数据库。

🎯 技术看板

在执行压缩和修复操作时，用户必须对数据库拥有打开和以独占方式打开的权限。

1. 数据库打开时修复

在数据库打开时，主要有两种方法可以进行压缩和修复操作，操

作完成后，Access 会自动用压缩和修复的版本替换原文件，并且压缩后的文件比压缩前的文件占用的空间减小。

➥ 打开数据库，在【文件】选项卡的【信息】界面中单击【压缩和修复数据库】按钮即可，如图 13-16 所示。

图 13-16

➡ 单击【数据库工具】选项卡【工具】组中的【压缩和修复数据库】按钮即可，如图 13-17 所示。

图 13-17

2. 关闭数据库时修复

用户可以设置每次关闭 Access 数据库时，系统都会自动对其进行压缩和修复操作，具体操作步骤如下。

Step01 在【文件】选项卡中选择【选项】选项，如图 13-18 所示。

图 13-18

Step02 打开【Access 选项】对话框，❶在【当前数据库】选项卡中选中【关闭时压缩】复选框，❷单击【确定】按钮，如图 13-19 所示。

图 13-19

Step03 弹出【Microsoft Access】对话框，提示必须关闭并重新打开当前数据库，指定选项才能生效，单击【确定】按钮即可，如图 13-20 所示。

图 13-20

Step04 操作完成后，关闭并重新打开数据库，再次关闭时系统会自动压缩该数据库，并用压缩后的版本直接替换原版本。

技术看板

当数据库被病毒损坏或结构被破坏时，用户可以直接使用最新的备份文件恢复运行。如果数据库损坏并不严重，则可以使用压缩和修复功能来修复数据库。

13.2.2 实战：使用表分析器优化财务表数据库

实例门类	软件功能

Access 为用户提供了表分析器

工具，使用该工具，可以检查表中的数据是否重复，并给出优化建议，具体操作步骤如下。

Step01 打开"素材文件\第 13 章\财务表.accdb"，单击【数据库工具】选项卡【分析】组中的【分析表】按钮，如图 13-21 所示。

图 13-21

Step02 打开【表分析器向导】对话框，此对话框中提供了一个具体案例，并以此描述了建立表时的常见问题，查看后直接单击【下一步】按钮，如图 13-22 所示。

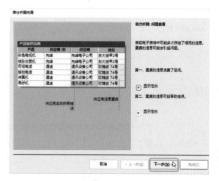

图 13-22

Step03 在【表分析器向导】对话框中，针对上一步案例中描述的问题，给出了问题的可能解决方案，查看后直接单击【下一步】按钮，如图 13-23 所示。

图 13-23

Step 04 在【表分析器向导】对话框中，❶在【表】列表框中选择要分析的目标表，本例选择【教师工资】选项，❷单击【下一步】按钮，如图 13-24 所示。

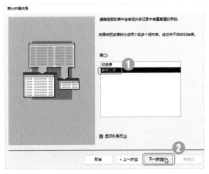

图 13-24

Step 05 在【表分析器向导】对话框中，❶选中【是，由向导决定】单选按钮，❷单击【下一步】按钮，如图 13-25 所示。

图 13-25

Step 06 【表分析器向导】对话框中显

示了分析的结果，向导将目标表拆分为 3 个新表，如果用户认为没有必要拆分，可以单击【取消】按钮；如果确认拆分，则单击【下一步】按钮，本例单击【下一步】按钮，如图 13-26 所示。

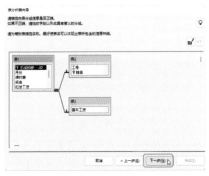

图 13-26

Step 07 在弹出的提示对话框中提示未给表命名，直接单击【是】按钮，如图 13-27 所示。

图 13-27

Step 08 可以看到系统自动为拆分的表设置了主键，保持默认设置，直接单击【下一步】按钮，如图 13-28 所示。

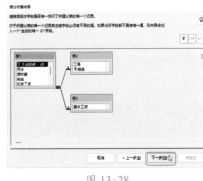

图 13-28

Step 09 在【表分析器向导】对话框中，

❶选中【是，创建查询】单选按钮，❷单击【完成】按钮，如图 13-29 所示。

图 13-29

技术看板

拆分了数据表之后，可能会导致该数据源表的报表、窗体等运行出现错误，而创建查询可以防止这些对象因为表的变更而作废。

Step 10 返回数据库，在导航窗格中可以看到，【教师工资】数据表已经被拆分为【表1】【表2】【表3】，并创建了【教师工资】查询，如图 13-30 所示。

图 13-30

技术看板

【教师工资_OLD】数据表与原表的内容相同，只是名称不同，是为了防止因错误地拆分而导致原数据丢失。

13.2.3 实战：使用性能分析器优化财务表数据库

实例门类	软件功能

表分析器针对的是表对象，而性能分析器则是针对所有的数据库对象，使用【分析性能】工具分析性能的具体操作步骤如下。

Step01 打开"素材文件\第13章\财务表.accdb"，单击【数据库工具】选项卡【分析】组中的【分析性能】按钮，如图13-31所示。

图 13-31

Step02 打开【性能分析器】对话框，在【表】选项卡的列表框中选中【教师工资】复选框，单击【确定】按钮，如图13-32所示。

图 13-32

【性能分析器】对话框中包含了Access的六大对象选项卡、【当前数据库】和【全部对象类型】选项卡。其中，【当前数据库】选项卡包括【关系】和【VBA工程】两个选项；【全部对象类型】选项卡包括了前面七个选项卡中的所有选项。

Step03 如果当前数据库存在问题，在【分析结果】列表框中可以查看给出的建议，选中某个建议，下方的【分析注释】区域会详细列出Access为解决该问题给出的方法，如图13-33所示。

性能分析器的结果并不完全正确，用户可以根据实际情况参考分析器的建议，如果合理则优化，不合理则不采纳。

图 13-33

如果没有必要对当前数据库进行优化，会弹出图13-34所示的提示对话框。

图 13-34

13.3 打包、签名和分发数据库

对数据库进行打包并添加数字签名，是一种传达信任的方式，在对数据库打包并签名后，数字签名会确认在创建该包之后数据未经过更改，从而表明该数据库是安全、可信的。

★重点 13.3.1 实战：为销售管理数据库创建签名包

实例门类	软件功能

对数据库打包的前提是添加数字签名。如果要添加数字签名，就必须先获取或创建安全证书。用户可以获取商业的安全证书，也可以自己创建安全证书，具体操作步骤如下。

自己创建的安全证书未经验证，Access将只信任实际创建该证书的计算机。

Step01 在计算机中打开"C:\Program Files\Microsoft Office\root\Office16"，在其中双击【SELFCERT.EXE】程序，如图13-35所示。

根据Office软件的安装目录不同，需要打开的文件夹可能会发生变化，用户可根据实际情况查找。

图 13-35

Step02 打开【创建数字证书】对话框，❶在【您的证书名称】文本框中输入证书名称，❷单击【确定】按钮，如图 13-36 所示。

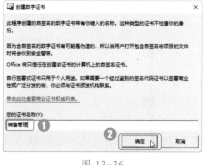

图 13-36

Step03 弹出【SelfCert 成功】对话框，提示已经成功创建了一个证书，单击【确定】按钮，如图 13-37 所示。

图 13-37

Step04 打开"素材文件\第 13 章\销售管理数据.accdb"，❶在【文件】选项卡的【另存为】界面中单击【数据库另存为】按钮，❷在右侧的【高级】栏中选择【打包并签署】选项，❸单击【另存为】按钮，如图 13-38 所示。

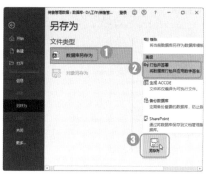

图 13-38

Step05 打开【Windows 安全中心】对话框，❶选择创建的签名，❷单击【确定】按钮，如图 13-39 所示。

图 13-39

技术看板

双击【打包并签署】命令，也可以打开【Windows 安全中心】对话框。

Step06 打开【创建 Microsoft Access 签名包】对话框，❶设置保存路径和文件名，❷单击【创建】按钮即可创建一个签名包，如图 13-40 所示。

图 13-40

技术看板

在创建签名时，应该注意以下几点。

➡ 一个包只能添加一个数据库。

➡ 该过程将对整个数据库进行签名，包括宏、模块或表达式。

➡ 该过程将压缩包文件，以便缩短时间。

➡ 仅可以在以".accdb"".accdc"或".accde"文件格式保存的数据库中创建签名。

13.3.2 实战：提取并使用签名包

实例门类	软件功能

对数据库打包并签名后，其他用户可以从该包中提取数据库，提取的数据库和原签名包之间将不存在任何联系。提取并使用签名包的具体操作步骤如下。

Step01 打开"素材文件\第 13 章\销售管理数据.accdc"，弹出【Microsoft Access 安全声明】对话框，提示该数字签名有效，但尚未选择信任签署此签名的发布者，单击【信任来自发布者的所有内容】按钮，如图 13-41 所示。

图 13-41

Step02 打开【将数据库提取到】对话框，❶设置保存路径和文件名，

②单击【确定】按钮，即可从签名包中提取出数据库，如图 13-42 所示。

图 13-42

妙招技法

通过对前面知识的学习，相信读者已经掌握了提高 Access 数据库安全性的基本操作。下面结合本章内容，给大家介绍一些实用技巧。

技巧 01: 撤销数据库的密码

为数据库设置密码后，每次打开数据库都需要输入密码。如果不再需要密码保护，也可以撤销数据库的密码，具体操作步骤如下。

Step01 以独占方式打开"素材文件\第 13 章\销售管理数据 1.accdb"，弹出【要求输入密码】对话框，①在【请输入数据库密码】文本框中输入密码"123"，②单击【确定】按钮，如图 13-43 所示。

图 13-43

Step02 在【文件】选项卡的【信息】界面中单击【解密数据库】按钮，如图 13-44 所示。

图 13-44

Step03 打开【撤销数据库密码】对话框，①在【密码】文本框中输入密码，②单击【确定】按钮即可，如图 13-45 所示。

图 13-45

技巧 02: 保护 VBA 代码

在数据库中输入 VBA 代码之后，为了防止他人不小心修改了

VBA 代码，造成数据库程序错误，可以为 VBA 设置密码，具体操作步骤如下。

Step01 打开"素材文件\第 13 章\财务工资.accdb"，进入 VBA 编写环境，①选择【工具】选项卡，②在弹出的下拉菜单中选择【数据库 4 属性】命令，如图 13-46 所示。

图 13-46

Step02 打开【数据库 4- 工程属性】对话框，①在【保护】选项卡中选中【查看时锁定工程】复选框，②在【查看工程属性的密码】栏中分别输入密码和确认密码"123"，③单击【确定】按钮，如图 13-47 所示。

图 13-47

Step 03 关闭数据库再重新打开后，打开VBA代码窗口，❶双击【工程资源管理器窗口】中的【数据库4】选项，❷弹出【数据库4密码】对话框，在【密码】文本框中输入密码"123"，❸单击【确定】按钮，然后才能查看VBA代码，如图13-48所示。

图 13-48

技巧03：以只读方式打开数据库

如果想要查看数据库中的数据，又担心不小心修改了数据库中的数据，给数据库带来损失，可以使用只读方式打开数据库，具体操作步骤如下。

Step 01 单击【开始】按钮■，在打开的【开始】菜单中选择【Access】

命令，打开Access，并进入工作首页界面，选择【打开】选项，如图13-49所示。

图 13-49

Step 02 打开【打开】界面，单击【浏览】按钮，如图13-50所示。

图 13-50

Step 03 打开【打开】对话框，❶选择要打开的数据库，❷单击【打开】按钮右侧的下拉按钮▼，❸在弹出的下拉列表中选择【以只读方式打开】选项，如图13-51所示。

图 13-51

Step 04 打开数据库，工具栏下方会显示【只读】消息栏，提示该数据库已经以只读方式打开，如图13-52所示。

图 13-52

技巧04：在表分析器向导中为表重命名

在【表分析器向导】对话框中，拆分的数据表除可以默认以表1、表2……命名外，还可以在向导中为表重命名，具体操作步骤如下。

Step 01 在【表分析器向导】对话框中选中某个表，然后单击右上角的【重命名表】按钮■，如图13-53所示。

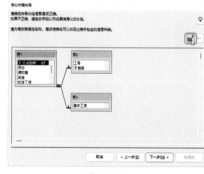

图 13-53

Step 02 ❶在弹出的【表分析器向导】对话框的【表名称】文本框中输入表名称，❷单击【确定】按钮即可为表重命名, 如图 13-54 所示。

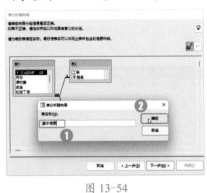

图 13-54

技巧 05：删除受信任的位置

设置了受信任的位置后, 如果想要删除, 具体操作步骤如下。

打开【Access 选项】对话框, 在【信任中心】选项卡中单击【信任中心设置】按钮, 打开【信任中心】对话框, ❶在【受信任位置】选项卡的【受信任位置】列表框中选中要删除的位置, ❷单击【删除】按钮

即可, 如图 13-55 所示。

图 13-55

本章小结

通过对本章知识的学习和对案例的练习, 相信读者已经掌握了保护数据库的方法。本章从 Access 2021 数据库安全角度出发, 系统地讲解了数据库的安全概念、保护数据库和优化数据库等知识。对于保护数据库的操作, 详细地介绍了 Access 2021 安全性方面的新增功能, 打包、签名和分发 Access 2021 数据库, 打开数据库时启用禁用的内容, 以及数据库加密等; 对于数据库的优化, 主要从使用表分析器和使用性能分析器优化财务表数据库两个方面进行了讲解。

第6篇 实战应用篇

没有实战的学习只是纸上谈兵，为了提升读者对 Access 软件的综合应用水平，在接下来的两章内容中安排了两个完整的实战案例，通过介绍整个案例的制作过程，帮助读者实现举一反三的学习效果，并巩固和强化 Access 数据库软件的操作技能。

第14章 实战应用：制作人力资源管理系统

- ➦ 要实现登录功能，除制作登录窗体外，还需要进行哪些设置？
- ➦ 怎样将多个按钮集合在一个切换面板中？
- ➦ 想要查询某一时段的数据，可以使用哪种方法？
- ➦ 会制作报表查看统计数据吗？
- ➦ 制作了数据库系统，却不能运行，能找出问题吗？

本章将综合各个数据库对象，开发一个完整的人力资源管理系统。在制作该系统时，除可以学习该系统的分析方法和创建方法外，还可以进一步了解创建窗体、查询、报表和VBA在数据库系统中的使用。

14.1 制作目标：人力资源管理系统

实例门类 窗体设计 + 报表设计 + 模块设计

随着市场竞争的日益激烈，人才成为实现企业自身战略目标的一个关键因素。在企业的管理中，人力资源管理是非常重要的一项工作，包括人员信息管理、薪资管理、培训管理等各方面的信息。为了将这一烦琐的工作更加规范化，可以使用Access开发一套完整的人力资源管理系统，以提高工作效率。本节将介绍制作人力资源管理系统的方法，为读者介绍如何在人力资源管理系统中管理人员信息，完成后的效果如图 14-1 所示。

图 14-1

14.2 制作分析

在制作人力资源管理系统之前，需要分析企业的需求，以此来确定该系统需要具有哪些功能。一般来说，企业对人力资源管理系统的功能需求有以下几点。

➥ 登录系统：通过该功能，可以限制使用用户，只有经过身份认证的用户才可以登录该系统并进行相关操作。

➥ 新员工登记：通过该功能，可以输入新员工的详细信息。

➥ 员工信息查询：通过该功能，可以查询某个员工的部门、工号、就职时间等信息。

➥ 员工考勤查询：通过该功能，可以查询某个员工的出勤记录。

➥ 员工工资查询：通过该功能，可以查询某个员工的工资发放记录，并进行打印。

➥ 报表管理：通过该功能，可以生成和查看报表信息。

为了实现以上功能，可以确定系统的具体功能目标。大体来说，人力资源管理系统需要由登录系统、新员工登记、信息查询、报表生成等模块组成，如图 14-2 所示。

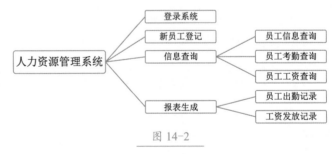

图 14-2

14.3 制作数据表

数据表是最基本的数据库对象，是创建其他数据库对象的基础。如果数据表设置不合理，则会为后续的其他工作带来诸多麻烦。所以，设计一个良好结构的数据表，是建立一个优秀数据库的基础。在了解了数据库的功能模块后，就可以开始设计数据表了。

14.3.1 创建基本表

制作数据表的第一步是创建基本表，本小节将创建一个【员工信息】数据表，具体操作步骤如下。

Step 01 新建一个名为【人力资源管理系统】的数据库，单击【创建】选项卡【表格】组中的【表】按钮，如图 14-3 所示。

图 14-3

Step 02 新建一个名为【表1】的数据表，❶选中【ID】字段，❷在【表字段】选项卡【格式】组中设置【数据类型】为【短文本】，如图 14-4 所示。

图 14-4

Step 03 单击【表字段】选项卡【属性】组中的【名称和标题】按钮，如图 14-5 所示。

图 14-5

Step 04 打开【输入字段属性】对话框，❶在【名称】文本框中输入"员工ID"，❷单击【确定】按钮，如图 14-6 所示。

图 14-6

Step 05 在【表字段】选项卡【属性】组的【字段大小】文本框中输入"10"，如图 14-7 所示。

图 14-7

Step 06 ❶单击【单击以添加】下拉按钮，❷在弹出的下拉列表中选择【短文本】选项，如图 14-8 所示。

第1篇　第2篇　第3篇　第4篇　第5篇　第6篇

图 14-8

Step07 将新建一个字段，该字段名处于可编辑状态，直接输入字段名，完成后按【Enter】键，如图 14-9 所示。

图 14-9

Step08 在【表字段】选项卡【属性】组的【字段大小】文本框中输入"18"，如图 14-10 所示。

图 14-10

Step09 使用相同的方法创建其他字段，完成后按【Ctrl+S】快捷键，弹出【另存为】对话框，❶在【表名称】文本框中输入表名称，❷单击【确定】按钮即可，如图 14-11 所示。

图 14-11

Step10 切换到设计视图，本例已经默认设置了【员工ID】字段为主键。如果没有自动设置，则选中需要的字段后，单击【表设计】选项卡【工具】组中的【主键】按钮进行设置，如图 14-12 所示。

图 14-12

数据表的结构设计是一个数据库成功与否的重要环节，每个数据表应该只包含一个关于主题的信息。根据这一原则，按照各功能模块，本例需要设计 7 张数据表，数据表的字段内容和设置分别如表 14-1 至表 14-7 所示。

1.【Switchboard Items】表

【Switchboard Items】表用于存放系统切换面板上所有导航按钮的信息，每个字段的信息如表 14-1 所示。

表 14-1 【Switchboard Items】表字段信息

字段名	数据类型	字段大小	主键
SwitchboardID	数字	长整型	是
ItemNumber	数字	长整型	是
ItemText	短文本	255	否
Command	数字	长整型	否
Argument	短文本	255	否

技术看板

　　本表需要设置两个主键，设置方法是：在设计视图中选中要设置主键的字段，然后单击【表设计】选项卡【工具】组中的【主键】按钮。

2.【员工信息】表

　　【员工信息】表用于存放商品的入库信息，每个字段的信息如表 14-2 所示。

表 14-2 【员工信息】表字段信息

字段名	数据类型	字段大小	主键
员工 ID	短文本	10	是
姓名	短文本	18	否
性别	短文本	1	否
出生日期	日期/时间	—	否
部门 ID	短文本	5	否
职位	短文本	20	否
学历	短文本	8	否
毕业院校	短文本	20	否
专业	短文本	20	否
家庭住址	短文本	255	否
联系电话	短文本	18	否
状态	短文本	10	否
入职时间	日期/时间	—	否
电子邮件	短文本	50	否
教育培训	短文本	—	否
工作经历	短文本	255	否

3.【部门信息表】表

　　【部门信息表】表用于存放企业中各部门的信息，

每个字段的信息如表 14-3 所示。

表 14-3 【部门信息表】表字段信息

字段名	数据类型	字段大小	主键
部门 ID	短文本	10	是
部门名称	短文本	20	否
部门职能描述	短文本	255	否
部门经理	短文本	10	否

4.【出勤记录】表

　　【出勤信息】表用于存放所有员工每天的考勤记录，每个字段的信息如表 14-4 所示。

表 14-4 【出勤信息】表字段信息

字段名	数据类型	字段大小	主键
出勤 ID	自动编号	—	是
员工 ID	短文本	10	否
日期	日期/时间	—	否
出勤配置	数字	长整型	否

5.【出勤配置】表

　　【出勤配置】表用于存放出勤信息，与【出勤记录】表配合使用，每个字段的信息如表 14-5 所示。

表 14-5 【出勤配置】表字段信息

字段名	数据类型	字段大小	主键
出勤配置 ID	—	—	是
说明	短文本	255	否

6.【工资发放记录】表

　　【工资发放记录】表用于存放已发放的工资信息，每个字段的信息如表 14-6 所示。

表 14-6 【工资发放记录】表字段信息

字段名	数据类型	字段大小	主键
工资 ID	自动编号	—	是
员工 ID	短文本	10	否
年份	数字	长整型	否
月份	数字	长整型	否
基本工资	数字	单精度型	否

续表

字段名	数据类型	字段大小	主键
岗位津贴	数字	单精度型	否
加班补贴	数字	单精度型	否
出差补贴	数字	单精度型	否
违纪扣款	数字	单精度型	否
保险扣款	数字	单精度型	否
扣税	数字	单精度型	否
其他奖金	数字	单精度型	否
实发工资	数字	单精度型	否
备注	短文本	255	否

7.【管理员】表

【管理员】表用于存放系统管理人员的信息，每个字段的信息如表 14-7 所示。

表 14-7 【管理员】表字段信息

字段名	数据类型	字段大小	主键
员工 ID	短文本	10	是
用户名	短文本	18	否
密码	短文本	18	否

14.3.2 设计数据表的关系

为数据库设计表关系，可以将数据表的字段连接起来，具体操作步骤如下。

Step01 上一例的数据表创建完成后，单击【数据库工具】选项卡【关系】组中的【关系】按钮，如图 14-13 所示。

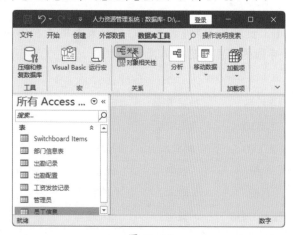

图 14-13

Step02 打开【添加表】窗格，❶按住【Ctrl】键，在【表】选项卡的列表框中选择除【Switchboard Items】数据表外的所有表，❷单击【添加所选表】按钮，❸单击【关闭】按钮 ✕，如图 14-14 所示。

图 14-14

Step03 进入【关系】窗口，在其中可以看到添加的表对象。将【员工信息】表中的【员工 ID】字段拖动到【管理员】表中的【员工 ID】字段上，如图 14-15 所示。

图 14-15

Step04 打开【编辑关系】对话框，❶选中【实施参照完整性】【级联更新相关字段】【级联删除相关记录】复选框，❷单击【创建】按钮即可创建一对一表关系，如图 14-16 所示。

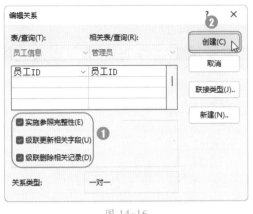

图 14-16

图 14-17

Step 05 按照表 14-8 所示，用相同的方法创建其他表关系，创建完成后的效果如图 14-17 所示。

表 14-8　表关系

表名	字段名	关联的表名	字段名
员工信息	员工 ID	管理员	员工 ID
员工信息	员工 ID	部门信息表	部门 ID
员工信息	员工 ID	工资发放记录	员工 ID
员工信息	员工 ID	出勤记录	员工 ID
出勤记录	出勤配置 ID	出勤配置	出勤配置 ID

14.4　制作操作界面

数据表和表关系设计完成后，就可以开始创建窗体了。在人力资源管理系统中，【主切换面板】和【登录系统】窗体较为重要，而其他窗体可以根据各企业的人力资源系统酌情添加。

14.4.1　制作【主切换面板】窗体

【主切换面板】是整个人力资源管理系统的入口，它建立了系统的所有功能链接，用户只需要单击这些链接的按钮，就可以进入相应的功能模块，具体操作步骤如下。

Step 01 接上一例操作，单击【创建】选项卡【窗体】组中的【窗体设计】按钮，新建一个空白窗体，并进入设计视图，如图 14-18 所示。

图 14-18

Step 02 单击【表单设计】选项卡【页眉/页脚】组中的【标题】按钮，如图 14-19 所示。

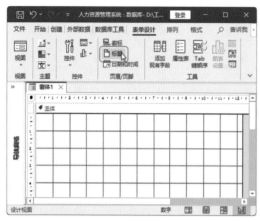

图 14-19

Step03 即可在【窗体页眉】节中添加一个标题，选中标题文本框前方的空白控件，按【Delete】键删除，如图 14-20 所示。

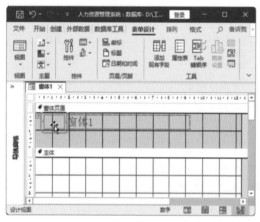

图 14-20

Step04 ❶在标题文本框中输入"世纪人力资源管理系统"，❷在【格式】选项卡的【字体】组中设置字体样式，如图 14-21 所示。

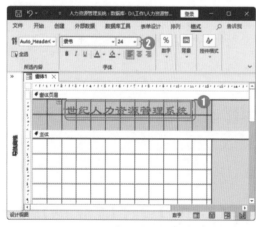

图 14-21

Step05 单击【表单设计】选项卡【页眉/页脚】组中的【徽标】按钮，如图 14-22 所示。

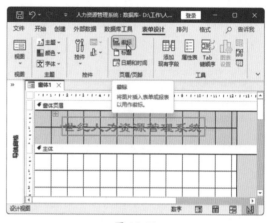

图 14-22

Step06 打开【插入图片】对话框，❶选择要插入的图片文件，❷单击【确定】按钮，如图 14-23 所示。

图 14-23

Step07 即可将所选图片插入窗体中作为徽标，调整图片的大小和位置，如图 14-24 所示。

图 14-24

Step08 ❶单击【表单设计】选项卡【控件】组中的【控

件】下拉按钮，❷在弹出的下拉菜单中单击【按钮】按钮 □，如图 14-25 所示。

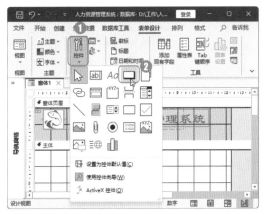

图 14-25

Step 09 在【主体】节中单击，弹出【命令按钮向导】对话框，单击【取消】按钮，即可在【主体】节中创建一个空白按钮，如图 14-26 所示。

图 14-26

Step 10 打开【属性表】窗格，设置按钮控件的【名称】属性为【button1】，将【标题】属性中的内容删除，如图 14-27 所示。

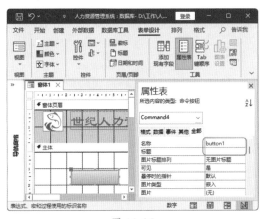

图 14-27

Step 11 调整按钮的大小，❶单击【格式】选项卡【控件格式】组中的【更改形状】下拉按钮，❷在弹出的下拉菜单中选择一种形状，如图 14-28 所示。

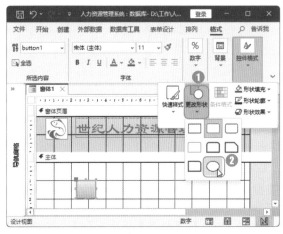

图 14-28

Step 12 ❶单击【格式】选项卡【控件格式】组中的【快速样式】下拉按钮，❷在弹出的下拉菜单中选择一种主题样式，如图 14-29 所示。

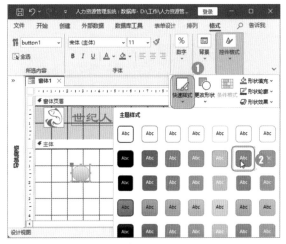

图 14-29

Step 13 ❶单击【表单设计】选项卡【控件】组中的【控件】下拉按钮，❷在弹出的下拉菜单中单击【标签】按钮 Aa，如图 14-30 所示。

第1篇 第2篇 第3篇 第4篇 第5篇 第6篇

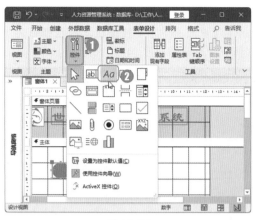

图 14-30

Step⑭ ❶在按钮右侧绘制一个标签控件，并在标签中输入"|"，❷在【属性表】窗格的【全部】选项卡中设置【名称】属性为【btn1】、【标题】属性为【1】，然后设置字体样式，如图 14-31 所示。

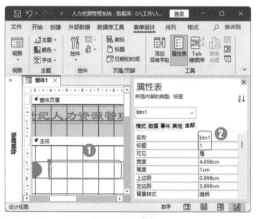

图 14-31

Step⑮ 选中【btn1】标签控件，在左上角会出现控件关联图标⚠，❶单击该图标，❷在弹出的下拉列表中选择【将标签与控件关联】选项，如图 14-32 所示。

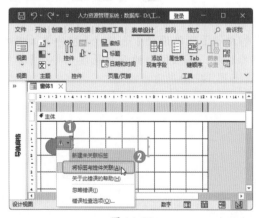

图 14-32

Step⑯ 打开【关联标签】对话框，❶选择【button1】选项，❷单击【确定】按钮，如图 14-33 所示。

图 14-33

Step⑰ 复制 3 组相同的控件，将左侧的按钮控件的【名称】属性分别设置为【button2】【button3】【button4】，将右侧的标签控件的【名称】属性分别设置为【btn2】【btn3】【btn4】、【标题】属性分别设置为【2】【3】【4】，如图 14-34 所示。

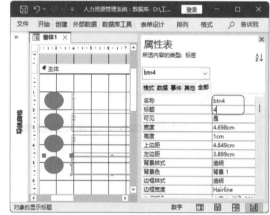

图 14-34

Step⑱ ❶在【属性表】窗格中设置【所选内容的类型】为【窗体】，❷将【格式】选项卡中的【记录选择器】【导航按钮】属性均设置为【否】，将【滚动条】属性设置为【两者均无】，如图 14-35 所示。

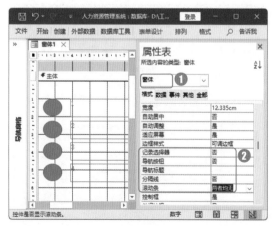

图 14-35

Step⑲ 在【其他】选项卡中设置【弹出方式】属性为【是】，如图14-36所示。

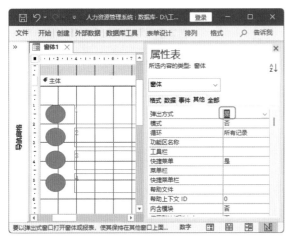

图 14-36

Step⑳ 按【Ctrl+S】快捷键，打开【另存为】对话框，❶在【窗体名称】文本框中输入"主切换面板"，❷单击【确定】按钮，如图14-37所示。

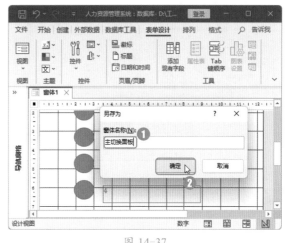

图 14-37

【主切换面板】窗体要正常使用，需要在【Switchboard Items】表中添加相应的数据，VBA程序将根据这些记录在【主切换面板】窗体上执行控件流程。具体数据如表14-9所示。

表 14-9 【Switchboard Items】表各字段的值

SwitchboardID	ItemNumber	ItemText	Command	Argument
1	0	主切换面板	0	默认
1	1	新员工登记	2	新员工登记
1	2	信息查询	1	2
1	3	预览报表	1	3
1	4	退出数据库	4	—
2	0	信息查询切换面板	0	—
2	1	员工信息查询	2	员工信息查询
2	2	员工考勤查询	2	员工考勤查询
2	3	员工工资查询	2	员工工资查询
2	4	返回主切换面板	1	1
3	0	报表切换面板	0	—
3	1	企业工资发放记录	3	企业工资发放记录
3	2	企业员工出勤记录	3	企业员工出勤记录
3	4	返回主切换面板	1	1

14.4.2　制作【登录系统】窗体

登录功能是数据库管理中最基本的功能，与用户数据和应用系统数据的安全密切相关，只有成功登录系统，才能进行相关的操作，制作【登录系统】窗体的具体操作步骤如下。

Step① 接上一例操作，单击【创建】选项卡【窗体】组中的【窗体设计】按钮，新建一个空白窗体，并进入设计视图，在【窗体页眉】节中添加一个徽标和标题，并设置字体样式，如图14-38所示。

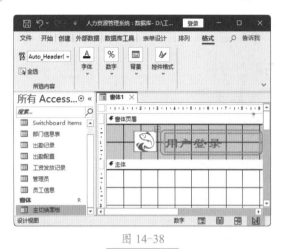

图 14-38

Step 02 ❶单击【表单设计】选项卡【控件】组中的【控件】下拉按钮，❷在弹出的下拉菜单中单击【文本框】按钮|ab|，如图 14-39 所示。

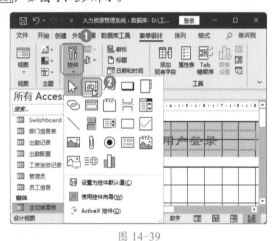

图 14-39

Step 03 在【主体】节中单击，弹出【文本框向导】对话框，❶设置字体样式和文本框效果，❷单击【下一步】按钮，如图 14-40 所示。

图 14-40

Step 04 在打开的【文本框向导】对话框中直接单击【下一步】按钮，如图 14-41 所示。

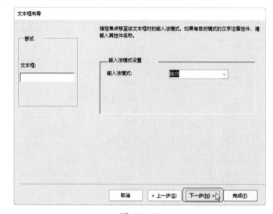

图 14-41

Step 05 ❶在打开的【文本框向导】对话框的【请输入文本框的名称】文本框中输入"用户名"，❷单击【完成】按钮，如图 14-42 所示。

图 14-42

Step 06 使用相同的方法，在【主体】节中再次添加一个文本框和两个按钮控件，如图 14-43 所示。

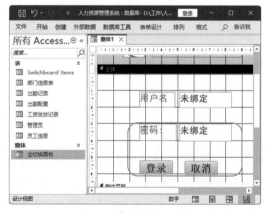

图 14-43

Step07 将文本框命名为【密码】，将两个按钮控件分别命名为【登录】和【取消】，并在【属性表】窗格中分别设置两个文本框控件和两个按钮控件的【名称】和【标题】属性，如表14-10所示。

表14-10 控件的属性

控件类型	【名称】属性	【标题】属性
标签	用户名标签	用户名
标签	密码标签	密码
文本框	用户名	—
文本框	密码	—
按钮	登录	登录
按钮	取消	取消

Step08 ❶选中【登录】和【取消】按钮控件，❷单击【排列】选项卡【调整大小和排序】组中的【对齐】下拉按钮，❸在弹出的下拉菜单中选择【靠上】命令，如图14-44所示。

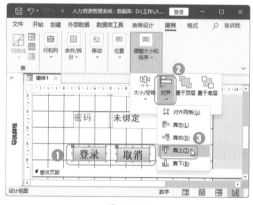

图 14-44

Step09 ❶单击【格式】选项卡【控件格式】组中的【快速样式】下拉按钮，❷在弹出的下拉菜单中选择一种主题样式，如图14-45所示。

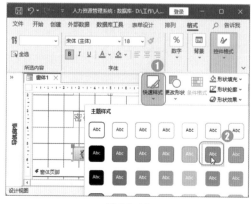

图 14-45

Step10 ❶选中【密码】文本框，❷在【属性表】窗格的【数据】选项卡中，单击【输入掩码】右侧的按钮，如图14-46所示。

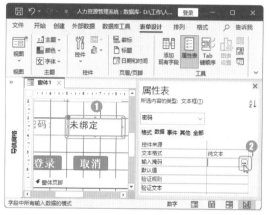

图 14-46

Step11 弹出【输入掩码向导】对话框，❶在【输入掩码】列表框中选择【密码】选项，❷单击【完成】按钮，如图14-47所示。

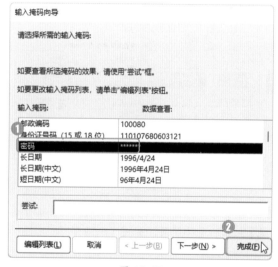

图 14-47

技术看板

设置【输入掩码】属性后，在【密码】文本框中输入密码时，不会显示具体的密码，而显示为星号【*】，从而保护账号安全。

Step12 ❶在【属性表】窗格中设置【所选内容的类型】为【窗体】，❷将【格式】选项卡中的【记录选择器】【导航按钮】【关闭按钮】属性均设置为【否】，将【滚动条】属性设置为【两者均无】，如图14-48所示。

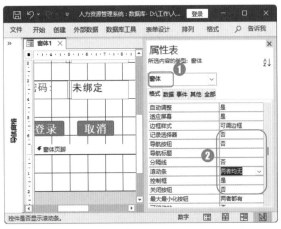

图 14-48

Step13 ❶在【其他】选项卡中设置【弹出方式】属性为【是】，将【快捷菜单】属性设置为【否】，❷单击【关闭】按钮×关闭【属性表】窗格，如图 14-49 所示。

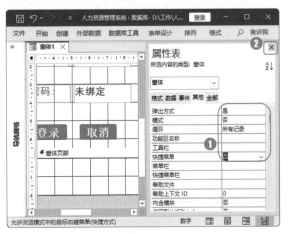

图 14-49

Step14 保存窗体，然后切换到窗体视图，即可查看【登录系统】窗体的最终效果，如图 14-50 所示。

图 14-50

14.4.3 制作【新员工登记】窗体

【新员工登记】窗体用于记录新进员工的信息，并将该信息保存到【员工信息】数据表中，具体操作步骤如下。

Step01 接上一例操作，❶在导航窗格中选择【员工信息】数据表，❷单击【创建】选项卡【窗体】组中的【窗体】按钮，如图 14-51 所示。

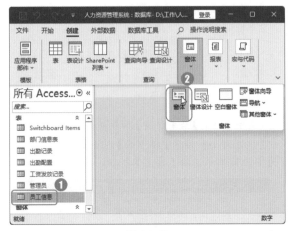

图 14-51

Step02 系统将快速创建一个【员工信息】窗体，切换到设计视图，选中【窗体页眉】节中的图片控件，按【Delete】键删除，如图 14-52 所示。

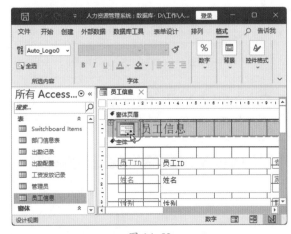

图 14-52

Step03 选中标题控件，更改标题文本，然后在【格式】选项卡的【字体】组中设置字体样式，如图 14-53 所示。

图 14-53

Step 04 ❶选中【主体】节中的所有控件，❷单击【排列】选项卡【表】组中的【删除布局】按钮圙，如图 14-54 所示。

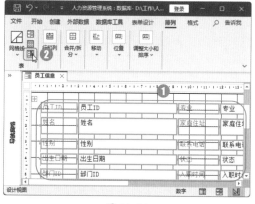

图 14-54

Step 05 重新调整各控件的位置和大小，并设置字体样式，然后将每组文本框控件中右侧文本框控件中的内容选中，按【Delete】键删除，从而将绑定型文本变更为未绑定型文本，如图 14-55 所示。

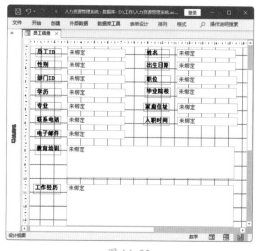

图 14-55

技术看板

删除右侧文本框控件中的内容，相当于删除了【属性表】窗格【数据】选项卡中【控件来源】的属性，所以将其变更为未绑定型控件。

Step 06 在文本框控件的底部添加两个按钮控件，将这两个按钮控件各自的【名称】和【标题】属性均设置为【添加记录】和【关闭】，并设置控件格式和字体样式，如图 14-56 所示。

图 14-56

Step 07 ❶单击【格式】选项卡【背景】组中的【背景图像】下拉按钮，❷在弹出的下拉菜单中选择【浏览】命令，如图 14-57 所示。

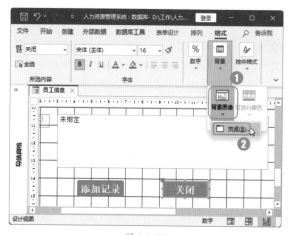

图 14-57

Step 08 打开【插入图片】对话框，❶选择背景图片，❷单击【确定】按钮，如图 14-58 所示。

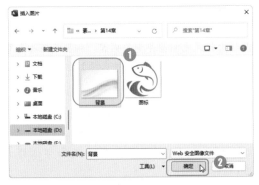

图 14-58

Step09 ❶在【属性表】窗格中设置【所选内容的类型】为【窗体】，❷在【其他】选项卡中设置【弹出方式】属性为【是】，如图 14-59 所示。

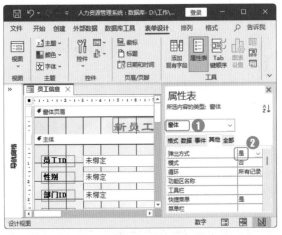

图 14-59

Step10 保存窗体，然后切换到窗体视图，即可查看【新员工登记】窗体的最终效果，如图 14-60 所示。

图 14-60

14.4.4 制作【员工信息查询】窗体

【员工信息查询】窗体用于接收用户输入的工号和姓名参数，从而让用户能够查询该员工的具体信息，具体操作步骤如下。

Step01 接上一例操作，单击【创建】选项卡【窗体】组中的【窗体设计】按钮，新建一个空白窗体，并进入设计视图，在【窗体页眉】节中添加一个标题，并在【格式】选项卡的【字体】组中设置字体样式，如图 14-61 所示。

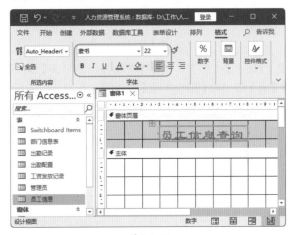

图 14-61

Step02 ❶单击【表单设计】选项卡【控件】组中的【控件】下拉按钮，❷在弹出的下拉菜单中单击【组合框】按钮🔲，如图 14-62 所示。

图 14-62

Step03 在【主体】节中单击，弹出【组合框向导】对话框，❶选中【使用组合框获取其他表或查询中的值】单选按钮，❷单击【下一步】按钮，如图 14-63 所示。

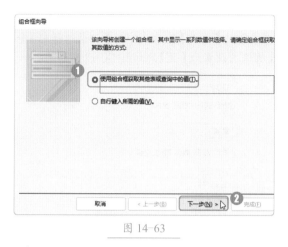

图 14-63

Step04 在【组合框向导】对话框中，❶在列表框中选择【表：员工信息】选项，❷单击【下一步】按钮，如图 14-64 所示。

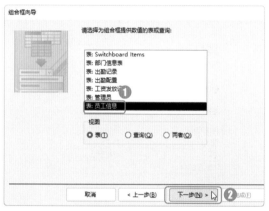

图 14-64

Step05 在【组合框向导】对话框中，❶将【员工 ID】字段添加到【选定字段】列表框中，❷单击【下一步】按钮，如图 14-65 所示。

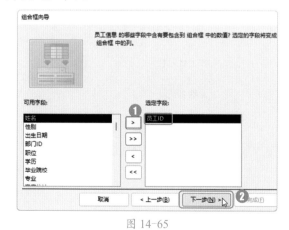

图 14-65

Step06 在【组合框向导】对话框中，❶在下拉列表中选择

【员工ID】选项，❷单击【下一步】按钮，如图 14-66 所示。

图 14-66

Step07 在【组合框向导】对话框中，❶拖动表格调整至合适的宽度，❷单击【下一步】按钮，如图 14-67 所示。

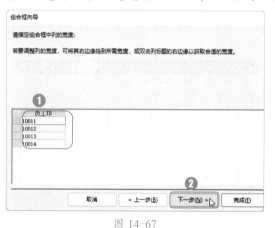

图 14-67

Step08 ❶在【组合框向导】对话框的【请为组合框指定标签】文本框中输入"工号"，❷单击【完成】按钮，如图 14-68 所示。

图 14-68

Step09 使用相同的方法，使用【员工信息】表中的【姓名】字段作为数据源，再次创建一个组合框，将其命名为【姓名】，如图 14-69 所示。

图 14-69

Step10 在组合框下方添加一个按钮控件，在【属性表】窗格中设置【名称】和【标题】属性均为【查询】，如图 14-70 所示。

图 14-70

Step11 在【格式】选项卡中设置按钮的字体和格式，如图 14-71 所示。

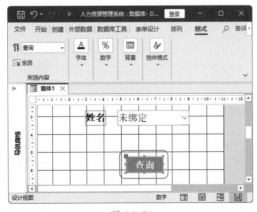

图 14-71

Step12 ❶在【属性表】窗格中设置【所选内容的类型】为【窗体】，❷将【格式】选项卡中的【记录选择器】【导航按钮】属性均设置为【否】，如图 14-72 所示。

图 14-72

Step13 ❶在【其他】选项卡中设置【弹出方式】和【模式】属性均为【是】，将【快捷菜单】属性设置为【否】，❷单击【关闭】按钮 × 关闭【属性表】窗格，如图 14-73 所示。

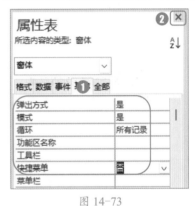

图 14-73

Step14 保存窗体，然后切换到窗体视图，即可查看【员工信息查询】窗体的最终效果，如图 14-74 所示。

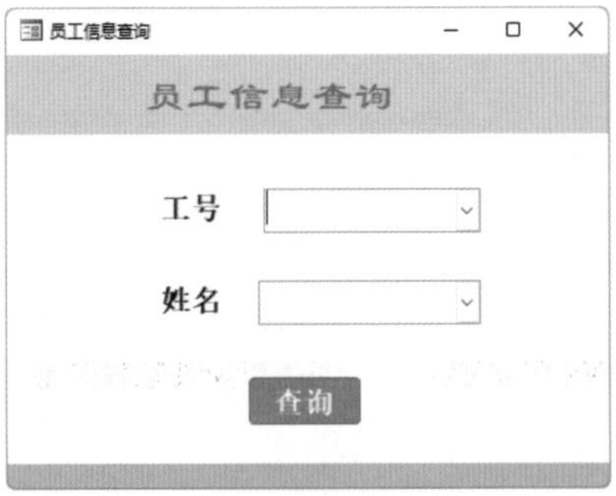

图 14-74

14.4.5　制作【员工考勤查询】窗体

　　【员工考勤查询】窗体的外观和功能与【员工信息查询】窗体相似，主要用于接收用户输入的参数，从而查询该员工的考勤信息。因为创建方法与上一例相似，所以此处简单介绍，具体操作步骤如下。

Step01 接上一例操作，单击【创建】选项卡【窗体】组中的【窗体设计】按钮，新建一个空白窗体，并进入设计视图，分别添加标题、文本框控件和按钮控件，并为其设置字体和样式，如图14-75所示。

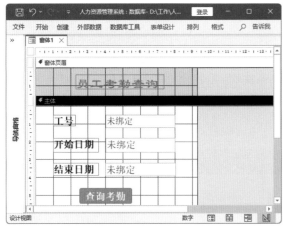

图 14-75

Step02 ❶选中【开始日期】和【结束日期】右侧的组合框控件，❷在【属性表】窗格的【格式】选项卡中设置【格式】属性为【常规日期】，如图14-76所示。

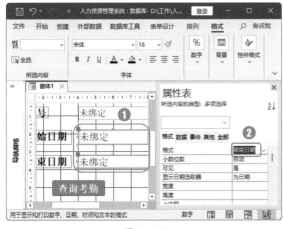

图 14-76

Step03 在【属性表】窗格中设置文本框控件和按钮控件的【名称】和【标题】属性，如表14-11所示。

表 14-11　控件的属性

控件类型	【名称】属性	【标题】属性
标签	工号标签	工号
标签	开始日期标签	开始日期
标签	结束日期标签	结束日期
文本框	工号	—
文本框	开始日期	—
文本框	结束日期	—
按钮	查询考勤	查询考勤

Step04 设置窗体的其他样式之后保存窗体，然后切换到窗体视图，即可查看【员工考勤查询】窗体的最终效果，如图14-77所示。

图 14-77

14.4.6　制作【员工工资查询】窗体

　　【员工工资查询】窗体的外观和功能与【员工信息查询】窗体相似，主要用于查询某个员工的工资信息，此处简单介绍，具体操作步骤如下。

Step01 接上一例操作，单击【创建】选项卡【窗体】组中的【窗体设计】按钮，新建一个空白窗体，并进入设计视图，分别添加标题、一个文本框控件（工号）、两个组合框控件（开始月份和结束月份）和一个按钮控件（查询工资），并为其设置字体和样式，如图14-78所示。

图 14-78

Step 02 ❶选中【开始月份】和【结束月份】右侧的组合框控件，❷在【属性表】窗格的【数据】选项卡中设置【行来源类型】属性为【值列表】、【行来源】属性为【1;2;3;4;5;6;7;8;9;10;11;12】，如图14-79所示。

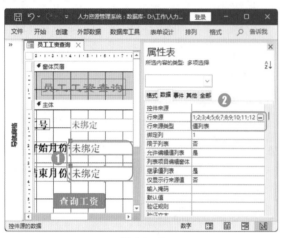

图 14-79

Step 03 设置窗体的其他样式之后保存窗体，然后切换到窗体视图，即可查看【员工工资查询】窗体的最终效果，如图14-80所示。

图 14-80

> **技术看板**
>
> 本例窗体中的控件也需要设置【名称】和【标题】属性，设置方法与【员工考勤查询】窗体相同。

14.5 制作查询窗体

14.4节制作的【员工考勤查询】和【员工工资查询】窗体需要根据指定的条件检索出数据，并通过报表展示数据，如果要实现这一功能，需要为其创建查询参数。

14.5.1 制作【员工考勤查询】查询

在【员工考勤查询】查询中，当用户输入工号、开始日期和结束日期后，可以返回该员工在所选日期之间的考勤情况，具体操作步骤如下。

Step 01 接上一例操作，单击【创建】选项卡【查询】组中的【查询设计】按钮，如图14-81所示。

图 14-81

Step 02 打开【添加表】窗格，❶按Ctrl键不放，在【表】选项卡的列表框中选择【出勤记录】【出勤配置】【员工信息】选项，❷单击【添加所选表】按钮，❸单击【关闭】按钮×，如图14-82所示。

图 14-82

Step 03 进入查询的设计视图，在上方可以查看添加的表对象，在下方的查询设计网格中将【员工ID】【姓名】【日期】【说明】4个字段添加到【字段】行中，如

图 14-83 所示。

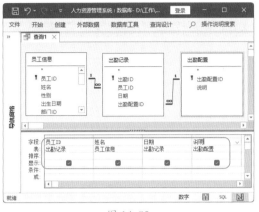

图 14-83

Step04 在【员工ID】字段所在的【条件】行中输入"[Forms]![员工考勤查询]![工号]",如图 14-84 所示。

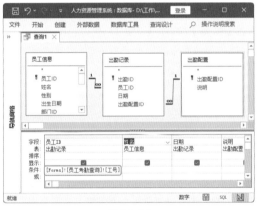

图 14-84

Step05 在【日期】字段所在的【条件】行中输入"Between [Forms]![员工考勤查询]![开始日期] And [Forms]![员工考勤查询]![结束日期]",如图 14-85 所示。

图 14-85

Step06 保存查询，然后切换到数据表视图，弹出连续的

3 个对话框，依次输入工号、开始日期和结束日期，完成后单击【确定】按钮，如图 14-86 所示。

图 14-86

Step07 系统将根据输入的数值查询出符合条件的数据，如图 14-87 所示。

图 14-87

14.5.2 制作【员工工资查询】查询

在【员工工资查询】查询中，当用户输入工号、开始月份和结束月份后，可以返回该员工在所选日期之间的工资情况，具体操作步骤如下。

Step01 接上一例操作，选择任意表，单击【创建】选项卡【查询】组中的【查询设计】按钮，打开【添加表】窗格，①按 Ctrl 键不放，在【表】选项卡的列表框中选择【部门信息表】【工资发放记录】【员工信息】选项，②单击【添加所选表】按钮，③单击【关闭】按钮×，如图 14-88 所示。

图 14-88

Step02 进入查询的设计视图，在上方可以查看添加的表对象，❶在下方的查询设计网格中将需要的字段添加到【字段】行中，❷在【月份】字段的【排序】下拉列表中选择【升序】选项，如图14-89所示。

图 14-89

Step03 在【员工ID】字段所在的【条件】行中输入"[Forms]![员工工资查询]![工号]"，如图14-90所示。

图 14-90

Step04 在【月份】字段所在的【条件】行中输入"Between

[Forms]![员工工资查询]![开始月份] And [Forms]![员工工资查询]![结束月份]"，如图14-91所示。

图 14-91

Step05 保存查询，然后切换到数据表视图，弹出连续的3个对话框，依次输入工号、开始月份和结束月份，完成后单击【确定】按钮，如图14-92所示。

图 14-92

Step06 系统将根据输入的数值查询出符合条件的数据，如图14-93所示。

图 14-93

14.6 制作数据报表

在窗体中输入查询条件，并通过查询检索出数据后，就可以在报表中展示和打印检索出的数据了。下面来制作需要的报表。

14.6.1 制作【员工信息查询】报表

因为之前并没有为【员工信息查询】报表建立专门的查询作为数据源，所以需要创建一个带查询参数的报表。报表创建完成后，当在【员工信息查询】报表中输入工号和姓名后，报表中即可显示该员工的详细信息，具体操作步骤如下。

Step01 接上一例操作,单击【创建】选项卡【报表】组中的【报表设计】按钮,新建一个空白报表,并进入设计视图,如图 14-94 所示。

图 14-94

Step02 单击【报表设计】选项卡【页眉/页脚】组中的【标题】按钮,如图 14-95 所示。

图 14-95

Step03 即可在【报表页眉】节中添加一个标题,❶在文本框中输入"员工信息",❷在【格式】选项卡的【字体】组中设置字体样式,如图 14-96 所示。

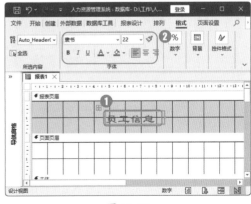

图 14-96

Step04 单击【报表设计】选项卡【页眉/页脚】组中的【日期和时间】按钮,如图 14-97 所示。

图 14-97

Step05 弹出【日期和时间】对话框,保持默认设置,单击【确定】按钮,如图 14-98 所示。

图 14-98

Step06 即可在【报表页眉】节中添加日期和时间控件,调整其大小和位置,如图 14-99 所示。

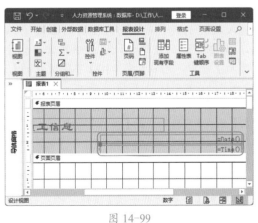

图 14-99

Step07 ❶在【属性表】窗格中设置【所选内容的类型】为

【报表】，❷单击【数据】选项卡中【记录源】右侧的 ⋯ 按钮，如图 14-100 所示。

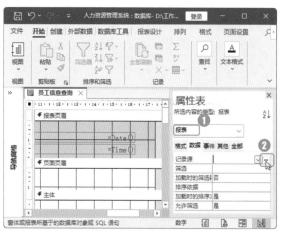

图 14-100

Step⓾ 打开【添加表】窗格，❶在【表】选项卡的列表框中选择【员工信息】选项，❷单击【添加所选表】按钮，❸单击【关闭】按钮 ✕，如图 14-101 所示。

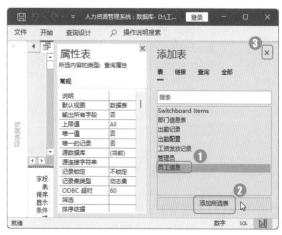

图 14-101

Step⓾ 进入报表的设计视图，在上方可以查看添加的表对象，❶在下方的查询设计网格中将需要的字段添加到【字段】行中，❷在【员工ID】字段所在的【条件】行中输入"[Forms]![员工信息查询]![工号]"，如图 14-102 所示。

Step⓾ 在【姓名】字段所在的【条件】行中输入"[Forms]![员工信息查询]![姓名]"，然后保存并关闭查询，如图 14-103 所示。

Step⓾ 返回报表的设计视图，❶单击【报表设计】选项卡【工具】组中的【添加现有字段】按钮，❷在打开的【字段列表】窗格中选择所有字段，❸拖动鼠标将所有字段添加到【主体】节中，如图 14-104 所示。

图 14-102

图 14-103

图 14-104

Step⓾ 调整各控件的位置和大小，并设置控件的字体样式，如图 14-105 所示。

技术看板

【字段列表】窗格中显示的字段即在【查询生成器】窗口中所添加的字段。

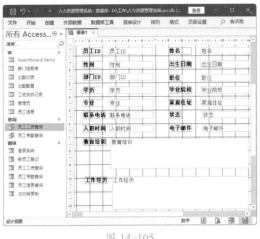

图 14-105

Step⑬ 保存报表，并切换到报表视图，弹出两个【输入参数值】对话框，分别输入工号和姓名，然后单击【确定】按钮，如图 14-106 所示。

图 14-106

Step⑭ 即可在打开的【员工信息查询】报表中查看相应的结果，如图 14-107 所示。

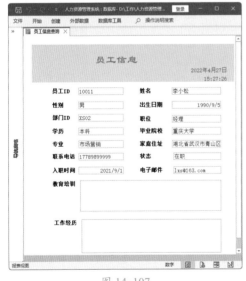

图 14-107

14.6.2 制作【员工考勤查询】报表

当用户在【员工考勤查询】报表中输入参数后，报表中即可显示该员工的考勤信息。制作【员工考勤查询】

报表的具体操作步骤如下。

Step① 接上一例操作，❶在导航窗格中选择【员工考勤查询】查询，❷单击【创建】选项卡【报表】组中的【报表】按钮，如图 14-108 所示。

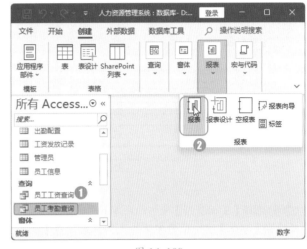

图 14-108

Step② 依次弹出 3 个【输入参数值】对话框，分别输入工号、开始日期和结束日期，然后单击【确定】按钮，如图 14-109 所示。

图 14-109

Step③ 将新建一个【员工考勤查询】报表，❶切换到设计视图，选中【报表页眉】节中的所有控件，❷单击【排列】选项卡【表】组中的【删除布局】按钮，如图 14-110 所示。

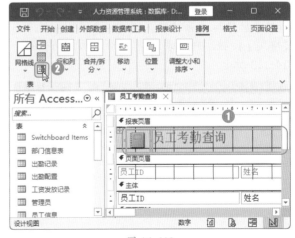

图 14-110

Step 04 将左侧的图片删除，然后设置标题的字体样式和时间控件的位置，如图 14-111 所示。

图 14-111

Step 05 ❶选择【页面页眉】节中的所有控件，❷在【格式】选项卡的【字体】组中设置字体样式，然后删除【页面页脚】和【报表页脚】节中的所有控件，如图 14-112 所示。

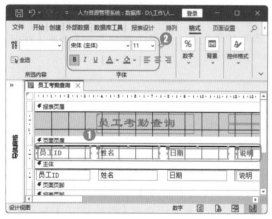

图 14-112

Step 06 保存报表，并切换到报表视图，在弹出的【输入参数值】对话框中依次输入参数（参照 Step 02）后单击【确定】按钮，即可在报表中查看相应的结果，如图 14-113 所示。

图 14-113

14.6.3 制作【员工工资查询】报表

制作【员工工资查询】报表的方法与制作【员工考勤查询】报表的方法类似，此处不再赘述。本例的报表以【员工工资】表为数据源，制作完成后的效果如图 14-114 所示。

图 14-114

14.6.4 制作【企业工资发放记录】报表

【企业工资发放记录】报表展示了所有员工的工资发放情况。本例使用报表向导快速生成报表，具体操作步骤如下。

Step 01 接上一例操作，单击【创建】选项卡【报表】组中的【报表向导】按钮，如图 14-115 所示。

图 14-115

Step 02 打开【报表向导】对话框，❶在【表/查询】下拉列表中选择【表：部门信息表】选项，❷将【部门名称】字段添加到【选定字段】列表框中，如图 14-116 所示。

Step 03 ❶在【表/查询】下拉列表中选择【表：员工信息】选项，❷将【员工ID】【姓名】字段添加到【选定字段】列表框中，如图 14-117 所示。

图 14-116

图 14-117

Step 04 ❶在【表/查询】下拉列表中选择【表：工资发放记录】选项，❷将【年份】【月份】【基本工资】【岗位津贴】【加班补贴】【出差补贴】【违纪扣薪】【保险扣薪】【扣税】【其他奖金】【实发工资】字段添加到【选定字段】列表框中，❸单击【下一步】按钮，如图 14-118 所示。

图 14-118

Step 05 ❶在【报表向导】对话框的【请确定查看数据的方式】列表框中选择【通过工资发放记录】选项，❷单击【下一步】按钮，如图 14-119 所示。

图 14-119

Step 06 在【报表向导】对话框中，直接单击【下一步】按钮，如图 14-120 所示。

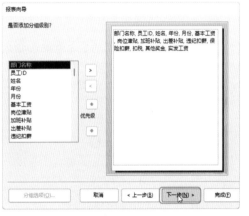

图 14-120

Step 07 在【报表向导】对话框中，❶设置对【年份】和【月份】字段进行升序排序，❷单击【下一步】按钮，如图 14-121 所示。

图 14-121

Step08 在【报表向导】对话框中，❶在【布局】栏中选中【表格】单选按钮，❷在【方向】栏中选中【横向】单选按钮，❸单击【下一步】按钮，如图 14-122 所示。

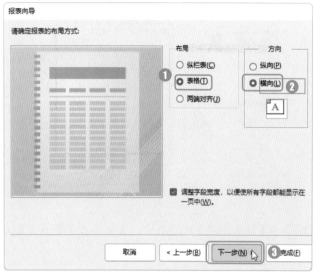

图 14-122

Step09 ❶在【报表向导】对话框的【请为报表指定标题】文本框中输入标题，❷在下方选中【修改报表设计】单选按钮，❸单击【完成】按钮，如图 14-123 所示。

图 14-123

Step10 即可创建【企业工资发放记录】报表，在设计视图中设置字体样式，如图 14-124 所示。

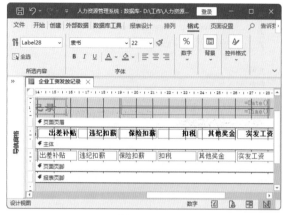

图 14-124

Step11 保存并打开报表视图，即可查看最终效果，如图 14-125 所示。

图 14-125

14.6.5 制作【企业员工出勤记录】报表

【企业员工出勤记录】报表的创建方法与【企业工资发放记录】报表类似，此处不再赘述，制作完成后的效果如图 14-126 所示。

图 14-126

14.7 制作程序设计模块

人力资源管理系统中的数据表、窗体、查询、报表等对象制作完成后，仅凭这些孤立的对象并不能完成工作，还需要添加事件过程和通用过程，使用VBA程序将各对象连接在一起。

14.7.1 制作公用模块

公用模块用于建立数据库的连接和用户登录等，具体操作步骤如下。

Step 01 接上一例操作，单击【创建】选项卡【宏与代码】组中的【模块】按钮，如图14-127所示。

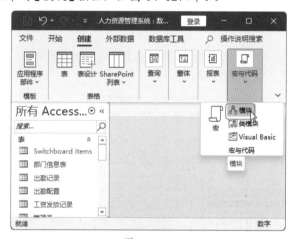

图 14-127

Step 02 新建一个模块，并进入VBA编写环境，在【代码窗口】中输入代码，如图14-128所示。

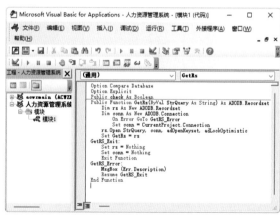

图 14-128

代码如下。

```
Option Compare Database
Option Explicit
```

```
Public check As Boolean
Public Function GetRs(ByVal StrQuery
As String) As ADODB.Recordset
    Dim rs As New ADODB.Recordset
    Dim conn As New ADODB.Connection
        On Error GoTo GetRS_Error
        Set conn = CurrentProject.
Connection
    rs.Open StrQuery, conn,
adOpenKeyset, adLockOptimistic
    Set GetRs = rs
GetRS_Exit:
    Set rs = Nothing
    Set conn = Nothing
    Exit Function
GetRS_Error:
    MsgBox (Err.Description)
    Resume GetRS_Exit
End Function
```

Step 03 完成后按【Ctrl+S】快捷键，弹出【另存为】对话框，❶在【模块名称】文本框中输入"公用模块"，❷单击【确定】按钮，如图14-129所示。

图 14-129

> **技术看板**
>
> GetRs()函数的作用是，通过字符串StrQuery所引用的SQL语句，返回一个ADODB.Recordset对象实例；adLockOptimistic是指开放式记录锁定，即仅在调用Update方法时锁定记录；check是定义的全局布尔变量，用来表示登录状态。

14.7.2 为【登录系统】窗体添加代码

【登录系统】窗体用于限制只有经过系统认证的员工才能使用该系统，下面需要给窗体中的【登录】和【取消】按钮添加相应的事件过程，从而实现登录功能。

1. 为【登录系统】窗体添加【记录源】表和【加载】事件过程

添加【记录源】表的目的是，用户输入用户名和密码时，系统能将其与【记录源】表中的值进行比较，如果用户名和密码存在，就可以登录窗体。添加【加载】事件过程是为了实现当用户需要登录系统时，最小化系统中的【主切换面板】窗体。其具体操作步骤如下。

Step01 接上一例操作，进入【登录系统】窗体的设计视图，❶单击【表单设计】选项卡【工具】组中的【属性表】按钮，❷打开【属性表】窗格，设置【所选内容的类型】为【窗体】，在【数据】选项卡中设置【记录源】属性为【管理员】，如图 14-130 所示。

图 14-130

技术看板

在【管理员】数据表中，存储了登录系统所需的【用户名】和【密码】。

Step02 ❶在【事件】选项卡中设置【加载】属性为【事件过程】，❷单击其右侧的 … 按钮，如图 14-131 所示。

技术看板

在设置【记录源】属性之前，需要确保在【属性表】窗格中，设置【所选内容的类型】为【窗体】，在设置任何控件属性时都需要注意所选的是否为当前控件。

图 14-131

Step03 进入 VBA 编写环境，在【代码窗口】中输入 VBA 代码，如图 14-132 所示。

图 14-132

代码如下。

```
Private Sub Form_Load()
' 最小化数据库窗体并初始化该窗体
On Error GoTo Form_Open_Err
    DoCmd.SelectObject acForm, "主切换
面板", True
    DoCmd.Minimize
    check = False
Form_Open_Exit:
    Exit Sub
Form_Open_Err:
    MsgBox Err.Description
    Resume Form_Open_Exit
End Sub
```

2. 为【登录】按钮添加【单击】事件过程

当用户单击【登录】按钮时，系统会自动搜索，确定输入的用户名和密码是否在【记录源】表中，如果存在，则进入【功能切换面板】窗体。下面为该按钮添加事件过程以实现这个功能，具体操作步骤如下。

Step01 接上一例操作，❶选中【登录】按钮，❷在【属性表】窗格的【事件】选项卡中将【单击】属性设置为【事件过程】，❸单击其右侧的⋯按钮，如图 14-133 所示。

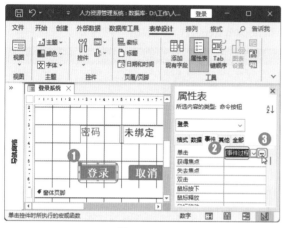

图 14-133

Step02 进入 VBA 编写环境，在【代码窗口】中输入 VBA 代码，如图 14-134 所示。

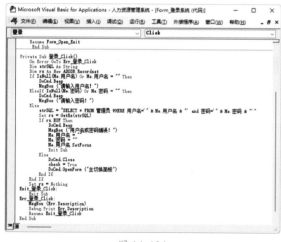

图 14-134

代码如下。

```
Private Sub 登录_Click()
    On Error GoTo Err_ 登录 _Click
    Dim strSQL As String
    Dim rs As New ADODB.Recordset
    If IsNull(Me.用户名) Or Me.用户名 =
"" Then
        DoCmd.Beep
        MsgBox ("请输入用户名！")
    ElseIf IsNull(Me.密码) Or Me.密码 =
"" Then
        DoCmd.Beep
        MsgBox ("请输入密码！")
    Else
        strSQL = "SELECT * FROM 管理员
WHERE 用户名 ='" & Me.用户名 & "' and 密
码 ='" & Me.密码 & "'"
        Set rs = GetRs(strSQL)
        If rs.EOF Then
            DoCmd.Beep
            MsgBox ("用户名或密码错误！")
            Me.用户名 = ""
            Me.密码 = ""
            Me.用户名 .SetFocus
            Exit Sub
        Else
            DoCmd.Close
            check = True
            DoCmd.OpenForm ("主切换面板")
        End If
    End If
    Set rs = Nothing
Exit_ 登录 _Click:
    Exit Sub
Err_ 登录 _Click:
    MsgBox (Err.Description)
    Debug.Print Err.Description
    Resume Exit_ 登录 _Click
End Sub
```

3. 为【取消】按钮添加【单击】事件过程

当用户单击【取消】按钮时，将关闭【登录】窗体，并退出当前数据库。所以，需要为【取消】按钮的【单击】事件添加 VBA 代码，如图 14-135 所示。为该按钮添加【单击】事件的操作方法与【登录】按钮相同，可参照前文操作，此处不再赘述。

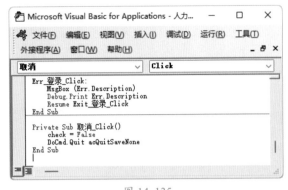

图 14-135

代码如下。

```
Private Sub 取消_Click()
    check = False
    DoCmd.Quit acQuitSaveNone
End Sub
```

技术看板

check布尔值是在公用模块中定义的全局变量，用于标识用户的登录状态。如果值为True，则表示用户已经登录；如果值为False，则表示用户没有登录。

添加完成后，在【工程资源管理器窗口】中可以看到，以上添加的代码均保存在【Form_登录系统】模块中。至此，整个用户登录模块的设计工作已经完成，在【登录系统】窗体中输入用户名和密码后，单击【登录】按钮，即可进入【主切换面板】，如图 14-136 所示。

图 14-136

14.7.3 为【主切换面板】窗体添加代码

在【主切换面板】窗体中，为各按钮添加事件过程

后，单击各按钮可以进入相应的模块。

1. 为【主切换面板】窗体添加【记录源】表和【成为当前】事件过程

为【主切换面板】窗体添加【成为当前】事件过程的作用是，实现【主切换面板】窗体上的控件功能和显示控件标题等信息，具体操作步骤如下。

Step01 接上一例操作，进入【主切换面板】窗体的设计视图，❶在【属性表】窗格中设置【所选内容的类型】为【窗体】，❷在【数据】选项卡中设置【记录源】属性为【Switchboard Items】，如图 14-137 所示。

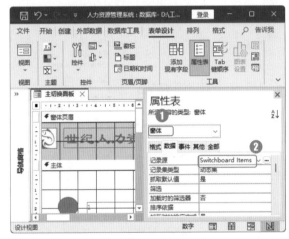

图 14-137

Step02 ❶在【事件】选项卡中设置【成为当前】属性为【事件过程】，❷单击其右侧的···按钮，如图 14-138 所示。

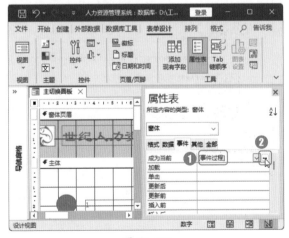

图 14-138

Step03 进入VBA编写环境，在【代码窗口】中输入VBA代码，如图 14-139 所示。

图 14-139

代码如下。

```
Private Sub Form_Current()
    ' 更新标题并显示列表
    Me.Caption = Nz(Me![ItemText], "")
    Fillbtns
End Sub
```

其中，Fillbtns是另外一个能实现报表选择功能的过程，在使用该过程前，需要进行定义。所以，在同一代码窗口中，需要输入VBA代码，如图 14-140 所示。

图 14-140

代码如下。

```
Private Sub Fillbtns()
    ' 显示切换框中的列表
    ' 按钮数量
    Const conNumButtons As Integer = 4
    Dim rs As New ADODB.Recordset
    Dim strSQL As String
    Dim intbtn As Integer
    Me![button1].SetFocus
```

```
    For intbtn = 2 To conNumButtons
        Me("button" & intbtn).Visible =
False
        Me("btn" & intbtn).Visible =
False
    Next intbtn
    ' 打开表 Switchboard Items
    strSQL = "SELECT * FROM
[Switchboard Items]"
    strSQL = strSQL & " WHERE
[ItemNumber] > 0 AND [SwitchboardID]=" &
Me![SwitchboardID]
    strSQL = strSQL & " ORDER BY
[ItemNumber];"
    Set rs = GetRs(strSQL)
    If (rs.EOF) Then
        Me![btn1].Caption = " 此切换面板
页上无项目。"
    Else
        While (Not (rs.EOF))
            Me("button" &
rs![ItemNumber]).Visible = True
            Me("btn" &
rs![ItemNumber]).Visible = True
            Me("btn" &
rs![ItemNumber]).Caption = rs![ItemText]
            rs.MoveNext
        Wend
    End If
    ' 关闭数据集合和数据库
    rs.Close
    Set rs = Nothing
End Sub
```

2. 为【主切换面板】窗体添加【加载】事件过程

添加【加载】事件过程的作用是，实现当进入【主切换面板】窗体时，系统首先将检查布尔变量check的值，如果check的值为False，则会弹出对话框，提示用户先登录系统，从而确保在用户进入该窗体时已经处于登录状态。其具体操作步骤如下。

Step01 接上一例操作，❶在【属性表】窗格中设置【加载】属性为【事件过程】，❷单击其右侧的┄按钮，如图 14-141 所示。

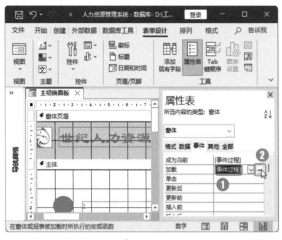

图 14-141

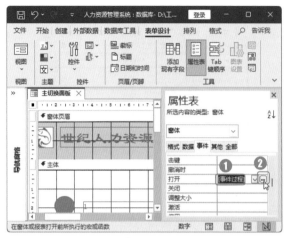

图 14-143

Step 02 进入VBA编写环境，在【代码窗口】中输入VBA代码，如图 14-142 所示。

图 14-142

代码如下。

```
Private Sub Form_Load()
    If Not check Then
        MsgBox ("请先登录！")
        DoCmd.Close
        DoCmd.OpenForm ("登录系统")
    End If
End Sub
```

3. 为【主切换面板】窗体添加【打开】事件过程

为【主切换面板】窗体添加【打开】事件过程，是为了在用户打开该窗体时，默认打开【主切换面板】，而不是其他的切换面板，具体操作步骤如下。

Step 01 接上一例操作，❶在【属性表】窗格中设置【打开】属性为【事件过程】，❷单击其右侧的按钮，如图 14-143 所示。

Step 02 进入VBA编写环境，在【代码窗口】中输入VBA代码，如图 14-144 所示。

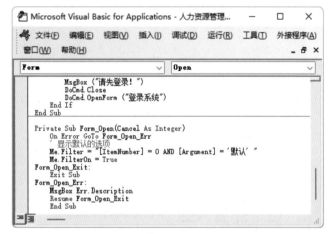

图 14-144

代码如下。

```
Private Sub Form_Open(Cancel As Integer)
    On Error GoTo Form_Open_Err
    ' 显示默认的选项
    Me.Filter = "[ItemNumber] = 0 AND
[Argument] = '默认' "
    Me.FilterOn = True
Form_Open_Exit:
    Exit Sub
Form_Open_Err:
    MsgBox Err.Description
    Resume Form_Open_Exit
    End Sub
```

4. 为【button】按钮添加【单击】事件过程

为按钮添加【单击】事件过程，是为了在单击该按钮时，可以打开另一个事件，具体操作步骤如下。

Step 01 接上一例操作，选中【button1】按钮控件，在【属性表】窗格的【事件】选项卡的【单击】文本框中输入"=HandleButtonClick(1)"，如图 14-145 所示。

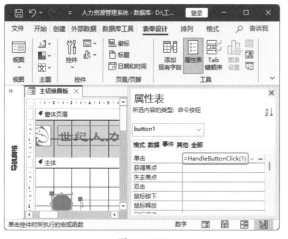

图 14-145

Step 02 选中【button2】按钮控件，在【属性表】窗格的【事件】选项卡的【单击】文本框中输入"=HandleButtonClick(2)"，如图 14-146 所示。

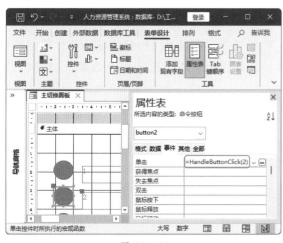

图 14-146

Step 03 使用相同的方法，分别在【button3】和【button4】按钮控件的【单击】文本框中输入"=HandleButtonClick(3)"和"=HandleButtonClick(4)"。

技术看板

HandleButtonClick()是响应按钮单击事件的一

个函数，括号中的整数值1、2、3……就是要传递给 HandleButtonClick() 函数的参数。

在使用该函数之前，需要先进行定义，在VBA编写环境中打开【Form_主切换面板】模块，输入以下代码，如图 14-147 和图 14-148 所示。

图 14-147

图 14-148

代码如下。

```
Private Function HandleButtonClick
(intbtn As Integer)
' 处理按钮 click 事件
    Const conCmdGotoSwitchboard = 1
    Const conCmdNewForm = 2
    Const conCmdOpenReport = 3
    Const conCmdExitApplication = 4
    Const conCmdRunMacro = 8
    Const conCmdRunCode = 9
```

```
Const conCmdOpenPage = 10
Const conErrDoCmdCancelled = 2501
Dim rs As ADODB.Recordset
Dim strSQL As String
On Error GoTo HandleButtonClick_Err
Set rs = CreateObject("ADODB.
Recordset")
strSQL = "SELECT * FROM
[Switchboard Items] "
strSQL = strSQL & "WHERE
[SwitchboardID]=" & Me![SwitchboardID] &
" AND [ItemNumber]=" & intbtn
Set rs = GetRs(strSQL)
If (rs.EOF) Then
    MsgBox "读取 Switchboard Items
表时出错。"
    rs.Close
    Set rs = Nothing
    Exit Function
End If
Select Case rs![Command]

    ' 进入另一个切换面板
Case conCmdGotoSwitchboard
    Me.Filter = "[ItemNumber] = 0
AND [SwitchboardID]=" & rs![Argument]
    ' 打开一个新窗体
Case conCmdNewForm
    DoCmd.OpenForm
rs![Argument]
    ' 打开报表
Case conCmdOpenReport
    DoCmd.OpenReport
rs![Argument], acPreview
    ' 退出应用程序
Case conCmdExitApplication
    CloseCurrentDatabase
    ' 运行宏
Case conCmdRunMacro
    DoCmd.RunMacro
rs![Argument]
    ' 运行代码
Case conCmdRunCode
    Application.Run
rs![Argument]
    ' 打开一个数据存取页面
Case conCmdOpenPage
    DoCmd.OpenDataAccessPage
rs![Argument]
    ' 未定义的选项
Case Else
    MsgBox " 未知选项。"
End Select
' Close the recordset and the
database
rs.Close
HandleButtonClick_Exit:
    On Error Resume Next
    Set rs = Nothing
    Exit Function
HandleButtonClick_Err:
    If (Err = conErrDoCmdCancelled)
Then
        Resume Next
    Else
        MsgBox " 执行命令时出错。",
vbCritical
        Resume HandleButtonClick_Exit
    End If
End Function
```

至此，【主切换面板】的窗体设计工作已经完成，切换到窗体视图，即可查看最终效果，如图 14-149 所示。

图 14-149

在【主切换面板】中，单击各按钮，可以进行模块的切换，如单击【信息查询】按钮，即可切换到【信息查询切换面板】中，如图 14-150 所示。

图 14-150

14.7.4 为【新员工登记】窗体添加代码

如果用户在【新员工登记】窗体中添加了新员工的信息，当单击【添加记录】按钮时，系统会自动将该信息保存到员工信息表中；当单击【关闭】按钮时，则关闭当前的窗体，具体操作步骤如下。

Step01 接上一例操作，进入【新员工登记】窗体的设计视图，❶选中【添加记录】按钮，❷在【属性表】窗格的【事件】选项卡中设置【单击】属性为【事件过程】，❸单击其右侧的⋯按钮，如图 14-151 所示。

图 14-151

Step02 进入 VBA 编写环境，在【代码窗口】中输入 VBA

代码，如图 14-152 所示。

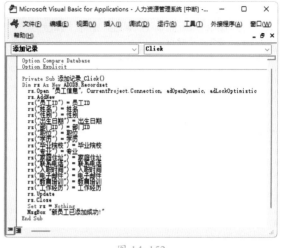

图 14-152

代码如下。

```
Private Sub 添加记录_Click()
Dim rs As New ADODB.Recordset
   rs.Open "员工信息", CurrentProject.
Connection, adOpenDynamic,
adLockOptimistic
   rs.AddNew
   rs("员工 ID") = 员工 ID
   rs("姓名") = 姓名
   rs("性别") = 性别
   rs("出生日期") = 出生日期
   rs("部门 ID") = 部门 ID
   rs("职位") = 职位
   rs("学历") = 学历
   rs("毕业院校") = 毕业院校
   rs("专业") = 专业
   rs("家庭住址") = 家庭住址
   rs("联系电话") = 联系电话
   rs("入职时间") = 入职时间
   rs("电子邮件") = 电子邮件
   rs("教育培训") = 教育培训
   rs("工作经历") = 工作经历
   rs.Update
   rs.Close
   Set rs = Nothing
   MsgBox "新员工已添加成功！"
End Sub
```

Step03 使用相同的方法，为【关闭】按钮控件设置【单击】

事件过程，如图 14-153 所示。

图 14-153

代码如下。

```
Private Sub 关闭_Click()
DoCmd.Close
End Sub
```

14.7.5 为【员工信息查询】窗体添加代码

当用户在【员工信息查询】窗体中单击【查询】按钮时，系统会自动检索工号和姓名组合框中的值。如果为空，则弹出提示框，提示用户必须输入姓名才可以查询；如果输入正确，则打开员工信息查询报表，显示该员工的信息。

为【查询】按钮设置【单击】事件过程的方法与前文类似，在【代码窗口】中输入代码，如图 14-154 所示。

图 14-154

代码如下。

```
Private Sub 查询_Click()
    If IsNull([工号]) Then
        MsgBox "您必须选择员工工号"
        DoCmd.GoToControl "工号"
    Else
        DoCmd.OpenReport "员工信息查询",
```

acViewPreview, , , acWindowNormal
```
        Me.Visible = False
    End If
End Sub
```

14.7.6 为【员工考勤查询】窗体添加代码

在【员工考勤查询】窗体中，当用户单击【查询考勤】按钮时，系统会自动检查工号、开始日期和结束日期框中的值，并比较开始日期和结束日期的大小。如果输入正确，则打开【员工考勤查询】报表。

【查询考勤】按钮控件的【单击】事件过程代码如图 14-155 所示。

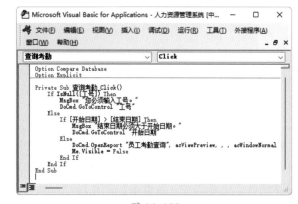

图 14-155

代码如下。

```
Private Sub 查询考勤_Click()
    If IsNull([工号]) Then
        MsgBox "您必须输入工号。"
        DoCmd.GoToControl "工号"
    Else
        If [开始日期] > [结束日期] Then
            MsgBox "结束日期必须大于开始
日期。"
            DoCmd.GoToControl "开始日期"
        Else
            DoCmd.OpenReport "员工考勤查
询", acViewPreview, , , acWindowNormal
            Me.Visible = False
        End If
    End If
End Sub
```

14.7.7 为【员工工资查询】窗体添加代码

在【员工工资查询】窗体中，当用户单击【查询工资】按钮时，系统会自动检查工号、开始月份和结束月份框中的值，并比较开始月份和结束月份的大小。如果输入正确，则打开【员工工资查询】报表。

【查询工资】按钮控件的【单击】事件过程代码如图 14-156 所示。

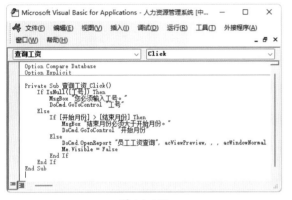

图 14-156

代码如下。

```
Private Sub 查询工资_Click()
    If IsNull([工号]) Then
        MsgBox "您必须输入工号。"
        DoCmd.GoToControl "工号"
    Else
        If [开始月份] > [结束月份] Then
            MsgBox "结束月份必须大于开始
月份。"
            DoCmd.GoToControl "开始月份"
        Else
            DoCmd.OpenReport "员工工资查
询", acViewPreview, , , acWindowNormal
            Me.Visible = False
        End If
    End If
End Sub
```

14.8 集成系统设置

在系统运行前，需要进行集成系统设置，使其更人性化、更安全。

14.8.1 设置自动启动【登录系统】窗体

用户在打开人力资源管理系统时，可以设置自动启动【登录系统】窗体，只有当用户成功登录后，才可以进入其他模块，具体操作步骤如下。

Step01 接上一例操作，在【文件】选项卡中选择【选项】选项，如图 14-157 所示。

图 14-157

Step02 打开【Access 选项】对话框，❶在【当前数据库】选项卡的【显示窗体】下拉列表中选择【登录系统】选项，❷单击【确定】按钮，如图 14-158 所示。

图 14-158

Step03 弹出提示对话框，提示需要重新打开数据库才能生效，单击【确定】按钮，如图 14-159 所示。

图 14-159

Step 04 退出并重新打开数据库，即可看到系统已经重新启动了【登录系统】窗体。由于该窗体已经被设置为窗体模式，因此限制用户除非登录此窗体，否则无法访问数据库的其他对象，如图 14-160 所示。

图 14-160

技术看板

开发者在还没有完成数据库的设置时，如果设置了自动启动【登录系统】窗体，导致无法编辑，则可以在打开数据库时按住【Shift】键，然后双击打开数据库，直至数据库完全打开再松开【Shift】键即可进入编辑模式。

14.8.2 设置引用ADO对象

在 Access 中，需要设置引用 ADO 对象才能使用 VBA 实现某些功能，具体操作步骤如下。

Step 01 接上一例操作，❶在 VBA 窗口中选择【工具】选项卡，❷在弹出的下拉菜单中选择【引用】命令，如图 14-161 所示。

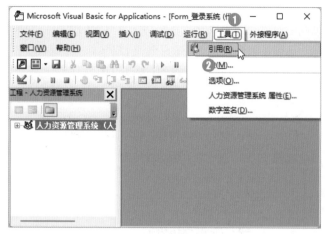

图 14-161

Step 02 打开【引用－人力资源管理系统】对话框，❶在【可使用的引用】列表框中选中【Microsoft ActiveX Data Objects 2.8 Library】和【Microsoft ActiveX Data Objects Recordset 2.8 Library】复选框，❷单击【确定】按钮，如图 14-162 所示。

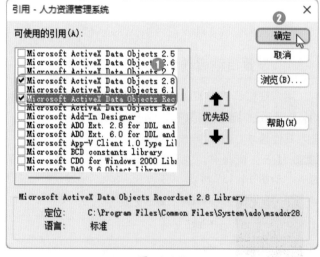

图 14-162

14.9 运行系统

至此，人力资源管理系统的所有设置都已经完成，用户可以运行该系统查看最终的效果，具体操作步骤如下。

Step 01 在计算机中双击【人力资源管理系统】数据库，弹出【登录系统】窗体，❶输入用户名和密码，❷单击【登录】按钮，如图 14-163 所示。

图 14-163

Step02 进入【主切换面板】窗体，单击【新员工登记】按钮，如图 14-164 所示。

图 14-164

Step03 打开【新员工登记】窗体，❶输入新员工信息，❷单击【添加记录】按钮，如图 14-165 所示。

图 14-165

Step04 弹出提示对话框，提示添加成功，单击【确定】按钮，如图 14-166 所示。

图 14-166

Step05 单击【关闭】按钮返回【主切换面板】窗体，单击【信息查询】按钮，如图 14-167 所示。

图 14-167

Step06 打开【信息查询切换面板】窗体，单击【员工信息查询】按钮，如图 14-168 所示。

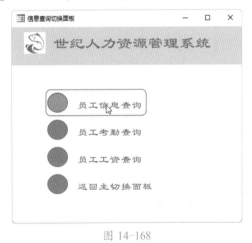

图 14-168

Step07 打开【员工信息查询】窗体，❶设置【工号】和【姓名】，❷单击【查询】按钮，如图 14-169 所示。

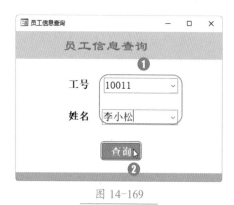

图 14-169

Step⑧ 即可打开【员工信息查询】报表，在其中可以查看相应员工的信息，如图 14-170 所示。

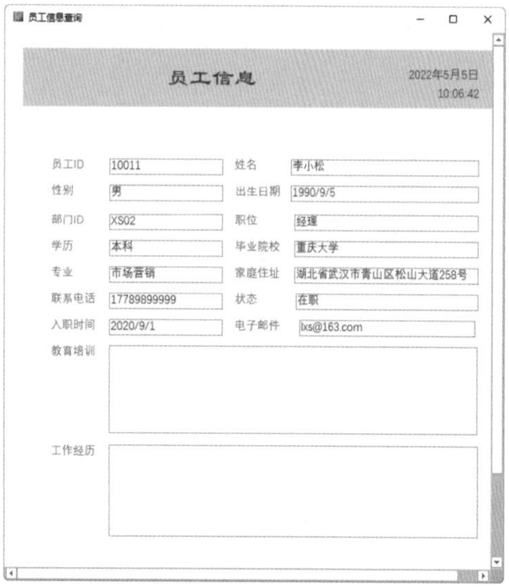

图 14-170

Step⑨ 返回【信息查询切换面板】窗体，单击【员工考勤查询】按钮，❶打开【员工考勤查询】窗体，设置【工号】【开始日期】【结束日期】，❷单击【查询考勤】按钮，如图 14-171 所示。

图 14-171

Step⑩ 即可打开【员工考勤查询】报表，在其中可以查看

相应员工的考勤信息，如图 14-172 所示。

图 14-172

Step⑪ 返回【信息查询切换面板】窗体，单击【员工工资查询】按钮，❶打开【员工工资查询】窗体，设置【工号】【开始月份】【结束月份】，❷单击【查询工资】按钮，如图 14-173 所示。

图 14-173

Step⑫ 即可打开【员工工资查询】报表，在其中可以查看相应员工的工资信息，如图 14-174 所示。

图 14-174

Step⑬ 返回【信息查询切换面板】窗体，单击【返回主切换面板】按钮，返回【主切换面板】窗体，单击【预览报表】按钮，进入【报表切换面板】窗体，单击【企业工资发放记录】按钮，如图 14-175 所示。

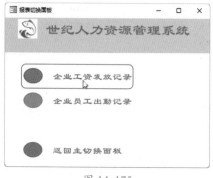

图 14-175

Step⑭ 即可打开【企业工资发放记录】报表，在其中可以

查看员工的工资发放情况，如图 14-176 所示。

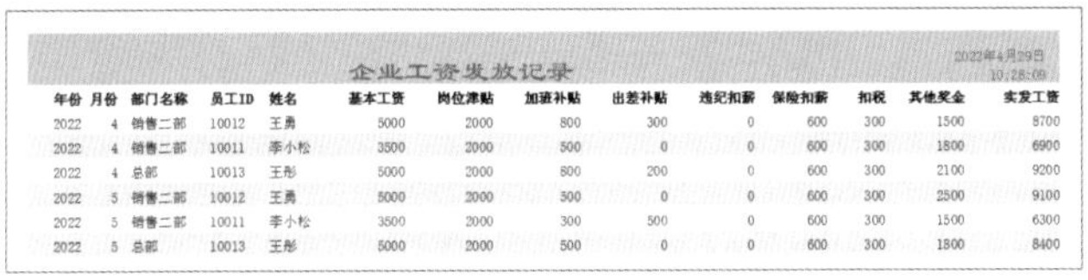

企业工资发放记录 2022年4月29日 10:28:09

年份	月份	部门名称	员工ID	姓名	基本工资	岗位津贴	加班补贴	出差补贴	违纪扣薪	保险扣薪	扣税	其他奖金	实发工资
2022	4	销售二部	10012	王勇	5000	2000	800	300	0	600	300	1500	8700
2022	4	销售二部	10011	李小松	3500	2000	500	0	0	600	300	1800	6900
2022	4	总部	10013	王彤	5000	2000	800	200	0	600	300	2100	9200
2022	5	销售二部	10012	王勇	5000	2000	300	0	0	600	300	2500	9100
2022	5	销售二部	10011	李小松	3500	2000	300	500	0	600	300	1500	6300
2022	5	总部	10013	王彤	5000	2000	500	0	0	600	300	1800	8400

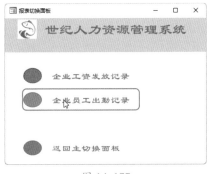

图 14-176

Step 15 返回【报表切换面板】窗体，单击【企业员工出勤记录】按钮，如图 14-177 所示。

图 14-177

Step 16 即可打开【出勤记录】报表，在其中可以查看员工的出勤情况，如图 14-178 所示。

出勤记录 2022年5月5日 11:12:19

日期	员工ID	姓名	部门名称	说明
2022/5/10	10013	王彤	总部	早退
2022/5/10	10012	王勇	销售二部	迟到
2022/5/10	10011	李小松	销售二部	正常

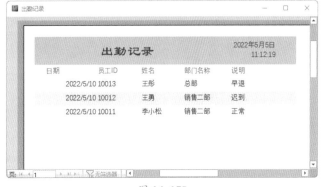

图 14-178

Step 17 返回【报表切换面板】窗体，单击【返回主切换面板】按钮，返回【主切换面板】窗体，单击【退出数据库】按钮，即可退出数据库，如图 14-179 所示。

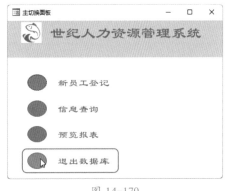

图 14-179

本章小结

本章介绍了人力资源管理系统的创建过程，通过创建该系统，用户可以学习对人力资源管理型系统的需求分析，思考怎样构建人力资源管理模块。在创建的过程中，进一步了解表、查询、窗体、报表等对象在数据库与系统中的作用，为制作出更专业的系统奠定基础。

第 15 章 实战应用：制作销售流程管理系统

➜ 想要保护数据库不被他人错误操作，知道怎样为数据库设置登录窗体吗？

➜ 怎样在填写入库信息和出库信息的同时更新库存信息表的信息？

➜ 查找窗体太麻烦，怎样将常用的窗体集中在一个面板上？

➜ 客户信息网庞大，怎样快速查找客户信息？

➜ 有新员工进入，怎样在数据库中添加新员工的用户名和密码信息？

随着信息技术的飞速发展，企业的销售流程管理起到了至关重要的作用。在销售过程中，将入库、出库、库存、销售等信息动态地链接起来，可以提高企业的运作效率，提升企业的生产力。本章将结合本书的基本内容，开发一个简单的销售流程管理系统，该系统具备登录功能，并将常用的窗体集中在一个面板上，更加便于操作和管理。

15.1 制作目标：销售流程管理系统

实例门类	窗体设计 +VBA 编程设计

随着企业的发展，在销售管理中，前期操作流程不规范、账目不清晰、库存统计不足、信息更新不及时等问题会渐渐凸显，成为制约中小企业发展的重要因素。一个正常运作的企业，采购、进货、销售和账目等程序，每一道都至关重要，任何一个环节出现问题，都会影响企业的发展。仅凭手工和大脑去处理工作中的事务，不仅会耗费大量的人力、物力，还容易发生错误。如今，越来越多的企业已经认识到了这个问题，要想提高管理水平、规范销售流程、降低运营成本、提高工作效率，他们需要一个规范的销售流程管理系统。该系统集进货、库存、销售等多个环节的信息于一体，不仅帮助企业完成日常的进、销、存工作，还能实现实时查询功能。销售流程管理系统完成后的效果如图 15-1 所示。

图 15-1

图 15-1（续）

15.2 制作分析

在制作销售流程管理系统之前，需要分析企业的需求，以此来确定该系统需要具有哪些功能。一般来说，企业对销售流程管理系统的功能需求有以下几点。

→ 登录功能：使用此功能可以限制使用系统的用户，只有经过身份认证的用户才可以登录该系统，进行相关的操作。

→ 库存管理：主要实现对某商品的库存信息查看和生成报表功能。

→ 产品入库、出库管理：主要实现对商品入库、出库的记录进行添加和保存功能，并使系统自动更新相关产品的库存信息。

→ 销售订单管理：主要实现对订单的添加、查看、修改和删除功能。

→ 客户及供应商管理：主要实现对客户和供应商的查看、添加和删除功能。

→ 生成报表：主要实现生成报表的功能。

→ 用户管理：主要实现对用户信息的添加和删除功能。

为了实现以上功能，我们可以确定系统的具体功能目标。大体来说，销售流程管理系统需要由登录管理、库存管理、入库管理、出库管理、销售订单管理、基本资料管理、生成报表 7 个模块组成，如图 15-2 所示。

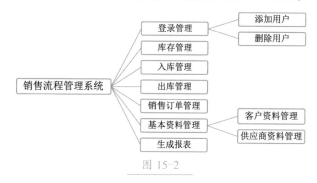

图 15-2

15.3 制作数据表

数据表是数据库系统中保存数据的重要对象，是销售流程管理系统得以实现的基础。所以，在制作该系统时，第一步就是分析每一个数据表需要使用的数据，并将这些数据合理地安排到每一个数据表中。

15.3.1 创建基本表

制作数据表的第一步是创建基本表，本小节将创建一个商品信息数据表，具体操作步骤如下。

Step01 新建一个名为【销售流程管理系统】的数据库，单击【创建】选项卡【表格】组中的【表设计】按钮，如图 15-3 所示。

图 15-3

Step 02 新建一个名为【表 1】的数据表，并以设计视图打开，❶在【字段名称】栏中输入字段名，❷在【数据类型】栏中选择数据类型，❸如果需要更改字段属性，可以在下方的【字段属性】面板中设置字段属性，如【商品名称】的数据类型设置为【短文本】，然后在【字段大小】文本框中输入"18"，如图 15-4 所示。

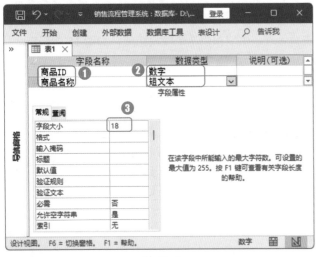

图 15-4

Step 03 使用相同的方法输入其他字段，并设置数据类型，❶完成后选择【商品 ID】字段，❷单击【表设计】选项卡【工具】组中的【主键】按钮，如图 15-5 所示。

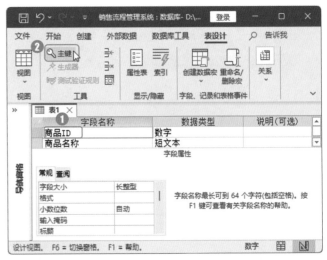

图 15-5

Step 04 按【Ctrl+S】快捷键，弹出【另存为】对话框，❶在【表名称】文本框中输入表名称，❷单击【确定】按钮即可成功创建一个基本数据表，如图 15-6 所示。

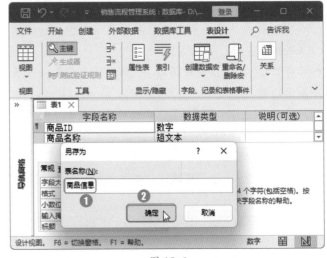

图 15-6

数据表的结构设计是一个数据库成功与否的重要环节，每个数据表应该只包含一个关于主题的信息。根据这一原则，按照各功能模块，本例需要设计 10 张数据表，数据表的字段内容和设置分别如表 15-1 至表 15-10 所示。

1.【商品信息】表

【商品信息】表用于存放每种商品的相关信息，每个字段的信息如表 15-1 所示。

表 15-1 【商品信息】表字段信息

字段名	数据类型	字段大小	主键
商品ID	数字	长整型	是
商品名称	短文本	18	否
商品规格	短文本	30	否
计数单位	短文本	18	否
商品价格	货币	—	否
生产地	短文本	18	否
供应商ID	数字	长整型	否
备注	短文本	255	否

2.【入库记录】表

【入库记录】表用于存放商品的入库信息，每个字段的信息如表 15-2 所示。

表 15-2 【入库记录】表字段信息

字段名	数据类型	字段大小	主键
入库ID	数字	长整型	是
种类ID	数字	长整型	否
商品ID	数字	长整型	否
入库日期	日期/时间	—	否
商品价格	货币	—	否
入库数量	数字	长整型	否
入库总额	货币	—	否
入库人	短文本	18	否

3.【出库记录】表

【出库记录】表用于存放商品的出库信息，每个字段的信息如表 15-3 所示。

表 15-3 【出库记录】表字段信息

字段名	数据类型	字段大小	主键
出库ID	数字	长整型	是
种类ID	数字	长整型	否
商品ID	数字	长整型	否
出库日期	日期/时间	—	否
商品价格	货币	—	否
出库数量	数字	长整型	否
出库总额	货币	—	否
出库人	短文本	18	否

4.【库存信息】表

【库存信息】表用于存放商品的库存信息，每个字段的信息如表 15-4 所示。

表 15-4 【库存信息】表字段信息

字段名	数据类型	字段大小	主键
商品ID	数字	长整型	是
供应商ID	数字	长整型	否
库存数量	数字	长整型	否
出库数量	数字	长整型	否
存放位置	短文本	18	否
入库人	短文本	18	否

5.【销售订单】表

【销售订单】表用于存放每个销售订单的相关信息，每个字段的信息如表 15-5 所示。

表 15-5 【销售订单】表字段信息

字段名	数据类型	字段大小	主键
订单ID	数字	长整型	是
客户ID	数字	长整型	否
销售日期	日期/时间	—	否
发货日期	日期/时间	—	否
运输公司	短文本	18	否
收货人	短文本	18	否
收货地址	短文本	80	否
运输费用	货币	—	否
应交税费	货币	—	否
销售总额	货币	—	否
付款方式	短文本	18	否
付款日期	日期/时间	—	否
销售人员	短文本	18	否
销售状态	短文本	18	否

6.【销售明细】表

【销售明细】表用于存放每个销售订单中包含的商品信息，每个字段的信息如表 15-6 所示。

表 15-6 【销售明细】表字段信息

字段名	数据类型	字段大小	主键
ID	自动编号	—	是
订单 ID	数字	长整型	否
商品 ID	数字	长整型	否
销售数量	数字	长整型	否
商品价格	货币	—	否
销售总额	货币	—	否

7.【业务类别】表

【业务类别】表用于存放商品进出的几种业务类别，每个字段的信息如表 15-7 所示。

表 15-7 【业务类别】表字段信息

字段名	数据类型	字段大小	主键
种类 ID	数字	—	是
业务名称	短文本	18	否

8.【供应商信息】表

【供应商信息】表用于存放每个供应商的相关信息，每个字段的信息如表 15-8 所示。

表 15-8 【供应商信息】表字段信息

字段名	数据类型	字段大小	主键
供应商 ID	数字	长整型	是
公司名称	短文本	50	否
公司地址	短文本	255	否
姓名	短文本	18	否
职务	短文本	18	否
手机号码	短文本	18	否
办公室电话	短文本	18	否
电子邮件	短文本	30	否
备注	短文本	255	否

9.【客户信息】表

【客户信息】表用于存放每个客户的相关信息，每个字段的信息如表 15-9 所示。

表 15-9 【客户信息】表字段信息

字段名	数据类型	字段大小	主键
客户 ID	数字	长整型	是
公司名称	短文本	50	否
公司地址	短文本	255	否
姓名	短文本	18	否
职务	短文本	18	否
手机号码	短文本	18	否
办公室电话	短文本	18	否
电子邮件	短文本	30	否
备注	短文本	255	否

10.【系统管理】表

【系统管理】表用于存放系统管理人员的用户名和密码信息，每个字段的信息如表 15-10 所示。

表 15-10 【系统管理】表字段信息

字段名	数据类型	字段大小	主键
用户名	短文本	18	否
密码	短文本	18	否

15.3.2 设计数据表的关系

Access 作为典型的关系型数据库，支持创建灵活的表关系。通过表关系，可以将各数据表的字段连接起来。下面为销售流程管理系统数据库中的各数据表创建表关系，具体操作步骤如下。

Step01 上一例的数据表创建完成后，单击【数据库工具】选项卡【关系】组中的【关系】按钮，如图 15-7 所示。

图 15-7

Step⑫ 打开【添加表】窗格，❶按住【Ctrl】键，在【表】选项卡的列表框中选择除【系统管理】数据表外的所有表，❷单击【添加所选表】按钮，❸单击【关闭】按钮×，如图 15-8 所示。

图 15-8

Step⑬ 进入【关系】窗口，在其中可以看到添加的表对象。将【商品信息】表中的【商品ID】字段拖动到【入库记录】表中的【商品ID】字段上，如图 15-9 所示。

图 15-9

Step⑭ 打开【编辑关系】对话框，❶选中【实施参照完整性】【级联更新相关字段】【级联删除相关记录】复选框，❷单击【创建】按钮即可创建一对多表关系，如图 15-10 所示。

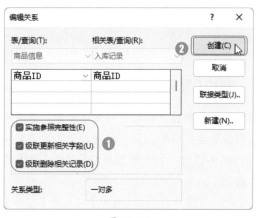

图 15-10

Step⑮ 按照表 15-11 所示，用相同的方法创建其他表关系，创建完成后的效果如图 15-11 所示。

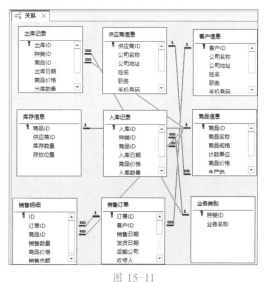

图 15-11

表 15-11　表关系

表名	字段名	关联的表名	字段名
商品信息	商品ID	库存信息	商品ID
商品信息	商品ID	销售明细	商品ID
商品信息	商品ID	出库记录	商品ID
商品信息	供应商ID	供应商信息	供应商ID
销售订单	订单ID	销售明细	订单ID
销售订单	客户ID	客户信息	客户ID
业务类别	种类ID	入库记录	种类ID
业务类别	种类ID	出库记录	种类ID

15.4 制作操作界面

窗体是数据库系统与用户交流的平台，用户可以使用窗体查看和访问数据库中的数据。

15.4.1 制作【登录】窗体

登录功能是数据库管理中的基本功能，是用户数据和应用系统安全的保障，只有成功登录了管理系统，才可以进行相关操作。制作管理系统【登录】窗体的具体操作步骤如下。

Step01 接上一例操作，单击【创建】选项卡【窗体】组中的【窗体设计】按钮，新建一个空白窗体，并进入设计视图，如图15-12所示。

图 15-12

Step02 单击【表单设计】选项卡【页眉/页脚】组中的【标题】按钮，如图15-13所示。

图 15-13

Step03 即可在【窗体页眉】节中添加一个标题，❶在文本框中输入"销售管理系统登录"，❷在【格式】选项卡的【字体】组中设置字体样式，如图15-14所示。

图 15-14

Step04 ❶单击【表单设计】选项卡【控件】组中的【控件】下拉按钮，❷在弹出的下拉菜单中单击【文本框】按钮ab，如图15-15所示。

图 15-15

Step05 在【主体】节中单击，弹出【文本框向导】对话框，❶设置【字体】【字号】【特殊效果】，❷单击【下一步】按钮，如图15-16所示。

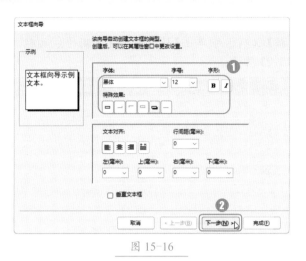

图 15-16

Step06 在【文本框向导】对话框中，❶设置【输入法模式】为【随意】，❷单击【下一步】按钮，如图 15-17 所示。

图 15-17

Step07 ❶在【文本框向导】对话框的【请输入文本框的名称】文本框中输入"用户名"，❷单击【完成】按钮，如图 15-18 所示。

图 15-18

Step08 返回工作界面，❶在【主体】节中选中左侧的【用户名】标签控件，❷单击【表单设计】选项卡【工具】组中的【属性表】按钮，❸打开【属性表】窗格，在【全部】选项卡的【名称】文本框中输入"用户名标签"，在【标题】文本框中输入"用户名"，如图 15-19 所示。

图 15-19

Step09 使用相同的方法再次添加一个名为【密码】的文本框控件，在【属性表】窗格的【全部】选项卡的【名称】文本框中输入"密码标签"，在【标题】文本框中输入"密码"，如图 15-20 所示。

图 15-20

Step10 ❶单击【表单设计】选项卡【控件】组中的【控件】下拉按钮，❷在弹出的下拉菜单中单击【按钮】按钮，如图 15-21 所示。

图 15-21

Step⑪ 在【主体】节中单击，弹出【命令按钮向导】对话框，直接单击【取消】按钮，重复此操作，一共创建两个命令按钮，如图 15-22 所示。

图 15-22

Step⑫ 分别选中两个按钮控件，打开【属性表】窗格，设置其【名称】和【标题】属性，如表 15-12 所示。

表 15-12　按钮控件的属性

按钮控件	【名称】属性	【标题】属性
按钮控件 1	登录	登录
按钮控件 2	关闭	关闭

💡 技术看板

选中按钮控件，在【格式】选项卡的【控件格式】组中可以设置按钮的填充、边框等样式。

Step⑬ ❶选中【密码】标签控件，❷在【属性表】窗格的【数据】选项卡中单击【输入掩码】右侧的按钮，如图 15-23 所示。

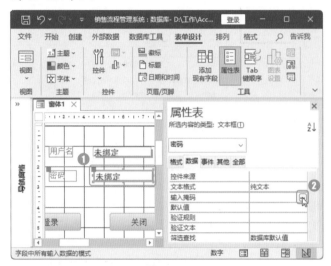

图 15-23

Step⑭ 弹出【输入掩码向导】对话框，❶在【输入掩码】列表框中选择【密码】选项，❷单击【完成】按钮，如图 15-24 所示。

图 15-24

Step⑮ ❶单击【格式】选项卡【背景】组中的【背景图像】下拉按钮，❷在弹出的下拉菜单中选择【浏览】命令，如图 15-25 所示。

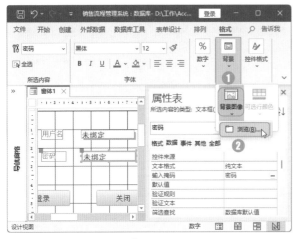

图 15-25

Step16 打开【插入图片】对话框，❶选择要作为背景的图片，❷单击【确定】按钮，即可将该图片设置为窗体背景，如图 15-26 所示。

图 15-26

Step17 ❶在【属性表】窗格中设置【所选内容的类型】为【窗体】，❷将【格式】选项卡中的【记录选择器】【导航按钮】【关闭按钮】属性均设置为【否】，将【滚动条】属性设置为【两者均无】，如图 15-27 所示。

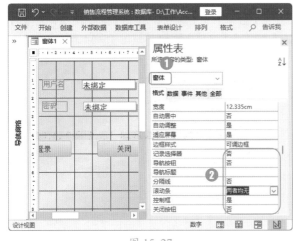

图 15-27

Step18 ❶在【其他】选项卡中设置【弹出方式】和【模式】属性均为【是】，将【快捷菜单】属性设置为【否】，❷单击【关闭】按钮×关闭【属性表】窗格，如图 15-28 所示。

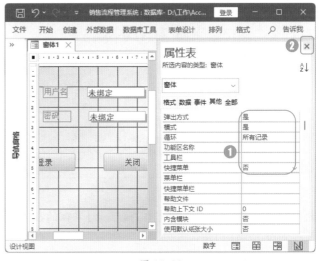

图 15-28

Step19 拖动鼠标调整窗体各节的大小，如图 15-29 所示。

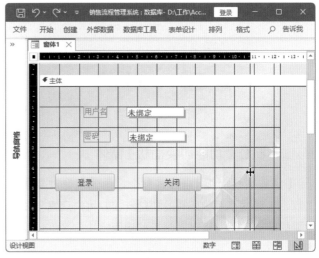

图 15-29

Step20 按【Ctrl+S】快捷键，打开【另存为】对话框，❶在【窗体名称】文本框中输入"登录"，❷单击【确定】按钮，如图 15-30 所示。

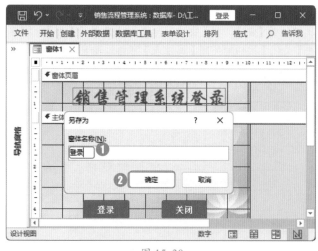

图 15-30

Step② 切换到窗体视图，即可查看【登录】窗体的最终效果，如图 15-31 所示。

图 15-31

15.4.2 制作【功能切换面板】窗体

【功能切换面板】窗体是整个销售流程管理系统的入口，它建立了系统所有的功能链接，用户只需要单击需要的链接，就可以进入相应的功能模块。其具体操作步骤如下。

Step① 接上一例操作，单击【创建】选项卡【窗体】组中的【窗体设计】按钮，新建一个空白窗体，并进入设计视图。

Step② 单击【表单设计】选项卡【页眉/页脚】组中的【标题】按钮，即可在【窗体页眉】节中添加一个标题，在文本框中输入"销售管理系统"，并在【格式】选项卡的【字体】组中设置字体样式，如图 15-32 所示。

图 15-32

Step③ ❶单击【表单设计】选项卡【控件】组中的【控件】下拉按钮，❷在弹出的下拉菜单中单击【按钮】按钮，如图 15-33 所示。

图 15-33

Step④ 在【主体】节中单击，弹出【命令按钮向导】对话框，直接单击【取消】按钮，如图 15-34 所示。

图 15-34

Step 05 ❶选中【Command3】按钮控件，❷在【属性表】窗格的【格式】选项卡中单击【图片】右侧的…按钮，如图 15-35 所示。

图 15-35

Step 06 弹出【图片生成器】对话框，单击【浏览】按钮，如图 15-36 所示。

图 15-36

Step 07 打开【选择图片】对话框，❶选择要添加的图片，❷单击【打开】按钮，如图 15-37 所示。

图 15-37

Step 08 返回【图片生成器】对话框，单击【确定】按钮，如图 15-38 所示。

图 15-38

Step 09 返回工作界面，即可看到所选图片已经设置为该按钮的背景图片，在【属性表】窗格的【格式】选项卡中设置【宽度】和【高度】属性均为【2cm】，如图 15-39 所示。

图 15-39

Step 10 ❶单击【格式】选项卡【控件格式】组中的【形状轮廓】下拉按钮，❷在弹出的下拉菜单中选择一种轮廓颜色，如图 15-40 所示。

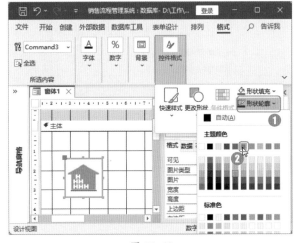

图 15-40

Step⑪ 保持按钮控件的选中状态，切换到【全部】选项卡，在【名称】文本框中输入"Command1"，如图 15-41 所示。

图 15-41

Step⑫ ❶单击【表单设计】选项卡【控件】组中的【控件】下拉按钮，❷在弹出的下拉菜单中单击【标签】按钮Aα，如图 15-42 所示。

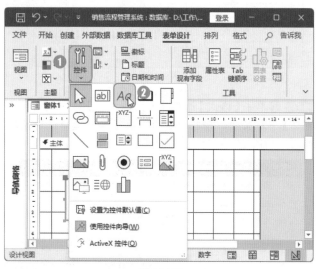

图 15-42

Step⑬ 在按钮控件下方添加一个标签控件，在其中输入"库存查询"，如图 15-43 所示。

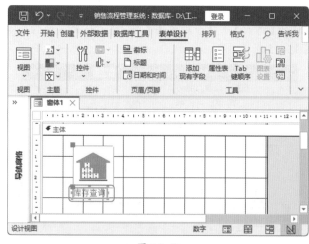

图 15-43

Step⑭ ❶单击标签控件左侧的◮按钮，❷在弹出的下拉列表中选择【将标签与控件关联】选项，如图 15-44 所示。

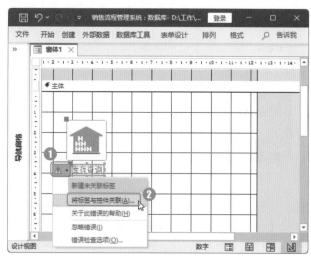

图 15-44

Step⑮ 弹出【关联标签】对话框，❶在【选择要与该标签关联的控件】列表框中选择【Command1】选项，❷单击【确定】按钮，如图 15-45 所示。

图 15-45

Step16 此时，按钮控件与标签建立了关联。选中该关联控件，复制粘贴出8组相同的控件，❶选中第2个按钮控件，❷在【属性表】窗格的【格式】选项卡中单击【图片】右侧的…按钮，如图15-46所示。

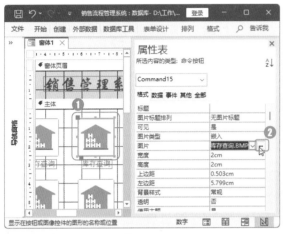

图 15-46

Step17 根据提示分别设置其他8个按钮控件的图片，完成后的效果如图15-47所示。

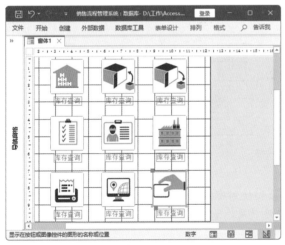

图 15-47

Step18 在【属性表】窗格中，设置按钮和标签控件的【名称】和【标题】属性，如表15-13所示。

表 15-13 控件的属性

控件类型	【名称】属性	【标题】属性
按钮控件	Command1	—
按钮控件	Command2	—
按钮控件	Command3	—
按钮控件	Command4	—

续表

控件类型	名称属性	标题属性
按钮控件	Command5	—
按钮控件	Command6	—
按钮控件	Command7	—
按钮控件	Command8	—
按钮控件	Command9	—
标签控件	Label1	库存查询
标签控件	Label2	入库操作
标签控件	Label3	出库操作
标签控件	Label4	订单管理
标签控件	Label5	客户管理
标签控件	Label6	供应商管理
标签控件	Label7	产品报表
标签控件	Label8	用户管理
标签控件	Label9	退出系统

Step19 ❶选中第1行的3个控件，❷单击【排列】选项卡【调整大小和排序】组中的【对齐】下拉按钮，❸在弹出的下拉菜单中选择【靠上】命令，然后使用相同的方法分别对齐第2行和第3行的控件，如图15-48所示。

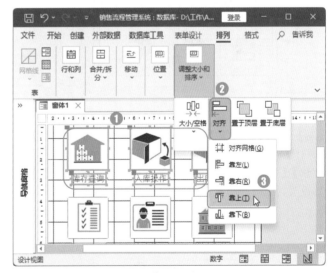

图 15-48

Step20 ❶选中第1列的3个控件，❷单击【排列】选项卡【调整大小和排序】组中的【对齐】下拉按钮，❸在弹出的下拉菜单中选择【靠左】命令，然后使用相同的方法分别对齐第2列和第3列的控件，如图15-49所示。

图 15-49

Step21 拖动鼠标调整窗体各节的大小，选中标题文本框，单击【格式】选项卡【字体】组中的【居中】按钮≡，如图 15-50 所示。

图 15-50

Step22 ❶在【属性表】窗格中设置【所选内容的类型】为【窗体】，❷将【格式】选项卡中的【记录选择器】【导航按钮】【关闭按钮】属性均设置为【否】，将【滚动条】属性设置为【两者均无】，如图 15-51 所示。

图 15-51

Step23 ❶在【其他】选项卡中设置【弹出方式】和【模式】属性均为【是】，将【快捷菜单】属性设置为【否】，❷单击【关闭】按钮×关闭【属性表】窗格，如图 15-52 所示。

图 15-52

Step24 按【Ctrl+S】快捷键，打开【另存为】对话框，❶在【窗体名称】文本框中输入"功能切换面板"，❷单击【确定】按钮，如图 15-53 所示。

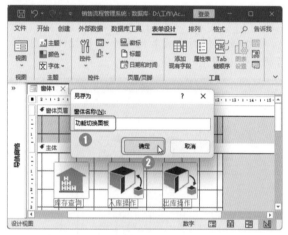

图 15-53

Step25 切换到窗体视图，即可查看【功能切换面板】窗体的最终效果，如图 15-54 所示。

图 15-54

15.4.3 制作【库存查询】窗体

仓库是企业物流的集结点，是产品归集、统计和核算的基础。通过【库存查询】窗体，可以实现企业对库存的全面控件和管理，从而减少库存积压，减少资金占用，具体操作步骤如下。

Step01 接上一例操作，单击【创建】选项卡【窗体】组中的【窗体设计】按钮，新建一个空白窗体，并进入设计视图。

Step02 单击【表单设计】选项卡【页眉/页脚】组中的【标题】按钮，即可在【窗体页眉】节中添加一个标题。在文本框中输入"库存查询"，并在【格式】选项卡的【字体】组中设置字体样式，如图 15-55 所示。

图 15-55

Step03 ❶单击【表单设计】选项卡【控件】组中的【控件】下拉按钮，❷在弹出的下拉菜单中单击【组合框】按钮▤，如图 15-56 所示。

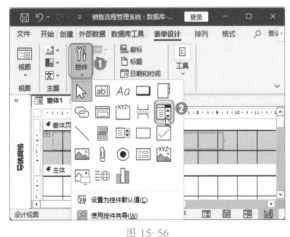

图 15-56

Step04 在【主体】节中单击，弹出【组合框向导】对话框，❶选中【使用组合框获取其他表或查询中的值】单选按钮，❷单击【下一步】按钮，如图 15-57 所示。

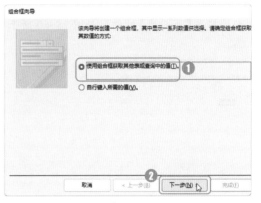

图 15-57

Step05 ❶在【组合框向导】对话框的列表框中选择【表：商品信息】选项，❷单击【下一步】按钮，如图 15-58 所示。

图 15-58

Step06 ❶在【组合框向导】对话框的【可用字段】列表框中选择【商品ID】选项，❷单击【添加】按钮▸，将该字段添加到【选定字段】列表框中，❸单击【下一步】按钮，如图 15-59 所示。

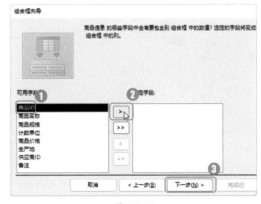

图 15-59

Step07 ❶在【组合框向导】对话框的第一个下拉列表框中选择【商品ID】选项，❷排序默认为【升序】，保持默认状态，直接单击【下一步】按钮，如图15-60所示。

图 15-60

Step08 在【组合框向导】对话框中，直接单击【下一步】按钮，如图15-61所示。

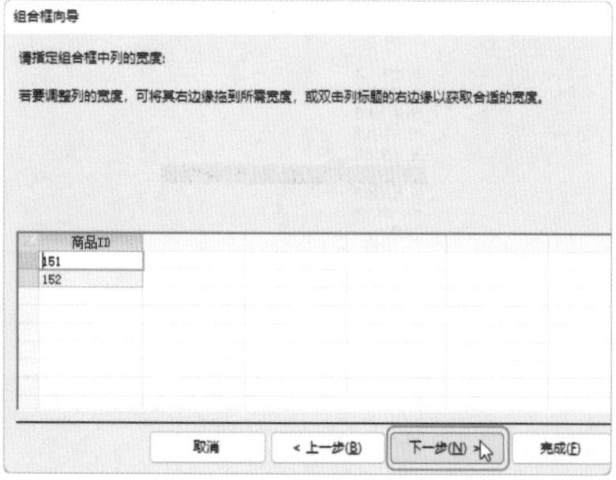

图 15-61

Step09 ❶在【组合框向导】对话框的【请为组合框指定标签】文本框中输入标签名称，❷单击【完成】按钮，如图15-62所示。

图 15-62

Step10 ❶选中控件左侧的标签控件，❷在【格式】选项卡的【字体】组中设置字体样式，如图15-63所示。

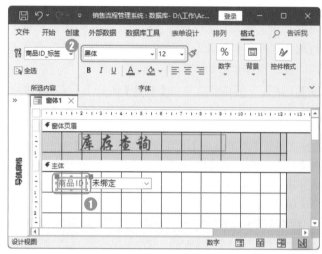

图 15-63

Step11 ❶单击【表单设计】选项卡【控件】组中的【控件】下拉按钮，❷在弹出的下拉菜单中单击【按钮】按钮，如图15-64所示。

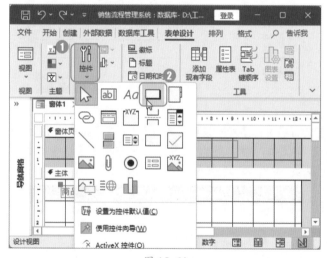

图 15-64

Step12 在【主体】节中单击，弹出【命令按钮向导】对话框，直接单击【取消】按钮，❶选中添加的控件，❷在【属性表】窗格的【全部】选项卡中设置【名称】和【标题】属性均为【查询】，如图15-65所示。

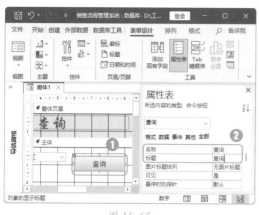

图 15-65

Step⑬ 调整按钮的大小，❶在【格式】选项卡的【字体】组中设置字体样式，❷在【控件格式】组中单击【快速样式】下拉按钮，❸在弹出的下拉菜单中选择一种主题样式，如图 15-66 所示。

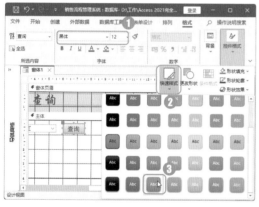

图 15-66

Step⑭ 复制两个按钮控件，在【属性表】窗格的【全部】选项卡中设置【名称】和【标题】属性分别为【生成报表】和【返回主页】，并调整按钮控件的大小，如图 15-67 所示。

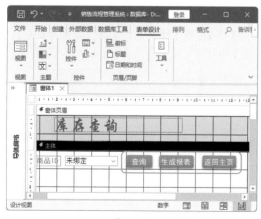

图 15-67

Step⑮ ❶单击【表单设计】选项卡【控件】组中的【控件】下拉按钮，❷在弹出的下拉菜单中单击【子窗体/子报表】按钮，如图 15-68 所示。

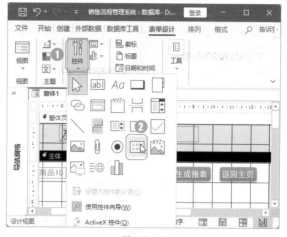

图 15-68

Step⑯ 在【主体】节中单击，弹出【子窗体向导】对话框，❶选中【使用现有的表和查询】单选按钮，❷单击【下一步】按钮，如图 15-69 所示。

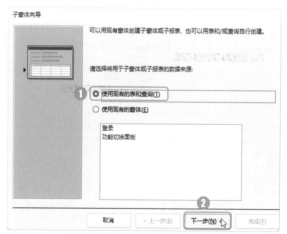

图 15-69

Step⑰ ❶在【子窗体向导】对话框的【表/查询】下拉列表中选择【表：商品信息】选项，❷将【商品名称】【商品规格】【计数单位】【商品价格】字段添加到【选定字段】列表框中，如图 15-70 所示。

图 15-70

Step⑱ ❶在【表/查询】下拉列表中选择【表：库存信息】选项，❷将【库存数量】和【存放位置】字段添加到【选定字段】列表框中，❸单击【下一步】按钮，如图 15-71 所示。

图 15-71

Step⑲ ❶在【子窗体向导】对话框的【请指定子窗体或子报表的名称】文本框中输入窗体名称，❷单击【完成】按钮，如图 15-72 所示。

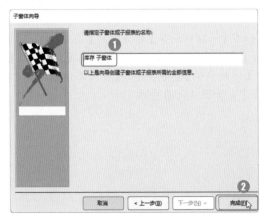

图 15-72

Step⑳ 操作完成后，即可在【主体】节中添加一个子窗体，选中子窗体左上角的标签，按【Delete】键删除，如图 15-73 所示。

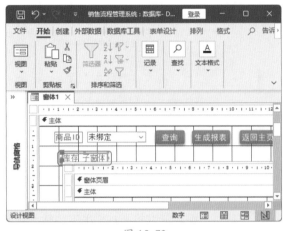

图 15-73

Step㉑ ❶在【属性表】窗格中设置【所选内容的类型】为【窗体】，❷将【格式】选项卡中的【记录选择器】【导航按钮】【关闭按钮】属性均设置为【否】，将【滚动条】属性设置为【两者均无】，如图 15-74 所示。

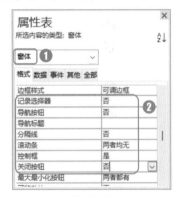

图 15-74

Step㉒ ❶在【其他】选项卡中设置【弹出方式】和【模式】属性均为【是】，将【快捷菜单】属性设置为【否】，❷单击【关闭】按钮✕关闭【属性表】窗格，如图 15-75 所示。

图 15-75

Step23 保存窗体，然后切换到窗体视图，即可查看【库存查询】窗体的最终效果，如图15-76所示。

图 15-76

15.4.4　制作【入库记录】窗体

无论是从供应商处采购的商品，还是客户返回的退货，商品在进入仓库之前，都需要填写入库记录。在填写入库记录的同时，也会相应地更新库存信息，这样才能保证数据的一致性。制作【入库记录】窗体的具体操作步骤如下。

Step01 接上一例操作，❶在导航窗格中选择【入库记录】数据表，❷单击【创建】选项卡【窗体】组中的【窗体】按钮，如图15-77所示。

图 15-77

Step02 将快速创建一个【入库记录】窗体，并进入该窗体的布局视图，切换到设计视图，如图15-78所示。

图 15-78

Step03 ❶选中【窗体页眉】节中的标题控件，❷在【格式】选项卡的【字体】组中设置字体样式，如图15-79所示。

图 15-79

Step04 ❶选中【主体】节中的所有控件，❷单击【排列】选项卡【表】组中的【删除布局】按钮，取消默认的布局，如图15-80所示。

图 15-80

Step⑤ 将【主体】节中的各控件重新排列，排列方法如图 15-81 所示。

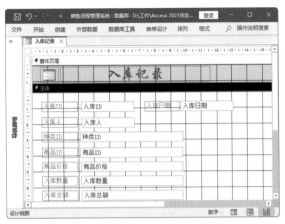

图 15-81

Step⑥ ❶在【入库人】文本框控件上右击，❷在弹出的快捷菜单中选择【更改为】命令，❸在弹出的级联菜单中选择【组合框】命令，如图 15-82 所示。

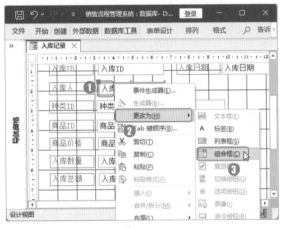

图 15-82

Step⑦ 使用相同的方法将【商品 ID】文本框控件更改为组合框控件。❶完成后单击【表单设计】选项卡【控件】组中的【控件】下拉按钮，❷在弹出的下拉菜单中单击【直线】按钮 ＼，如图 15-83 所示。

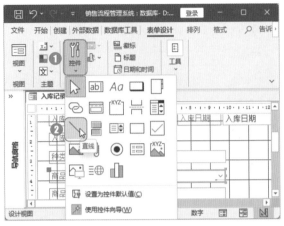

图 15-83

Step⑧ 按住【Shift】键不放，在【入库 ID】【入库人】【入库日期】文本框下方绘制一条直线，如图 15-84 所示。

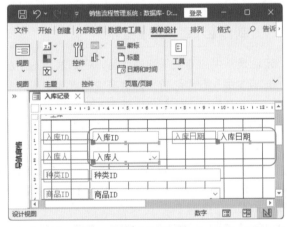

图 15-84

Step⑨ ❶选中【入库 ID】【入库人】【入库日期】文本框控件，❷在【属性表】窗格的【格式】选项卡中设置【边框样式】属性为【透明】，如图 15-85 所示。

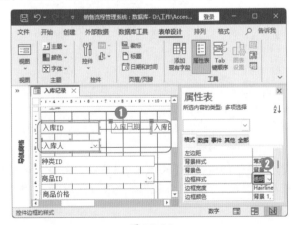

图 15-85

Step⑩ 在【主体】节底部添加 3 个按钮控件，并设置相应的格式。在【属性表】窗格中将这 3 个按钮控件的【名称】和【标题】属性分别设置为【新建】【保存】【返回主页】，如图 15-86 所示。

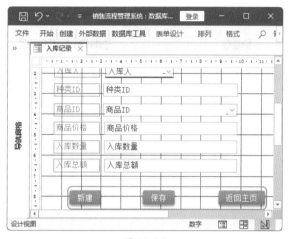

图 15-86

Step⑪ ❶在【属性表】窗格中设置【所选内容的类型】为【窗体】，❷将【格式】选项卡中的【记录选择器】【导航按钮】属性均设置为【否】，如图 15-87 所示。

图 15-87

Step⑫ ❶在【其他】选项卡中设置【弹出方式】和【模式】属性均为【是】，将【快捷菜单】属性设置为【否】，❷单击【关闭】按钮 × 关闭【属性表】窗格，如图 15-88 所示。

图 15-88

Step⑬ 保存窗体，然后切换到窗体视图，即可查看【入库记录】窗体的最终效果，如图 15-89 所示。

图 15-89

15.4.5 制作【出库记录】窗体

【出库记录】窗体的作用与【入库记录】窗体相似，是商品在出库时必须填写的记录，在更新出库记录的同时，会相应地更新库存记录，从而保持数据的一致。

制作【出库记录】窗体的操作方法与制作【入库记录】窗体的操作方法大致相同，此处不再赘述，制作完成后的最终效果如图 15-90 所示。

图 15-90

15.4.6 制作【订单管理】窗体

【订单管理】窗体是企业面向市场的窗口，用来实现企业资金转化并获取利润。通过【订单管理】窗体，用户可以添加、修改、删除订单。制作【订单管理】窗体的具体操作步骤如下。

Step01 接上一例操作，❶在导航窗格中选择【销售订单】数据表，❷单击【创建】选项卡【窗体】组中的【窗体】按钮，如图 15-91 所示。

图 15-91

Step02 将快速创建一个【订单管理】窗体，并进入该窗体的布局视图，切换到设计视图，删除【主体】节下方的子窗体，❶选中【窗体页眉】节中的标题控件，将其更改为【订单管理】，❷在【格式】选项卡的【字体】组中设置字体样式，如图 15-92 所示。

图 15-92

Step03 ❶调整【窗体页眉】节的大小，❷单击【表单设计】选项卡【控件】组中的【控件】下拉按钮，❸在弹出的下拉菜单中单击【按钮】按钮□，如图 15-93 所示。

图 15-93

Step04 在【窗体页眉】节中单击，弹出【命令按钮向导】对话框，❶在【类别】列表框中选择【记录操作】选项，❷在【操作】列表框中选择【添加新记录】选项，❸单击【下一步】按钮，如图 15-94 所示。

图 15-94

Step05 在打开的下一步对话框中，❶选中【文本】单选按钮，在其右侧的文本框中输入"添加订单"，❷单击【下一步】按钮，如图 15-95 所示。

图 15-95

Step06 ①在【命令按钮向导】对话框的文本框中输入按钮名称，②单击【完成】按钮，如图 15-96 所示。

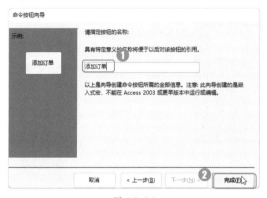

图 15-96

Step07 使用相同的方法再次添加一个按钮控件，在【命令按钮向导】对话框的【类别】列表框中选择【记录操作】选项，在【操作】列表框中选择【保存记录】选项，其他步骤根据提示操作，如图 15-97 所示。

图 15-97

Step08 使用相同的方法再次添加一个按钮控件，在【命令按钮向导】对话框的【类别】列表框中选择【记录操作】选项，在【操作】列表框中选择【删除记录】选项，其他步骤根据提示操作，如图 15-98 所示。

图 15-98

Step09 再次添加两个按钮控件，在弹出的【命令按钮向导】对话框中直接单击【取消】按钮，然后在【属性表】窗格中将这两个按钮控件的【名称】和【标题】属性分别设置为【生成报表】和【返回主页】，如图 15-99 所示。

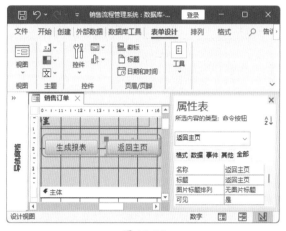

图 15-99

Step10 ①调整按钮控件的位置，然后选中所有按钮控件，②在【格式】选项卡中设置字体样式和控件格式，如图 15-100 所示。

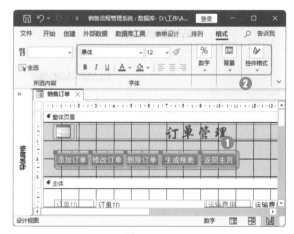

图 15-100

Step11 保持按钮控件的选中状态，①单击【排列】选项卡【调整大小和排序】组中的【对齐】下拉按钮，②在弹出的下拉菜单中选择【靠上】命令，如图 15-101 所示。

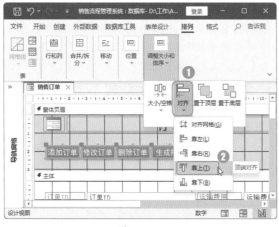

图 15-101

Step 12 再次添加一个按钮控件，❶在【命令按钮向导】对话框的【类别】列表框中选择【记录导航】选项，在【操作】列表框中选择【转至第一项记录】选项，❷单击【下一步】按钮，如图 15-102 所示。

图 15-102

Step 13 在打开的【命令按钮向导】对话框中，❶选中【图片】单选按钮，❷单击【下一步】按钮，如图 15-103 所示。

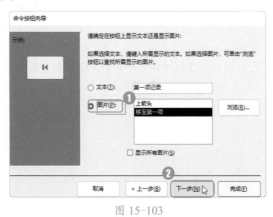

图 15-103

Step 14 ❶在【命令按钮向导】对话框的文本框中输入按钮

名称，❷单击【完成】按钮，如图 15-104 所示。

图 15-104

Step 15 再次添加一个按钮控件，在【命令按钮向导】对话框的【类别】列表框中选择【记录导航】选项，在【操作】列表框中选择【转至前一项记录】选项，其他步骤参照 Step 13 和 Step 14 操作，如图 15-105 所示。

图 15-105

Step 16 再次添加一个按钮控件，在【命令按钮向导】对话框的【类别】列表框中选择【记录导航】选项，在【操作】列表框中选择【转至下一项记录】选项，其他步骤参照 Step 13 和 Step 14 操作，如图 15-106 所示。

图 15-106

Step⑰ 再次添加一个按钮控件，在【命令按钮向导】对话框的【类别】列表框中选择【记录导航】选项，在【操作】列表框中选择【转至最后一项记录】选项，其他步骤参照 Step 13 和 Step 14 操作，如图 15-107 所示。

图 15-107

Step⑱ ❶调整控件的位置和大小，❷在【格式】选项卡的【控件格式】组中设置控件格式，如图 15-108 所示。

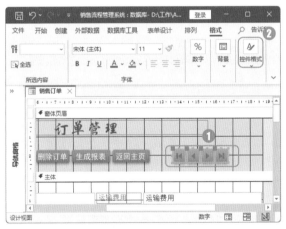

图 15-108

Step⑲ ❶在【属性表】窗格中设置【所选内容的类型】为【窗体】，❷将【格式】选项卡中的【记录选择器】【导航按钮】属性均设置为【否】，如图 15-109 所示。

图 15-109

Step⑳ ❶在【其他】选项卡中设置【弹出方式】和【模式】属性均为【是】，将【快捷菜单】属性设置为【否】，❷单击【关闭】按钮×关闭【属性表】窗格，如图 15-110 所示。

图 15-110

Step㉑ 保存窗体，然后切换到窗体视图，即可查看【订单管理】窗体的最终效果，如图 15-111 所示。

图 15-111

15.4.7 制作【客户管理】窗体

【客户管理】窗体用于执行客户信息的添加、修改、删除和查找功能。

【客户管理】窗体以【客户信息】表为数据源，制作方法与制作【订单管理】窗体的操作方法大致相同，此处不再赘述，制作完成后的最终效果如图 15-112 所示。

图 15-112

15.4.8 制作【供应商管理】窗体

【供应商管理】窗体用于执行供应商信息的添加、修改、删除和查找功能。

【供应商管理】窗体以【供应商信息】表为数据源，制作方法与制作【订单管理】窗体的操作方法大致相同，此处不再赘述，制作完成后的最终效果如图 15-113 所示。

图 15-113

15.4.9 制作【用户管理】窗体

【用户管理】窗体用于实现用户名及密码的添加和删除功能。【用户管理】窗体包括 3 个未绑定型文本框控件和 3 个按钮控件。在制作【用户管理】窗体时，需要分别设置控件的【名称】和【标题】属性。

制作【用户管理】窗体的操作方法与制作【登录】窗体的操作方法大致相同，此处不再赘述，制作完成后的最终效果如图 15-114 所示。

图 15-114

15.5 制作查询窗体

15.4 节制作的【库存查询】和【订单管理】窗体需要根据指定的条件检索出数据，并通过报表展示数据，如果要实现这一功能，则需要为其创建查询参数。

15.5.1 制作【库存查询】查询

在【库存查询】查询中，当用户输入商品 ID 后，可以返回该商品的库存情况，具体操作步骤如下。

Step01 接上一例操作，单击【创建】选项卡【查询】组中的【查询设计】按钮，如图 15-115 所示。

图 15-115

Step02 打开【添加表】窗格，❶按住【Ctrl】键，在【表】选项卡的列表框中选择【库存信息】和【商品信息】选项，❷单击【添加所选表】按钮，❸单击【关闭】按钮✕，如图 15-116 所示。

图 15-116

Step03 进入查询的设计视图，在上方可以查看添加的表对象，在下方的查询设计网格中将需要的字段添加到

【字段】行中, 如图 15-117 所示。

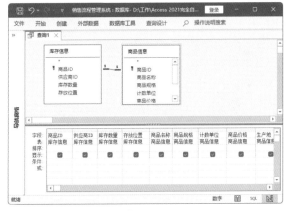

图 15-117

Step04 在【商品ID】字段所在的【条件】行中输入 "[Forms]![库存查询]![商品ID]", 如图 15-118 所示。

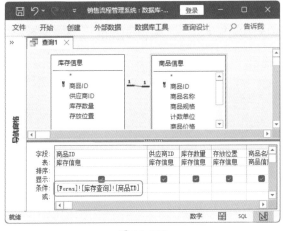

图 15-118

Step05 保存查询, 并将其命名为【库存查询】, 在相关 数据表中输入示例信息, 然后将【库存查询】查询切换 到数据表视图, 弹出【输入参数值】对话框, ❶在文本 框中输入要查询的商品ID, ❷单击【确定】按钮, 如 图 15-119 所示。

图 15-119

Step06 在打开的【库存查询】查询中即可显示相应的库存 数据, 如图 15-120 所示。

图 15-120

15.5.2 制作【订单信息】查询

在【订单信息】查询中, 当用户输入商品ID后, 可 以返回该商品的订单情况。【订单信息】查询是以【销售 订单】表作为数据源, 并包含该表中的所有字段, 在【订 单ID】字段所在的【条件】行中输入 "[Forms]![订单管 理]![订单ID]", 如图 15-121 所示。

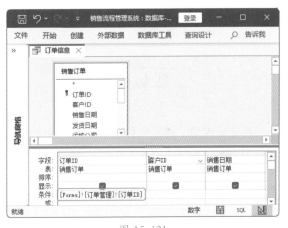

图 15-121

其创建方法与创建【库存查询】查询相似, 此处不 再赘述。

15.6 制作数据报表

在窗体中输入查询条件, 并通过查询检索出数据后, 就可以在报表中展示和打印检索出的数据了。本例主要介 绍【库存查询】【订单信息】【商品信息】3 个报表的制作方法。

15.6.1 制作【库存查询】报表

在【库存查询】窗体中, 选择要查询的商品ID, 单

击【生成报表】按钮后, 就可以生成该商品ID对应的报 表。生成的报表就是【库存查询】报表。该报表是以【库

存查询】查询作为数据源，具体操作步骤如下。

Step01 接上一例操作，❶在导航窗格中选择【库存查询】查询，❷单击【创建】选项卡【报表】组中的【报表】按钮，如图 15-122 所示。

图 15-122

Step02 打开【输入参数值】对话框，单击【确定】按钮，即可新建【库存查询】报表，如图 15-123 所示。

图 15-123

Step03 进入设计视图，❶选中【报表页眉】节中的标题控件，❷在【格式】选项卡的【字体】组中设置字体样式，如图 15-124 所示。

图 15-124

Step04 选中【页面页眉】和【主体】节中的控件，调整其位置及大小，然后设置字体样式，效果如图 15-125 所示。

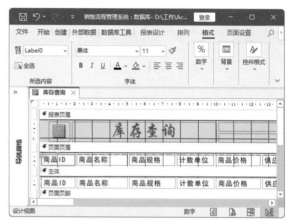

图 15-125

Step05 ❶在【报表页脚】节中选中自动生成的计算型文本框控件，重新输入表达式"=[商品价格]*[库存数量]"，❷在左侧添加一个标签控件，将其命名为【总额】，并为其设置字体样式，如图 15-126 所示。

图 15-126

Step06 ❶单击标签控件左侧的⚠按钮，❷在弹出的下拉列表中选择【将标签与控件关联】选项，如图 15-127 所示。

图 15-127

Step07 弹出【关联标签】对话框，❶在列表框中选择【AccessTotals商品价格】选项，❷单击【确定】按钮，如图15-128所示。

图 15-128

Step08 单击【页面设置】选项卡【页面布局】组中的【横向】按钮，将报表设置为横向显示，如图15-129所示。

图 15-129

Step09 在【属性表】窗格中设置报表的【弹出方式】属性为【是】，如图15-130所示。

图 15-130

Step10 保存报表，将其命名为【库存查询】，切换到报表视图，弹出【输入参数值】对话框，❶在文本框中输入商品ID，❷单击【确定】按钮，如图15-131所示。

图 15-131

Step11 即可查看输入参数的信息报表，如图15-132所示。

图 15-132

15.6.2 制作【订单信息】报表

在【订单管理】窗体中，选择要查询的订单ID，单击【生成报表】按钮后，可以生成该订单ID对应的报表，这个报表就是【订单信息】报表。该报表是以【订单信息】查询作为数据源，并需要创建一个订单明细报表作为该报表的子报表。其具体操作步骤如下。

Step01 接上一例操作，❶在导航窗格中选择【订单信息】查询，❷单击【创建】选项卡【报表】组中的【报表】按钮，如图15-133所示。

图 15-133

Step02 打开【输入参数值】对话框，直接单击【确定】按钮，如图15-134所示。

图 15-134

Step 03 将新建一个【订单信息】报表,切换到该报表的设计视图,❶选择【报表页眉】节中的标题控件,❷在【格式】选项卡的【字体】组中设置字体样式,如图 15-135 所示。

图 15-135

Step 04 将鼠标指针移动到【主体】节的下边缘,当鼠标指针变为╪形状时,按住鼠标左键不放并向下拖动,增加【主体】节的高度,效果如图 15-136 所示。

图 15-136

Step 05 ❶在导航窗格中选择【销售明细】数据表,❷单击【创建】选项卡【报表】组中的【报表】按钮,如图 15-137 所示。

图 15-137

Step 06 创建一个【销售明细】报表,切换到设计视图,删除【报表页眉】【页面页脚】【报表页脚】节中的所有控件,如图 15-138 所示。

图 15-138

Step 07 保存该报表,并将其命名为【销售明细子报表】,然后关闭该报表,如图 15-139 所示。

图 15-139

Step⑧ 在导航窗格中选择【销售明细子报表】报表，将其拖动到【订单信息】报表的【主体】节中，如图 15-140 所示。

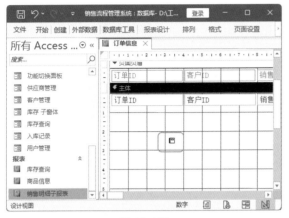

图 15-140

Step⑨ ❶选中子报表，❷在【属性表】窗格中单击【链接主字段】右侧的⋯按钮，如图 15-141 所示。

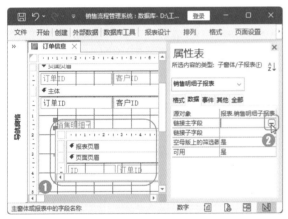

图 15-141

Step⑩ 打开【子报表字段链接器】对话框，设置【主字段】和【子字段】均为【订单ID】，单击【确定】按钮，如图 15-142 所示。

图 15-142

Step⑪ 返回设计视图，删除主报表中【报表页脚】节中的控件，并保存报表，在【属性表】窗格中设置报表的【弹出方式】属性为【是】，如图 15-143 所示。

图 15-143

Step⑫ 保存并将其命名为【订单信息】，切换到报表视图，弹出【输入参数值】对话框，❶在文本框中输入订单ID，❷单击【确定】按钮，如图 15-144 所示。

图 15-144

Step⑬ 即可查看目标订单的报表信息，如图 15-145 所示。

图 15-145

15.6.3 制作【商品信息】报表

【商品信息】报表对应【功能切换面板】窗体中的【产品报表】按钮，用于显示所有的商品信息。这个报表是以【商品信息】表作为数据源，创建方法与【库存查询】报表相似，此处不再赘述，创建完成后的效果如图 15-146 所示。

图 15-146

15.7　制作程序设计模块

销售流程管理系统数据库中的数据表、窗体、查询、报表等对象都创建完成后，如果这些对象独立存在，则不能实现目标功能。此时，需要为其添加事件过程和通用过程，通过 VBA 程序将各对象连接在一起。

15.7.1　制作公用模块

公用模块主要是定义一些函数过程或变量，系统中的任何模块都可能调用该公用模块中定义的函数或变量，从而减少重复代码，利于系统维护。下面为销售流程管理系统创建一个公用模块，具体操作步骤如下。

Step 01　接上一例操作，单击【创建】选项卡【宏与代码】组中的【模块】按钮，如图 15-147 所示。

图 15-147

Step 02　新建一个模块，并进入 VBA 编写环境，如图 15-148 所示。

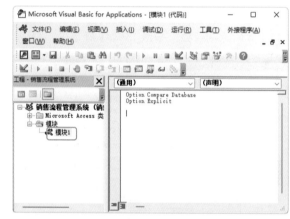

图 15-148

Step 03　在【代码窗口】中输入代码，如图 15-149 所示。

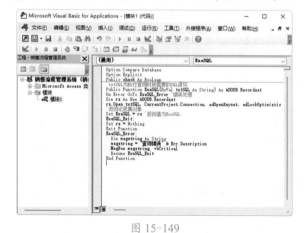

图 15-149

代码如下。

```
Option Compare Database
```

```
Option Explicit
Public check As Boolean
'txtSQL 为执行查询时所需要的 SQL 语句
Public Function ExeSQL(ByVal txtSQL As
String) As ADODB.Recordset
On Error GoTo ExeSQL_Error ' 错误处理
Dim rs As New ADODB.Recordset
rs.Open txtSQL, CurrentProject.
Connection, adOpenKeyset,
adLockOptimistic
' 返回记录集对象
Set ExeSQL = rs ' 返回值为 ExeSQL
ExeSQL_Exit:
Set rs = Nothing
Exit Function
ExeSQL_Error:
   Dim msgstring As String
   msgstring = " 查询错误 " &
Err.Description
   MsgBox msgstring, vbCritical
   Resume ExeSQL_Exit
End Function
```

Step04 完成后按【Ctrl+S】快捷键，弹出【另存为】对话框，❶在【模块名称】文本框中输入"公用模块"，❷单击【确定】按钮，如图 15-150 所示。

图 15-150

技术看板

以上代码定义了一个名为 ExeSQL 的函数过程，该函数通过字符串 txtSQL 所引用的 SQL 语句，返回一个 ADODB.Recordest 对象实例。在其他模块中，用户只需为 txtSQL 赋值，即可调用该函数。其中，check 布尔值是一个全局变量，用以标识用户的登录状态。如果值为 True，则表示用户已经登录；如果值为 False，则表示用户没有登录。

15.7.2 为【登录】窗体添加代码

【登录】窗体用于限制只有注册用户才能使用该系统，下面给窗体中的【登录】和【关闭】按钮添加事件过程，从而实现相应的功能。

1. 为【登录】窗体添加【记录源】表

添加【记录源】表的目的是，用户输入用户名和密码时，系统能将其与【记录源】表中的值进行比较，如果用户名和密码存在，就可以登录窗体，具体操作步骤如下。

Step01 接上一例操作，进入【登录】窗体的设计视图，单击【表单设计】选项卡【工具】组中的【属性表】按钮，如图 15-151 所示。

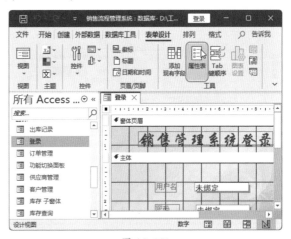

图 15-151

Step02 打开【属性表】窗格，设置【所选内容的类型】为【窗体】，在【数据】选项卡中设置【记录源】属性为【系统管理】即可，如图 15-152 所示。

图 15-152

2. 为【登录】按钮添加【单击】事件过程

当用户单击【登录】按钮时，系统会自动搜索，确定输入的用户名和密码是否在【记录源】表中，如果存在，则进入【功能切换面板】窗体。下面为该按钮添加事件过程，以实现这个功能，具体操作步骤如下。

Step01 接上一例操作，❶选择【登录】按钮，❷在【属性表】窗格的【事件】选项卡中将【单击】属性设置为【事件过程】，❸单击其右侧的⋯按钮，如图15-153所示。

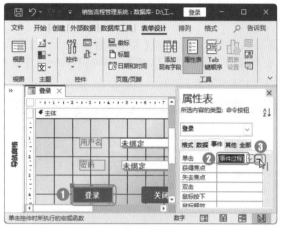

图 15-153

Step02 进入VBA编写环境，在【代码窗口】中输入VBA代码，如图15-154所示。

图 15-154

代码如下。

```
Option Compare Database
Option Explicit
Dim mrc As ADODB.Recordset
Dim txtSQL As String
Dim i As Integer   '记录错误次数
Private Sub 登录_Click()
On Error GoTo Err_确定_Click '错误处理
'判断用户名是否为空
If IsNull(用户名) Then
MsgBox "请输入用户名!", vbCritical, "提示"
  用户名.SetFocus
Else
  txtSQL = "SELECT * from 系统管理
where 用户名='" & 用户名 & "'"
 Set mrc = ExeSQL(txtSQL)
   If mrc.EOF Then
     MsgBox "没有该用户!", vbCritical,
"提示"
   Else
     If (mrc(1) = 密码) Then
     mrc.Close
     Set mrc = Nothing
     check = True
     Me.Visible = False
     '打开功能切换面板
     DoCmd.OpenForm "功能切换面板"
     Else
        i = i + 1
        If (i < 3) Then
        MsgBox "您输入的密码不正确",
vbOKOnly + vbExclamation, "提示"
        Else
        MsgBox "你已经连续3次错误输
入密码，系统马上关闭! ", vbOKOnly +
vbExclamation, "警告"
                DoCmd.Close acForm,
Me.Name  '关闭当前窗体
                DoCmd.Quit   '退出数据库
                Exit Sub
      End If
    密码.SetFocus
    密码.Text = ""
   End If
 End If
End If
```

```
End If
Err_确定_Click: '错误处理
    Exit Sub
Err_关闭_Click:
    MsgBox (Err.Description)
    Resume Err_确定_Click
End Sub
```

3. 为【关闭】按钮添加【单击】事件过程

当用户单击【关闭】按钮时，将关闭【登录】窗体，并退出当前数据库。所以，需要为【关闭】按钮的【单击】事件添加VBA代码，如图15-155所示。为该按钮添加【单击】事件的操作方法与【登录】按钮相同，可参照前文操作，此处不再赘述。

图 15-155

代码如下。

```
Private Sub 关闭_Click()
If (MsgBox(" 确实要退出吗？", vbQuestion +
vbYesNo, " 确认 ") = vbYes) Then
DoCmd.Quit acQuitSaveNone
End If
End Sub
```

添加完成后，在【工程资源管理器窗口】中可以看到，以上添加的代码均保存在【Form_登录系统】模块中。至此，整个用户登录模块的设计工作已经完成，在【登录】窗体中输入用户名和密码后，单击【登录】按钮即可进入销售流程管理系统，如图15-156所示。

图 15-156

15.7.3　为【功能切换面板】窗体添加代码

在【功能切换面板】窗体中，单击各按钮控件时，即可进入相应的模块。

1. 为【功能切换面板】窗体添加【加载】事件过程

添加【加载】事件过程的目的是，当用户进入该窗体时，系统首先检查布尔变量check的值，如果check的值为False，则会弹出对话框，提示用户先登录系统，从而确保用户在进入该窗体时是登录状态。添加【加载】事件过程的具体操作步骤如下。

Step01 接上一例操作，进入【功能切换面板】窗体的设计视图，❶在【属性表】窗格中设置【所选内容的类型】为【窗体】，❷在【事件】选项卡中设置【加载】属性为【事件过程】，单击其右侧的 按钮，如图15-157所示。

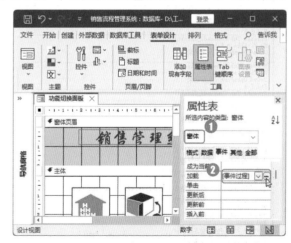

图 15-157

技术看板

在编写VBA代码前，需要了解窗体中各按钮控件的【名称】和【标题】属性，注意不能混淆，否则VBA代码将会出错。

Step02 进入VBA编写环境，在【代码窗口】中输入VBA代码，如图 15-158 所示。

图 15-158

代码如下。

```
Private Sub Form_Load()
  If Not check Then
      DoCmd.Close
      MsgBox ("请先登录系统！")
      DoCmd.OpenForm ("登录系统")
    End If
End Sub
```

2. 为【Command】按钮添加【单击】事件过程

【功能切换面板】窗体包括9个按钮，需要为这9个按钮分别添加【单击】事件过程，在【代码窗口】中输入代码，如图 15-159 所示。

图 15-159

代码如下。

```
Private Sub Command1_Click()
Me.Visible = False
```

```
DoCmd.OpenForm "库存查询"
End Sub
Private Sub Command2_Click()
Me.Visible = False
DoCmd.OpenForm "入库记录"
End Sub
Private Sub Command3_Click()
Me.Visible = False
DoCmd.OpenForm "出库记录"
End Sub
Private Sub Command4_Click()
Me.Visible = False
DoCmd.OpenForm "订单管理"
End Sub
Private Sub Command5_Click()
Me.Visible = False
DoCmd.OpenForm "客户管理"
End Sub
Private Sub Command6_Click()
Me.Visible = False
DoCmd.OpenForm "供应商管理"
End Sub
Private Sub Command7_Click()
Me.Visible = False
DoCmd.OpenReport "商品信息",
acViewPreview, , , acWindowNormal
End Sub
Private Sub Command8_Click()
Me.Visible = False
DoCmd.OpenForm "用户管理"
End Sub
Private Sub Command9_Click()
If (MsgBox("确实要退出吗？", vbQuestion +
vbYesNo, "确认") = vbYes) Then
DoCmd.Quit acQuitSaveNone
End If
End Sub
```

15.7.4 为【库存查询】窗体添加代码

【库存查询】窗体共有3个按钮控件，作用如下。
➡ 在组合框中选择要查询的商品ID，单击【查询】按钮，在下方的子窗体中可以查询出该商品的库存。
➡ 单击【生成报表】按钮，可以打开相应的报表，显示查询出的库存信息。

➡ 单击【返回主页】按钮，将返回【功能切换面板】窗体。

要实现这些功能，需要为这 3 个按钮添加【单击】事件过程，在【代码窗口】中输入代码，如图 15-160 所示。

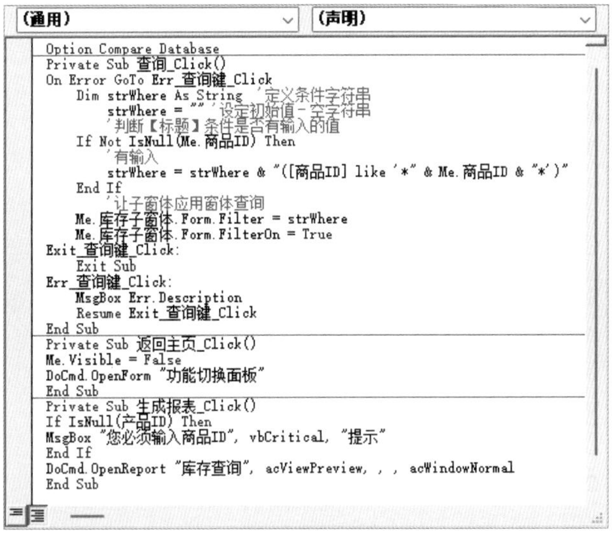

```
(通用)                          (声明)
Option Compare Database
Private Sub 查询_Click()
On Error GoTo Err_查询键_Click
    Dim strWhere As String  '定义条件字符串
    strWhere = ""  '设定初始值—空字符值
        '判断【标题】条件是否有输入的值
    If Not IsNull(Me.商品ID) Then
        '有输入
        strWhere = strWhere & "([商品ID] like '*' & Me.商品ID & '*')"
    End If
        '让子窗体应用窗体查询
    Me.库存子窗体.Form.Filter = strWhere
    Me.库存子窗体.Form.FilterOn = True
Exit_查询键_Click:
    Exit Sub
Err_查询键_Click:
    MsgBox Err.Description
    Resume Exit_查询键_Click
End Sub
Private Sub 返回主页_Click()
Me.Visible = False
DoCmd.OpenForm "功能切换面板"
End Sub
Private Sub 生成报表_Click()
If IsNull(产品ID) Then
MsgBox "您必须输入商品ID", vbCritical, "提示"
End If
DoCmd.OpenReport "库存查询", acViewPreview, , , acWindowNormal
End Sub
```

图 15-160

代码如下。

```
Option Compare Database
Private Sub 查询_Click()
On Error GoTo Err_查询键_Click
    Dim strWhere As String  '定义条件字
符串
        strWhere = "" '设定初始值—空字
符串
        '判断【标题】条件是否有输入的值
    If Not IsNull(Me.商品ID) Then
        '有输入
        strWhere = strWhere & "([商品
ID] like '*' & Me.商品ID & "*')"
    End If
        '让子窗体应用窗体查询
    Me.库存子窗体.Form.Filter = strWhere
    Me.库存子窗体.Form.FilterOn = True
Exit_查询键_Click:
    Exit Sub
Err_查询键_Click:
    MsgBox Err.Description
    Resume Exit_查询键_Click
```

```
End Sub
Private Sub 返回主页_Click()
Me.Visible = False
DoCmd.OpenForm "功能切换面板"
End Sub
Private Sub 生成报表_Click()
If IsNull(产品ID) Then
MsgBox "您必须输入商品ID", vbCritical,
"提示"
End If
DoCmd.OpenReport "库存查询",
acViewPreview, , , acWindowNormal
End Sub
```

15.7.5 为【入库记录】窗体添加代码

【入库记录】窗体一共有 3 个按钮控件，作用如下。

➡ 单击【新建】按钮，可以显示一条空白记录。

➡ 输入信息后，单击【保存】按钮，可以将输入的信息保存到【入库记录】表中，并在【库存信息】表中增加该产品的库存量。

➡ 单击【返回主页】按钮，将返回【功能切换面板】窗体。

要实现这些功能，需要为这 3 个按钮添加【单击】事件过程，在【代码窗口】中输入代码，如图 15-161 所示。

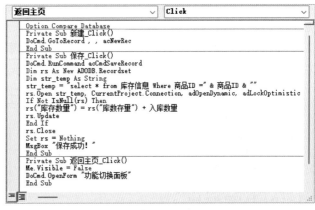

```
返回主页                          Click
Option Compare Database
Private Sub 新建_Click()
DoCmd.GoToRecord , , acNewRec
End Sub
Private Sub 保存_Click()
DoCmd.RunCommand acCmdSaveRecord
Dim rs As New ADODB.Recordset
Dim str_temp As String
str_temp = "select * from 库存信息 Where 商品ID =" & 商品ID & ""
rs.Open str_temp, CurrentProject.Connection, adOpenDynamic, adLockOptimistic
If Not IsNull(rs) Then
rs("库存数量") = rs("库数存量") + 入库数量
rs.Update
End If
rs.Close
Set rs = Nothing
MsgBox "保存成功!"
End Sub
Private Sub 返回主页_Click()
Me.Visible = False
DoCmd.OpenForm "功能切换面板"
End Sub
```

图 15-161

代码如下。

```
Option Compare Database
Private Sub 新建_Click()
DoCmd.GoToRecord , , acNewRec
```

```
End Sub
Private Sub 保存_Click()
DoCmd.RunCommand acCmdSaveRecord
Dim rs As New ADODB.Recordset
Dim str_temp As String
str_temp = "select * from 库存信息
Where 商品ID =" & 商品ID & ""
rs.Open str_temp, CurrentProject.
Connection, adOpenDynamic,
adLockOptimistic
If Not IsNull(rs) Then
rs("库存数量") = rs("库数存量") + 入库数量
rs.Update
End If
rs.Close
Set rs = Nothing
MsgBox "保存成功!"
End Sub
Private Sub 返回主页_Click()
Me.Visible = False
DoCmd.OpenForm "功能切换面板"
End Sub
```

15.7.6　为【出库记录】窗体添加代码

　　【出库记录】窗体与【入库记录】窗体的功能类似，区别是当单击【保存】按钮时，【出库记录】窗体可将输入的信息自动保存到【出库记录】表中，并在【库存信息】表中相应地减少该产品的库存量。

　　要实现这些功能，需要为这3个按钮添加【单击】事件过程，在【代码窗口】中输入代码，如图15-162所示。

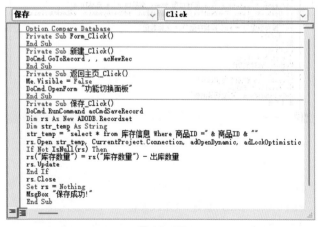

图 15-162

代码如下。

```
Option Compare Database
Private Sub Form_Click()
End Sub
Private Sub 新建_Click()
DoCmd.GoToRecord , , acNewRec
End Sub
Private Sub 返回主页_Click()
Me.Visible = False
DoCmd.OpenForm "功能切换面板"
End Sub
Private Sub 保存_Click()
DoCmd.RunCommand acCmdSaveRecord
Dim rs As New ADODB.Recordset
Dim str_temp As String
str_temp = "select * from 库存信息
Where 商品ID =" & 商品ID & ""
rs.Open str_temp, CurrentProject.
Connection, adOpenDynamic,
adLockOptimistic
If Not IsNull(rs) Then
rs("库存数量") = rs("库存数量") - 出库数量
rs.Update
End If
rs.Close
Set rs = Nothing
MsgBox "保存成功!"
End Sub
```

15.7.7　为【订单管理】窗体添加代码

　　【订单管理】窗体一共包含9个按钮控件，作用如下。

➡ 单击【添加订单】按钮，可以显示一条空白记录，输入相应的信息后，再次单击该按钮，可以将输入的信息自动保存到【销售订单】数据表中。

➡ 单击【修改订单】按钮，可以修改当前显示的订单信息。

➡ 单击【删除订单】按钮，可以删除当前订单信息。

➡ 单击【生成报表】按钮，可以打开相应的报表，显示当前的订单信息。

➡ 单击【返回主页】按钮，可以返回【功能切换面板】窗体。

➡ 依次单击右侧的 4 个按钮，可以分别查看第一张订单、上一张订单、下一张订单和最后一张订单，如图 15-163 所示。

图 15-163

由于部分按钮是通过【命令按钮向导】对话框添加的，已经设置了相应的功能，因此只需要为【生成报表】和【返回主页】按钮添加【单击】事件过程，在【代码窗口】中输入代码，如图 15-164 所示。

图 15-164

代码如下。

```
Option Compare Database
Private Sub 返回主页_Click()
Me.Visible = False
DoCmd.OpenForm "功能切换面板"
End Sub
Private Sub 生成报表_Click()
    If IsNull([订单ID]) Then
            MsgBox "您必须选择订单ID"
        DoCmd.GoToControl "订单ID"
    Else
            DoCmd.OpenReport "订单信息",
acViewPreview, , , acWindowNormal
    End If
End Sub
```

15.7.8 为【客户管理】窗体添加代码

【客户管理】窗体与【订单管理】窗体类似，此处只需要为【返回主页】按钮添加【单击】事件过程，在【代码窗口】中输入代码，如图 15-165 所示。

图 15-165

代码如下。

```
Option Compare Database
Private Sub 返回主页_Click()
Me.Visible = False
DoCmd.OpenForm "功能切换面板"
End Sub
```

15.7.9 为【供应商管理】窗体添加代码

【供应商管理】窗体与【客户管理】窗体类似，此处只需要为【返回主页】按钮添加【单击】事件过程，在【代码窗口】中输入代码，如图 15-166 所示。

图 15-166

代码如下。

```
Option Compare Database
Private Sub 返回主页_Click()
Me.Visible = False
DoCmd.OpenForm "功能切换面板"
End Sub
```

15.7.10 为【用户管理】窗体添加代码

【用户管理】窗体包括 3 个按钮控件，作用如下。

➡ 单击【添加用户】按钮，可以添加一个新用户。

➡ 单击【删除用户】按钮，可以删除当前的用户。

➡ 单击【返回主页】按钮，可以返回【功能切换面板】窗体。

要实现这些功能，需要为这 3 个按钮添加【单击】事件过程，在【代码窗口】中输入代码，如图 15-167 和图 15-168 所示。

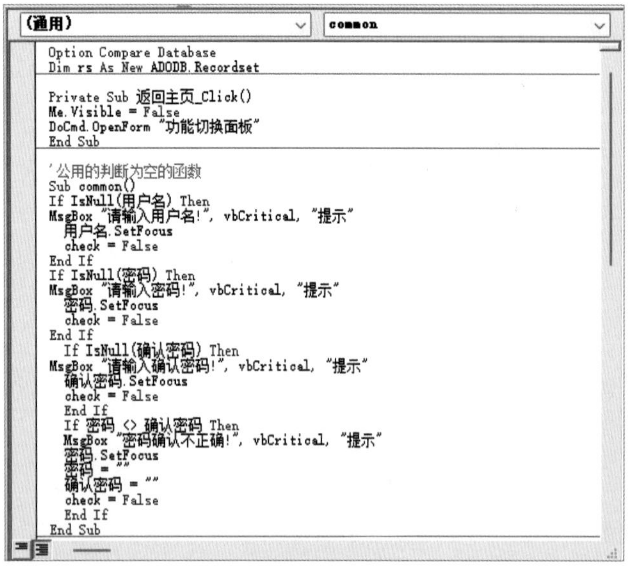

图 15-167

图 15-168

代码如下。

```
Option Compare Database
Dim rs As New ADODB.Recordset
Private Sub 返回主页_Click()
Me.Visible = False
DoCmd.OpenForm "功能切换面板"
```

```
End Sub
' 公用的判断为空的函数
Sub common()
If IsNull(用户名) Then
MsgBox "请输入用户名!", vbCritical, "提示"
  用户名.SetFocus
  check = False
End If
If IsNull(密码) Then
MsgBox "请输入密码!", vbCritical, "提示"
  密码.SetFocus
  check = False
End If
  If IsNull(确认密码) Then
MsgBox "请输入确认密码!", vbCritical,
"提示"
  确认密码.SetFocus
  check = False
  End If
  If 密码 <> 确认密码 Then
  MsgBox "密码确认不正确!", vbCritical,
"提示"
  密码.SetFocus
  密码 = ""
  确认密码 = ""
  check = False
  End If
End Sub
Private Sub 添加用户_Click()
  Dim str1 As String
  check = True
  common
  str1 = "select * from 管理员 where 用户名='" & 用户名 & "'"
  Set rs = ExeSQL(str1)
  If 用户名 = rs("用户名") Then
MsgBox "用户名已存在，请重新输入",
vbCritical, "提示"
  用户名.SetFocus
  check = False
End If
    rs.Close
  Set rs = Nothing
    If check = True Then
  rs.Open "管理员", CurrentProject.
```

```
Connection, adOpenDynamic,
adLockOptimistic
    rs.AddNew
    rs("用户名") = 用户名
    rs("密码") = 密码
    rs.Update
    rs.Close
    Set rs = Nothing
    MsgBox "您成功地添加了新用户！"
    End If
End Sub
Private Sub 删除用户_Click()
    check = True
```

```
common
    If check = True Then
    Dim str As String
    Dim rs As New ADODB.Recordset
    str = "delete from 管理员 where 用户名=
'" & 用户名 & "' and 密码='" & 密码 & "'"
    DoCmd.RunSQL str
    MsgBox "您成功地删除了该用户！"
    End If
End Sub
Private Sub 主体_Click()
End Sub
```

15.8　集成系统设置

代码输入完成后，就已经成功创建了数据库，为了让数据库更加人性化、更加安全，可以对系统进行一些简单的设置。

15.8.1　设置自动启动【登录】窗体

用户在打开销售流程管理系统时，可以设置自动启动【登录】窗体，只有当用户成功登录后，才可以进入其他模块，具体操作步骤如下。

Step01 接上一例操作，在【文件】选项卡中选择【选项】选项，如图 15-169 所示。

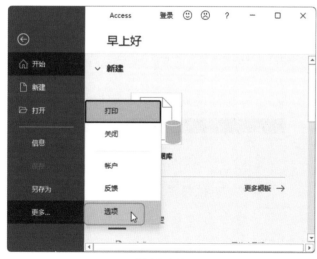

图 15-169

Step02 打开【Access 选项】对话框，❶在【当前数据库】选项卡的【显示窗体】下拉列表中选择【登录】选项，❷单击【确定】按钮，如图 15-170 所示。

图 15-170

Step03 弹出提示对话框，提示需要重新打开数据库才能生效，单击【确定】按钮，如图 15-171 所示。

图 15-171

Step04 退出并重新打开数据库，即可看到系统已经重新启动了【登录】窗体，由于该窗体已经被设置为窗体模式，因此限制用户除非登录此窗体，否则无法访问数据库的其他对象，如图 15-172 所示。

图 15-172

图 15-173 所示。

图 15-173

技术看板

开发者在还没有完成数据库的设置时，如果设置了自动启动【登录】窗体，导致无法编辑，则可以在打开数据库时按住【Shift】键，然后双击打开数据库，直至数据库完全打开再松开【Shift】键即可进入编辑模式。

15.8.2 隐藏导航窗格和系统选项卡

系统设置完成后，最后一步可以将导航窗格、功能区和快捷菜单等模块隐藏，使系统界面更加简洁干净，还可以保护系统不被随意修改，具体操作步骤如下。

Step 01 打开【Access选项】对话框，❶在【当前数据库】选项卡中取消选中【显示导航窗格】【允许全部菜单】【允许默认快捷菜单】复选框，❷单击【确定】按钮，如

Step 02 退出并重新打开数据库，即可看到隐藏了导航窗格和系统选项卡的效果，如图 15-174 所示。

图 15-174

15.9 运行系统

至此，销售流程管理系统的所有设置都已经完成，用户可以运行该系统查看最终的效果，具体操作步骤如下。

Step 01 在计算机中双击【销售流程管理系统】数据库，弹出【登录】窗体，❶输入用户名和密码，❷单击【登录】按钮，如图 15-175 所示。

图 15-175

Step02 进入【功能切换面板】窗体，该窗体中有9个按钮，可以进入相应的模块，单击【库存查询】按钮，如图 15-176 所示。

图 15-176

Step03 打开【库存查询】窗体，❶在【商品ID】下拉列表中选择要查询的商品ID，❷单击【查询】按钮，如图 15-177 所示。

图 15-177

Step04 在下方的子窗体中即可显示该商品的库存信息，单击【生成报表】按钮，如图 15-178 所示。

图 15-178

Step05 即可打开【库存查询】报表，用户可以打印该产品的库存信息，如图 15-179 所示。

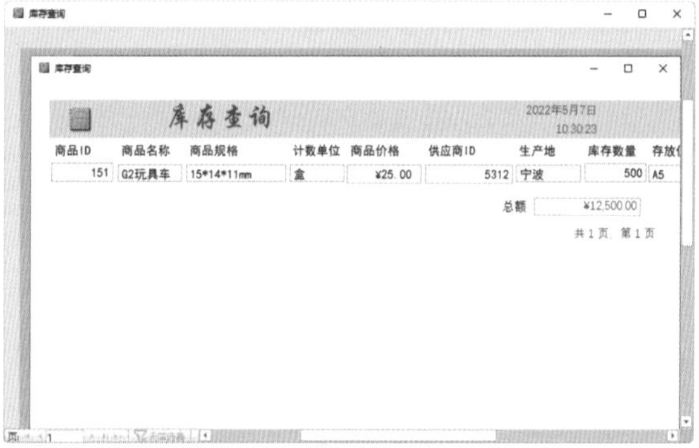

图 15-179

Step06 单击【返回主页】按钮，如图 15-180 所示。

图 15-180

Step07 即可返回【功能切换面板】窗体，单击【入库操作】按钮，如图 15-181 所示。

图 15-181

Step08 即可进入【入库记录】窗体，单击【新建】按钮，

349

如图 15-182 所示。

图 15-182

Step 09 新建一个入库信息，单击【保存】按钮，即可保存入库信息，并自动更新该商品的库存信息，如图 15-183 所示。

图 15-183

Step 10 返回主页，单击【出库操作】按钮，可以进入【出库记录】窗体，如图 15-184 所示。

图 15-184

Step 11 返回主页，单击【订单管理】按钮，可以进入【订单管理】窗体，如图 15-185 所示。

图 15-185

Step 12 返回主页，单击【客户管理】按钮，可以进入【客户管理】窗体，如图 15-186 所示。

图 15-186

Step 13 返回主页，单击【供应商管理】按钮，可以进入【供应商管理】窗体，如图 15-187 所示。

图 15-187

Step14 返回主页，单击【产品报表】按钮，可以查看【商品信息】报表，如图 15-188 所示。

图 15-188

Step15 返回主页，单击【用户管理】按钮，可以进入【用户管理】窗体，如图 15-189 所示。

图 15-189

Step16 返回主页，❶单击【退出系统】按钮，❷弹出【确认】对话框，单击【是】按钮即可退出系统，如图 15-190 所示。

图 15-190

本章小结

　　本章介绍了销售流程管理系统的创建过程，通过创建该系统，用户可以学习对销售管理型系统的需求分析，思考怎样将六大对象融合，完成数据库的开发。VBA 的程序设计可以让数据库实现更多的功能。在实际创建数据库系统的过程中，用户难免会遇到各种问题，通过不断地学习、实践，慢慢提高和完善数据库的设计，最终一定能够创建出满足自己需求的数据库系统。

附录 A Access 快捷键速查表

Access 快捷键速查表

快捷键类型	快捷键	说明
打开数据库	Ctrl+N	打开一个新的数据库
	Ctrl+O	打开现有数据库
	Alt+F4	退出 Microsoft Access
打印和保存	Ctrl+P	打印当前或选定对象
	Ctrl+P	打开【打印】对话框
	Ctrl+S	保存数据库对象
	F12	打开【另存为】对话框
使用组合框或列表框	Alt+↓	打开组合框
	F9	刷新【查阅】字段列表框或组合框的内容
	Page Down	向下移动一页
	Page Up	向上移动一页
	Tab	退出组合框或列表框
查找和替换文本或数据	Ctrl+F	打开【查找和替换】对话框中的【查找】选项卡，只适用于数据表视图和窗体视图
	Ctrl+H	打开【查找和替换】对话框中的【替换】选项卡，只适用于数据表视图和窗体视图
	Shift+F4	【查找和替换】对话框关闭时查找该对话框中下一处指定的文本，只适用于数据表视图和窗体视图
在设计视图中工作	F2	在【编辑】模式（显示插入点）和【导航】模式之间切换
	F4	切换到属性表，在数据库和 Access 项目中窗体和报表的设计视图中
	F5	从设计视图切换到窗体视图
	F6	在窗口的上下两部分之间切换，只适用于表、宏和查询，以及【高级筛选/排序】窗口
	F7	从窗体或报表的设计视图（或属性表）切换到【代码生成器】
	Shift+F7	从【Visual Basic 编辑器】切换到窗体或报表的设计视图
	Alt+V+P	打开选定对象的属性表
编辑窗体和报表设计视图中的控件	Shift+Enter	在节上添加控件
	Ctrl+C	将选中的控件复制到剪贴板
	Ctrl+X	剪切选中的控件并将其复制到剪贴板中
	Ctrl+V	将剪贴板的内容粘贴到选中节的左上角
	Ctrl+→	向右移动选定的控件
	Ctrl+←	向左移动选定的控件

续表

快捷键类型	快捷键	说明
编辑窗体和报表设计视图中的控件	Ctrl+↑	向上移动选定的控件
	Ctrl+↓	向下移动选定的控件
	Shift+↓	增加选定控件的高度
	Shift+→	增加选定控件的宽度
	Shift+↑	减少选定控件的高度
	Shift+←	减少选定控件的宽度
窗口操作	F11	将【数据库】窗口置于前端
	Ctrl+F6	在打开的窗口之间循环切换
	Enter	在所有的窗口都最小化时，还原选中的最小化窗口
	Ctrl+F8	活动窗口不在最大化状态时，打开其【调整大小】模式，使用方向键来调整窗口大小
	Alt+Space	显示【控制】菜单
	Shift+F10	显示快捷菜单
	Ctrl+F4	关闭活动窗口
	Alt+F11	在【Visual Basic 编辑器】和先前的活动窗口之间切换
	Alt+Shift+F11	从先前的活动窗口切换到【Microsoft 脚本编辑器】
使用向导	Tab	移动到向导中的【帮助】按钮
	Alt+N	移动到向导中的下一个窗口
	Alt+B	移动到向导中的前一个窗口
	Alt+F	关闭向导窗口
通用操作	F2	显示选中超链接的完整超链接地址
	F7	拼写检查
	Shift+F2	打开【显示比例】框，为在较小的输入区域中输入表达式和其他文本提供方便
	Alt+Enter	在设计视图中显示属性表
	Alt+F4	退出 Microsoft Access，关闭对话框或关闭属性表
	Ctrl+F2	激活生成器
	Ctrl+F11	在自定义菜单栏和内置菜单栏之间切换

附录 B 常用字段属性表

常用字段属性表

【常规】选项卡	字段大小	短文本型的默认值不超过 255 个字符，不同的数据类型，其大小范围会有所区别
	格式	更改数据在输入后的显示方式，如大小写、日期格式等
	输入掩码	用于预定义格式的数据输入，如电话号码、邮政编码、社会保险号、日期、客户ID的预定义格式
	标题	在数据表视图中要显示的列名，如果不设置，则默认显示列名为字段名
	小数位数	指定显示数据时要使用的小数位数
	验证规则	提供一个表达式，从而限定输入的数据，Access只有在满足相应的条件时才能输入数据
	验证文本	与验证规则配合，当用户输入的数据违反了验证规则时，会显示提示信息
	必需	指定是否必须向字段中输入值，如果属性取值为【是】，则表示必须填写该字段；如果属性取值为【否】，则表示可以为空
	Unicode压缩	为了使产品在各种语言下都能正常运行而编写的一种文字代码。该属性取值为【是】时，表示本字段中的数据可以存储和显示多种语言的文本
	索引	决定是否将该字段定义为表中的索引字段。通过创建和使用索引，可以加快对该字段中数据的读取速度
	文本对齐	指定控件内文本的默认对齐方式
【查阅】选项卡	显示控件	用于在窗体中显示该字段的控件类型
	行来源类型	控件的数据来源类型
	行来源	控件的数据源
	列数	显示的列数
	列标题	是否用字段名、标题或数据的首行作为列标题或图标标签
	列表行数	在组合框列表中显示行的最大数目
	限于列表	是否只在与所列的选择之一相符时才接受文本
	允许多值	一次查阅是否允许多个值
	仅显示行来源值	是否仅显示与行来源匹配的数值

常用验证规则表达式

常用验证规则表达式

验证规则的表达式	说明
<>0	输入非零值
>=0	值不得小于零（必须输入正数）
0 or >100	值必须为 0 或大于 100
Between 0 and 100	输入介于 0~100 的值
<#01/01/2022#	输入 2022 年之前的日期
>=#01/01/2021#and<#01/01/2022#	必须输入 2021 年的日期
<Date()	不能输入将来的日期
StrComp(Ucase(［姓氏］),［姓氏］,0)=0	【姓氏】字段中的数据必须大写
>=Int(Now())	输入当天的日期
Y or N	输入 Y 或 N
Like"[A-Z]*@[A-Z].com" or "[A-Z]*@[A-Z].net" or "[A-Z]*@[A-Z].org"	输入有效的 ".com" ".net" 或 ".org"
［要求日期］<［订购日期］+30	输入在订购日期之后的 30 天内的日期
［结束日期］>=［开始日期］	输入不早于开始日期的结束日期

常用运算符索引表

附录 D

算术运算符

算术运算符	用途	表达式示例
+	加法	[基本工资]+300.00
−	减法	[实得工资]-120.00
*	乘法	[单价]*[数量]
/	浮点除法	[总价]/[数量]
\	整除除法	[员工数量]\5
^	乘方	[边长]^5
Mod	取模	8 Mod 3

比较运算符

比较运算符	用途	表达式示例
=	等于	[员工姓名]="男"
<>	不等于	[部门]<>[销售部]
<	小于	[销售数量]<300
>	大于	[销售总额]>50000
<=	小于等于	[实发工资]<=3000
>=	大于等于	[培训成绩]>=60

字符串运算符

字符串运算符	用途	表达式示例	说明
?	表示任意一个字符	bo??	表示以"bo"开头的、长度为4的所有字符串
*	表示任意长度、任意字符的字符串	U*	表示以"U"开头的所有字符串
#	表示任意一个数字	#3/3/2022#	表示返回日期字段值在2022年3月3日的记录
[列表]	表示列表中任意一个字符与列表之外的所有字符串组成的所有字符串	薛[小晓]琴	表示"薛小琴"和"薛晓琴"两个字符串
[!列表]	表示不包括列表中的任意字符	*[!de]	表示不以"d"或"e"开始的字符串

逻辑运算符

逻辑运算符	用途	表达式示例	说明
And（与）	对两个逻辑值进行与运算	A And B	返回字段值为A和B的记录
Or（或）	对两个逻辑值进行或运算	"Yes" Or "OK"	匹配两个值中的任意一个值，返回对应Yes或OK的记录
Not（非）	对逻辑值取反	Not Like A*	返回名称中除了以"A"开头的记录

特殊运算符

特殊运算符	用途	表达式示例	说明
Between … and …	表示某个范围	Between 150 and 200	意思是大于 150 和小于 200，表示返回字段值为 150~200 的记录
In	用于判断值是否为列表中的某个值	In(100,200,300)	返回字段值为 100、200 和 300 的所有记录
IsNull	用于判断值是不是 Null	［姓名］IsNull	判断姓名字段值是否为 Null（空）

附录 E SQL 常用命令

常用的 DDL 命令

命令	作用
CREATE TABLE	创建表
ALTER TABLE	更改表
DROP TABLE	删除表
CREATE INDEX	创建索引

常用的 DML 命令

命令	作用
SELECT	检索数据
INSERT	插入数据
UPDATE	修改数据
DELETE	删除数据

常用的 DCL 命令

命令	作用
ALTER PASSWORD	修改密码
GRANT	授予权限
REVOKE	收回权限
CREATE SYNONYM	创建同义词

SQL 数据类型与 Access 数据类型的对应关系

SQL 数据类型	Access 数据类型	说明
Text	短文本	用于存储文本或文本和数字，存储大小为 0~255 个字符
Char（size）	短文本	用于存储文本或文本和数字，存储大小为 0~255 个字符
Varchar（size）	短文本	用于存储文本或文本和数字，存储大小为 0~255 个字符
Memo	长文本	用于存储长度较长的文本和数据，存储大小为 0~65538 个字符
Byte	数字（字节）	存储 0~255 的整数
Int/Integer	数字（整型）	存储 −2147483648~2147483647 的整数
Short	数字（短整型）	存储 −32768~32767 的整数
Long	数字（长整型）	存储 −2147483648~2147483647 的整数
Single	数字（单精度型）	单精度浮点数，用于存储大多数小数
Double	数字（双精度型）	双精度浮点数，用于存储大多数小数
Date	日期/时间	用于存储日期和时间格式的数据
Time	日期/时间	用于存储日期和时间格式的数据

SQL 数据类型	Access 数据类型	说明
Currency	货币	用于存储与货币相关的数据
Counter	自动编号	用于为每条新记录生成唯一值，每次向该表中添加一条记录时，对该值进行递增
Bit	是 / 否	只能存储 0、1 和 Null（空）数据类型

附录 **F** 常用控件

常用控件

控件	名称	说明介绍
↘	选择	选择控件、节或窗体，释放锁定的按钮
abl	文本框	最常用的控件，用于显示和编辑数据，也可以显示表达式运算后的结果和接收用户输入的数据
Aa	标签	用于显示说明性的文本，如窗体的标题等
▭	按钮	也称为命令按钮，用于完成各种操作，如查找记录或筛选记录等
▯	选项卡控件	用于创建一个带选项卡的窗体，可以在选项卡中添加其他对象
⊘	超链接	在窗体中插入超链接控件
▭	导航控件	在窗体中插入导航条
[XYZ]	选项组	与复选框、选项按钮或切换按钮搭配使用，可以显示一组可选值
⊢┤	插入分页符	指定多页窗体的分页位置
📇	组合框	结合列表框和文本框的特性，既可以在文本框中输入值，也可以从列表框中选择值
╲	直线	可以在窗体中绘制水平线、垂直线和对角线等直线，用来突出显示的数据或隔离不同的数据
▤	切换按钮	单击时可以在开/关或真/假（是/否）两种状态之间切换，使数据的输入更加直接、容易
▤▤	列表框	以固定的尺寸出现在窗体中，若选项超出了列表框的尺寸，在列表的右侧会出现一个滚动条，只可选择其中列出的值
▭	矩形	用来绘制一个矩形方框，将一组相关的控件组织在一起
☑	复选框	表示【是/否】值的最佳控件，显示为一个方框，如果选中会显示一个标记，否则为空白方框
🖼	未绑定对象框	用于显示没有绑定到表的字段上的 OLE 对象或嵌入式图片，如 Excel 表格、Word 文档等
📎	附件	在窗体中插入附件控件
⊙	选项按钮	又称为单选按钮，显示为一个圆圈，如果选中，中间会显示一个点，作用与切换按钮类似
▦	子窗体/子报表	用于在主窗体中添加另一个窗体，即创建主/次窗体，显示来自多个表或查询的数据
🖼	绑定对象框	用于显示与表字段绑定在一起的 OLE 对象或嵌入式图片
🖼	图像	显示静态图像，且不能对其进行编辑
☰🌐	Web 浏览器控件	在窗体中插入浏览器控件
📊	图表	在窗体中插入图表对象，以图形的格式显示数据

SQL 常用函数

SQL 常用函数

函数	说明
COUNT(*)	统计选择的记录个数
COUNT(字段名)	统计某列值的个数
SUM(字段名)	计算数值型字段值的总和
AVG(字段名)	计算数值型字段值的平均值
MAX(字段名)	确定数值型字段的最大值
MIN(字段名)	确定数值型字段的最小值

附录 **H** 常用宏操作命令

常用宏操作命令

宏操作命令	功能介绍
AddMenu	用于将菜单添加到自定义的菜单栏上或创建自定义快捷菜单
ApplyFilter	用于筛选或限制表、窗体或报表中的记录。用于报表时，只能在报表的OnOpen事件的嵌入式宏中使用此命令
Beep	使计算机的扬声器发出"嘟嘟"声
CancelEvent	取消引起宏操作的事件
CloseWindow	关闭指定的窗口。如果没有指定窗口，则关闭当前的活动窗口
CloseDatabase	关闭当前的数据库
EMailDatabaseObject	将指定的表、窗体、报表、模块或数据访问页包含在电子邮件中，以便进行查看和转发
ExportWithFormatting	导出指定的数据库对象
FindRecord	查找符合FindRecord参数指定条件的数据库的第一个实例
FindNext	依据FindRecord操作使用的查找准则查找下一条记录
GoToControl	在打开的窗体、表或查询中，将焦点移动到指定的字段或控件上，使用该命令还可以根据某些条件在窗体中进行导航
GoToPage	在活动窗体中将焦点移动到指定页的第一个控件上
GoToRecord	指定表、查询或窗体中的记录成为当前记录
MaximizeWindow	最大化活动窗口，从而使其充满Access窗口。该命令可以使用户尽可能多地看到活动窗口中的对象
MessageBox	可以显示一个包含警告或信息性消息的消息框
MinimizeWindow	与MaximizeWindow命令的作用相反，该命令最小化活动窗口，使其缩小为Access窗口底部的标题栏
OnError	指定当前宏出现错误时应如何处理
OpenForm	在窗体视图、设计视图、打印预览或数据表视图中打开窗体。通过设置参数，用户可以为窗体选择数据输入和窗口模式，并可以限制窗体显示的记录
OpenQuery	在数据表视图、设计视图或打印预览中打开选择查询或交叉表查询，或者执行动作查询。同时，还可以选择该查询的数据输入模式
OpenReport	在设计视图或打印预览中打开报表，或者将报表直接发送到打印机。同时，还可以限制报表打印记录
OpenTable	在数据表视图、设计视图或打印预览中打开表，还可以选择该表的数据输入模式
QuitAccess	退出Access 2021数据库系统
Requery	对对象上指定控件的数据源进行再次查询，从而实现对该控件中数据的更新。如果没有指定控件，则会对对象自身的数据进行再次查询。该命令可确保对象或其包含的控件显示最新数据
RestoreWindow	将处于最大化或最小化的窗口改为原来的大小

宏操作命令	功能介绍
RunCode	调用 VBA 函数过程
RunMacro	从其他宏中运行宏，也可以根据条件运行宏，或者将宏附加到自定义菜单命令中
StopMacro	终止当前正在运行的宏

附录 I **VBA 常用的数据类型**

VBA 常用的数据类型

数据类型	数据名称	类型标识符	数据范围	字节数
String	定长字符串型	$	最多可包含大约 65400 个字符	—
String	变长字符串型	$	最多可包含大约 20 亿个字符	—
Boolean	布尔型	无	True 或 False	1
Byte	字节	无	0~255 之间的整数	1
Integer	整型	%	−32768~32767	2
Long	长整型	&	−2147483648~2147483647	4
Single	单精度浮点型	!	负数：−3.402823E38~−1.401298E−45 正数：1.401298E−45~3.402823E38	4
Double	双精度浮点型	#	负数：−1.797639313486231E308~−4.9406564841247E−324 正数：4.9406564841247E−324~1.797639313486231E308	8
Date	日期型	无	100/1/1~9999/12/31	8
Currency	货币型	@	−922337203685477.5808~922337203685477.5807	8
Variant	变体型	无	除定长字符串型和用户自定义类型外，可包含任意类型	—

附录 J　　VBA 常用函数

VBA 常用函数

数学函数

函数	中文名称	说明	示例	结果
Abs()	绝对值函数	返回数值表达式的绝对值	Abs(-8)	8
Int()	向下取整函数	返回数值表达式的向下取整数的结果。当参数为负数时，将返回小于等于该参数值的第一个负整数	Int(8.8) Int(-8.8)	8 -9
Fix()	取整函数	返回数值表达式的整数部分	Fix(-8.8)	-8
Sqr()	开平方函数	计算数值表达式的平方根	Sqr(11)	3.3166247903554
Rnd()	随机函数	返回一个 0~1 的随机数，为单精度类型函数，还可以指定随机数的范围和数据类型	Rnd() Int(100*Rnd+1)	0~1 的随机数 1~99 的整型随机数
Round()	四舍五入函数	按取舍位数对数值进行四舍五入，还可以指定进行四舍五入运算时的小数点右边保留的位数	Round(3.141) Round(3.14159,1) Round(3.14159256,3)	3 3.1 3.142
Sin()	正弦函数	返回某个角的正弦值	Sin(1)	0.841470984807897
Cos()	余弦函数	返回某个角的余弦值	Cos(1)	0.54030230586814
Log()	自然对数函数	返回某数的自然对数	Log(2)	0.693147180559945

字符串函数

函数	函数类型	说明	语法结构
Instr()	字符串检索	返回数值表达式的绝对值	Instr([Start,]<str1>),<str2>[,compare]
Left()	字符串截取函数	返回某字符串从左边截取的 N 个字符	Left(<String>,<N>)
Right()		返回某字符串从右边截取的 N 个字符	Right(<String>,<N>)
Mid()		从中间位置返回字符串，N 代表字符的起始位数	Mid(<String>,<N>)
Space()	生成空格字符函数	返回一个包含指定空格数的 Variant（String）值	Space(<Number>)
Len()	字符长度检测函数	返回字符串的长度	Len(String)
Ucase()	大小写转换函数	可以将字符串中小写字母转换成大写字母	Ucase (<String>)
Lcase()		可以将字符串中大写字母转换成小写字母	Lcase(<String>)

365

函数	函数类型	说明	语法结构
Ltrim()	删除空格函数	删除字符串开始的空格	Ltrim(\<String>)
RTrim		删除字符串尾部的空格	RTrim(\<String>)
Trim()		删除字符串开始和尾部的空格	Trim(\<String>)

日期/时间函数

函数	函数类型	说明
Date()	获取系统日期和时间的函数（这3个函数都没有参数）	获取系统的日期
Time()		获取系统的时间
Now()		获取系统的日期和时间
Year()	获取日期和时间分量函数	获取日期中的年份
Month()		获取日期中的月份
Day()		获取日期中的天数
Weekday()		获取日期中对应的星期
Hour()		获取时间中的小时
Minute()		获取时间中的分钟
Second()		获取时间中的秒数
DateSerial()	返回日期函数	根据给定的年、月、日数据返回对应的日期，该函数的语法格式为DateSerial(year, month,day)
Format()	日期格式化函数	根据给定的格式代码将日期转换为指定的格式，该函数的语法格式为Format(date, format)

类型转换函数

函数	函数类型	说明
Asc()	字符串转换为字符代码函数	获取指定字符串第一个字符的ASCII值，且只有一个字符串参数
Chr()	字符代码转换为字符函数	将字符代码转换为对应的字符，常用于在程序中输入一些不易直接输入的字符，如换行符、制表符等
Str()	数值转换为字符串函数	将数值转换为字符（注意，当数值转换为字符串时，会在开始位置保留一个空格来表示正负。若表达式值为正，返回的字符串最前面有一个空格，反之则没有）
Val()	字符串转换为数值函数	将数字字符串转换为数值型数字，同时可自动将字符串中的空格、制表符和换行符去掉

输入/输出函数

函数	函数类型	说明
MsgBox()	输出函数	打开一个用于输出的对话框
InputBox()	输入函数	打开一个用于输入的对话框